Archäometrie

# Archäometrie

Methoden und Anwendungsbeispiele naturwissenschaftlicher Verfahren in der Archäologie

herausgegeben von
Andreas Hauptmann und Volker Pingel †

mit 138 z.T. farbigen Abbildungen und 7 Tabellen

E. Schweizerbart'sche Verlagsbuchhandlung
(Nägele u. Obermiller) 2008

Adresse des Herausgebers:

Prof. Dr. Andreas Hauptmann, Deutsches Bergbau-Museum, Herner Str. 45,
44787 Bochum, E-mail: andreas.hauptmann@bergbaumuseum.de

Prof. Dr. Volker Pingel war bis zu seinem Tod am 10. 3. 2005 Lehrstuhlinhaber für
Ur- und Frühgeschichte an der Ruhr-Universität Bochum.

Abbildungen auf dem Umschlag:
Die beiden Bilder auf der Umschlagseite, eine Mikroaufnahme einer alten Kupferschlacke und der Schädel eines *Homo sapiens*, sollen typische Fundmaterialien der Archäologie und mögliche Anwendungsgebiete der Archäometrie symbolisieren: Ein großer Teil anorganischer Funde ist wie diese Schlacke aus Faynan, Jordanien, aus einer kristallinen oder auch glasigen silikatischen Matrix aufgebaut. Diese wird materialanalytisch charakterisiert, um alte Technologien zu entschlüsseln oder Provenienzstudien durchzuführen. Der Schädel, (der der namentlich bekannten Nonne Maria Victoria Eithin, gest. 16. 1. 1760, zugeordnet werden kann) repräsentiert die Gattung der Knochenfunde, die heute nicht nur mit konventionellen Methoden untersucht werden. Große Bedeutung haben hier molekularbiologische und isotopenanalytische Methoden erlangt. Hier spielen Fragen nach den Lebensumständen eine Rolle, nach der Populationsgenetik, nach der Evolution. Die Frage nach dem Alter von Funden spielt allenthalben eine äußerst wichtige Rolle.

Bildnachweis Schädelfoto: Archäologisches Landesmuseum Baden-Württemberg,
Foto Manuela Schreiner
Bildnachweis Schlacke: Deutsches Bergbau-Museum Bochum, Foto Andreas Hauptmann

http://www.schweizerbart.de
e-mail: mail@schweizerbart.de

ISBN 978-3-510-65232-7

© 2008 by E. Schweizerbart'sche Verlagsbuchhandlung, Stuttgart
Gedruckt auf alterungsbeständigem Papier nach ISO 9706-1994

Alle Rechte, auch das der Übersetzung, des auszugsweisen Nachdrucks, der Herstellung von Mikrofilmen und der photomechanischen Wiedergabe, vorbehalten. Auch die Herstellung von Photokopien des Werkes für den eigenen Gebrauch ist gesetzlich ausdrücklich untersagt.

Veröffentlichung aus dem Deutschen Bergbau-Museum Bochum Nr. 156

Verlag:  E. Schweizerbart'sche Verlagsbuchhandlung (Nägele u. Obermiller),
         Johannesstr. 3A, D-70176 Stuttgart
Satz:    satzwerkstatt Manfred Luz, Neubulach
Druck:   DZA Druckerei zu Altenburg GmbH, Altenburg
Printed in Germany

# Vorwort

Die modernen Archäologien haben sich in ihrem klassischen methodischen Ansatz gewandelt und bedienen sich in zunehmendem Maße naturwissenschaftlicher Methoden und Konzepte, um kulturhistorische Fragestellungen und Probleme zu lösen. In der Praxis wird dies heute konsequent durchgeführt: Es gibt heute fast keine archäologische Grabung mehr, auf der nicht ein oder mehrere Naturwissenschaftler mitarbeiten. Hier hat sich mit der Archäometrie ein interdisziplinäres, bisweilen sogar ein transdisziplinäres Forschungsgebiet mit einer erheblichen Bandbreite entwickelt, das auf Seiten der Naturwissenschaften u. a. Biologie, Chemie, Geowissenschaften, Medizin, Physik und Werkstoffwissenschaften umfasst. Für eine erfolgreiche Zusammenarbeit dieser Fächer im Sinne der Archäometrie sind jedoch „Feinjustierungen" erforderlich, die auf die jeweiligen archäologischen Funde und Befunde fokussiert werden müssen.

Das betrifft zum Beispiel naturwissenschaftliche Datierungen. In den Geowissenschaften ist eine Reihe von Datierungsverfahren entwickelt worden, die die Entwicklung der Erde und die Altersstellung von Gesteinen im Rahmen der Erdgeschichte zum Inhalt haben. Das bedeutet im Allgemeinen Datierungen in der Größenordnung von Millionen oder gar Milliarden von Jahren. In der Archäologie sind in erster Linie aber diejenigen Zeiträume interessant, die mit dem Auftreten des Menschen und seinen Interaktionen mit der Umwelt verbunden sind. Das beginnt mit dem Auftreten der Hominiden und ihren Migrationsbewegungen. Von besonderem Interesse sind die Epochen der Menschheitsgeschichte im Verlauf des Holozäns seit rund 12.000 Jahren, die wesentlich detailliertere Datierungsverfahren voraussetzen. Auch bei geophysikalischen Prospektionsmethoden sind Fokussierungen auf kleinräumige Bereiche erforderlich. Wurden geophysikalische Messverfahren noch vor wenigen Jahrzehnten fast ausschließlich auf geologisch-globale Problemstellungen angewandt, so rückte in letzter Zeit mit einer Reihe von Umweltproblemen (Vermessung von Deponien, Bergschäden) und im Bereich der Ingenieurgeologie zunehmend die Notwendigkeit in den Vordergrund, klein maßstäbliche Messverfahren weiter zu entwickeln. Es ist kaum notwendig zu betonen, dass hiervon die Archäologien größten Nutzen ziehen konnten, so dass es kein Zufall ist, wenn der Einsatz geophysikalischer Prospektionsverfahren vor oder während archäologischer Ausgrabungen heute zur Routine geworden ist. In den Geowissenschaften zielt die moderne Forschung auf die Genese von Lagerstätten oder deren wirtschaftliche Aspekte, während im archäologischen Kontext lediglich oberflächennahe Vererzungen von Interesse sind, die in alter Zeit abgebaut wurden. Die Untersuchung alter Keramik, die in ihrer Vielfalt gegenüber modernen keramischen und Verbundwerkstoffen vergleichsweise eingeschränkt ist und überwiegend Produkte beinhaltet, die aus Ton gefertigt wurden, zielt nicht primär auf mechanische und physikalische Eigenschaften, sondern sucht eher Fragen nach der Herstellung und der Herkunft zu klären.

Diese „Feinjustierung" muss von einem intensiven reziproken Dialog zwischen Natur- und Geisteswissenschaftlern begleitet werden. Archäometrie basiert auf Teamarbeit. Erfolgreiche Teamarbeit, in der für alle Beteiligten brauchbare

Ergebnisse erzielt werden, basiert auf der Bereitschaft, sich in entsprechende Probleme der Nachbarwissenschaft einzuarbeiten. Fragestellungen müssen definiert werden, und zur Beantwortung dieser Fragen müssen brauchbare und geeignete Techniken und Konzepte entworfen werden. Die Auswertung von Analysendaten und statistischen Ergebnissen sollte von Naturwissenschaftlern und Archäologen in gemeinsamer Arbeit vorgenommen werden, denn sie werden nur dann brauchbar, wenn sie in einen relevanten archäologischen, historischen, technologischen und sozialen Kontext eingebettet werden. Bloße Befundmitteilung ist meist wertlos.

Wurde Archäometrie noch vor wenigen Jahren oft als „Hilfswissenschaft" der Archäologie angesehen, so hat sie in manchen Bereichen eine Kompetenz erreicht und Impulse gegeben, die zu Neuorientierungen in der Archäologie geführt haben. Gründe hierfür sind vor allem die revolutionären Entwicklungen analytischer Verfahren der letzten Jahrzehnte, die es erlauben, archäologisches Fundmaterial mit hochempfindlichen chemisch-physikalischen Methoden zu untersuchen. Chemische Analysen im Ultra-Spurenbereich, Isotopenanalysen, Messungen empfindlicher physikalischer Effekte oder mikro-molekularbiologische Verfahren ermöglichen es heute, Fragenkomplexe zu entwickeln und zu beantworten, die noch vor zwei bis drei Jahrzehnten undenkbar gewesen sind. Das betrifft z. B. die zunehmende Präzisierung der Radiokarbonmethode, Provenienzstudien verschiedenster Art, die Rekonstruktion von Einflüssen von Umweltfaktoren auf Mensch und Tier, die von Ernährungsgewohnheiten, Klimaverhältnissen und die Entschlüsselung des menschlichen Genoms durch die DNA.

Das vorliegende Buch ist als eine fachwissenschaftliche, dennoch allgemein verständliche Einführung in einzelne Kapitel der Archäometrie konzipiert. Es richtet sich an Studierende der Archäologien, die in einer Zeit zunehmender Interdisziplinarität von einer Zusatzqualifikation im Bereich naturwissenschaftlicher Fächer nur profitieren können. Angesprochen sind aber auch Studierende der Naturwissenschaften, denen mit den folgenden Kapiteln verdeutlicht werden soll, dass ihre aktive Mitarbeit in den Archäologien nicht nur im Sinne ergänzender Forschungsbeiträge von essentieller Bedeutung ist.

Vorliegendes Buch entstand aus einer Vortragsreihe, die in den Jahren 2001 und 2002 von den Herausgebern im Rahmen des Kooperationsvertrages zwischen dem Deutschen Bergbau-Museum und der Ruhr-Universität Bochum am damaligen Institut für Ur- und Frühgeschichte veranstaltet wurde. Hiermit sollte der steigenden Bedeutung der Zusammenarbeit von Naturwissenschaftlern und Archäologen Rechnung getragen werden, wie sie in der Praxis seit langem durchgeführt wird. Gleichzeitig war es die Absicht, Studierende auf entsprechend ausgerichtete Veranstaltungen der Archäometrie an der Ruhr-Universität Bochum aufmerksam zu machen.

Leider konnten seit der Vortragsreihe nicht mehr alle Manuskripte vollständig aktualisiert werden. Dennoch besitzen die in den folgenden Beiträgen dargestellten Methoden grundsätzlich nach wie vor Gültigkeit. Die Vortragsreihe wurde durch die finanzielle Unterstützung der der Gesellschaft der Freunde der Ruhr-Universität Bochum, des früheren Instituts für Ur- und Frühgeschichte und des Deutschen Bergbau-Museums Bochum ermöglicht. Der hier vorgestellten Vortragsreihe zur Archäometrie ging eine ähnlich ausgerichtete zu speziellen Problemen der Archäometallurgie voraus, die durch die essentielle Förderung von Prof. Bachmann, Hanau, verwirklicht werden konnte.

Es ist schade, daß Herr Prof. Dr. Volker Pingel das Erscheinen des Bandes nicht mehr erleben konnte. Er hat seit langer Zeit die interdisziplinäre wissenschaftliche Zusammenarbeit an der Ruhr-Universität gefördert. Der erste Herausgeber des Buches ist ihm deshalb zu tiefem Dank verpflichtet.

Dank gebührt auch allen, die am Gelingen dieses Buches mitgewirkt haben: in erster Linie den Autoren selbst, die geduldig die lange Verzögerung der Publikation ertragen haben. Den Kollegen, Herrn Priv.-Doz. Ünsal Yalçin und Dr. Michael Prange sei für wertvolle Diskussionen gedankt. Frau MA Kerstin Batzel hat sehr sorgfältig an der Redigierung des Bandes mitgewirkt.

Andreas Hauptmann, Oktober 2007

# Verzeichnis der Autoren

Prof. Dr. **Norbert Benecke**, Deutsches Archäologisches Institut, Eurasien-Abteilung, Im Dol 2-6, D-14195 Berlin, nb@eurasien.dainst.de

Prof. Dr. **Uwe Casten**, Ruhr-Universität Bochum, Institut für Geologie, Mineralogie und Geophysik, Universitätsstr. 50, 44791 Bochum, casten@geophysik.ruhr-uni-bochum.de

Prof. Dr. **Dieter Eckstein**, Universität Hamburg, Ordinariat für Holzbiologie, Leuschnerstr. 91, 21031 Hamburg, eckstein@holz.uni-hamburg.de

Dr. **Martin Heck**, Technische Universität Darmstadt, FB Material- und Geowissenschaften, FG Chemische Analytik, Petersenstr. 23, 64287 Darmstadt, dg7j@hrzpub.tu-darmstadt.de

Prof. Dr. **Andreas Hauptmann**, Deutsches Bergbau-Museum Bochum, Forschungsstelle für Archäologie und Materialwissenschaften, Hernerstr. 45, 44787 Bochum, andreas.hauptmann@bergbaumuseum.de

Dr. **Peter Hoffmann**, Technische Universität Darmstadt, FB Material- und Geowissenschaften, FG Chemische Analytik, Petersenstr. 23, 64287 Darmstadt, dg7j@hrzpub.tu-darmstadt.de

Dr. **Susanne Hummel**, Universität Göttingen, Institut für Zoologie und Anthropologie, Historische Anthropologie und Humanökologie, Bürgerstrasse 50, 37073 Göttingen, shummel1@gwdg.de

Dr. **Bernd Kromer**, Heidelberger Akademie der Wissenschaften, Institut für Umweltphysik der Universität Heidelberg, Im Neuenheimer Feld 229, 69120 Heidelberg, bernd.kromer@iup.uni-heidelberg.de

Prof. Dr. **Marino Maggetti**, Universität Fribourg, Pérolles, Institut für Mineralogie und Petrographie, CH-1700 Fribourg (Schweiz), marino.maggetti@unifr.ch

Prof. Dr. **Bernt Schröder**, Ruhr-Universität Bochum, Institut für Geologie, Mineralogie und Geophysik, Universitätsstr. 50, 44801 Bochum

Dr. **Baoqan Song**, Ruhr-Universität Bochum, Institut für Archäologische Wissenschaften, Lehrstuhl für Ur- und Frühgeschichte, Universitätsstr. 50, 44801 Bochum, baoquan.song@ruhr-uni-bochum.de

Dr. **Elisabeth Stephan**, Landesdenkmalamt Baden-Württemberg, Arbeitsstelle Konstanz, Osteologie, Stromeyersdorfstr. 3, D-78467 Konstanz, elisabeth.stephan@rps.bwl.de

Dr. **Claudia Theune**, Humboldt-Universität-Berlin, Lehrstuhl für Ur- und Frühgeschichte, Hausvogteiplatz 5-7, 10117 Berlin

Prof. Dr. **Günther A. Wagner**, Geographisches Institut, Universität Heidelberg Im Neuenheimer Feld 348, D-69120 Heidelberg, g.wagner@mpi-hd.mpg.de

Priv.-Doz. Dr. **Joachim Wahl**, Regierungspräsidium Stuttgart, Landesamt für Denkmalpflege, Arbeitsstelle Konstanz, Osteologie, Stromeyersdorfstraße 3, 78467 Konstanz, joachim.wahl@rps.bwl.de

Dipl.-Holzw. **Sigrid Wrobel**, Bundesforschungsanstalt für Forst- und Holzwirtschaft, Institut für Holzbiologie und Holzschutz, Leuschnerstr. 91, 21031 Hamburg, wrobel@holz.uni-hamburg.de

# Inhaltsverzeichnis

Vorwort .................................................................................. 5

Autorenverzeichnis ........................................................................ 7

**1 Die Untersuchung archäologischer Funde organischer Zusammensetzung** ......... 15

    Einführung (*Andreas Hauptmann*) ....................................................... 15

    Archäozoologie: Die Erforschung der Mensch-Tier-Beziehungen in ur- und
frühgeschichtlicher Zeit (*Norbert Benecke*) ............................................ 17

        Zusammenfassung .................................................................. 17
        Einführung ....................................................................... 17
        Untersuchungsmaterial der Archäozoologie ......................................... 18
            *Materielle Beschaffenheit der Funde* ......................................... 19
            *Zur Herkunft von Tierresten* ................................................ 19
        Zur Methodik der Archäozoologie .................................................. 19
            *Osteologie und Taxonomie* .................................................... 20
            *Taphonomie* ................................................................. 20
            *Fragmentierung* ............................................................. 20
            *Alters- und Geschlechtsbestimmung* .......................................... 20
            *Biometrie* .................................................................. 21
            *Anomalien und Pathologien* .................................................. 21
            *Statistik* .................................................................. 21
        Anwendungsbeispiele .............................................................. 21
            *Die Nutzung der Tierwelt durch den Menschen* ................................ 22
            *Jäger und Sammler der älteren Steinzeit* .................................... 22
            *Neolithikum: gezielte Erzeugung von Nahrungsmitteln* ........................ 23
            *Jagd und Fischfang* ......................................................... 24
            *Soziale Unterschiede im Nahrungserwerb* ..................................... 27
            *Religion* ................................................................... 27
            *Paläoökologie und Faunengeschichte* ......................................... 28
            *Absolutdatierungen* ......................................................... 28
            *Das Aussterben von Tierarten – Mensch und Umwelt* ........................... 29
        Ausblick ......................................................................... 30
        Literatur ........................................................................ 30

**Prähistorische Anthropologie zwischen Maßband und PCR – der Stellenwert konventioneller Methoden im Angesicht moderner Analyseverfahren** (*Joachim Wahl*) .................... 32
    Einleitung .................... 32
    Altersbestimmung .................... 33
    Geschlechtsdiagnose .................... 36
    Verwandschaftsdiagnose .................... 39
    Körperhöhenschätzung .................... 40
    Leichenbranduntersuchungen .................... 41
    Nahrungsrekonstruktion .................... 43
    Schluss .................... 44
    Literatur .................... 44

**Stabile Isotope in fossilen Faunenfunden: Erforschung von Klima, Umwelt und Ernährung prähistorischer Tiere** (*Elisabeth Stephan*) .................... 46
    Zusammenfassung .................... 46
    Einleitung .................... 46
    Grundlagen .................... 47
        *Stabile Isotope* .................... 47
        *Zusammensetzung von Knochen und Zähnen* .................... 47
    Beprobung und Analyseverfahren .................... 49
        *Diagenese – Veränderungen von Knochen- und Zahnfunden während der Bodenlagerung* .................... 49
        *Probenauswahl und Probennahme* .................... 50
        *Analyseverfahren* .................... 50
    Sauerstoff: Atmosphärischer Wasserzyklus und Metabolismus innerhalb des Tierkörpers .................... 51
    Sauerstoffisotopenverhältnisse in Knochen und Zähnen als Klimaproxies .................... 54
        *Rekonstruktion von Paläotemperaturen anhand von Knochenfunden* .................... 54
        *Zahnschmelz als Archiv der Saisonalität* .................... 56
    Kohlenstoff und Stickstoff .................... 58
        *Kohlenstoff* .................... 58
        *Stickstoff* .................... 60
    Rückschlüsse auf Ernährung und Lebensweise .................... 61
        *$\delta^{13}C$ und $\delta^{15}N$ im Kollagen* .................... 61
        *$\delta^{13}C$ in Kollagen und Carbonat* .................... 64
    Ausblick .................... 64
    Literatur .................... 65

**Alte DNA** (*Susanne Hummel*) .................... 67
    Zusammenfassung .................... 67
    Einführung .................... 67
    Überdauerung von DNA .................... 68
    Probennahme und Probenaufbewahrung .................... 70
    DNA-Extraktion .................... 71
    Polymerase Kettenreaktion (PCR) .................... 72
    Primerdesign .................... 73
    Sequenzpolymorphismen, Längenpolymorphismen und Elektrophorese .................... 73

| | | |
|---|---|---|
| | Kontaminationsquellen | 74 |
| | Individuelle Identifikation und Authentizität | 74 |
| | Anwendungen | 74 |
| | *Artbestimmung* | 74 |
| | *Geschlechtsbestimmung* | 75 |
| | *Identifikation und Zuordnung* | 76 |
| | *Prüfung und Rekonstruktion von Genealogien* | 79 |
| | *Regionale Herkunft, Stammesgeschichte und Heiratsmuster* | 81 |
| | *Selektionsmechanismen* | 84 |
| | *Krankheitserreger* | 86 |
| | Literatur | 87 |

## 2 Die Untersuchung archäologischer Funde anorganischer Zusammensetzung ... 89

Einführung (*Andreas Hauptmann*) ............................................. 89

Naturwissenschaftliche Untersuchung antiker Keramik (*Marino Maggetti*) ............ 91

    Zusammenfassung .................................................... 91

    Einleitung ........................................................... 91

    Herkunft ............................................................ 92

        *Petrographische Analyse* ............................................ 93

        *Chemische Analyse* ............................................... 96

    Herstellungstechnik .................................................. 101

        *Wahl der Rohstoffe* .............................................. 101

        *Aufbereitung* ................................................... 104

        *Formgebung* .................................................. 105

        *Brand* ......................................................... 105

    Gebrauch ........................................................... 108

    Schlussbetrachtung ................................................... 109

    Literatur ............................................................ 109

Chemische und mineralogische Untersuchungen an Glas: Zur Herstellung
merowingerzeitlicher Glasperlen (*Peter Hoffmann, Martin Heck, Claudia Theune*) ...... 110

    Zusammenfassung .................................................... 110

    Einleitung ........................................................... 110

    Einige Grundlagen über Glas .......................................... 111

    Merowingerzeitliche Glasperlen ........................................ 111

    Messverfahren ....................................................... 113

        *Berechnung des Anteils an Basisglas* ................................. 113

        *Farbpigmente* .................................................. 114

        *Beobachtungen unter dem Elektronenmikroskop* ...................... 117

        *Bleiisotopenanalysen* ............................................ 117

    Interpretationsmöglichkeiten ........................................... 118

    Ausblick ............................................................ 123

    Literatur ............................................................ 123

Vom Erz zum Metall – naturwissenschaftliche Untersuchungen innerhalb der
Metallurgiekette (*Andreas Hauptmann*) .......................... 125
    Zusammenfassung .......................... 125
    Einleitung .......................... 125
    Erze .......................... 126
    Schlacken .......................... 131
        *Phasendiagramme: Erstarrungstemperaturen bei der Abkühlung* .......................... 132
        *Phasendiagramme: Schlackenbildung bei steigenden Temperaturen* .......................... 133
        *Temperatur und Oxidationsgrad* .......................... 134
    Metallobjekte .......................... 135
        *Chemische Analysen* .......................... 135
        *Metallographie* .......................... 136
        *Isotopenanalyse* .......................... 137
    Schlussbetrachtung .......................... 139
    Literatur .......................... 140

# 3 Numerische Datierungsmethoden in der Archäologie .......................... 141

Einführung (*Günther A. Wagner und Andreas Hauptmann*) .......................... 141
    Literatur .......................... 143

Radiokohlenstoffdatierung (*Bernd Kromer*) .......................... 144
    1. Einleitung .......................... 144
    2. Grundlagen .......................... 144
        *2.1 Kohlenstoff-Kreislauf* .......................... 144
        *2.2 Datierungskontext* .......................... 145
        *2.3 Messtechnik* .......................... 145
        *2.4 Statistischer Messfehler, Messgenauigkeit* .......................... 145
        *2.5 Laborvergleiche* .......................... 145
        *2.6 Probenvorbehandlung, Materialien* .......................... 146
        *2.7 Altersreichweite* .......................... 146
    3. Kalibration von $^{14}$C-Altern .......................... 146
        *3.1 Praktische Ausführung der Kalibration eines $^{14}$C-Alters* .......................... 147
            Kalibration eines Einzeldatums .......................... 147
            Kalibration mit Zusatzinformation .......................... 147
        *3.2 Wiggle-Matching* .......................... 147
        *3.3 $^{13}$C-Korrektur* .......................... 149
        *3.4 Marine Kalibration* .......................... 149
    4. Anwendungsbeispiele .......................... 150
        *4.1 Neolithikum und Bronzezeit in Mitteleuropa* .......................... 151
        *4.2 Zeitgerüst der Spätbronzezeit im östlichen Mittelmeer* .......................... 151
        *4.3 Datierung der Siedlungsabfolge in Troia* .......................... 152
    5. Ressourcen .......................... 153
    6. Literatur .......................... 153

Dendrochronologie (*Dieter Eckstein und Sigrid Wrobel*) .......................... 154
    Zusammenfassung .......................... 154

Inhalt

    Einleitung und kurze Forschungsgeschichte .................................................. 154
    Methodik ................................................................................................. 155
        Biologische Grundlagen und dendrochronologisches Konzept ....................... 155
        Der Kalender im Holz ........................................................................... 157
        Replikation: innere Sicherheit und richtige Datierung ................................. 158
        Wie viele Jahrringe sind erforderlich? ...................................................... 159
        Jahrgenau, aber nur bei Rinde ................................................................ 159
        Ist Fälljahr gleich Baujahr? .................................................................... 161
    Anwendungsbeispiele ................................................................................. 161
        Stein- und bronzezeitliche Pfahlbausiedlungen ......................................... 161
        Eisenzeitliche Siedlung .......................................................................... 162
        Römischer Fernhandelsweg .................................................................... 163
        Frühmittelalterliche Schiffe .................................................................... 164
        Hochmittelalterliche Stadt ..................................................................... 166
    Von der Grabung zur Datierung – Praktische Hinweise .................................... 169
    Schlussbemerkung ..................................................................................... 169
    Literatur ................................................................................................... 170

**Archäochronometrie: Lumineszenzdatierung** (*Günther Wagner*) ........................ 171
    Zusammenfassung ...................................................................................... 171
    Einführung ................................................................................................ 171
    Physikalische Grundlagen der Lumineszenz-Datierung ..................................... 173
    Anwendungen
        Gebrannter Feuerstein .......................................................................... 177
        Keramik ............................................................................................. 178
        Archäosedimente ................................................................................. 180
    Ausblick ................................................................................................... 181
    Literatur ................................................................................................... 181

# 4 Geoarchäologie .................................................................................... 183

**Einführung** (*Bernt Schröder und Andreas Hauptmann*) ..................................... 183
    Literatur ................................................................................................... 185

**Mediterrane Umwelt- und Landschaftsrekonstruktion: Geoarchäologie im
Schwerpunktgebiet der Ägäis** (*Bernt Schröder*) ............................................... 186
    Zusammenfassung ...................................................................................... 186
    Einführung ................................................................................................ 186
    Thematische Teilaspekte ............................................................................. 188
        Natürliche Variabilität des Klimas .......................................................... 188
        Beginn des menschlichen Einflusses und „Archive" .................................. 188
        Quantifizierung des menschlichen Einflusses ........................................... 190
        Auswirkungen der Rodungstätigkeit auf die Umweltmedien ....................... 192
    Bodenabtrag und seine Dokumentation ......................................................... 193
        Becken und Senken .............................................................................. 193
        Kolluvien des Hangfußes ...................................................................... 193
        Deltavorbau und Talebenen ................................................................... 195

Umweltmedium und „Engpass-Rohstoff" Wasser ............... 196
Ausblick ............... 198
Literatur ............... 198

# 5 Prospektionsmethoden in der Archäologie ............... 200
Einführung (*Andreas Hauptmann*) ............... 200
    Literatur ............... 202
Luftbildarchäologie – Methoden und Anwendungen (*Baoquan Song*) ............... 203
    Zusammenfassung ............... 203
    Einleitung ............... 203
    Möglichkeiten und Grenzen der Luftbildarchäologie ............... 204
    Physikalische und methodische Grundlagen ............... 205
    Methoden ............... 208
    Merkmale ............... 209
    Luftbildinterpretation ............... 211
    Flugprospektion ............... 213
        *Das Beispiel Xanten am Niederrhein* ............... 214
    Luftbildmessung ............... 214
        *Digitale Bildauswertung* ............... 217
        *Das Beispiel Linzi/China* ............... 217
    Ausblick ............... 219
    Literatur ............... 220
Geophysikalische Erkundungsmethoden in der Archäologie (*Uwe Casten*) ............... 221
    Zusammenfassung ............... 221
    Was ist Geophysik? ............... 221
    Geomagnetik ............... 222
    Geoelektrik ............... 226
    Seismik ............... 230
    Georadar ............... 231
    Abschließende Bemerkungen ............... 234
    Literatur ............... 235

Literaturverzeichnis ............... 236

Sachregister ............... 261

Farbtafeln I–XVI ............... nach Seite 88

# 1 Die Untersuchung archäologischer Funde organischer Zusammensetzung

## Einführung

Andreas Hauptmann

Bei archäologischen Grabungen nimmt die Bearbeitung organischer Sachüberreste heute eine herausragende Stellung ein. Grund hierfür ist einmal das unter den verschiedenen Fundgattungen von jeher häufige Vorkommen solcher Funde. Zum anderen aber beruht deren Bedeutung auf den in den letzten Jahren geradezu revolutionär entwickelten neuen Analysenmöglichkeiten im Bereich der Spurenelement- und Isotopenanalyse sowie besonders der Molekularbiologie, die ganz neue Informationsebenen erschließen. Noch in der zweiten Hälfte des vergangenen Jahrhunderts stand mit der Entwicklung der Atomphysik und der damit verbundenen Entwicklung physikalisch-chemischer Analytik in der Archäometrie vor allem die Materialanalyse anorganischer Funde wie Keramik, Obsidian, Metalle oder Glas im Vordergrund (MOMMSEN 1986, POLLARD & HERON 1996), um technologische Fragestellungen zu beleuchten oder Herkunftsstudien zu betreiben. Die naturwissenschaftliche Analyse organischer Überreste wurde nur von vergleichsweise wenigen Wissenschaftlern angegangen. Hier ist z. B. BECK (1986) zu nennen, der erstmals die Untersuchung von Bernstein mittels Infrarot-Spektroskopie vornahm, oder ROTTLÄNDER & SCHLICHTHERLE (1980), die Analysen von Gefäßinhalten durchführten. Heute ist, bedingt durch die Entwicklung der o. g. Analysemethoden, eine deutliche Hinwendung zur Analyse organischer Funde festzustellen (BROTHWELL & POLLARD 2001).

Zu organischen Fundmaterialien zählen hauptsächlich menschliche und tierische Überreste sowie solche, die im Rahmen der Nahrungsmittelzubereitung anfallen. Erstere finden sich – je nach Erhaltungszustand – in Form von Knochen, Haaren und Weichteilen in Bestattungen jeglicher Art, die regelhaft archäologische Siedlungsgrabungen begleiten. Auch Brandbestattungen hinterlassen noch Überreste verbrannter Knochen. Frühgeschichtliche Moorleichen aus Norddeutschland sind ebenso bekannt wie Mumien aus Ägypten oder aus den Hochebenen Südamerikas. Sie stellen je nach Erhaltungszustand hoch interessante Forschungsobjekte dar. Besonders wichtige Funde sind bei menschlichen und tierischen Skeletten die Zähne, die aufgrund ihrer kompakten Beschaffenheit eine hohe Verwitterungsresistenz besitzen und am ehesten die Chance haben, die Bodenlagerung in archäologischen Zeiträumen zu überdauern. Sie stellen wertvolle Archive für die Rekonstruktion von Ernährungs- bzw. Trinkgewohnheiten des Menschen dar, wie am Beispiel paläolithischer Knochen vom Fundort Mauer bei Heidelberg (WAGNER & BEINHAUER 1997) oder der Gletschermumie vom Hauslabjoch eindrucksvoll gezeigt werden konnte (MÜLLER et al. 2003). Knochen und Zähne stehen zu Lebzeiten von Mensch und Tier ständig im Stoffaustausch mit ihrer Umgebung und spiegeln deshalb die über längere Zeiträume hinweg aufgenommene Nahrung wieder. So lässt sich anhand von Isotopenanalysen des Strontiums, Sauerstoffs, Stickstoffs und Kohlenstoffs sehr präzise rekonstruieren, in welchem Lebensabschnitt welche Pflanzen, welches Fleisch oder ob Fisch gegessen und welches Wasser aus welchem geologischen Milieu getrunken wurde. Weitergehend können damit auch Fragen nach den Lebensumständen bzw. Fragen nach den klimatischen Verhältnissen oder speziellen Umweltbelastungen beantwortet werden.

Zu nennen sind weiterhin tierische Überreste, die gewöhnlich bei Pferchen, an Jagdplätzen, in Häusern, vor allem aber an Schlachtplätzen zu finden sind. Fleisch und Knochen wurden aber auch als Grablegungen identifiziert. Zu den organischen Bestandteilen kommen noch Überreste von verschiedenen Pflanzen dazu, wie die von Früchten, Getreide oder Öl, die als Gefäßinhalte nachzuweisen sind (ROTTLÄNDER & SCHLICHTHERLE 1980). Andere Speisereste betreffen Mollusken, Fischreste, Schnecken, Insekten, Krustentiere, die gewöhnlich erst durch die archäologische Fundaufnahme mittels Sieben und anderen aufwendigen Methoden zu bergen sind.

Die Untersuchungsmethoden organischer Sachüberreste umfassen zunächst ein makroskopisch-taxonomisches Herangehen, um Klassifikationen von Knochen vorzunehmen. Sind pathologische Befunde zu beobachten, erfordern diese spezielle anatomische bzw. medizinische Kenntnisse.

Molekularbiologische Methoden werden nicht als Materialanalyse zur Bestimmung chemischer, mineralogischer oder isotopischer Zusammensetzungen eingesetzt, sondern wegen gänzlich anderer Fragen (HERRMANN 1994). Die Analyse alter Desoxyribonukleinsäure (aDNA), dem Katalog aller genetischen Informationen, die in historischem Material nachweisbar sein kann (in menschlichen, tierischen und pflanzlichen Hinterlassenschaften), ermöglicht die Beantwortung eines ganzen Fragenkatalogs, darunter Verwandtschaftsbeziehungen, Erbfolgen, Migrations- und Wanderungsbewegungen von Volksgruppen, Populationsdifferenzierungen, aber auch Infektionskrankheiten, Epidemiologien und Seuchengeschichten. Die Untersuchungsmethoden sind allerdings extrem empfindlich und erfordern eine erhebliche Probenvorbereitung. Das zu untersuchende Material sollte nur von Spezialisten auf der Grabung geborgen werden.

Knochen und Zähne können heute im Millimeter-Bereich individuell beprobt werden, so dass von einzelnen Funden oft ganze Probensequenzen spurenelement- und isotopenanalytisch gemessen werden können. Hiermit lassen sich altersbedingte Veränderungen bei Mensch und Tier ausgezeichnet nachvollziehen. Die außerordentlich geringen Mengen an Probensubstanz, die für solche Messungen erforderlich sind, haben eine „quasi-zerstörungsfreie" Analyse möglich gemacht.

Seltene Ausnahmen unter den organischen Funden sind die thermoplastischen Werkstoffe der Harze und Bitumen. Sie bestehen aus niedrig schmelzenden Polymeren und Ölen und wurden besonders im Nahen Osten als Dichtstoffe, in der Medizin u. a. verwendet. Sie werden hier nicht abgehandelt.

Im folgenden Abschnitt werden in vier Beiträgen zunächst von Norbert Benecke die Bedeutung der Faunenrelikte erläutert und gezeigt, wie mit konventionellen Methoden Details zur Nutzung tierischer Rohstoffe entschlüsselt werden können. Der Beitrag von Jürgen Wahl setzt sich mit konventionellen und modernen analytischen Methoden auseinander. Elisabeth Stephan erläutert die Möglichkeiten, wie man aus tierischen Knochen anhand von Isotopenanalysen Rückschlüsse auf klimatische Verhältnisse ziehen kann und im Beitrag von Susanne Hummel werden Grundlagen und Anwendungsbereiche der aDNA diskutiert.

## Literatur

Brothwell, D. R. & Pollard, A. M., 2001
Herrmann, B., 1994
Mommsen, H., 1986
Müller, W., Fricke, H., Halliday, A. N., McCulloch, M. T., Wartho, J.-A., 2003
O'Connor, T., 2000
Pollard, A. M. & Heron, C., 1996
Rottländer, R. C. A. & Schlichtherle, H., 1980
Wagner, G. A. & Beinhauer, K. W., 1997

# Archäozoologie:
# Die Erforschung der Mensch-Tier-Beziehungen in ur- und frühgeschichtlicher Zeit

Norbert Benecke

## Zusammenfassung

Die Archäozoologie untersucht die Beziehungen zwischen Mensch und Tier in den verschiedenen Perioden der Vor- und Frühgeschichte auf der Grundlage von bodengelagerten Tierresten aus archäologischen Ausgrabungen. Bei diesen Funden handelt es sich vorrangig um Knochen, Zähne und Geweihe sowie Schalen von Schnecken und Muscheln. Für die tierartliche Bestimmung werden spezielle Vergleichssammlungen herangezogen. Neben der Tierart lassen sich an den Funden in Abhängigkeit von Tiergruppe und Erhaltungszustand häufig noch andere Merkmale ermitteln, so u. a. das individuelle Alter des Tieres, der Zeitraum seines Todes, das Geschlecht des Tieres, seine Größe und mögliche krankhafte Veränderungen. Entsprechend dem archäologischen Befund können die Ergebnisse der Untersuchungen zur Rekonstruktion ganz unterschiedlicher Aspekte menschlichen Lebens herangezogen werden. Tierreste von Wohn- und Siedlungsplätzen geben in erster Linie Hinweise auf die Nutzung von Tieren für Nahrungszwecke sowie die Art und Weise ihrer Bewirtschaftung (Wildbeutertum, Tierhaltung). Knochen-, Zahn- und Geweihgeräte bzw. Abfälle ihrer Herstellung vermitteln Einblicke in die Nutzung tierischer Rohstoffe durch den Menschen. Andererseits ermöglichen Überreste von Tieren in Gräbern oder auf Opferplätzen wichtige Einsichten in die Rolle bzw. Stellung von Tieren im Denken und im Kult vergangener Zeiten. Die am Fundmaterial ableitbaren Aussagen betreffen auch Fragen der Paläoökologie und Faunengeschichte.

## Einführung

Der ur- und frühgeschichtliche Mensch war auf vielfältige Weise mit der Tierwelt verbunden. Er bezog vor allem von Säugetieren, Vögeln, Fischen und Weichtieren einen Teil der lebensnotwendigen Nahrung sowie wichtige Rohstoffe. Verschiedene große domestizierte Arten wie Rinder, Pferde, Esel oder Kamele dienten dem Menschen als Arbeitstiere in der Landwirtschaft, im Waren- und Personenverkehr sowie für den militärischen Gebrauch. Andere Nutzungen betrafen Tiere als Jagdgehilfen, Prestigeobjekte, Zirkustiere, Heimtiere und Spielzeug. Mit einigen Tierarten verbanden die Menschen religiöse Vorstellungen. Sie wurden in Kulthandlungen einbezogen, so z.B. als Opfertiere oder in Bestattungen. Unter den Tieren gab es zudem gefährliche Raubtiere (Prädatoren), Nahrungskonkurrenten, Feldschädlinge, Krankheitsüberträger und -erreger.

Wie diese knappe Aufzählung zeigt, gab es viele Seiten und Aspekte im täglichen Leben früherer Bevölkerungen, an denen Tiere ihren Anteil hatten. Historisch betrachtet waren Art und Intensität jener Wechselbeziehungen von nachhaltigem Einfluss auf den Verlauf der Kulturgeschichte sowie die Entwicklung der natürlichen Tierwelt.

Die Mensch-Tier-Beziehungen der Vergangenheit werden von der Archäozoologie erforscht. Wichtige Quellen sind dabei Überreste von Tieren, die bei archäologischen Ausgrabungen z. T. in großen Mengen geborgen werden. Sie ermöglichen Einsichten in die Lebens-, Produktions- und Umweltverhältnisse des Menschen. Zugleich sind sie Indikatoren naturräumlicher Voraussetzungen, unter denen die jeweiligen Bevölkerungen gelebt haben.

Die Archäozoologie kann auf eine etwa 150 Jahre alte Tradition zurückblicken. Sie begann mit der Erforschung schweizerischer Pfahlbausiedlungen in der Mitte des 19. Jhs. Zunächst stand die Beschreibung der in den Fundmaterialien dokumentierten Haus- und Wildtiere im Vordergrund, später kam die Frage nach Herkunft und Entwicklung von Haustieren hinzu. Heute versteht sich die Archäozoologie als eine Forschungsrichtung, die sich vor allem mit der Rekonstruktion der Lebens- und Umweltverhältnisse ur- und frühgeschichtlicher Menschen befasst.

## Untersuchungsmaterial der Archäozoologie

Die Archäozoologie ist eine rekonstruierende Wissenschaft. Es ist ihr Bestreben, durch kritische Analyse der Beschaffenheit und Herkunft des Untersuchungsmaterials möglichst genaue Aussagen über ehemalige Verhältnisse von Mensch-Tier-Beziehungen abzuleiten.

### Materielle Beschaffenheit der Funde

Tierreste treten in den Ablagerungen archäologischer Fundplätze vor allem in Form von Hartgeweben auf, so als Knochen, Geweihe, Zähne, Schuppen, Otolithen und Schalen. Organische Körperteile sind seltener, z. B. das Chitin-Außenskelett von Arthropoden (Insekten, Milben, Krebse), Puparienhüllen von Insekten und Wurmeier. Die Konservierung von Tierresten hängt in erster Linie von den Boden- und Sedimentationsbedingungen ab. So wird z. B. die Erhaltung von Insekten durch anaerobes Milieu, niedrige Temperaturen und durch Fehlen von organischen Substanzen begünstigt, wie es in feinkörnigen Sedimenten, größeren Tiefen sowie in Flach- und Hochmooren

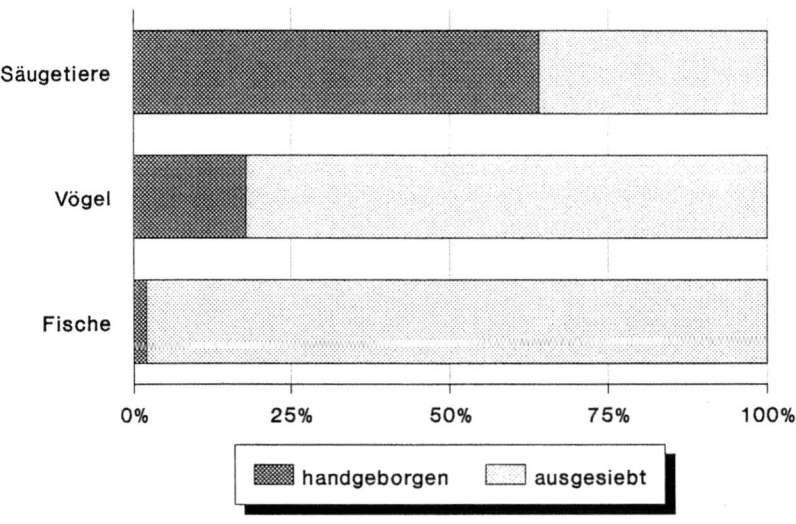

**Abb. 1.1.** Anteile der per Hand geborgenen und der zusätzlich durch Sieben der Fundschicht gewonnenen Tierreste am Beispiel der Ausgrabungen in Ralswiek (nach BENECKE 1985, Abb. 1).

der Fall ist. Molluskenschalen finden hingegen in basenreichen, insbesondere karbonatreichen Sedimenten und Böden günstige Erhaltungsbedingungen. Knochen und Zähne erhalten sich gut im alkalischen bis leicht sauren Milieu, während sie sich unter stark sauren Bedingungen schnell auflösen.

Die Zusammensetzung des Fundmaterials wird maßgeblich durch die bei der Ausgrabung angewandte Probenentnahme bzw. Bergungsmethode beeinflusst (BENECKE 1985, WHEELER & JONES 1989, O'CONNOR 2000). Während die Überreste großer Säugetiere in aller Regel leicht aufzufinden sind, müssen Klein- und Kleinstlebewesen (Kleinsäugetiere, Vögel, Fische, Wirbellose) durch Sieben, Schlämmen, Flotation u.ä. geborgen werden (▶ Abb. 1.1). Dabei kommen spezielle Methoden bzw. Apparaturen zur Anwendung. Generell ist eine adäquate Fundbergung der Faunenreste mit eindeutiger stratigraphischer Zuordnung zu archäologischen Fundkomplexen bzw. zu pollenanalytischen und sedimentologischen Befunden zu fordern.

Bei archäozoologischen Untersuchungen zu Mensch-Umwelt-Wechselbeziehungen stehen Wirbeltiere und Mollusken im Vordergrund, weil diese bei den herkömmlichen Bergungsumständen auf archäologischen Ausgrabungen am zahlreichsten anfallen. Seit den 1970er Jahren gewinnt die Auswertung von verschiedenen Gruppen der Wirbellosen (u. a. Insekten, Hornmilben, Kleinkrebse, Würmer) zunehmend an Bedeutung. Über den Informationszuwachs gerade von solchen Tiergruppen geben die langjährigen Untersuchungen in York ein eindrucksvolles Beispiel (KENWARD 1978, HALL & KENWARD 1982).

## Zur Herkunft von Tierresten

Tierreste aus archäologischen Ausgrabungen stammen überwiegend aus dem Kontext anthropogener Ablagerungen. Dabei kann es sich um Jagd- und Verarbeitungsplätze, um kurzfristig oder permanent bewohnte Siedlungen sowie einzelne Strukturen auf ihnen (Gruben, Brunnen, Kloaken) oder um Opferplätze und Gräber handeln.

Je nach Fundort lassen sich Tierreste zur Rekonstruktion ganz unterschiedlicher Aspekte von Mensch-Tier-Beziehungen heranziehen. Funde aus Wohn- und Siedlungsplätzen geben Hinweise auf die Nutzung von Tieren zur Ernährung sowie die Bewirtschaftung tierischer Nahrungsquellen, sei es im Rahmen eines Wildbeutertums mit Jagen und Sammeln oder durch die Haltung von Haustieren. Knochen-, Zahn- und Geweihgeräte und ihre Bearbeitungsabfälle vermitteln Einblicke in die universelle Nutzung tierischer Rohstoffe. Andererseits ermöglichen Tierreste in Gräbern oder auf Opferplätzen Einsichten in die Rolle bzw. Stellung von Tieren im Denken und im Kult vergangener Zeiten.

Von Fundmaterialien aus anthropogenen Ablagerungen sind Tierreste natürlicher Herkunft bzw. Akkumulation zu unterscheiden. Sie finden sich z. B. als Anreicherungen von Wirbeltieren in Schottern von Flussterrassen oder von Mollusken und Kleinkrebsen in Seesedimenten, gelegentlich auch als einzelne Reste natürlich verendeter Tiere im Bereich von Siedlungen, Opferplätzen und Gräbern. Einen besonderen Fall, bei dem sowohl anthropogene als auch natürliche Akkumulationen maßgeblich zur Bildung einer Fundschicht beigetragen haben, stellen von Menschen und Tieren abwechselnd bewohnte Plätze dar, z. B. Höhlen. Hier finden sich Überreste der Tiernutzung durch den Menschen zusammen mit Rückständen aus der Aktivität von Tieren, insbesondere Nahrungsresten von Raubsäugern und Raubvögeln. In derartigen Fällen sind die Bildungsprozesse der Ablagerungen gründlich zu studieren, um die anthropogene von natürlichen Faunenkomponenten trennen zu können.

## Zur Methodik der Archäozoologie

Archäozoologische Untersuchungen von Tierresten umfassen zunächst die Ermittlung verschiedener Basis- oder Primärdaten, und zwar von jedem einzelnen Fundstück. Dazu gehören bei Wirbeltieren u. a. die Bestimmung von Tierart, Skelettelement, Ausmaß und Art der Fragmentierung des Knochens sowie von Alter und Geschlecht, die Erfassung von Tötungs-, Zerlegungs-, Schnitt-, Brand- und Bearbeitungsspuren u. ä., die Feststellung von Anomalien sowie pathologischer Veränderungen und die biometrische Analyse, d. h. das Vermessen der Stücke. Dem schließt sich in aller

Regel die Ermittlung von Häufigkeiten an, z. B. über die nachgewiesenen Tierarten, die Skelettelemente der verschiedenen Arten sowie die Alters- und Geschlechtergruppen.

## Osteologie und Taxonomie

Wichtigster Schritt in der zoologischen Bearbeitung von Tierresten ist die osteologische Bestimmung (Skelettelement) und die sich daran anschließende taxonomische Zuordnung, d. h. die Festlegung der Tierart(en).

Bei Funden von Wirbeltieren, Muscheln oder Schnecken bilden Vergleichssammlungen rezenter Tiere die Grundlage für die Bestimmung. Für Tiergruppen wie Insekten oder Milben können daneben auch Bestimmungsbücher herangezogen werden. Die taxonomische Bestimmung basiert auf dem Vergleich makroskopischer Merkmale zwischen Fundstück und rezentem Sammlungsmaterial. Liegen stärker fragmentierte Tierleichenbrände aus Gräbern vor, sind lichtmikroskopische Untersuchungen an Dünnschliffen erforderlich. Die Bestimmung erfolgt dann nach Merkmalen im Knochenaufbau (Osteonenstruktur). Bei schlechtem Erhaltungszustand, wenn nur Bruchstücke von Tierresten vorliegen, können Funde lediglich einer Artengruppe oder einer höheren taxonomischen Stufe (Gattung, Familie) zugewiesen werden. Die Schwierigkeit der Bestimmung nahe verwandter Arten der Wirbeltiere bzw. der Unterscheidung von Haus- und Wildtieren nach makroskopischen Merkmalen hat zur Suche nach alternativen Möglichkeiten geführt. Diese reichen von statistischen Analysen auf der Basis biometrischer Daten über Methoden der biochemischen Taxonomie bis neuerdings zu Untersuchungen „alter DNA".

## Taphonomie

Bei archäologischen Ausgrabungen geborgene Tierreste repräsentieren nicht notwendigerweise die Gesamtheit aller einstmals an einem Ort verwerteten und genutzten Tiere sowie der damit verbundenen Mensch-Tier-Beziehungen. Selbst bei optimalen Erhaltungsbedingungen im Boden und sorgfältiger Bergung spiegelt das Untersuchungsmaterial qualitativ wie quantitativ nur einen Ausschnitt früherer Aktivitäten wieder. Schätzungen beziffern den „Verlust" an Tierresten in der Regel auf > 90 %. Welche Faktoren die Ablagerungen von Tierresten steuern ist Gegenstand der Taphonomie (LYMAN 1994).

## Fragmentierung

Zur Materialbearbeitung gehört die Analyse der Fragmentierung der Funde. Hierzu werden die Fragmente nach ihrer Lage, Größe und Gewicht in Klassen eingeteilt. Zusammen mit Schlag-, Schnitt-, Ritz- und Hackspuren bzw. deren Verteilung an den Elementen erhält man Informationen über die Aufbereitung bzw. Schlachttechnik der Tierkörper vom Abziehen des Fells bis zur portionsgerechten Zerlegung von Fleischstücken. Die Analyse von Schnitz- und Sägespuren erlaubt Aussagen zur Nutzung von Knochen und Geweih als Rohstoff, etwa für die Herstellung bestimmter Gerätschaften und Gegenstände des täglichen Gebrauchs (Pfrieme, Nadeln, Kämme, Meißel, Schaber u. a.).

## Alters- und Geschlechtsbestimmung

Wichtige Hinweise über die Nutzung von Tieren lassen sich aus dem Schlacht- bzw. Tötungsalter sowie dem Zahlenverhältnis der Geschlechter im Fundmaterial ableiten. Bei Säugetieren wird die Altersbestimmung bevorzugt am Gebiss vorgenommen (Zahndurchbruch bzw. -wechsel, Ausmaß der Abkauung der Zähne im Dauergebiss). Ergänzend hierzu werden Knochen des postcranialen Skeletts analysiert, deren Gelenke (Epiphysen) im Verlaufe der Individualentwicklung zu ganz bestimmten, von Tierart und Element abhängigen Zeitpunkten mit den Knochenschäften (Diaphysen) verwachsen.

Die mikroskopische Untersuchung jährlicher Zuwachslinien im Zement bzw. im Dentin des Säugetierzahns ist eine weitere, relativ verlässliche Möglichkeit der Altersbestimmung. Sie ist der Wildbiologie entlehnt (GRUE & JENSEN 1979, HILLSON 1986, KLEVEZAL 1996) und hat in den letzten beiden Jahrzehnten vielfältige Anwendung in der Archäozoologie gefunden (Übersicht in PIKE-TAY 2001). Solche Zuwachslinien lassen sich – in Analogie zu Baumringen – noch weiter gliedern, und zwar in Abschnitte, die in der warmen (breiter Zuwachs) und in der kalten Jahreszeit gebildet werden (schmaler Zuwachs). Hierdurch kann im Idealfall die Jahreszeit „abgelesen" werden, in der ein Individuum getötet wurde. Zuwachslinien, die einem jährlichen, saisonalen oder einem anderen zeitlichen Rhythmus folgen, treten, oft in deutlicher Ausprägung, auch in den Hartgeweben von kaltblütigen Tieren auf. Bei Fischen finden sie sich an Schuppen, Knochen und Otolithen, bei Mollusken auf den Schalen. Diese Tiere sind ideale Indikatoren für Untersuchungen zur Saisonalität der Nutzung von Tierressourcen auf ur- und frühgeschichtlichen Siedlungsplätzen.

Geschlechtsbestimmungen erfolgen je nach Tierart bzw. Tiergruppe nach unterschiedlichen Kriterien. Bei vielen größeren Säugetieren und einigen Vögeln bietet hier der im Körperbau (Größe, Gestalt) ausgeprägte Sexualdimorphismus eine Möglichkeit. Bei Hornträgern (z. B. Rind, Schaf, Ziege) sind Größe und Gestaltung der Hornzapfen geschlechtsspezifisch, während es bei Schweinen die Ausbildung der Eckzähne ist. Auch die Beckenknochen erlauben bei zahlreichen Arten der Säugetiere eine Bestimmung des Geschlechts.

## Biometrie

Wichtig ist das Vermessen der Fundstücke, soweit der Grad der Fragmentierung dieses erlaubt und sinnvoll erscheinen lässt. Die Maßabnahme an Zähnen und Knochen der Wirbeltiere ist heute weitgehend standardisiert und folgt festen Regeln (VON DEN DRIESCH 1982, MORALES & ROSENLUND 1979). Die gewonnenen Maße bilden die Grundlage für metrische Analysen. So lassen sich für Wild- und Haustiere Angaben über Körpergröße und Gestalt, deren Variabilität und raumzeitliche Entwicklung gewinnen.

## Anomalien und Pathologien

Zur Materialuntersuchung gehören auch Erhebungen über Anomalien und Pathologien, die sich an Knochen und Gebiss manifestieren. Die Art der Erkrankungen und die Häufigkeit ihres Auftretens liefern Hinweise über den Gesundheitszustand einzelner Tiere, bestimmte Alters- oder Abnutzungserscheinungen oder bei Funden von Haustieren über Bedingungen ihrer Haltung und Ernährung. Allerdings sind in aller Regel nur solche Krankheiten erkennbar, die unmittelbar an oder nahe den Elementen des knöchernen Skeletts verlaufen sind. Dabei kann es sich um angeborene oder erworbene Unregelmäßigkeiten am Gebiss, Verbrauchs- und Überlastungserscheinungen, Folgen von Brüchen und Infektionen sowie um Auswirkungen von Stoffwechselerkrankungen handeln.

## Statistik

Die osteologische und taxonomische Bestimmung von Tierresten führt zunächst lediglich zu einer bloßen Artenliste, die über die Präsenz von Wild- und Haustieren an entsprechenden Fundplätzen informiert. In einem weiteren Schritt geht es darum, die Häufigkeit der im Material nachgewiesenen Tierarten festzustellen, um Aussagen z. B. über deren wirtschaftlichen Stellenwert zu treffen. Drei Verfahren werden für quantitative Bewertungen angewendet: a) Ermittlung der Fundzahl, b) Bestimmung der Mindestanzahl der Individuen und c) Ermittlung des Knochengewichts. Die anhand dieser Parameter abschätzbaren relativen Häufigkeiten der Tierarten haben aus methodischen Gründen einen unterschiedlichen Aussagegehalt und sind daher differenziert zu bewerten (vgl. REICHSTEIN 1989, REITZ & WING 1999, O'CONNOR 2000).

Für möglichst umfassende Auswertungen sollten archäozoologische Untersuchungen noch zusätzliche Informationen einbeziehen, so etwa zeitgenössische Tierdarstellungen und Schriftquellen, des weiteren aktualistische Daten wie tiergeographische und ökologische Angaben, experimentelle Befunde sowie ethnographische und volkskundliche Modelle.

# Anwendungsbeispiele

Einige der hier angeführten Beipiele, die überwiegend aus dem mitteleuropäischen Raum stammen, behandeln die Nutzung von Tieren durch den Menschen, dann wird auf Fragen der Paläoökologie und Faunengeschichte eingegangen.

## Die Nutzung der Tierwelt durch den Menschen

Menschen ernähren sich von Pflanzen und Tieren; sie sind ihrer Anatomie und Physiologie demnach omnivore, d.h. „alles verschlingende" Lebewesen. Zwei Fragestellungen sind wichtig: a) welche Tierarten wurden als Nahrung genutzt und in welchem quantitativen Verhältnis hatten sie Anteil an der Ernährung?, b) erfolgte der Nahrungserwerb durch Wildbeuterei (Jagd, Fischfang, Sammelwirtschaft) oder Erzeugung von Nahrungsmitteln im Rahmen einer Tierhaltung?

## Jäger und Sammler der älteren Steinzeit

Alt- und mittelpaläolithische Jäger und Sammler bezogen ihre Nahrung von einer Vielzahl von Tierarten vor allem der Säugetiere, Vögel, Fische und Weichtiere. Das Spektrum hing dabei von der vorherrschenden pleistozänen Fauna ab. Eine der ältesten Lokalitäten in Mitteleuropa, auf welcher der Nahrungserwerb von Tieren in dieser Zeit dokumentiert werden konnte, ist Bilzingsleben (Thüringen). Nach den dort gefundenen Knochen- und Zahnresten waren Arten der Holstein-warmzeitlichen Tierwelt, wie Waldnashorn, Steppennashorn, Waldelefant und Bison, die Hauptjagdbeute der Menschen. Die Nahrungsnutzung schloß hier jedoch auch zahlreiche kleine Tierarten mit ein, darunter Fische und Muscheln (MANIA 1989).

Ein differenziertes Bild in der Erschließung tierischer Ressourcen für Nahrungszwecke belegen die Fundmaterialien für das Mesolithikum. Auf den Wohnplätzen im Binnenland waren Rothirsch, Ur, Wildschwein und Reh die wichtigsten Fleischlieferanten, die, wie an den durch Waffen verursachten Verletzungen an Knochen nachweisbar ist, auch gejagt wurden (NOE-NYGAARD 1975; ▶ Abb. 1.2). An Fundstellen wie Bedburg (Nordrhein-Westfalen), Hohen Viecheln (Mecklenburg-Vorpommern) oder in Friesack (Brandenburg) konnte gezeigt werden, dass große Huftiere gejagt und zudem in großem Umfang auch Vögel und Fische genutzt wurden. Einzigartig ist die Nahrungswirtschaft auf den Siedlungsplätzen der spätmesolithischen Ertebølle-Kultur an den Küsten von Nord- und Ostsee. Die Bevölkerung ernährte sich vorwiegend von aquatischen Ressourcen wie Robben, Fischen, Wassergeflügel und Muscheln (JARMANN et al. 1982, Tab. 9), was auch durch Isotopenmessungen des Stickstoffs ($^{14}N$, $^{15}N$) an Menschenskeletten bestätigt werden konnte (NOE-NYGAARD 1988).

Nach ethnographischen Befunden zeigen zahlreiche (sub-)rezente Jäger-Sammler-Völker in Abhängigkeit von Vorkommen, Zugänglichkeit und der zu erwartenden Ergiebigkeit bestimmter Nahrungsressourcen jahreszeitlich differenzierte Wanderungs- und Siedlungsmuster. Von einem Basislager aus suchen sie im Laufe eines Jahres für jeweils nur kurze Zeitabschnitte mehrere

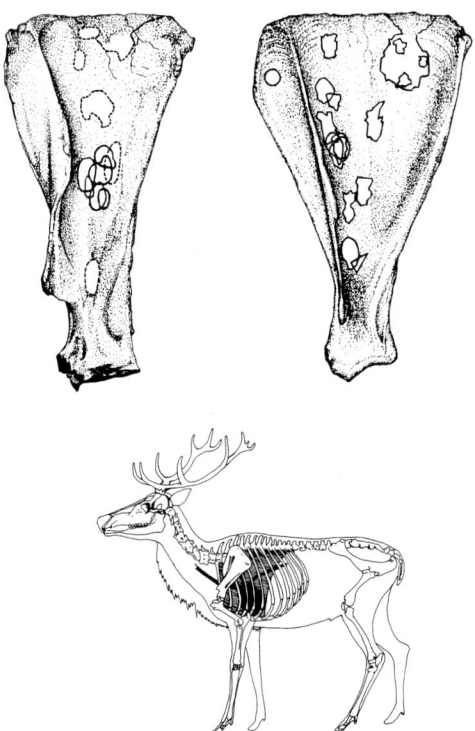

**Abb. 1.2.** Verletzungen an Schulterblättern von Rothirschen (links) und Rentieren (rechts), die bei der Jagd auf diese Tiere durch Pfeile bzw. Speere entstanden sind. Es sind jeweils mehrere Befunde auf ein Schulterblatt projeziert worden. Unten: Lage des Schulterblattes in Relation zu wichtigen Organen (Herz, Lunge) (nach NOE-NYGAARD 1975, Abb. 3).

Plätze zur Jagd bzw. zum Sammeln von Kleintieren und Pflanzen auf (BINFORD 1983). Ein solches Verhalten ist prinzipiell auch für Menschengruppen insbesondere in vorneolithischer Zeit anzunehmen. Bei archäologischen Untersuchungen auf paläo- und mesolithischen Wohnplätzen stellt sich daher regelmäßig die Frage nach der Jahreszeit der Besiedlung. Hier können Tierreste wichtige Anhaltspunkte liefern. Folgende Fund- bzw. Befundgruppen sind für den Nachweis saisonaler Nutzungen wichtig: a) Tiere bzw. Entwicklungsstadien derselben, die an einem Ort bzw. in einer Region nur zu einer gewissen Zeit des Jahres vorkommen (Zugvögel, Insektenpuppen), b) Teile des Skeletts, die saisonal bestimmte Veränderungen durchlaufen (Geweih, Langknochen von noch im Wachstum befindlichen Tieren (Epiphysenschluss) bzw. Ober- und Unterkiefer (Zahndurchbruch- bzw. -wechsel)), c) Hartgewebe mit Wachstumsringen bzw. Zuwachslinien, die durch periodische, in der Regel saisonale Ablagerungen gebildet werden (Muschelschalen, Fischknochen und -schuppen, Otolithen, Zahnzement bei Säugetierzähnen) sowie d) definierte Abkauungsstadien von Milchzähnen bei Säugetieren.

Es werden überwiegend Funde von Säugetieren und Vögeln zur Rekonstruktion jahreszeitlicher Besiedlungen von Wohn- und Jagdplätzen herangezogen, z. B. im Fall der bekannten mesolithischen Station Star Carr in Yorkshire, England. Hier lassen etwa der Nachweis des nur in der warmen Jahreszeit in Großbritannien anzutreffenden Kranichs, das Vorkommen von Knochen neonater Elche und Rothirsche sowie der Beleg zahlreicher Kiefer von Rehen mit stark abgekauten Milchprämolaren kurz vor dem Zahnwechsel, auf eine Besiedlung vorwiegend im späten Frühjahr und im Laufe des Sommers schließen (LEGGE & ROWLEY-CONWY 1988). Für das Mesolithikum des Krimgebirges ist aus vergleichbaren Befunden ein jahreszeitlich zweigliedriger Zyklus in der Subsistenzwirtschaft erschlossen worden. So haben die Menschengruppen hier in den Frühjahrs- und Sommermonaten vor allem Schweine im Vorgebirge gejagt, während sie in der kalten Jahreszeit an der klimatisch begünstigten Südküste von Tieren des Meeres lebten (BENECKE 2000).

An meso- und neolithischen Küstenwohnplätzen stellen häufig in großer Menge gefundene Muschelschalen verläßliche „Kalender" für die saisonale Nutzung aquatischer Ressourcen. Für die Kalibrierung bzw. die richtige Interpretation solcher „Mollusken-Kalender" bedarf es der genauen Kenntnis des saisonalen Wachstumsmusters der jeweiligen rezenten Formen (CLAASSEN 1998). Hiermit hat z. B. DEITH (1983) zeigen können, dass in der mesolithischen Station Morton an der Ostküste Schottlands Herzmuscheln (*Cerastoderma edule*) zum überwiegenden Teil (79 % der beurteilbaren Stücke) im Sommer und in geringer Menge (21 %) im Winter gesammelt worden waren. Für diesen Platz wird eine mehrfache, jeweils nur kurzzeitige Besiedlung im saisonalen Verlauf angenommen. Bei aquatischen Molluskenarten, die keine zeitlich klar definierten Wachstumslinien ausbilden, ermöglichen Messungen der von der Wassertemperatur und damit von der Jahreszeit abhängigen Sauerstoffisotopenverhältnisse von $^{16}O$ und $^{18}O$ im äußersten Schalenrand eine Bestimmung der ungefähren Jahresperiode, in der die betreffende Molluske in die Fundschicht gelangt ist (z. B. SHACKLETON 1973).

## Neolithikum: gezielte Erzeugung von Nahrungsmitteln

Im Neolithikum wurde die Ernährungsgrundlage der Bevölkerungen auf eine völlig neue Basis gestellt. An die Stelle der über Hunderttausende von Jahren ausgeübten Wildbeuterei trat jetzt überwiegend landwirtschaftliche Produktion zur Nahrungsmittelerzeugung. Eine ihrer tragenden Säulen war die Haltung von Wirtschaftshaustieren. Deren älteste Repräsentanten sind Schaf, Ziege, Schwein und Rind. Diese Arten sind zusammen mit verschiedenen Kulturpflanzen durch die frühen bäuerlichen Kulturen um die Mitte des 6. Jahrtausends v.Chr. nach Mitteleuropa eingeführt worden. Noch im Neolithikum wird der Bestand an Wirtschaftstieren durch das Pferd erweitert, am Übergang von der Bronze- zur Eisenzeit kommen Huhn und Gans hinzu (▶ **Abb. 1.3**). Von den in der Römischen Kaiserzeit neu auftretenden Haustieren (Esel, Katze, Taube) spielt lediglich die Taube eine gewisse Rolle als Nahrungslieferant. Auch die beiden im Mittelalter hinzukommenden Haustiere Kaninchen und Ente sind für die Bereitstellung von Fleischnahrung eher unbedeutend.

# 1 Archäologische Funde organischer Zusammensetzung

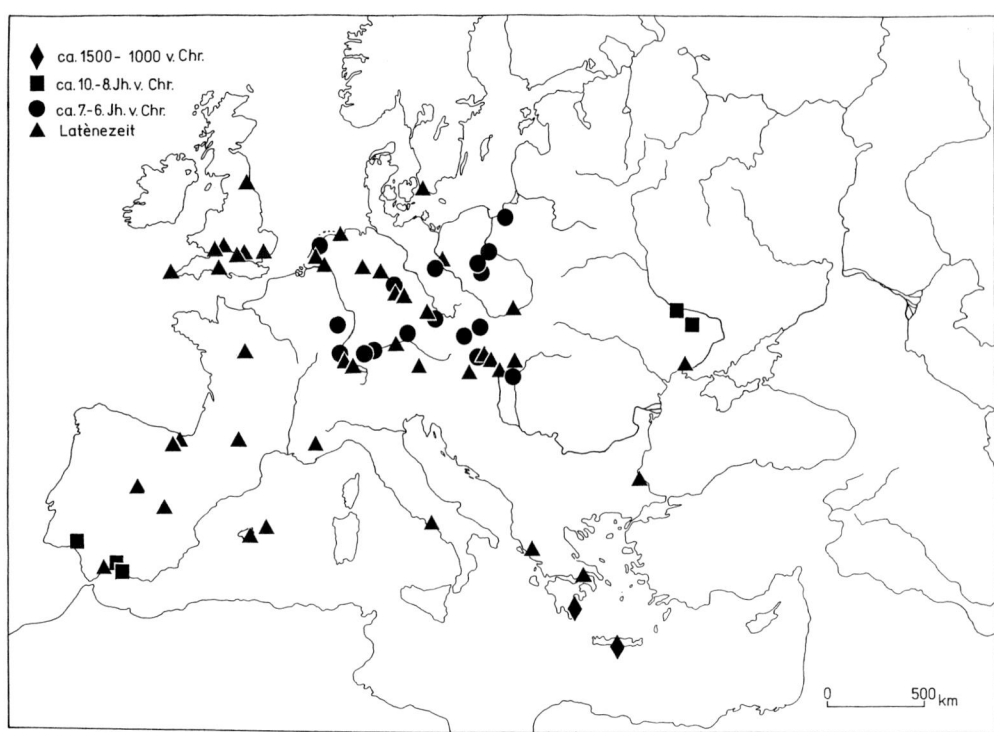

**Abb. 1.3.** Archäozoologische Belege zur Ausbreitung des Haushuhns in Europa aus dem Zeitraum Spätbronzezeit bis Spätlatène (nach BENECKE 1994, Abb. 228).

Über die Entwicklung der Haustierhaltung hat die Archäozoologie in den letzten Jahrzehnten umfangreiches Faktenmaterial zusammengetragen (vgl. Übersichten in BENECKE 1994, PETERS 1998), so u. a. zu den Veränderungen in der Körpergröße von Tieren. Rinder, Schweine, Schafe und Pferde waren demnach vom Neolithikum bis ins Mittelalter generell kleinwüchsiger als die heutigen Rassen. Ein bemerkenswerter Anstieg der Körpergröße kann bei einigen Arten für die Jahrhunderte der Römischen Kaiserzeit im provinzialrömischen Gebiet Mitteleuropas belegt werden (▶ **Abb. 1.4**) – ein Beleg für den hohen Leistungsstand römischer Tierhaltung und -zucht!

Ungeachtet der Verfügbarkeit von Haustieren, die zusammen mit angebauten Kulturpflanzen im Prinzip die Nahrungsversorgung der Bevölkerungen sicherten, sind vom Neolithikum bis zum Mittelalter zusätzlich noch natürliche Tierressourcen genutzt worden.

## Jagd und Fischfang

In den Fundinventaren gut dokumentiert ist vor allem die Jagd zur Erlangung von Wildbret und anderen Tieren. Umfang und Intensität waren nach Ausweis der Knochenfunde zeitlich und regional unterschiedlich. Wichtige Motive für eine verstärkte Jagdtätigkeit konnten u. a. Nahrungsmangel aus der landwirtschaftlichen Produktion, Schutz der Felder und Gärten vor Fraßschädlingen, Bereicherung der Palette an verfügbaren Nahrungsmitteln, sportliches Vergnügen oder auch Jagd aus Prestigegründen sein.

Auffällige regionale Unterschiede in der Intensität von Jagdaktivitäten finden sich beispielsweise bei den frühen Bauernbevölkerungen Mitteleuropas. Wie Knochenfunde aus Siedlungen der Bandkeramik-Kultur zeigen, spielte die Jagd im mitteldeutschen Raum nur eine untergeordnete Rolle für die Versorgung mit Nahrung, während

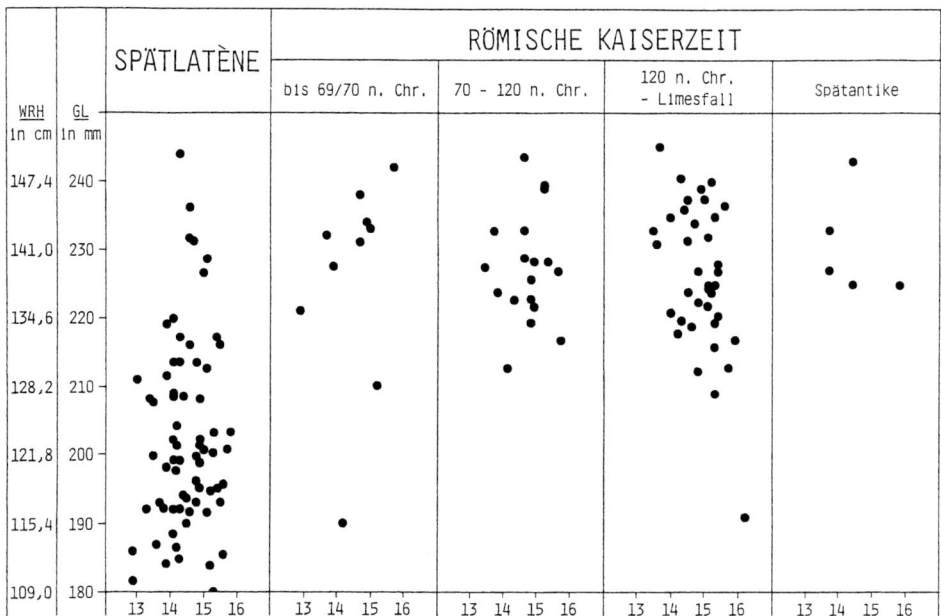

**Abb. 1.4.** Größenentwicklung des Pferdes von der Spätlatènezeit bis zur Spätantike im römischen Deutschland nach Längen von Mittelhandknochen (nach PETERS 1994, Abb. 4.5). In der Ordinate bedeuten WRH – Widerristhöhe und GL – Größte Länge. Auf der Abszisse ist jeweils ein Wuchsform-Index aufgetragen. Die Größenzunahme ist wohl überwiegend das Ergebnis einer Verdrängungszucht mit eingeführten, großwüchsigen römischen Hengsten an den bodenständigen, kleinwüchsigen keltischen Pferden.

in Südwest- und Süddeutschland in jener Zeit ein Großteil des konsumierten Fleisches von Wildtieren bezogen wurde (DÖHLE 1994; ▶ **Abb. 1.5**). Hier mussten offenbar Engpässe in der Landwirtschaft durch eine intensivere Nutzung natürlicher Ressourcen ausgeglichen werden. Eine deutliche Zunahme der Jagdtätigkeit in den Siedlungen des frühen 4. Jahrtausends v.Chr. im Gebiet des Alpenvorlandes wird ebenfalls als eine Reaktion auf krisenhafte Erscheinungen in der landwirtschaftlichen Produktion, vermutlich verursacht durch Klimaverschlechterungen, angesehen (SCHIBLER et al. 1997). Ein anderes interessantes Phänomen des Neolithikums betrifft die Existenz von Jagdstationen, die vor allem aus dem nordmitteleuropäischen Tiefland bekannt geworden sind. Untersuchungen an Funden von Hüde I (Niedersachsen) und Löddigsee (Mecklenburg-Vorpommern) zeigen, dass es sich hier um Plätze handelt, die zu bestimmten Jahreszeiten von Bewohnern nahe gelegener Dörfer gezielt aufgesucht wurden, um Jagd auf große Huftiere und Pelztiere zu machen sowie Fischfang zu betreiben (HÜSTER 1983, HÜBNER et al. 1988, BECKER & BENECKE 2002).

In den nachfolgenden Metallzeiten hat die Jagd zur Sicherung der Ernährung nur geringe Bedeutung. Aus dem Mittelalter sind von einigen herrschaftlichen Burgen umfangreichere Kollektionen an Knochen erlegten Wilds bekannt, so z. B. aus Berlin-Köpenick sowie aus Zehren und Meißen in Sachsen. Unter diesen überwiegen Reste von Hochwild, wobei kräftige ausgewachsene, männliche Tiere die Mehrzahl ausmachen. Hier wurde die Jagd überwiegend als Zeitvertreib bzw. Sport durch eine privilegierte Schicht betrieben. Dazu passen auch Hinweise auf die Praxis der Beizjagd auf diesen Fundstellen (MÜLLER 1982).

# 1 Archäologische Funde organischer Zusammensetzung

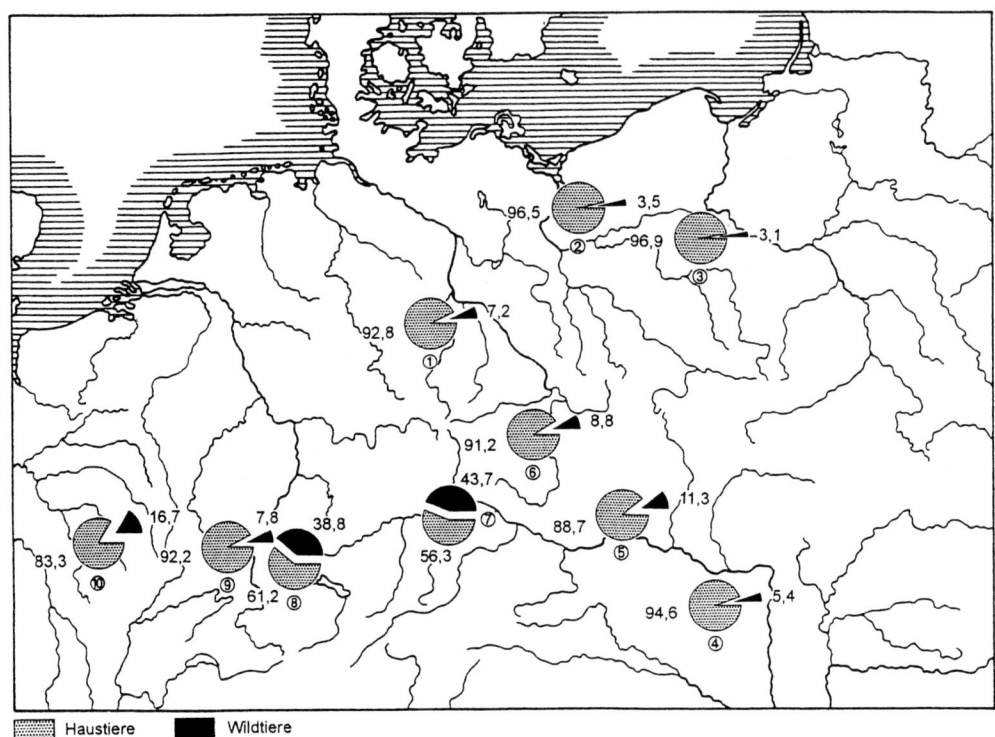

**Abb. 1.5.** Haustier-Wildtier-Anteile (in %) linienbandkeramischer Fundkomplexe, Einzelangaben nach Regionen zusammengefasst. 1 – Mitteldeutschland, 2 – östliches Odermündungsgebiet, 3 – Kujawien, 4 – Transdanubien, 5 – Niederösterreich, 6 – Böhmen, 7 – Niederbayern, 8 – Südwestdeutschland, 9 – Elsaß, 10 – Pariser Becken (nach DÖHLE 1994, Abb. 62)

Fische stellen auch in den jüngeren Perioden bis zum Mittelalter eine wichtige natürliche Ressource im Rahmen der Nahrungswirtschaft dar. Fischfang wurde sowohl in Binnengewässern als auch entlang der Meeresküsten betrieben. Seit römischer Zeit lassen sich Anfänge eines Fernhandels mit konservierten Fischen belegen. Das wird aus Funden von Knochen mediterraner Meeresfische – spanische Makrele und Barrakuda – in provinzialrömischen Siedlungen Mitteleuropas deutlich (PETERS 1998). Fisch wurde direkt verzehrt oder zur Herstellung von Fischsaucen (*garum*, *allec*) verwendet, die als Würze römischer Gerichte bzw. medizinischen Zwecken dienten. Derartige Fischsaucen wurden als Handelsware in Amphoren aus den Erzeugergebieten am Mittelmeer und am Atlantik in alle Teile des Reiches transportiert, so auch in die transalpinen Provinzen. Untersuchungen an Rückständen aus Saucenamphoren geben hier einen Einblick in die Vielfalt der für die Herstellung solcher Saucen verwendeten Arten. So ließen sich beispielsweise in einer römischen Amphore aus Salzburg, die Rückstände von *allec* enthielt, 24 verschiedene Fischarten belegen, und zwar neben den häufigen Sardinen, Sardellen und Laxierfischen auch Ährenfisch, Grasnadel, Ringelbrassen, Rotbarbe, Meergrundel und Seezunge (LEPIKSAAR 1986). Für jene Amphore bzw. das in ihr transportierte Produkt wird eine Herkunft aus Oberitalien oder Istrien vermutet.

Im Mittelalter erlangte der Fischfang an den Küsten von Nord- und Ostsee eine hohe Blüte, wie entsprechende Funde aus Elisenhof, Haithabu, Schleswig, Ralswiek oder Menzlin zeigen. Er sicherte nicht mehr nur den Eigenbedarf der hier lebenden Menschen, sondern bediente den Handel vor allem mit Heringen (BENECKE 1982). Das belegen Nachweise in Siedlungen weit im Binnenland. Im hohen und späten Mittelalter wurden Dorschfische zu einem beliebten Handelsgut. Der Fernhandel mit diesen Fischen erstreckte sich von den Fanggebieten der Nordsee bis in das Alpenvorland. Die in jener Zeit aufkommende Teichhaltung des Karpfens diente ebenfalls dazu, der steigenden Nachfrage an Fisch gerecht zu werden.

## Soziale Unterschiede im Nahrungserwerb

Gelegentlich lassen sich Hinweise auf sozial geprägte Unterschiede in der Zugänglichkeit zu bestimmten Nahrungsmitteln gewinnen. Als Beispiel sei die römische Stadt Augusta raurica bei Basel genannt. Nach der Verteilung der Tierreste können zwei Bereiche gegeneinander abgegrenzt werden. Gute Wohnlagen zeichnen sich durch Fundkomplexe mit hohen Schweine-, Geflügel- und Wildtieranteilen aus. In Quartieren mit gemischter Funktion (Wohnen/Handwerk) oder Arealen mit eher öffentlichem Charakter (z. B. Tabernen) überwiegen Funde von Rindern. Rindfleisch galt in jener Zeit als billiges Nahrungsmittel, das hauptsächlich von den ärmeren Schichten der Bevölkerung konsumiert wurde (LEHMANN & BREUER 1997).

## Religion

Neben ihrer Rolle als Nahrungs- und Rohstoffquelle besaßen Tiere für die ur- und frühgeschichtlichen Bevölkerungen zudem Bedeutung in der Religion und dem damit verbundenen Kultgeschehen. Die Verwendung von Tieren im Kult erstreckte sich im wesentlichen auf drei Bereiche: Menschliche Bestattungen, Tieropfer im Bereich von Siedlungen sowie Opferungen von Tieren an besonderen Plätzen. Dazu seien zwei Beispiele aus der Bronze- und Eisenzeit Mitteleuropas angeführt.

Häufig sind Tierreste in Bestattungen auf Brandgräberfeldern der mittleren und späten Bronzezeit anzutreffen. Der überwiegende Teil geht hier auf Fleischbeigaben im Sinne einer „Wegzehrung für den Toten" zurück. Daneben können tierische Reste von Geräte- und Schmuckbeigaben oder von Tieropfern als Teil einer Bestattungszeremonie stammen.

Bekannt sind auch reine Tierbestattungen im Bereich solcher Gräberfelder. Archäozoologisch gut untersucht sind die Brandgräberfelder der Jungbronzezeit in Mittel- und Ostdeutschland. Grundsätzlich zeigen Tierreste aus Gräbern eine andere prozentuale Zusammensetzung der Arten als Knochenfunde aus Siedlungen. Bei der Verwendung von Tieren im Bestattungskult galten offenbar bestimmte Auswahlprinzipien. Einige Gräberfelder (z. B. Mescheide, Tornow 2) zeichnen sich durch sehr hohe Anteile von Pferden aus, in anderen Gräberfeldern dominieren Rinder. Im Gräberfeld von Tornow 3 waren nur Reste vom Oberschädel bzw. von den unteren Extremitätenknochen von Rindern zu finden (TEICHERT 1983). Hier ist möglicherweise ein Mitverbrennen symbolischer Opfertiere, d.h. von ausgestopften Tierbälgen, im Rahmen der Leichenverbrennung dokumentiert.

Tieropfer an Flüssen, Seen, Mooren oder in Höhlen waren ein eigenständiger Bereich im Tierkult. Eine bekannte Opferstätte aus der frühen Eisenzeit ist Lossow, Frankfurt/Oder. Hier wurden Menschen- und Tieropfer in 3–7 m tiefe Schächte versenkt (BENECKE 1995). Wichtigste Opfertiere waren subadulte und jungadulte Rinder beiderlei Geschlechts. Eine besondere Auswahl der Tiere scheint nicht stattgefunden zu haben, denn weder in der Altersstruktur noch im Geschlechterverhältnis zeigen sich wesentliche Unterschiede zwischen dem Fundmaterial aus den Schächten und dem der älteren Siedlung. Vor der Deponierung in die Schächte wurden die Rinder zerlegt; nur der Kopf und fleischreiche Teile der Extremitäten gelangten in die Schächte (▶ Abb. 1.6). In den Schächten waren zudem noch Skelettreste von Pferd, Schaf und Hund nachweisbar. Auf der Sohle von Schacht 56 fand man das komplette Skelett eines ca. 17 Monate alten Rothirsches. Das Tier wurde vielleicht gefesselt in den Schacht geworfen. Angesichts des hohen Symbolgehaltes von Bestattungen bzw. szenischen Darstellungen von Rothirschen während der Urnenfelder- und Hallstattzeit muss diese Niederlegung als ein besonderes Opfer angesehen werden.

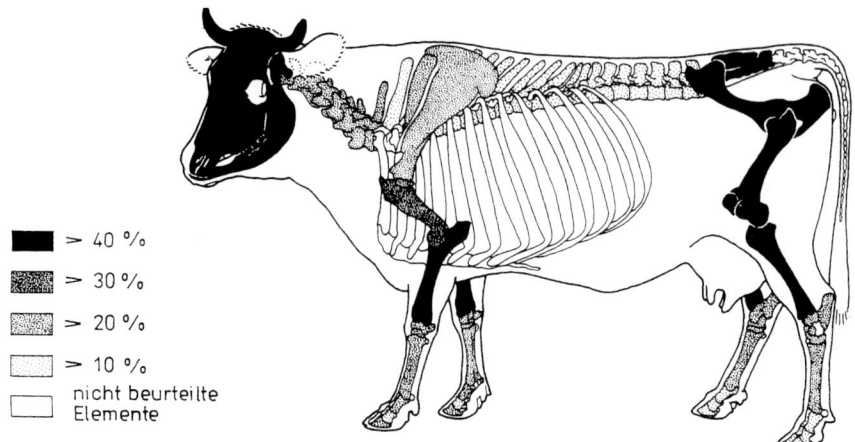

**Abb. 1.6.** Relative Anteile der Skelettelemente im Fundmaterial vom Hausrind aus den Opferschächten von Frankfurt/O.-Lossow (nach BENECKE 1995, Abb. 6).

*Paläoökologie und Faunengeschichte*

Wildtiere eines Biotops bilden eine Lebensgemeinschaft (Biozönose), die bis zu einem gewissen Grade die physikalischen, chemischen und biologischen Eigenschaften des jeweiligen Lebensraumes widerspiegelt. Daher können aus dem Fundspektrum von Wildtieren Gegebenheiten des Lebensraumes rekonstruiert werden. Das trifft besonders für natürliche Ablagerungen von Tierresten in Abris oder Höhlen zu, die Rückschlüsse auf die ursprünglichen Biozönosen in ihrer Umgebung erlauben. Überreste von Wildtieren aus Siedlungsplätzen des Menschen geben dagegen die lokale oder regionale paläoökologische Situation nur ausschnittsweise wieder, da hier lediglich der vom Menschen genutzte Teil der natürlichen Fauna vertreten ist. Nachfolgend werden an einigen Beispielen die Möglichkeiten faunenhistorischer und paläoökologischer Aussagen durch Studien an Tierresten aufgezeigt. Grundsätzliche Überlegungen zu diesem Gegenstand finden sich in DINCAUZE (2000).

Tierreste ermöglichen Einblicke in die räumlich-zeitliche Entwicklung einzelner Tierarten bzw. -gemeinschaften. So liegen heute zahlreiche Angaben zum Faunenwandel im Quartär vor, insbesondere für Säugetiere und Vögel. Besonderes Interesse gilt nach wie vor dem Artenwechsel am Übergang vom Pleistozän zum Holozän, d.h. dem Aussterben bzw. dem Rückzug kaltzeitlicher Formen sowie der Ausbreitung warmzeitlicher Tierarten. Gut erforscht ist diesbezüglich das nördliche Rheinland, wo in den letzten Jahren zahlreiche Faunenkomplexe des Spätglazials bzw. des Frühholozäns untersucht worden sind (STREET & BAALES 1999).

*Absolutdatierungen*

Untersuchungen zum Faunenwandel basieren auf der Datierung von Tierresten. Diese erfolgte in der Vergangenheit ausschließlich relativchronologisch, d.h. vor allem nach archäologischen, pollenanalytischen oder gelegentlich auch nach geologischen Befunden. Mit der Weiterentwicklung der Radiokarbondatierung durch die Beschleuniger-Massenspektrometrie (AMS), die nur einen Bruchteil der Probensubstanz im Vergleich zur konventionellen Datierungsmethode benötigt, können heute auch einzelne Tierknochen bzw. kleine Fragmente direkt datiert werden. Damit eröffnen sich für faunengeschichtlich orientierte Untersuchungen ganz neue Perspektiven.

In den letzten Jahren sind zahlreiche Tierfunde zur Überprüfung ihres Alters radiometrisch datiert

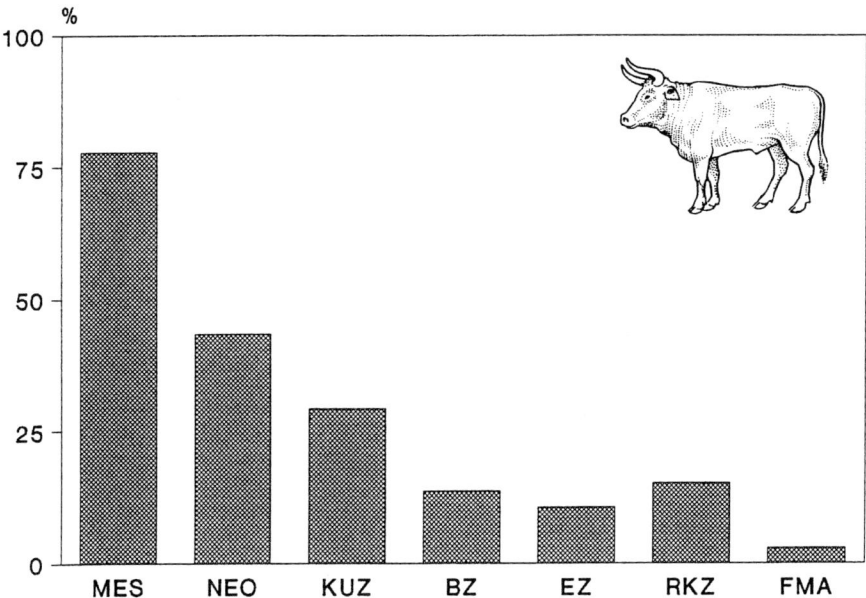

**Abb. 1.7.** Der Anteil vom Ur an den Knochenfunden der Wildsäugetiere im Karpatenbecken in verschiedenen Zeitepochen des Holozäns (MES – Mesolithikum, NEO – Neolithikum, KUZ – Kupferzeit, BZ – Bronzezeit, EZ – Eisenzeit, RKZ – Römische Kaiserzeit, FMA – Frühmittelalter; nach VÖRÖS 1985, Tab. 2).

worden. Dabei haben sich z. B. im Fall der bekannten spätpaläolithischen Fundstelle Stellmoor zahlreiche Korrekturen ergeben. Früher der Hauptfundschicht (Ahrensburger Kultur) und damit dem Dryas III zugeordnete Funde von Arten wie Wisent, Biber und Rotfuchs ergaben jetzt ein frühholozänes Alter (BRATLUND 1999). Durch Radiokarbon-Datierungen sind auch die Altersstellung des Ur-Skeletts von Potsdam-Schlaatz und die mit ihm assoziierte Fauna mit Rothirsch, Wildschwein und Wildpferd korrigiert worden. Das ursprünglich in das Spätglazial gestellte Ensemble gehört danach in das frühe Präboreal (BENECKE 2002). Bezogen auf angeblich mittelholozäne Funde vom Wildpferd aus Südschweden ließ sich durch Direktdatierungen nachweisen, dass alle überprüften Stücke lediglich eisenzeitlich oder noch jünger sind und demzufolge wohl ausschließlich von Hauspferden stammen (EKSTRÖM et al. 1989). Der Süden der Skandinavischen Halbinsel wird daher heute nicht mehr zum nacheiszeitlichen Verbreitungsgebiet des Wildpferdes gerechnet.

## Das Aussterben von Tierarten – Mensch und Umwelt

Archäozoologische Materialanalysen ermöglichen auch, Prozesse wie das Aussterben von Tierarten im Holozän zu verfolgen. Entsprechende Arbeiten widmeten sich z. B. dem Europäischen Wildesel und dem Ur (VÖRÖS 1981, 1985). Die schrittweise Ausrottung des Urs steht offenbar in engem Zusammenhang mit menschlichen Aktivitäten (u. a. Bejagung, Tierhaltung; ▶ Abb. 1.7). Andere Untersuchungen betreffen Arealverschiebungen von Tierarten während der Nacheiszeit. Sie belegen zum Beispiel, dass sich die westliche Verbreitungsgrenze des Elches sukzessive nach Osten verschoben hat. Noch in der Römischen Kaiserzeit kam der Elch am Rhein vor, im Mittelalter bildete die Elbe die westliche Grenze seines Vorkommens, heute ist es die Weichsel (WILLMS 1987). Auch der Rückzug des Damhirsches oder des Löwen aus Südosteuropa ist gut dokumentiert (BECKER 1997, MANHART 1998).

Wichtige Aufschlüsse über die Umwelt bzw. die Mensch-Umwelt-Spirale (vgl. Beitrag Schröder in diesem Band) lassen sich aus dem Studium von Häufigkeitsveränderungen bei Tieren ableiten. Ein klassisches Anwendungsgebiet ist die Auswertung von Kleinsäuger- und Molluskenfaunen von alt- und mittelsteinzeitlichen Fundstellen, um paläoökologische und biostratigraphische Fragen zu klären. Mit dem gleichen Ziel werden gelegentlich auch Kleinkrebse (*Cladocera* sp.) aus organogenen Seeablagerungen untersucht. Am Skrzetuszewski-See ließ sich über die Veränderung der *Cladocera*-Fauna eine sprunghafte Zunahme der Eutrophierung des Gewässers als Folge einer verstärkten Siedlungstätigkeit des Menschen seit dem frühen Mittelalter nachweisen (TOBOLSKI 1991). Für die Rekonstruktion der Umweltverhältnisse im Bereich einer prähistorischen Siedlung versprechen auch die in jüngster Zeit begonnenen Studien an Hornmilbenfaunen (Oribatida) wichtige zusätzliche Informationen (SCHELVIS 1990).

Eindrucksvoll lässt sich der anthropogene Einfluss auf die Häufigkeit einer Wildtierart am Beispiel des Feldhasen zeigen. Er ist Steppenbewohner und damit eine typische Art des Offenlandes. Im Mesolithikum, als in Mitteleuropa noch geschlossene Wälder vorherrschten, ist er nach Ausweis der Knochenfunde sehr selten. Im Neolithikum nimmt die Häufigkeit des Hasen deutlich zu, und im Mittelalter erreicht er die höchsten Fundanteile (HEINRICH 1991, DÖHLE 1996). Diese Entwicklung spiegelt wohl die zunehmende Öffnung der Landschaft infolge landwirtschaftlicher Tätigkeit wider. Ähnliche Beobachtungen der Bestandsentwicklung mit einer Zunahme im Mittelalter liegen für das Reh vor. Auch hier muss angenommen werden, dass sich die Ausweitung agrarisch genutzter Flächen positiv auf die Abundanz dieses Waldrandtieres ausgewirkt hat.

## Ausblick

Studien an Tierresten ermöglichen vielfältige Informationen zum Verhältnis Mensch und Tierwelt in ur- und fühgeschichtlicher Zeit. In der Vergangenheit ist vorrangig der Aspekt der Nutzung der Tierwelt durch den Menschen untersucht worden. Dabei standen Fragen der Gewinnung von Nahrung und tierischen Rohstoffen sowie die damit verbundenen Veränderungen in der Bewirtschaftung von Tieren im Mittelpunkt des Interesses. Forschungen zu diesen Fragen sind auch weiterhin bedeutsam und lassen besonders durch den Einsatz naturwissenschaftlicher Methoden – Analyse von Spurenelementen und stabilen Isotopen, aDNA, radiometrische Altersbestimmungen – neue Erkenntnisse erwarten. Zunehmend in den Vordergrund rücken Studien zur Rekonstruktion von Umweltverhältnissen (Paläoökologie) bzw. zum Einfluss des Menschen auf seinen Lebensraum in einzelnen prähistorischen Zeitabschnitten. Neben den klassischen Fundmaterialien (Säugetiere, Vögel, Fische) gewinnen dabei andere Tiergruppen, vor allem solche aus dem Bereich der Wirbellosen (Insekten, Milben, Krebse), an Bedeutung. An ihnen lassen sich lokale Umweltverhältnisse bzw. -veränderungen rekonstruieren. Noch ungenügend erforscht ist das komplexe Wirkungsgefüge zwischen evolutiven Trends, klimatisch verursachten Veränderungen und anthropogenen Einflüssen in der Entwicklung der pleistozänen und holozänen Tierwelt. Zur Lösung derartiger Fragen bedarf es der engen interdisziplinären Zusammenarbeit zwischen Zoologen, Botanikern, Klimatologen, Geologen und Archäologen. Essentiell ist eine adäquate Einbindung der Archäozoologie in Lehre und Forschung. Hier bestehen in Deutschland nach wie vor erhebliche Defizite (BECKER & BENECKE 2001).

## Literatur

Becker, C., 1997
Becker, C. & Benecke, N., 2001
Benecke, N., 1982, 1985, 1994, 1995, 2000, 2002a, 2002b
Binford, L. R., 1983
Bratlund, D., 1999
Claassen Ch., 1998
Deith, M., 1983
Dincauze, D. F., 2000
Döhle, H.-J., 1994, 1996
von den Driesch, A., 1982
Ekström, J., Furuby, E. & Liljegren, R., 1989
Grue, H. & Jensen, B., 1979
Hall, A.R. & Kenward, H.K., 1982
Heinrich, D., 1991

Hillson, S., 1986.
Hübner, K.-D., Saur, R. & Reichstein, H., 1988
Hüster, H., 1983
Jarman, M. R., Bailey, G. N. & Jarman, H. N., 1982
Kenward, H. K., 1978
Klevezal, G. A., 1996
Legge, A. J. & Rowley-Conwy, P. A., 1988
Lehmann, P. & Breuer, G., 1997
Lepiksaar, J., 1986
Lyman, R. L., 1994
Manhart, H., 1998
Mania, D., 1989
Morales, A. & Rosenlund, K., 1979
Müller, H.-H., 1982
Noe-Nygaard, N., 1975, 1988

O'Connor, T., 2000
Peters, J., 1994, 1998
Pike-Tay, A. (ed.), 2001
Reichstein, H., 1989
Reitz, E. J. & Wing, E. S., 1999
Schelvis, J., 1990
Schibler, J., Jacomet, S., Hüster-Plogmann, H. & Brombacher, C., 1997
Shackleton, N., 1973
Street, M. & Baales, M., 1999
Teichert, L., 1983
Tobolski, K., 1991
Vörös, I., 1981, 1985
Wheeler, A. & Jones, A. F. G., 1989
Willms, Chr., 1987

# Prähistorische Anthropologie zwischen Maßband und PCR – Der Stellenwert konventioneller Methoden im Angesicht moderner Analyseverfahren

Joachim Wahl

## Einleitung

Menschliche Skelettreste treten zu Tage als Grabfunde, Streuknochen, Teilskelette, Artefakte oder in kultischem Kontext. Als unmittelbare Überreste unserer Vorfahren liefern sie vielfältige Informationen zur Individualgeschichte ebenso wie zu den Lebensumständen einer größeren Populationsstichprobe. Zudem sind sie Spurenträger einer Vielzahl taphonomischer Prozesse (HAGLUND & SORG 1997).

Die Etablierung methodischer Grundlagen sowie deren Standardisierung reicht weit in die Geschichte der Anthropologie zurück (MARTIN 1928). Dabei spielten und spielen die Anthropometrie und Morphognose mit der Erfassung von Größen- und Formmerkmalen in allen wesentlichen Teilbereichen eine entscheidende, aber nicht immer unumstrittene Rolle (BRAUNFELS et al. 1973, KNUSSMANN 1988, LOTH & HENNEBERG 1996). Mit der Einführung multivariat-statistischer Ansätze, wie Diskriminanzanalyse und Penroseabstand (z. B. HENKE 1974, SCHWIDETZKY & RÖSING 1975), waren die metrischen Methoden zunächst ausgereizt. Mit Hilfe der epigenetischen und odontologischen Merkmale, heute eher anatomische Varianten genannt, bekam man erstmals auch Ähnlichkeitsbeziehungen zu fassen, die auf Verwandtschaft einzelner Individuen oder Populationsstichproben hindeuten können (z. B. CZARNETZKI 1972, ALT 1997). Statistik und weiter differenzierte Methoden der Alters- und Geschlechtsbestimmung erlaubten daneben grundlegende Aussagen zur Paläodemographie (u. a. LANGENSCHEIDT 1985, WITTWER-BACKOFEN 1990). Mit der „Entdeckung" jahrringartiger Zuwachsringe im Bereich der Zahnwurzeln war dann das Optimum hinsichtlich der Genauigkeit zur Diagnose des Sterbealters erreicht (GROSSKOPF 1990). Bei der Beurteilung krankhafter Veränderungen am Knochen kamen moderne bildgebende Verfahren zum Einsatz (SCHULTZ 1988, BECK 1996). Seit einigen Jahren hat sich aber das Methodenspektrum innerhalb der Anthropologie schlagartig erweitert. Durch die stetige Verfeinerung biochemischer und molekulargenetischer Analyseverfahren eröffnen sich Möglichkeiten vorher ungeahnter Präzision und Aussagefähigkeit.

In der Folge scheinen die konventionellen Methoden stark in den Hintergrund gedrängt. Sie gelten als weniger solide, unpräzise und überholt. Das mag zwar für einzelne Parameter zutreffen, doch im Hinblick auf die hohen technischen und finanziellen Anforderungen der modernen Ansätze sowie in Teilbereichen noch unzureichend geklärte Fehlerquellen kommt dem älteren Methodenspektrum auch weiterhin ein hoher Stellenwert zu. Es gehört nach wie vor zum Standardinventar osteologischer Arbeit.

Die Frage, welche Untersuchungsansätze in einem konkreten Fall zum Einsatz kommen, bedarf seit jeher einer kritischen Abwägung. Vielfach limitiert bereits der Erhaltungszustand der überlieferten Knochenreste die Anwendung alternativer Vorgehensweisen. Die konventionellen Methoden bleiben schon deswegen mit im Boot, weil wesentliche Parameter wie z. B. Schädelform, Körperhöhe, traumatische Ereignisse und Verschleißerscheinungen, niemals aus dem Reagenzglas zu klären sein werden. Tatsächlich erleben sogar einige der jahrzehntelang etablierten Ansätze gerade in jüngster Zeit wieder neue Impulse hinsichtlich ihrer Zuverlässigkeit und Validität.

## Altersbestimmung

Die makroskopische Bestimmung des Sterbealters basiert bei Nichterwachsenen im wesentlichen auf der Zahnentwicklung sowie messbaren Wachstumsvorgängen bis hin zum Epi- und Apophysenschluss, bei Erwachsenen auf der Verwachsung der Schädelnähte, der Abkauung der Zähne, degenerativen oder atrophischen Veränderungen sowie der Verknöcherung knorpeliger Skelettelemente (z. B. FEREMBACH et al. 1979, PERIZONIUS 1984, MEINDL & LOVEJOY 1985, ISCAN 1989, HERRMANN et al. 1990, KEMKES-GROTTENTHALER 1993, HILLSON 1998). Alle diese Kriterien geben aber prinzipiell nur Auskunft über das biologische Alter des Betreffenden. Das tatsächliche, kalendarische Alter kann davon erheblich abweichen, da in jeder Populationseinheit mit früh- und spätreifen Individuen zu rechnen ist. Zudem vermögen endogene und exogene Faktoren Alterungsprozesse zu beeinflussen, ohne dass diese in jedem Einzelfall erkannt und benannt werden können. Die Altersangabe sollte daher grundsätzlich mit einer dem jeweiligen Kriterium entsprechenden Fehlerspanne versehen werden, z. B. für den Zahndurchbruch zwischen plus/minus 0,5 und 3 Jahre und für die Obliteration der Schädelnähte plus/minus 5 Jahre. Innerhalb des letztgenannten Merkmalskomplexes muss zwischen der endo- und ektokranialen Befundung unterschieden und das Vorhandensein von Nahtknochen als möglicher Verzögerungsfaktor berücksichtigt werden. Nach bisherigen Erfahrungen werden Frauen und Über-40jährige altersmäßig am ehesten unterschätzt. Eine Beurteilung an Röntgenbildern von 90 Oberschenkelknochen erbrachte jüngst in fast

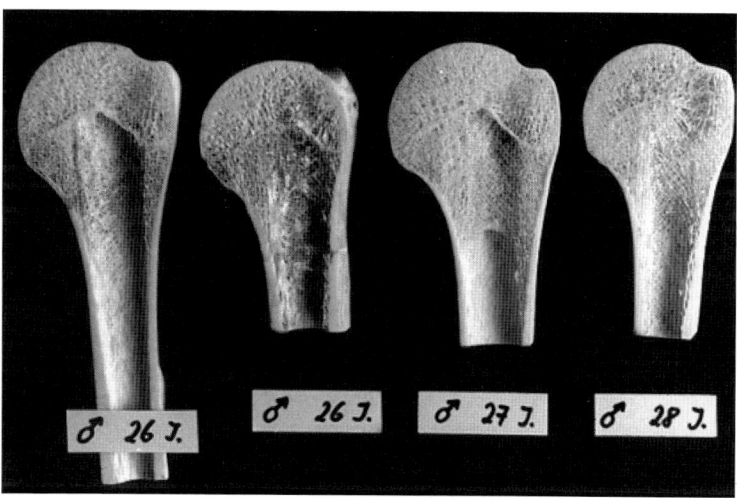

**Abb. 1.8.** Längsschnitte der proximalen Gelenkenden von vier altersbekannten Oberarmknochen. Trotz nahezu identischen Sterbealters lassen sich deutliche Unterschiede bezüglich der Spongiosadichte und der Markhöhlengrenzen feststellen. Sektionsmaterial des Instituts für Gerichtliche Medizin der Universität Tübingen, mit freundlicher Genehmigung.

**Abb. 1.9.** Kompaktaquerschnitt des Oberschenkelknochens des über TCA (Tooth Cementum Annulation) auf 49 Jahre geschätzten Mannes aus der frühmittelalterlichen Nekropole von Altenerding, Grab 1331. Neben den konzentrisch aufgebauten Osteonen sind Lamellenstrukturen ohne Zentralkanal zu erkennen. Dabei handelt es sich um ältere, so genannte Restosteone. Aufnahme mit Differentialinterferenzkontrast, von S. Doppler, Ludwig-Maximilians-Universität, München.

einem Viertel der Fälle Abweichungen von mehr als 15 Jahren (GEHRING et al. 2002).

Durch die Kombination von vier verschiedenen Parametern, dem Relief der Facies symphysialis des Schambeins, der Spongiosastruktur der proximalen Epiphysen von Humerus und Femur sowie dem endokranialen Nahtverschluss (separat für 16 Abschnitte der drei großen Schädelnähte), sollten die relativ großen Fehlerspannen minimiert werden. Kontrolluntersuchungen ergaben zwar für 80 % der Fälle eine mittlere Abweichung von lediglich ± 2,5 Jahren, in der Zwischenzeit erfuhr dieses Verfahren allerdings massive Kritik: Bei Frauen verändert sich das Symphysenrelief der Schambeinfuge infolge von Geburtsvorgängen stärker als bei Männern. Die Dichte und Ausdehnung der Spongiosa kann bei gleichalten Individuen deutlich voneinander abweichen und zudem als Folge einer Inaktivitätsatrophie auch bei jüngeren Erwachsenen merklich zurückgehen (▶ **Abb. 1.8**).

Seit kurzem wird eine neue Kombinationsmethode getestet (MILNER & BOLDSEN 2000). Dabei sind als altersabhängige Variable zwei Beckenmerkmale (Symphysenregion und Aurikularfläche mit insgesamt 14 Einzelkriterien), fünf kleinere Nahtabschnitte des Hirn- und Gesichtsschädels (u. a. der rückwärtige Anteil der Gaumenmittelnaht), die Tibia und das Kreuzbein enthalten. Bislang liegen allerdings noch keine größeren Reihenuntersuchungen an altersbekannten Serien vor, um die Zuverlässigkeit dieses Ansatzes zu beurteilen.

Abnutzungs- und Verschleißerscheinungen können lediglich schwache Indizien sein, da sie u. a. von der individuellen genetischen Disposition, Ernährungsweise, evtl. vorhandenen Stoffwechselstörungen sowie körperlichen Belastungen abhängig oder Sekundärfolgen krankhafter Veränderungen und Verletzungen sein können. So darf z. B. die Zahnkronenabrasion nur in groben Grenzen und unter größtem Vorbehalt herangezogen werden.

Daneben kommen zur Altersbestimmung vermehrt histologische Präparate zum Einsatz, z. B. Dünnschliffe der Langknochenkompakta (▶ **Abb. 1.9**). Diese Methode beruht auf der Tatsache, dass

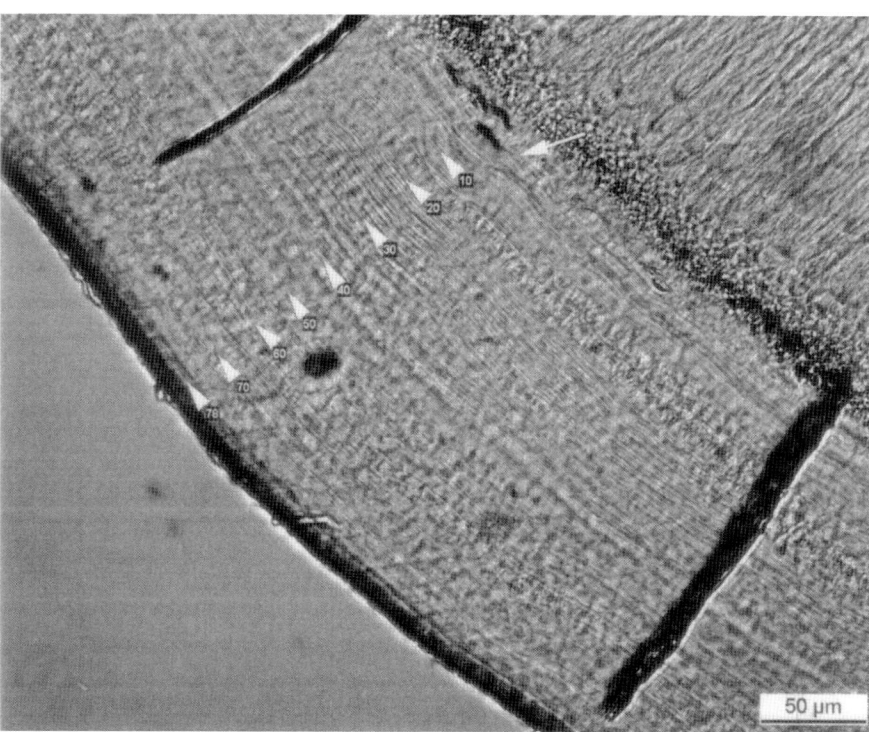

**Abb. 1.10.** Querschnitt durch das azelluläre Fremdfaserzement eines unteren Eckzahnes eines 87 Jahre und 7 Monate alten Mannes. Die Altersschätzung anhand der TCA ergibt ein Sterbealter von 88 plus/minus 2,5 Jahren (78 Ringe addiert mit dem mittleren Durchbruchsalter des Zahnes von 10 Jahren). Nach Wittwer-Backofen et al. 2004, Abb. 1.10.

Knochengewebe keine tote Substanz darstellt, sondern zeitlebens umgebaut wird. Osteoblasten sorgen für den Aufbau, Osteoklasten für den Abbau. Während des Wachstums überwiegen die Aufbau-, in fortgeschrittenem Alter die Abbauprozesse. So lassen sich unter dem Mikroskop mit zunehmendem Alter vermehrt sogenannte Restosteone als Überbleibsel unvollständig abgebauter Knochenbausteine feststellen. Die Standardabweichungen zum chronologischen Alter liegen zwischen sieben und über 14 Jahren, lediglich bei der Fibula niedriger (Kerley & Ubelaker 1987). Als derzeit genaueste Methode zur Ermittlung des Individualalters gilt die Auszählung von Zuwachsringen im Zement von Zähnen des bleibenden Gebisses (TCA = Tooth Cementum Annulation; ▶ **Abb. 1.9, 1.10**). Ursprünglich von Zoologen zur Altersbestimmung bei Jagdwild entwickelt, wurde dieses Verfahren auf alle Säuger und damit auch auf menschliches Zahnmaterial übertragen (Charles et al. 1986, Condon et al. 1986, Rösing & Kvaal 1998). Unter dem Mikroskop lassen sich am Querschnitt des Zahnhalses ringförmige Anlagerungen erkennen, die Jahresringen an Bäumen ähneln und deren Ausbildung offenbar einem circaannualen Rhythmus folgt. Da sie gleichermaßen an impaktierten, d. h. nicht durchgebrochenen, Zähnen festgestellt wurden, muss ein endogener Taktgeber vorhanden sein. Dessen physiologischer Hintergrund konnte allerdings bis heute noch nicht identifiziert werden. Andere Autoren bringen sie eher in Zusammenhang mit der sog. Okklusaldrift der Zähne, d. h. mit dem altersbedingten Zurückweichen des Alveolarknochens und der damit verbundenen Notwendigkeit zusätzlicher Verankerungsmechanismen. Die sukzessive konzentrisch angelagerten Strukturen lassen sich bereits bei 100facher Vergrößerung im so genannten azellulären Fremdfaserzement, das im zervikalen und mittleren Drittel der Zahnwurzel unmittelbar dem Dentin aufliegt, am besten an einwurzeligen Zähnen ansprechen. Im apikalen Drittel wird es auf primär gebildetes zelluläres Eigenfaserzement aufgelagert. Daneben existiert noch das zelluläre Gemischtfaserzement, das die apikalen 10–40 % der Zahnwurzel bedeckt und dessen Zuwachs bereits vor einem halben Jahrhundert mit fortschreitendem Alter in Verbindung gebracht wurde (GUSTAFSON 1955). Es ist daher entscheidend wichtig, dass die Schnitte in der Nähe des Zahnhalses liegen. Das Individualalter ergibt sich durch die Addition der Ringzahl mit dem Durchbruchsalter des entsprechenden Zahnes, wobei zu beachten ist, dass auch präeruptiv bereits azelluläres Fremdfaserzement angelegt wird. Die Abweichung zwischen kalendarischem und histologisch ermitteltem Alter wird mit ± zweieinhalb bis sechs Jahren angegeben (WITTWER-BACKOFEN et al. 2004, JANKAUSKAS et al. 2001). V. a. ältere Personen scheinen eher unterschätzt zu werden. Die qualitative Ausprägung einzelner Ringe wurde kürzlich auch mit individuellen Ereignissen, wie Krankheiten oder Schwangerschaften in Verbindung gebracht (STROTT & GRUPE 2003).

Eine zusätzliche Unsicherheit besteht insofern, als alle heute verwendeten Kriterien zur Altersbestimmung an rezenten, also im Vergleich mit prähistorischen Bevölkerungen akzelerierten Referenzgruppen erarbeitet wurden, und deshalb – was die Genauigkeit ihrer Aussage betrifft – prinzipiell nur unter Vorbehalt übertragbar sind. Mit der Akzeleration gehen eine Vorverlegung der körperlichen Reife und damit eine Beschleunigung von Wachstumsvorgängen einher. Für eine Serie der römischen Kaiserzeit bis Völkerwanderungszeit konnte nachgewiesen werden, dass der pubertäre Wachstumsschub damals zwei bis drei Jahre später erfolgte als gegen Ende des 20. Jhs. (WAHL 1988a).

In der forensischen Praxis ist eine biochemische Methode zur Altersschätzung in Gebrauch, bei der Proben aus dem Zahndentin auf den Quotienten D-/L-Asparaginsäure geprüft werden (RITZ-TIMME 2001). Die intravitale Razemisierung dieser Aminosäure ermöglicht eine Bestimmungssicherheit von plus/minus 3–8 Jahren. Als ungünstig erweisen sich dabei jedoch längere Liegezeiten sowie Hitze- und Säureeinwirkung.

## Geschlechtsdiagnose

Die Geschlechtsbestimmung menschlicher Skelettreste ruht heute auf drei Säulen, dem metrisch fassbaren Geschlechtsdimorphismus, morphologisch abweichenden Formmerkmalen sowie molekulargenetisch nachweisbaren X- bzw. Y-chromosomalen Strukturen in der KernDNA (DNA-Analyse, vgl. Beitrag HUMMEL in diesem Band). Auch wenn sie mit unterschiedlichen „Trefferquoten" einhergehen, konkurrieren diese Methoden nicht wirklich miteinander, sondern ergänzen sich. Die häufiger detektierbare und ausschließlich über die mütterliche Linie vererbte mtDNA liefert dagegen keinerlei Anhaltspunkte zum Geschlecht des Verstorbenen.

Der Extraktion und Amplifizierung von DNA-Bausteinen liegt ein komplexes Verfahren zugrunde, Kontaminationen mit fremder Erbsubstanz müssen definitiv ausgeschlossen werden. In der forensischen Praxis sind daher mehrere Durchläufe und eine Analyse mindestens eines unabhängigen zweiten Labors üblich. Verunreinigungen können alleine durch das bei der Probenaufbereitung verwendete destillierte Wasser eingetragen werden (KOLMAN & TUROSS 2000, PUSCH et al. 2001). Eine UV-Bestrahlung der Probe wird von manchen Anwendern als unabdingbar, von anderen als sinnlos erachtet. Auch unter Berücksichtigung aller Standards „greift" die DNA-Analyse nicht in jedem Fall: Ätherische Öle, Phenole, Huminsäuren und ein feuchtes Liegemilieu wirken als Inhibitoren, stärker erodiertes Knochenmaterial versagt häufig seine Kooperation. Weniger degradiertes Erbgut wird aus kleineren Skelettelementen mit geschlossener Kortikalis, massiven Kompaktabschnitten oder Zahndentin gewonnen. Dentin enthält zwar nur einen relativ geringen Anteil organischer Komponenten, ist allerdings durch den Zahnschmelz, der als härteste Substanz des menschlichen Körpers gilt, zusätzlich gegenüber Einflüssen von außen geschützt. Die Angaben dazu, in wie viel Prozent der Fälle bislang erfolgreiche DNA-Typisierungen durchgeführt wer-

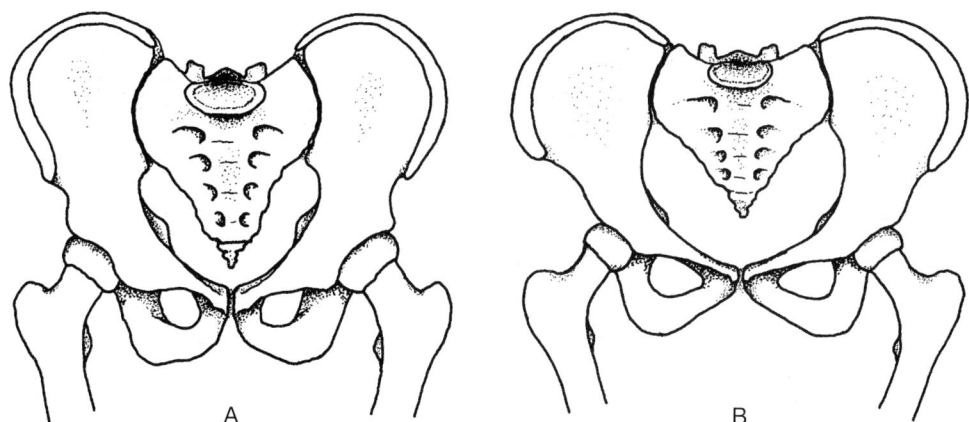

**Abb. 1.11.** Geschlechtsdimorphismus am Becken. Die typisch männliche Form (A) ist schmaler und höher, der Beckendurchgang enger und der Schambeinwinkel deutlich kleiner. Das Kreuzbein weist eine stärkere dorsoventrale Krümmung auf. Das weibliche Becken (B) ist dagegen ausladend und weit gestaltet, das Kreuzbein ragt weniger stark in den Geburtskanal hinein.

den konnten, schwanken zwischen 5 % und 30 %. Auch wenn manche Labors etwas optimistischere Zahlen angeben, muss der „Rest" mit konventionellen Methoden geschlechtsbestimmt werden.

Die morphognostische Geschlechtsdiagnose beruht auf Formmerkmalen, insbesondere am Becken und am Schädel, die zwischen Männern und Frauen verschieden ausgeprägt sind, allerdings auch innerhalb der Geschlechter sowie regional und im diachronen Vergleich variieren. Der sog. Geschlechtsdimorphismus kann dabei je nach Populationsstichprobe größer oder kleiner sein. Die Formvarianten beider Geschlechter überlappen sich also in verschieden großen „Schnittmengen". Nachdem sich gezeigt hat, dass die Variationsbreite der meisten Einzelmerkmale bei Männern größer ist als bei Frauen, werden im Zweifelsfall grazile Männer eher als Frauen fehlbestimmt, robuste Frauen dagegen seltener als Männer angesprochen.

Neben den visuell fassbaren Kriterien kommen verschiedene metrische Ansätze zur Trennung der Geschlechter zum Einsatz. Sie sind objektiv und weniger vom Erfahrungsschatz des Bearbeiters abhängig. In einigen Fällen weisen bereits die Mittelwertvergleiche signifikante Unterschiede auf. Daneben werden v. a. Indizes und Diskriminanzfunktionen berechnet, die zum Teil auf kleinräumigen Messstrecken basieren und somit auch bei bruchstückhaftem Knochenmaterial noch hilfreich sind – in jüngster Zeit z. B. MURAIL et al. (2005) für das Becken mit einer Zuverlässigkeit von, je nach Anzahl der zugrunde liegenden Maße, bis (weit) über 90%.

Unter allen Skelettelementen weist das knöcherne Becken die deutlichsten Gestaltunterschiede zwischen Männern und Frauen auf. Infolge seiner Funktion im Zusammenhang mit Schwangerschaft und Geburt ist das weibliche Becken insgesamt ausladender, niedriger und mit einem rundlicheren Beckeneingang versehen als das männliche (▶ **Abb. 1.11**). Im Detail lassen sich etwa ein Dutzend typischer Einzelstrukturen ansprechen, die nach ihrem Ausprägungsgrad gewichtet werden (z. B. HERRMANN et al. 1990, BUIKSTRA & UBELAKER 1997), u. a. auch geburtstraumatische Veränderungen, deren Fehlen allerdings nicht zwangsläufig die Diagnose ‚männlich' bedeutet. Diese Kriterien werden auch in jüngster Zeit ständig überarbeitet und optimiert. So erbrachte eine Untersuchung an mehr als 400 Becken von Erwachsenen bekannten Geschlechts aus Frankreich und Portugal bei einer Kombination aus fünf verschiedenen Aspekten des Hüftbeins eine Übereinstimmung von 95 % (BRUZEK 2002).

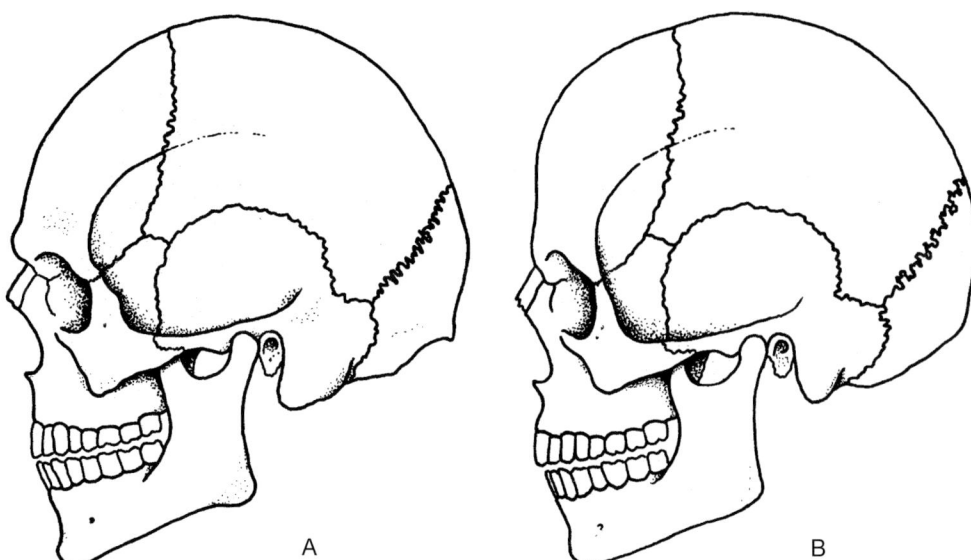

**Abb. 1.12.** Geschlechtsdimorphismus am Schädel. Die typisch männliche Form (A) zeigt eine stärker gewölbte Überaugenpartie, flachere Stirn sowie deutlicher ausgeprägte Ansatzstellen im Bereich der Nackenmuskulatur und des *Processus mastoideus*, zudem eine kräftigere Kinnpartie, markante Unterkieferwinkel und Jochbeine. Der weibliche Schädel (B) ist kleiner, er zeichnet sich durch allgemein glattere und rundere Strukturen sowie eine stärker ausgeprägte alveolare Prognathie aus.

An zweiter Stelle folgt der Schädel, der v. a. in der Überaugenregion, hinsichtlich der Stirnneigung sowie im Nackenbereich aussagekräftige morphologische Anhaltspunkte bietet (▶ Abb. 1.12). Die Unterschiede zwischen den Geschlechtern sind hier im Wesentlichen robustizitäts- und muskelzugabhängig. Für das Kalvarium und den Unterkiefer sind zusammen mehr als 20 Einzelmerkmale und Merkmalskomplexe sowie eine größere Zahl von Messstrecken beschrieben und untersucht worden, deren „Trefferquoten" bei einem Abgleich mit rezenten, geschlechtsbekannten Schädeln zwischen 75 % und 95 % liegen (z. B. Loth & Henneberg 1996, Graw et al. 1997, Brasili et al. 2000, Wahl & Graw 2001). Bezüglich des Unterkieferwinkels hat sich allerdings herausgestellt, dass seine Eversion kaum zur Geschlechtsdiagnose taugt (Loth & Henneberg 2000). Das Felsenbein bietet dagegen gute Anhaltspunkte anhand von Formmerkmalen sowie des Winkels des *Meatus acusticus* internus (Ahlbrecht 1997). Bei Messungen an Zähnen fand man, dass v.a. die Eckzähne, Prämolaren und ersten beiden Molaren und gleichzeitig die Zahnhalsdurchmesser besser als die Kronendurchmesser oder Wurzellängen zur Trennung von Männern und Frauen geeignet sind (u. a. Alt et al. 1998).

Des Weiteren bietet auch das Extremitätenskelett Unterschiede zwischen den Geschlechtern. Weibliche Ober- und Unterarmknochen sowie Oberschenkelknochen, Schien- und Wadenbeine sind durchschnittlich graziler, schlanker und kleiner und weisen ein schwächeres Muskelmarkenrelief auf als ihre männlichen Gegenüber. Das gilt im Prinzip für das gesamte postkraniale Skelett. Obwohl Männer im Mittel größer sind als Frauen und zudem mehr und kräftigere Muskeln besitzen, gibt es natürlich ebenso zierlich gebaute Männer wie große, robuste Frauen. Zur metrischen Darstellung des Geschlechtsdimorphismus sind auch hierzu in den letzten Jahren neue Diskriminanzanalysen ausgearbeitet worden, u. a. für den 2. Halswirbel, die Kniescheibe, das Fersenbein und die Mittelfußknochen (z. B. INTRONA jr. et al. 1997, 1998, ROBLING & UBELAKER 1997, WESCOTT 2000). Für letztere wird immerhin eine Zuordnungswahrscheinlichkeit zwischen 83 % und 100 % angegeben. Inzwischen liegen verschiedene Stichproben vor, an denen sowohl morphologische Geschlechtsdiagnosen als auch entsprechende DNA-Analysen durchgeführt wurden. Für eine etruskische Skelettserie wurde eine Übereinstimmung von 76 % gefunden (VERNESI et al. 1999), bei einer frühneuzeitlichen Stichprobe aus Niedersachsen lag sie zwischen 88 %, unter Miteinbeziehung der morphologisch vorbehaltlich bestimmten Individuen, und 96 %, wenn ausschließlich die zweifelsfrei bestimmten Knochenreste gezählt werden (HUMMEL et al. 2000). Derartige Gegenüberstellungen sind jedoch in besonderem Maße abhängig vom Erhaltungszustand des Knochenmaterials sowie der Erfahrung des Bearbeiters im Umgang mit morphognostischen Methoden. In den allermeisten Fällen kann man sich eine aufwändige DNA-Analyse sparen, wenn sie ausschließlich der Ansprache des Geschlechts dienen soll.

Für die Geschlechtsbestimmung nichterwachsener, insbesondere auch foetaler und neonater Individuen standen bislang nur wenige morphologische Anhaltspunkte am Unterkiefer, Darmbein und Femur, ansonsten lediglich metrische Merkmale an Milchzähnen und einzelnen Skelettelementen zur Verfügung (u.a. BLACK 1978, SCHUTKOWSKI 1990). Die Möglichkeiten einer definitiven Ansprache fallen allerdings, je nach Bearbeiter, sehr unterschiedlich aus. Man kann davon ausgehen, dass sich die sekundären Geschlechtsmerkmale auch am Knochen erst im Laufe der Pubertät in ihrer vollen Prägnanz ausbilden. Hier kann nun die DNA-Analytik Wesentliches beitragen. Sie wird v.a. bei demographischen Untersuchungen entscheidend mithelfen, das Kontingent der Kinder und Jugendlichen nach Geschlechtern aufzutrennen und damit Fragen nach evtl. voneinander abweichenden Bestattungspraktiken zu beantworten. In einer Serie früh- und neugeborener sog. Traufkinder aus der Schweiz wurden morphometrisch mehr weibliche Individuen bestimmt, die molekularbiologische Analyse ergab dagegen einen Überschuss männlicher Individuen (LASSEN et al. 2000).

Aus jüngster Zeit stammt ein neuer Versuch, über die Form des Unterkiefers geschlechtstypische Merkmale bei Nichterwachsenen aufzuspüren. Seine Genauigkeit liegt bei 81 % (LOTH & HENNEBERG 2001). Der Winkelverlauf des Meatus acusticus internus am Felsenbein erreichte sogar eine „Trefferquote" von ca. 87 % (FORSCHNER 2001). Beide Verfahren dürfen demnach als adäquate Ergänzung für die Fälle angesehen werden, in denen molekulargenetische Untersuchungen aus Gründen der Knochenerhaltung oder Mangel an finanziellen Ressourcen nicht möglich sind.

## Verwandtschaftsdiagnose

Die Vermutung, dass zwei oder mehr Individuen miteinander verwandt sein könnten, ergibt sich nicht selten bereits aus dem Fundzusammenhang, bei Doppel- und Mehrfachbestattungen, abgesonderten Grabgruppen, Grablegen innerhalb oder im Umfeld eines Grabhügels oder wenn Grabbeigaben „vererbt" erscheinen. Anhaltspunkte von Seiten der Anthropologie waren zunächst visuell erfassbare Eigenschaften wie typognostische Gemeinsamkeiten, beispielsweise Details in der Ausformung des Hirn- und Gesichtsschädels, später Ähnlichkeiten in der Verteilung epigenetisch-odontologischer Merkmale, wie Nahtvarianten, Schaltknochen, multiple oder fehlende Gefäßdurchtrittsstellen, akzessorische Zahnhöcker, überzählige Zähne o.ä., die vorhanden oder nicht vorhanden und in verschiedenen Populationen in unterschiedlichen Häufigkeiten anzutreffen sind (CZARNETZKI et al. 1985, HAUSER & DE STEFANO 1989, ALT 1997). Diese, zum Teil sehr seltenen Merkmale treten bei verwandten Personen öfter auf als im Durchschnitt der Bevölkerung. Sie finden auch in jüngster Zeit noch Verwendung bei der Analyse von Ähnlichkeitsbeziehungen (z. B. FINKE et al. 2001). In Kombination mit Horizontalstratigraphie und Beigabenbefund lassen sich damit im Idealfall verwandtschaftliche und soziale Strukturen über mehrere Generationen hinweg aufspüren (zuletzt ALT et al. 2005).

Ein anderer methodischer Ansatz erlaubt im Röntgenbild die Beurteilung der Form und Ausdehnung der Nasennebenhöhlen (SZILVASSY 1982) in Relation zur Kontur der Augen- und Nasenhöhlen. Die *Sinus frontales* und *maxillares* zeigen auf Grund ihrer ausgeprägten Individualität familiäre Gemeinsamkeiten auf. Auf der Basis dieses Merkmalskomplexes und der vorgefundenen anatomischen Varianten gelang kürzlich die Identifizierung der Schädel von 18 zwischen 1350 und 1456 bestatteten Mitgliedern der slowenischen Grafenfamilie von Celje (ZUPANIĆ SLAVEC 2004).

Als erstes biochemisches Verfahren wurde versucht, über den Nachweis von Blutgruppeneigenschaften an überdauertem Hartgewebe Verwandtschaft zu diagnostizieren (BORGOGNINI-TARLI et al. 1986). Der eigentliche Durchbruch gelang allerdings erst mit Einführung der Polymerase-Kettenreaktion (PCR, vgl. Beitrag HUMMEL in diesem Band), mit deren Hilfe auch kleine Bausteine originaler aDNA vervielfältigt werden können, und der Entwicklung spezieller Primer zu deren Typisierung. Damit ist der tatsächliche Beweis von Verwandtschaftsverhältnissen möglich. Hinsichtlich der Einsatzmöglichkeiten dieser Methode gelten allerdings auch hier die bereits oben angeführten Einschränkungen. Weitere Probleme ergeben sich daraus, dass wir noch zu wenig über die Allelfrequenzen einzelner Merkmale in alten Zeiten wissen.

Daneben finden DNA-Analysen zunehmend Anwendung bei der Klärung taxonomischer bzw. fossilgeschichtlicher Differenzierungen (z. B. SCHOLZ & PUSCH 2000). Bei Vergleichen mit rezentem Material, wie die spektakuläre Gegenüberstellung des Erbguts vom Neandertaler und modernen Menschen, können die Mutationsraten jedoch nur grob abgeschätzt werden.

## Körperhöhenschätzung

Die Bestimmung der Körperhöhe basiert in der Regel auf der Korrelation der Länge einzelner langer Extremitätenknochen oder bestimmter Abschnitte derselben mit der Körpergröße. Selten werden auch andere Skelettelemente herangezogen. Sie ist aus mehreren Gründen tatsächlich nur eine Schätzung: Erstens schwankt sie über den Tag hinweg, abends ist man auf Grund nachlassender Elastizität der Bandscheiben etwa 2 cm kleiner als morgens. Zweitens nimmt sie mit zunehmendem Alter ab, infolge von Involutionsprozessen, Absinken des Fußgewölbes, Osteoporose u. a. sind ältere Menschen kleiner als sie als jüngere Erwachsene waren. Diese Vorgänge setzen bei Frauen hormonbedingt mit etwa Mitte vierzig, bei Männern erst später ein. Drittens sind die unterschiedlichen Körperproportionen von Männern und Frauen sowie verschiedener Populationen in Raum und Zeit zu berücksichtigen. Man stelle sich nur einen Inuit neben einem Massai vor. Insofern müssen Individualbestimmungen grundsätzlich eine Fehlerspanne enthalten und zu exakte Angaben mit Argwohn betrachtet werden, wenn es sich nicht um statistische Mittelwerte handelt.

Die Erfahrung zeigt, dass die Knochen der unteren Extremitäten enger mit der Körperhöhe korrelieren als die Armknochen, da letztere nicht unmittelbar zur Körpergröße beitragen. Die altersbedingten Abbauprozesse werden bei der Übertragung auf (prä-)historisches Skelettmaterial meist vernachlässigt. Den vorgenannten Unsicherheiten versucht man allerdings durch die Auswahl von Formelvorschlägen zu entgegnen, die der zu untersuchenden Populationsstichprobe regional und chronologisch am nächsten kommt. So existieren u. a. nach Geschlechtern getrennte Berechnungen für verschiedene Volksgruppen, Asiaten, Afroamerikaner, Mitteleuropäer und nordamerikanische Weiße, akzelerierte und weniger akzelerierte Gruppen (siehe z. B. RÖSING 1988, PENNING 2001). Gerade die Akzeleration ist ein nicht zu unterschätzendes Phänomen. So waren z. B. 15jährige Heranwachsende in England Mitte des 18. Jhs. noch über 25 cm kleiner als Gleichaltrige einhundert Jahre später (FLOUD et al. 1990).

Männer sind im Schnitt etwa zehn Zentimeter größer als die Frauen derselben Population. Bemerkenswert ist auch die sozialschichtenspezifische Verteilung der Körperhöhen. Vertreter höherer Sozialschichten sind regelhaft größer als Angehörige niedrigerer Schichten. Hier spielen so genannte Siebungseffekte, u. a. das Partnerwahlverhalten (die Körperhöhe ist zu über 90% genetisch vorgegeben), und bessere, meist eiweißreichere Ernährung bei geringerer Arbeitsbelastung eine entscheidende Rolle. Gegenläufige Ergebnisse weisen auf Überschichtung oder Vermischung mit fremden Elementen hin.

Da Skelettreste aus archäologischem sowie forensisch relevantem Kontext häufig fragmentiert und unvollständig erhalten sind, existieren verschiedene Formelvorschläge, auch derartigem Material noch Angaben zur Körperhöhe abzuringen (JACOBS 1992, GEHRING & GRAW 2001).

Längenmessungen an Skeletten in situ sind mit Vorsicht zu beurteilen, da sie nur selten in absolut gestreckter Rückenlage angetroffen werden, Schädel und Füße meistens verkippt sind und diagenetische Prozesse in den ehemals durch Sehnen und Bänder fixierten Artikulationszonen der Knochen zu geringfügigen, aber sich aufsummierenden Verdriftungen führen können.

## Leichenbranduntersuchungen

Die Kremation ist nach der Körperbestattung die weltweit zweithäufigste Bestattungsform. Auch in Mitteleuropa lassen sich vom Neolithikum bis heute verschiedene Phasen und Kulturen ansprechen, in denen sie punktuell, gleichrangig oder vorherrschend durchgeführt wurde, z. B. die späte Bronzezeit, die nicht zuletzt deswegen auch Urnenfelderzeit genannt wird, oder die römische Kaiserzeit, aus der alleine Tausende von Leichenbränden überliefert sind.

Die Untersuchung verbrannter Knochenreste stellt besondere Anforderungen an die Erfahrung des Bearbeiters. Auf Grund der thermisch induzierten Veränderungen wie Fragmentierung, Schrumpfung und Deformation des Knochenmaterials sind die Aussagemöglichkeiten zwar eingeschränkt, doch lassen sich je nach Überlieferungsgrad und unter Ausschöpfung des heute bekannten Methodenspektrums trotzdem noch wesentliche Parameter bestimmen: Sterbealter, Geschlecht, Körperhöhe, krankhafte Veränderungen und anatomische Varianten – sofern entsprechende Teile erhalten sind. Dazu kommen die leichenbrandspezifischen Daten: Verbrennungsgrad, Gewicht, Fragmentierungsgrad und Repräsentanz sowie die Unterscheidung zwischen Menschen- und Tierknochen, die in der Zusammenschau wichtige Anhaltspunkte zur Beschreibung des jeweiligen Bestattungsrituals liefern. Die methodischen Grundlagen und Aussagemöglichkeiten der Leichenbranddiagnose sind bereits mehrfach publiziert worden (z. B. RÖSING 1977, WAHL 1988b, HERRMANN et al. 1990, zuletzt GROSSKOPF 2004), eine Zusammenstellung der einschlägigen Literatur bis in die Mitte der 80er Jahre erfolgte durch LANGE et al. (1987). In jüngster Zeit durchgeführte experimentelle Verbrennungen erbrachten eine Vielzahl neuer Erkenntnisse hinsichtlich der Abläufe im Rahmen einer Einäscherung auf dem Scheiterhaufen (BECKER et al. 2005).

Am Beginn der Untersuchung steht der Nachweis der Hitzeeinwirkung, denn nicht jeder schwarz verfärbte Knochen ist tatsächlich mit Feuer in Berührung gekommen (OTTO et al. 2003). Aus Beobachtungen im Krematorium und Verbrennungsexperimenten lassen sich über die Färbung, Konsistenz und Oberflächenbeschaffenheit makroskopisch bestimmte Temperaturstufen zuordnen. Ein qualitativer Nachweis ist durch Röntgendiffraktion oder einen erhöhten Anteil von ß-Tricalciumphosphat möglich. Verschiedene Verbrennungsgrade lassen sich über die zunehmende Kristallinität des Knochenapatits mit Hilfe von Röntgenbeugungsspektren auch quantitativ darstellen (SWILLENS et al. 2003). Im Hinblick auf die Schrumpfung des Knochens muss festgehalten werden, dass viele Leichenbrände kein homogenes Erscheinungsbild aufweisen und einzelne Skelettelemente verschiedene Verbrennungsgrade dokumentieren. So könnte man versucht sein, die niedrigeren Temperaturen ausgesetzten, also weniger geschrumpften und deshalb robuster erscheinenden Partien einer zweiten Person zuzuschreiben, obwohl sie zu demselben Individuum gehören wie die stärker verbrannten und deshalb graziler wirkenden Stücke.

Auf Grund der unvollständigen Überlieferung kommen bei Leichenbränden zur Bestimmung des Sterbealters verstärkt metrische und histologische Verfahren zur Anwendung. Die mittleren Wandstärken von Humerus, Radius und Femur sowie die Kalottendicke korrelieren bei Kindern und Jugendlichen eng mit dem Zahnbefund und lassen in einer genügend großen Stichprobe sogar den puberalen Wachstumsschub erkennen (WAHL 1988a). Hinsichtlich der mikroskopischen Beurteilung von Kompaktaquerschnitten Erwachsener stellt allerdings die Schrumpfung ein nicht zu unterschätzendes Problem dar, da sie je nach Verbrennungsgrad und anatomischer Region bis über 25% betragen kann und demzufolge innerhalb des definierten Sichtfelds eine größere Zahl von Osteonen und anderer Bausteine zu erkennen ist, als altersgemäß zu erwarten wäre (WOLF 1999). Es gilt also, die relativen Anteile der einzelnen Strukturelemente zu erfassen (HERRMANN 2001). Nach HUMMEL & SCHUTKOWSKI (1993) liegt für diese Methode die mittlere Abweichung zum chronologischen Alter bei 8,4 plus/minus 6,5 Jahren. Dabei schwanken die Angaben, bis zu welcher Temperatur Mikrostrukturen überhaupt erkennbar sind (vgl. HARSÁNYI 1993).

In der Mehrzahl der Fälle kann auch die Geschlechtsdiagnose bei Brandknochen nicht auf großräumige Formmerkmale zurückgreifen. Nur ganz selten sind z. B. der Symphysenwinkel oder die Incisura ischiadica major am Becken zu beurteilen. Hier steht erneut die Metrik zur Verfügung. Neben den inzwischen mehrfach evaluierten Winkelvariablen des Felsenbeins zeigen u. a. die ursprünglich von GEJVALL (1963) am Schädeldach und bestimmten Langknochen ausgearbeiteten Messstrecken einen deutlichen Geschlechtsdimorphismus auf (WAHL 1996).

Als weiterer Anhaltspunkt gilt die überlieferte Knochenmenge. Sie hängt von unterschiedlichen Faktoren im Rahmen der Bestattung, während der Liegezeit sowie bei und nach der Ausgrabung ab. Trotzdem ist das Leichenbrandgewicht immer wieder Gegenstand ausführlicher Diskussionen (z. B. CASELITZ 1998). Unabhängig von den absoluten Werten steigen innerhalb einer genügend großen Stichprobe die Leichenbrandgewichte mit zunehmendem Alter an. Zudem sind, ebenso erwartungsgemäß, die männlichen Brände im Durchschnitt schwerer als die weiblichen. Problematisch scheinen allerdings die Grenzwerte zu sein, oberhalb derer Doppel- oder Mehrfachbestattungen anzunehmen sind. Die Angaben schwanken für moderne Krematoriumsbrände zwischen durchschnittlich 1840 und 2284 Gramm für Männer und zwischen 1540 und 1710 Gramm für Frauen. Maximal werden für einzelne Individuen Werte von 3000 bzw. über 2200 Gramm erreicht. Bei einer Übertragung auf prähistorische Verhältnisse dürfte allerdings auch die Fragmentgröße mit entscheidend sein. Der Anteil der unter 2 mm großen Partikel, die ursprünglich wohl kaum eingesammelt wurden bzw. beim Schlämmen durchweg verloren gehen, liegt immerhin bei ca. 20 % (MCKINLEY 1993).

Zur Schätzung der Körperhöhe kann lediglich auf die Durchmesser der proximalen Epiphysen von Humerus, Radius und Femur zurückgegriffen werden, die aber vielfach nicht erhalten sind. Auch epigenetische/odontologische Merkmale können nur punktuell angesprochen werden. Dasselbe gilt für pathologische Befunde. Angaben zur Morbidität sind demnach bei Leichenbrandserien kaum mehr als eine Sammlung von Einzelfällen.

Einer der schwierigsten Aspekte der Leichenbrandanalyse ist die Unterscheidung zwischen Menschen- und Tierknochen (WAHL 2001). Obwohl sich die Skelette einzelner Säugerarten morphologisch deutlich voneinander unterscheiden, können einzelne Knochenabschnitte doch zu Verwechslungen führen. Partielle Ähnlichkeiten bestehen zwischen Mensch und Bär, insbesondere aber zwischen Mensch und Schwein (▶ Abb. 1.13). Was bei gut erhaltenen, unverbrannten Knochen kaum ein Problem darstellt, wird bei derart kleinstückigem und nicht selten deformiertem Material zu einer echten Herausforderung. Dabei ist es von entscheidender Bedeutung, ob es sich bei einem zweiten Individuum um ein Schwein oder einen Menschen handelt. Im ersten Fall ist der Befund als Tier- oder Fleischbeigabe, im zweiten als Doppelbestattung zu deuten.

Neben den morphologischen Kriterien kommen hier v. a. histologische Merkmale zum tragen, nach denen die Form, Anordnung und Größe

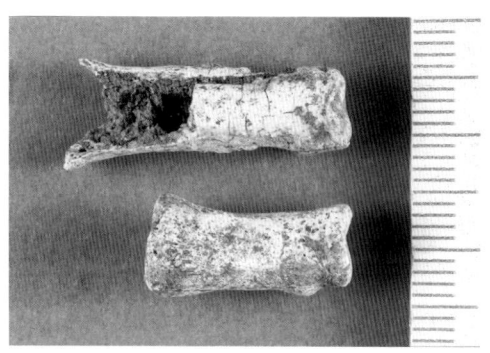

**Abb. 1.13.** Leichenbrandreste (Phalangen) aus dem römischen Gräberfeld von Rottweil „Kapellenösch", Grab 205. Die Stücke waren Temperaturen von ca. 750–800 °C ausgesetzt (Verbrennungsstufe IV–V). Oben: Mensch; unten: Schwein.

der Osteone zur Differenzierung herangezogen werden können. Vor kurzem ist es sogar gelungen, eine Speziesbestimmung per DNA vorzunehmen (Pusch et al. 2000), leider wurde jedoch nicht mitgeteilt, welche Verbrennungsgrade die untersuchten Brandknochen aufwiesen. So müssen weitere Untersuchungen abgewartet werden, um zu klären, bis zu welchen Temperaturen noch mit der Erhaltung organischer Bestandteile im Knochen zu rechnen ist. Histologische und molekulargenetische Aufbereitungen können jedoch bei umfangreichen Leichenbrandserien mit größeren Tierknochenanteilen kaum flächendeckend durchgeführt werden. Bei einhundert Leichenbränden mit durchschnittlich zehn Tierknochenfragmenten müssten eintausend Proben untersucht werden. In besonderen Fällen dürfte allerdings der apparative und finanzielle Aufwand durchaus gerechtfertigt sein.

## Nahrungsrekonstruktion

Hinweise auf die Ernährung prähistorischer Bevölkerungen lassen sich zunächst durch die Auswertung von Tierknochen, als Grabbeigaben oder im Siedlungsabfall, (inkohlten) Pflanzenresten, Pollenanalysen oder die Untersuchung überdauerter Speisereste direkt gewinnen. Indirekte Hinweise liefern Mangelerscheinungen, die sich am Knochen oder den Zähnen manifestieren, wie z. B. cribröse Veränderungen, Rachitis und Wachstumsstörungen, oder spezifische Abnutzungsspuren auf den Kauflächen der Zähne, die auf harte oder weiche Nahrung zurückgehen.

Eine Ansprache einzelner Nahrungskomponenten ist jedoch nur durch biochemische Analysen von Spurenelementen und Isotopen möglich, die im menschlichen Hartgewebe zu Lebzeiten eingebaut werden (Price 1989, Lambert & Grupe 1993, Sandford 1993). Spurenelemente werden über die Nahrung, das Trinkwasser oder die Luft aufgenommen. Bezüglich ihrer Verweildauer und Konzentration in bestimmten Organen sowie Abhängigkeiten von Alter, sozialer Stellung und verschiedenen Krankheiten sei auf die einschlägige Literatur verwiesen.

Besondere Aufmerksamkeit verdient das Element Strontium, das anstelle von Calcium in die Gitterstrukturen von Knochen- und Zahnschmelzmineralen eingebaut werden kann. Ein hoher Strontiumgehalt im Knochen gilt als Indikator für einen hohen Anteil pflanzlicher Nahrung, erhöhte Zinkwerte bedeuten dagegen eine stärker auf tierische Komponenten, wie Fleisch, Milch- u. Milchprodukte ausgerichtete Ernährung. Durch ein Absinken des Zinkgehaltes wurde bei Untersuchungen an Skelettresten von Säuglingen und Kleinkindern festgestellt, ab welchem Alter von rein tierischer Nahrung (Muttermilch) auf eine Mischkost unter Miteinbeziehung vegetabiler Anteile umgestellt wurde. Danach wurde in (prä)historischen Gesellschaften vielfach erst mit einem Alter von zwei oder mehr Jahren abgestillt. Auf Grund ähnlicher Analysen wurden für vier verschiedene Gräberfelder Südwestdeutschlands sozialschichtenspezifische Unterschiede im Subsistenzverhalten festgestellt (Schutkowski 2000). Der Aussagewert der Spurenelementgehalte als Nahrungsanzeiger ist allerdings in jüngster Zeit stark angezweifelt worden, da sich verschiedene Elemente unter bestimmten Milieubedingungen auch während der Liegezeit im Boden postmortal im Knochen an- bzw. abreichern (Fabig 2002).

Deshalb gilt heute der Isotopenanalyse besonderes Augenmerk. So lässt sich z. B. aus den Verhältnissen der stabilen Isotope von Kohlenstoff und Stickstoff ($^{13}C/^{12}C$, $^{15}N/^{14}N$) auf bevorzugt terrestrische oder marine Nahrungsressourcen, die vermehrte Aufnahme so genannter C3- oder C4-Pflanzen, krankheitsbedingte Konzentrationsunterschiede und damit letztlich auch eine pastorale oder sesshafte Lebensweise schließen (Price 1989, Larsen 1999). Unterschiede in der Relation der Strontiumisotope $^{87}Sr/^{86}Sr$ in Knochen und Zahnschmelz liefern Hinweise darauf, ob eine Person aus einer anderen (geologischen) Region zugewandert ist (z. B. Price 2000, Bentley et al. 2003). Eine solche Schlussfolgerung ist möglich, weil der Zahnschmelz während der Kindheit gebildet wird und sich danach inert verhält, wohingegen Knochenmaterial zeitlebens umgebaut wird. Seine chemische Zusammensetzung ändert sich mit einer „Halbwertszeit" von etwa 10 bis 30 Jahren entsprechend der lokal verfügbaren Nahrungskette. So lassen sich interessante Anhaltspunkte zum Migrationsverhalten einzelner Personen, von Männern oder Frauen oder bestimmten

Altersgruppen gewinnen (z. B. PRICE et al. 2003, PRICE et al. In Vorb.).

## Schluss

Die Gegenüberstellung konventioneller Methoden mit modernen Analyseverfahren zeigt, dass beide ihre Stärken und Schwächen haben. Die etablierten Ansätze sind zwar in Teilbereichen ungenauer, aber sie liefern auf der Basis jahrzehntelanger Erfahrungswerte auch dann noch Ergebnisse, wenn die Biochemie bei ungenügender Erhaltung des Untersuchungsgutes versagt. Über die aDNA und Spurenelemente können dagegen auf analytischem Wege Parameter erschlossen werden, die vor wenigen Jahr(zehnt)en noch ungeahnte Deutungsmöglichkeiten erlauben. Trotz gewisser Überschneidungen zielen beide Vorgehensweisen auf verschiedene Aspekte bei der Rekonstruktion (prä)historischer Bevölkerungen. Sie können also keinesfalls als Ersatz füreinander, sondern müssen als Ergänzung zueinander angesehen werden.

## Literatur

Ahlbrecht, M., 1997
Alt, K. W., 1997
Alt, K. W., Riemensperger, B., Vach, W. & Krekeler, G., 1998
Alt, K. W., Jud, P., Müller, F., Nicklisch, N., Uerpmann, A. & Vach, W., 2005
Beck, A., 1996
Becker, M., Döhle, H.-J., Hellmund, M., Leineweber, R. & Schafberg, R., 2005
Bentley, R. A., Krause, R., Price, T. D. & Kaufmann, B., 2003
Black, T. K., 1978
Borgognini-Tarli, S. M., Paoli, G. & Francalacci, P., 1986
Brasili, P., Toselli, S. & Facchini, F., 2000
Braunfels, S., Glowatzki, G., Herzog, K., Hiller, F., Jürgens, H. W., Müller, H. W., Röhm, E., Ruelius, H., Pieske, Chr., Schinz, A. & Unschuld, U., 1973
Bruzek, J., 2002
Buikstra, J. E. & Ubelaker, D. H., 1997
Caselitz, P., 1998
Charles, D. K., Condon, K., Cheverud, J. M. & Buikstra, J. E., 1986
Condon, K., Charles, D. K., Cheverud, J. M. & Buikstra, J. E., 1986
Czarnetzki, A., 1972
Czarnetzki, A., Kaufmann, B., Schoch, M. & Xirotiris, N., 1985
Fabig, A., 2002
Ferembach, D., Schwidetzky, I. & Stloukal, M., 1979
Finke, L., Demel, U., Klinkhardt, K. & Nöther, S., 2001
Floud, R., Wachter, K. & Gregory, A., 1990
Forschner, S. K., 2001
Gehring, K.-D. & Graw, M., 2001
Gehring, K.-D., Haffner, H.-T., Weber, D. & Graw, M., 2002
Gejvall, N. G., 1963
Graw, M., Haffner, H.-T. & Czarnetzki, A., 1997
Großkopf, B., 1990, 2004
Gustafson, G., 1955
Haglund, W. D. & Sorg, M. H. (Ed.), 1997
Harsányi, L., 1993
Hauser, G. & De Stefano, G. F., 1989
Henke, W., 1974
Herrmann, B., 2001
Herrmann, B., Grupe, G., Hummel, S., Piepenbrink, H. & Schutkowski, H., 1990
Hillson, S., 1998
Hummel, S. & Schutkowski, H., 1993
Hummel, S., Bramanti, B., Finke, Th. & Herrmann, B., 2000
Introna Jr., F., Di Vella, G., Campobasso, C. P. & Dragone, M., 1997
Introna Jr., F., Di Vella, G. & Campobasso, C. P., 1998
Iscan, M. Y. (Ed.), 1989
Jacobs, K., 1992
Jankauskas, R., Barakauskas, S. & Bojarun, R., 2001
Kemkes-Grottenthaler, A., 1993
Kerley, E. R. & Ubelaker, D. H., 1987
Knussmann, R. (Hrsg.), 1988
Kolman, C. J. & Tuross, N., 2000
Lambert, J. B. & Grupe, G. (Eds.), 1993
Lange, M., Schutkowski, H., Hummel, S. & Herrmann, B., 1987
Langenscheidt, F., 1985
Larsen, C. S., 1999
Lassen, C., Hummel, S. & Herrmann, B., 2000
Loth, S. R. & Henneberg, M., 1996, 2000, 2001
Martin, R., 1928
McKinley, J., 1993
Meindl, R. & Lovejoy, C. O., 1985
Milner, G. R. & Boldsen, J. L., 2000
Murail, P., Bruzek, J., Houet, F. & Cunha, E., 2005
Otto, S. C., Schweinsberg, F., Graw, M. & Wahl, J., 2003
Penning, R., 2001
Perizonius, W. R. K., 1984
Price, T. D. (Ed.), 1989
Price, T. D., 2000

Price, T. D., Wahl, J., Knipper, C., Burger-Heinrich, E., Kurz, G. & Bentley, R. A., 2003
Price, T. D., Wahl, J. & Bentley, R. A. (In Vorb.)
Pusch, C. M., Broghammer, M. & Scholz, M., 2000
Pusch, C. M., Broghammer, M. & Czarnetzki, A., 2001
Ritz-Timme, S., 2001
Robling, A. G. & Ubelaker, D. H., 1997
Rösing, F. W., 1977, 1988
Rösing, F. W. & Kvaal, S. I., 1998
Sandford, M. K. (Ed.), 1993
Scholz, M. & Pusch, C. M., 2000
Schultz, M., 1988
Schutkowski, H., 1990, 2000
Schwidetzky, I. & Rösing, F. W., 1975
Strott, N. & Grupe, G., 2003
Swillens, E., Pollandt, P. & Wahl, J., 2003
Szilvassy, J., 1982
Vernesi, C., Caramelli, D., Carbonell, S. & Chiarelli, B., 1999
Wahl, J., 1988a, 1988b, 1996, 2001
Wahl, J. & Graw, M., 2001
Wescott, D. J., 2000
Wittwer-Backofen, U., 1990
Wittwer-Backofen, U., Gampe, J. & Vaupel J. W., 2004
Wolf, M., 1999
Zupanič Slavec, Z., 2004

# Stabile Isotope in fossilen Faunenfunden: Erforschung von Klima, Umwelt und Ernährung prähistorischer Tiere

Elisabeth Stephan

## Zusammenfassung

Analysen stabiler Isotope in prähistorischen Faunenfunden ermöglichen die Nutzung von Tierresten als Klima- und Umweltarchive, da sie über den Zeitraum ihrer Bodenlagerung eine Vielzahl archäologisch relevanter Informationen in Knochen und Zähnen konservieren können. Die Verhältnisse der Sauerstoffisotopen in Faunenfunden gestatten Abschätzungen von Paläotemperaturen und -saisonalität. Veränderungen der Stickstoffisotopenverhältnisse geben Hinweise auf die Luftfeuchtigkeit und anhand von Kohlenstoffisotopen kann auf die Vegetation zurückgeschlossen werden. Die zunehmende Nutzung von Zahnfunden lässt – in Kombination mit weiterentwickelten Analysemethoden – immer detailliertere Aussagen zur Lebensweise und Ernährung unterschiedlicher Tierarten zu. Ein großer Vorteil dieser Methoden ist, dass die isotopenchemischen Informationen direkt aus den Faunenfunden gewonnen werden und somit paläoklimatische sowie paläoökologische Aussagen mit bestimmten Tierarten sowie archäologischen Fundorten gekoppelt werden können, ohne dass dazu mit anderen Methoden ermittelte Erkenntnisse zu Lebensweise und Umwelt zwingend notwendig sind.

## Einleitung

Chemische Untersuchungen an bodengelagertem Skelettmaterial werden seit gut 25 Jahren durchgeführt. Um die Zusammensetzung der Nahrung prähistorischer Menschen und Tiere detailliert und wenn möglich auch quantitativ zu erforschen, werden in der Archäologie vor allem die stabilen Isotopen von Kohlenstoff und Stickstoff aber auch Spurenelemente wie z. B. Strontium, Barium und Zink genutzt. Hinweise auf die Ernährung anhand von Faunen- und Florenresten sind aufgrund ihrer selektiven und schlechten Erhaltung häufig begrenzt aussagekräftig und beleuchten nur Teilaspekte der Gesamternährung. Andere, selten vorhandene Informationsquellen wie pathologische Veränderungen, Mikrogebrauchsspuren an Zahnkauflächen und Artefakte sind nur ergänzend einsetzbar. Zu den archäochemischen Forschungen zur Nahrungsrekonstruktion, die sich häufig auf menschliches Skelettmaterial konzentrieren, liegt eine Fülle von Veröffentlichungen vor. Eine Übersicht über die Grundlagen und Analysemethoden sowie die Vielzahl der Arbeiten zu verschiedenen archäologischen Perioden und geographischen Regionen geben z. B. Lambert & Grupe (1993) und Katzenberg & Harrison (1997). Untersuchungen der stabilen Isotopenverhältnisse von Sauerstoff, Kohlenstoff, Stickstoff und Strontium aber auch von Wasserstoff und Schwefel in fossilen Knochen- und Zahnfunden bieten darüber hinaus die Möglichkeit, Klima und Umwelt sowie Migrationen von Menschen und Tieren zu analysieren (z. B. Hobson 1999, Price et al. 2001, Balasse et al. 2002, Kohn & Cerling 2002, Bentley et al. 2004, Knipper 2004, Bentley 2006, Hedges et al. 2006, Leyden et al. 2006).

Der vorliegende Beitrag konzentriert sich auf die Aussagemöglichkeiten von Analysen der stabilen Sauerstoff-, Kohlenstoff- und Stickstoffisotope in Faunenfunden. Schon seit den 60er Jahren wird die Möglichkeit genutzt, anhand der Verhältnisse der Sauerstoffisotope im Phosphat von Muschelschalen, Knochen und Zähnen (paläo)klimatische Bedingungen zu erforschen. Ausgehend von marinen Organismen (Longinelli 1966, Kolodny et al. 1983) erfolgte die Übertragung der Zusammenhänge auf terrestrische Systeme (Longinelli 1973) und die Untersuchungen wurden auf Faunenfunde aus archäologischen Fundorten unterschiedlicher Zeitstellung ausgeweitet (Übersicht in Longinelli 1995). Die Intensivierung von Analysen der Kohlenstoff- und Stickstoffisotopenverhältnisse in prähistorischen Tierresten eröffnete neue Möglichkeiten, für unterschiedliche Tierarten Nahrung und Umwelt aber auch ihre Haltung durch prähistorische Menschen zu rekonstruieren.

Die Isotopenverhältnisse von Sauerstoff, Kohlenstoff und Stickstoff bieten so die Möglichkeit, Informationen über Klima, Umwelt und Lebensbedingungen prähistorischer Tiere in allen Phasen der Ur- und Frühgeschichte zu verdichten. Die Verhältnisse stabiler Isotope besitzen im Gegensatz zu Analysen der Spurenelementkonzentrationen den Vorteil, dass sie durch chemische und biologische Einflüsse während der Bodenlagerung nicht so stark verändert werden. Darüber hinaus sind Rekonstruktionen von Klima und Umwelt sowie von spezieller Ernährung anhand von Spurenelementkonzentrationen nicht oder nur begrenzt möglich. Ziel des Beitrags ist es, eine Übersicht über die Grundlagen und die verwendeten Methoden zu geben und die Möglichkeiten und Grenzen dieser naturwissenschaftlichen Untersuchungen für die Archäologie anhand einiger ausgewählter Studien aufzuzeigen.

# Grundlagen

## Stabile Isotope

Fast alle chemischen Elemente liegen in der Natur als Isotopengemische vor. Sauerstoff besitzt drei ($^{16}O, ^{17}O, ^{18}O$), Kohlenstoff und Stickstoff jeweils zwei stabile Isotope ($^{12}C, ^{13}C$ & $^{14}N, ^{15}N$). Alle Isotope eines Elements haben prinzipiell die gleichen chemischen Eigenschaften, weisen aber aufgrund ihrer verschiedenen Massen in physikalischen, chemischen und biologischen Prozessen unterschiedliche Reaktionsgeschwindigkeiten auf. Hierdurch kommt es zu Veränderungen der Anteile der unterschiedlichen Isotope, die als Isotopenfraktionierungen bezeichnet werden. Das Isotopenverhältnis einer Probe wird üblicherweise als δ-Wert angegeben, der sich auf einen internationalen Standard bezieht:

$$\delta (‰) = [(R_{Probe} - R_{Standard})/R_{Standard}] * 1000 \text{ mit } R = {}^{18}O/{}^{16}O; {}^{13}C/{}^{12}C; {}^{15}N/{}^{14}N.$$

Das $^{18}O/^{16}O$-Verhältnis wird in Bezug auf den internationalen Standard SMOW (Standard Mean Ocean Water) bzw. dessen neue Version VSMOW (Vienna SMOW) angegeben. Für Kohlenstoff wird der internationale Standard PDB (Pee Dee Belemnite) bestehend aus *Belemnitella americana* aus der kreidezeitlichen Peedee Formation in South Carolina verwendet. Atmosphärischer Stickstoff $N_2$ (Abkürzung AIR) ist der Standard für Stickstoff.

## Zusammensetzung von Knochen und Zähnen

Knochengewebe ist eine Kombination aus anorganischem und organischem Material (▶ **Abb. 1.14**). Getrockneter kompakter Knochen ausgewachsener Individuen besteht zu ca. 70 % aus anorganischer Substanz, die überwiegend als feinkristalliner Apatit vorliegt. Dieser biogene Apatit ist ein Carbonat-Hydroxylapatit (Dahllit) mit der mineralogischen Strukturformel $(Ca_5[PO_4,CO_3]_3[OH,CO_3])$ und einem Carbonatgehalt von 4–6 %. Die restlichen 30 % des Knochengewebes werden aus organischen Verbindungen gebildet. Sie bestehen zu ca. 90 % aus Kollagen, einem Protein, dessen Moleküle aus je drei Aminosäureketten unterschiedlicher Zusam-

# 1 Archäologische Funde organischer Zusammensetzung

---

Ca. 70% anorganischer Anteil:
>> Carbonat-Hydroxylapatit
$Ca_5(PO_4,CO_3)_3(OH,CO_3)$
Kristalle:
sehr klein, plättchen-nadelförmig

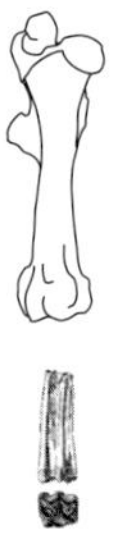

Ca. 30% organischer Anteil:
ca. 90 % Kollagen
Hauptbestandteile: C, N, H, O, S, P
Molekül:
Helix aus 3 Ketten je 1000 Aminosäuren

Apatitanteil im:
Schmelz ca. 98 %
Dentin   ca. 75 %
Zement ca. 70 %

Kollagenanteil im:
Schmelz ca. 1 %
Dentin   ca. 25 %
Zement  ca. 30 %

Probenauswahl & Proben-Entnahme

Untersuchungen des Erhaltungszustands:
Visuelle Beschreibung des Erhaltungszustands
Histologie

Zustand des Apatits
(Kristallgröße, Kristallorientierung)
Calcium/Phosphor-Verhältnis

Kollagenanteil
Kohlenstoff- und Stickstoffanteil
Kohlenstoff-/Stickstoffverhältnis
Aminosäurezusammensetzung

Analyse der stabilen Isotopen

Apatit (Knochen & Schmelz):
$^{18}O/^{16}O$ im Phosphat
$^{18}O/^{16}O$ & $^{13}C/^{12}C$ im Carbonat

Kollagen (Knochen & Dentin):
$^{13}C/^{12}C$ & $^{15}N/^{14}N$

---

**Abb. 1.14.** Zusammensetzung von kompaktem, getrocknetem Knochengewebe und Zähnen ausgewachsener Individuen und schematische Darstellung der Aufbereitung und Messung von Knochen und Zähnen für Isotopenanalysen.

mensetzung gebildet werden. Durch Vernetzung und Aufeinanderlagerung dieser Kollagenmoleküle entstehen Subfibrillen, die sich zu unterschiedlich dicken Fibrillen zusammenlagern, welche sich wiederum zu Kollagenfasern zusammenschließen. Den Rest des organischen Knochenanteils bilden Kohlenhydrate, Eiweiße und Fette.

Kollagen und Apatit sind eng miteinander verwoben. Unterschiedlich geformte und große Apatitkriställchen befinden sich sowohl innerhalb als auch zwischen den Kollagenfibrillen, wobei sie sich in der Mehrzahl mit ihrer Längsachse annähernd parallel zu den Fibrillen orientieren. Diese enge Verbindung beider Komponenten erhöht die Chancen der Knochen, lange Zeiten der Bodenlagerung zu überleben, deutlich.

Zu Lebzeiten der Säugetiere wird das Knochengewebe kontinuierlich erneuert. Die komplette Erneuerung erfolgt im Vergleich zu anderen Organen jedoch relativ langsam und erstreckt sich über mehrere Jahre. Der genaue Zeitraum ist abhängig von der Lebensdauer der Tierart, dem Alter des Individuums sowie der Skelett- und Knochenregion. Bei Tierarten mit einer durchschnittlichen Lebensdauer von wenigen Jahren ist die Erneuerung des Gewebes in kürzeren Zeiträumen als z. B. beim Menschen abgeschlossen.

Säugetierzähne bestehen aus Krone und Wurzel (▶ **Abb. 1.14**, 2). Das Wachstum der Zähne beginnt mit der Schmelzbildung an der Krone und wird mit der Wurzelbildung abgeschlossen. Die Bildung einzelner Zähne kann sich über einen Zeitraum von einem Jahr und mehr hinziehen. Zahnschmelz überzieht die gesamte aus dem Kiefer ragende Zahnkrone. Er besteht fast ausschließlich aus Apatitkristallen und schützt als härteste Substanz im Organismus den Zahn vor Beschädigungen, mechanischem Abrieb und chemischen Einflüssen. Im Gegensatz zum Knochengewebe erfährt der Schmelz nach seiner Bildung keine weitere chemische oder strukturelle Erneuerung. Die Zahnform wird durch das unterhalb des Schmelzes liegende Dentin (Zahnbein) vorgegeben. Dieses umhüllt die Zahnhöhle und zieht sich bis in die Wurzeln hinein. Ebenso wie Knochengewebe setzt es sich aus Apatit und Kollagen zusammen, ist aber aufgrund des etwas höheren anorganischen Anteils härter als Knochen. Dentin wird zeitlebens neu gebildet und als so genanntes Sekundärdentin schichtweise in der Zahnhöhle abgelagert. Zahnzement bedeckt die Wurzel und bei hochkronigen Backenzähnen von Herbivoren auch die gesamte Krone mit Ausnahme der Kaufläche. Seine chemische Zusammensetzung ist der von Knochengewebe sehr ähnlich.

## Beprobung und Analyseverfahren

### Diagenese – Veränderungen von Knochen- und Zahnfunden während der Bodenlagerung

Wie bei der Anwendung aller naturwissenschaftlichen Verfahren ist es auch bei isotopenchemischen Untersuchungen fossiler Faunenfunde wichtig, Veränderungen des Knochengewebes und des Zahnschmelzes vor und während der Bodenlagerung zu berücksichtigen. Auch Funde, die in ihrer äußeren Form gut erhalten sind, weisen in der Regel nicht mehr die gleiche chemische und mineralogische Zusammensetzung sowie intakte histologische Strukturen auf wie frisches Material. Die zu messenden chemischen Verbindungen dürfen aber nicht so stark verändert sein, dass sie nicht mehr den Zustand zu Lebzeiten des Individuums repräsentieren.

Diagenetische Veränderungen fossiler Faunenfunde werden mittels unterschiedlicher Methoden erfasst[1]. Allen Untersuchungen gemeinsam ist die Erkenntnis, dass bei der Diagenese keine einfachen Prozesse ablaufen, die von der Knochenoberfläche gleichmäßig von außen nach innen fortschreiten. Zum einen erfolgt die Dekomposition des Gewebes bevorzugt entlang der Gewebestrukturen. Zum anderen ist der Abbau der organischen und anorganischen Knochenkomponente aufgrund ihrer strukturellen und chemischen Verflechtung eng miteinander verknüpft. Zahnschmelz ist im allgemeinen widerstandsfähiger als Knochen, da er deutlich größere Apatitkristalle besitzt, doch auch er ist Zersetzungsprozessen unterworfen. Das Ausmaß der Veränderungen wird sowohl von den Eigenschaften der Faunenfunde selbst als auch von denen des umgebenden Sediments bestimmt. Beim Knochen spielt neben dem Knochenteil (spongiöses Gelenk oder kompakter Schaft) vor allem das Individualalter eine Rolle. Im Sediment sind vor allem der pH-Wert und der Calciumgehalt, aber auch Zersetzung durch Mikroorganismen und mechanischer Druck bestimmend. Da sowohl die Eigenschaften der Faunenfunde bei der Einlagerung als auch die Bedingungen im Hüllsediment für verschiedene Fundorte sehr unterschiedlich sind, korreliert die Erhaltung bodengelagerter Knochen und Zähne nicht mit dem archäologischen Alter der Funde und die Erhaltungszustände können innerhalb eines Fundortes bzw. innerhalb von Fundschichten variieren (z. B. STEPHAN 1999, STEPHAN & NEUMANN 2001).

Um Analysen diagenetisch zu stark veränderten Materials zu vermeiden, sollten die Proben gezielt ausgewählt und ihre Erhaltung möglichst detailliert beschrieben und untersucht werden. Polarisationsmikroskopische Untersuchungen ermöglichen Aussagen zum Erhaltungszustand der Gewebefeinstrukturen (Histologie). Darüber hinaus können intravital und postmortal entstandene Knochendefekte unterschieden werden und Mikroorganismen, Pilze und Algen sowie von außen in den Knochen eingedrungene anorganische Verbindungen aufgespürt werden. Die Zusammensetzung der anorganischen Knochenkomponente zeigt sich im Verhältnis von Calcium zu Phosphor. Informationen über den Zustand des Apatits (Kristallgröße und Kristallorientierung) sowie über die Anwesenheit und den relativen Anteil knochenfremder mineralischer Verbindungen, die die Isotopensignaturen verfälschen können, werden mit-

---

[1] Eine Übersicht über Forschungen zur Knochendiagenese bieten die Berichte des „The Fourth International Meeting on Bone Diagenesis" in der Zeitschrift Archaeometry Vol. 44, Part 3, 2002.

# 1 Archäologische Funde organischer Zusammensetzung

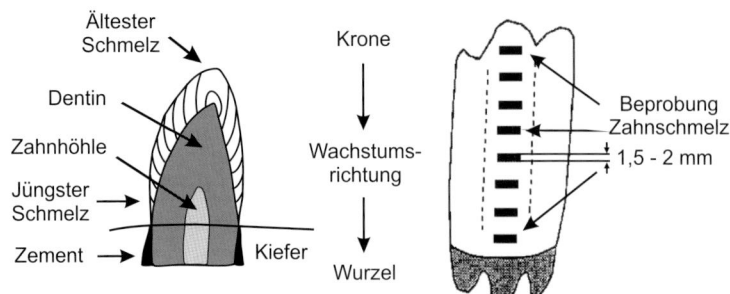

**Abb. 1.15.** Schematische Darstellung des Zahnaufbaus und eines hochkronigen Backenzahnes von Herbivoren mit den Entnahmestellen der Zahnschmelzproben.

tels röntgenographischer und anderer Methoden gewonnen (z. B. STEPHAN 1999, LEE-THORPE 2002, MUNRO et al. 2006). Die Kollagenerhaltung zeigt sich im Anteil des extrahierten Kollagens am Gesamtknochen, am Kohlenstoff- und Stickstoff-Anteil und C/N-Verhältnis im Kollagen sowie der Zusammensetzung der Aminosäuren (AMBROSE 1990, HARE et al. 1991, FIZET et al. 1995).

## Probenauswahl und Probenahme

Für die Untersuchungen der Isotopenverhältnisse im Knochen sollte, wenn immer es möglich ist, das am wenigsten veränderte Material benutzt werden. Am besten eignen sich Proben aus dem kompakten Schaft von unverbrannten und nicht pathologisch veränderten Langknochen ausgewachsener Individuen. Kompaktes Gewebe wird während der Bodenlagerung deutlich weniger angegriffen als die spongiösen Knochenbereiche und das poröse Knochengewebe junger Individuen. Darüber hinaus ist es wichtig, die äußeren Kompaktaschichten vor der chemischen Präparation mechanisch zu entfernen, so dass nur die inneren, in geringerem Maße vom umgebenden Sediment beeinflussten Gewebebereiche in die Analyse eingehen. Bei Analysen des Kollagens sind auch mögliche Verunreinigungen durch organische Konservierungsstoffe wie z. B. Mowilith, Zaponlack und Ponal zu berücksichtigen. Analysen der Sauerstoffisotopen werden am Zahnschmelz und Messungen der Kohlenstoff- und Stickstoffisotopen am Dentin vorgenommen. Die Probenahme erfolgt an aufeinander folgenden Positionen entlang der Zahnhöhe (▶ **Abb. 1.15**). Die Anzahl Proben pro Zahn variiert abhängig vom Entnahmemodus und Abkauungsgrad des Zahnes.

## Analyseverfahren

Die Analysen der $^{18}O/^{16}O$-Verhältnisse werden überwiegend am Sauerstoff des Phosphats im Apatit von Knochen und Zahnschmelz vorgenommen. Zusätzlich können die Verhältnisse auch im Carbonatanteil des Apatits bestimmt werden. Bei der „konventionellen" Aufbereitung wird der Sauerstoff hierfür chemisch extrahiert, in gasförmige Form (Kohlendioxid) überführt und die Isotopenverhältnisse im Gasmassenspektrometer gemessen (z. B. O'NEIL et al. 1994, SPONHEIMER & LEE-THORP 1999, STEPHAN 2000c, VENNEMANN et al. 2002). Neu entwickelt wurde die Sauerstoffgewinnung aus Zahnschmelz durch Erhitzen des Apatits mittels eines Lasers (KOHN et al. 1996, 1998, LINDARS et al. 2001, PASSEY & CERLING 2006). Die Vorteile dieser Methode sind die deutlich verringerten Probenmengen, höhere Probenanzahlen je Zahn und die *in-situ* Beprobung. Nachteilig ist, dass diagenetisch verändertes Material vor der Präparation nicht abgetrennt werden und die Analysen verfälschen kann. Die Analysen der $^{13}C/^{12}C$- und $^{15}N/^{14}N$-Verhältnisse werden bevorzugt am Kollagen vorgenommen. Hierzu wird der anorganische Anteil im Knochen bzw. Dentin aufgelöst. Das verbleibende Rohkollagen wird gereinigt, in gasförmige Bestandteile zerlegt und die C- und N-Isotope im Kohlendioxid bzw. im Stickstoffgas im Gasmassenspektrometer gemessen

(z. B. Deniro & Epstein 1981, Ambrose 1990). Zusätzlich kann der $\delta^{13}C$-Gehalt im Carbonat des Apatits bestimmt werden. Hierzu wird Kohlendioxid direkt aus dem Apatit gelöst und im Massenspektrometer analysiert (z. B. Bocherens et al. 1994, 1995, Balasse et al. 2002).

## Sauerstoff: Atmosphärischer Wasserzyklus und Metabolismus innerhalb des Tierkörpers

Die Verhältnisse der Sauerstoffisotope im Knochen- und Zahnapatit von Großsäugern werden durch Fraktionierungen sowohl im Verlauf des atmosphärischen Wasserzyklus als auch innerhalb des Tierkörpers bestimmt. Im Wasserzyklus treten Fraktionierungen bei Verdunstung und Niederschlag auf (▶ **Abb. 1.16**). Die größte globale Quelle für Wasserdampf stellt der tropische Ozean zwischen 30 °N und 30 °S dar. Der hier gebildete Dampf ist isotopisch leichter als das Meerwasser. Durch den Wind wird er über die Kontinente getragen, wo er als Niederschlag fällt. Bei jedem Abregnen wird der Regen mit $^{18}O$ angereichert und der zurückbleibende Wasserdampf verarmt an $^{18}O$. D. h. je weiter im Inland und je weiter im Norden die Niederschläge fallen, desto stärker nimmt der $^{18}O$-Anteil ab (Kontinental- und Breiteneffekt). Besonders starke $^{18}O$-Abreicherungen der Niederschläge sind beim Abregnen an Gebirgen zu beobachten (Höheneffekt). Wasser, das diesen Zyklus durchlaufen hat, wird als meteorisches Wasser bezeichnet und umfasst alle Oberflächenwässer wie Flüsse, Seen und Gletscher. Von grundlegender Bedeutung für die Untersuchungen ist die Temperaturabhängigkeit aller Isotopenfraktionierungen im Verlauf des Wasserzyklus. Hierdurch besteht ein globaler Zusammenhang zwischen den Jahresmitteltemperaturen der Luft und den Isotopenverhältnissen in den Niederschlägen (Dansgaard 1964, siehe auch ▶ **Abb. 1.19**). Das heißt, in Regionen mit niedrigen Temperaturen fallen Niederschläge mit niedrigen $^{18}O/^{16}O$-Verhältnissen und in Regionen mit warmem und heißem Klima sind die Nieder-

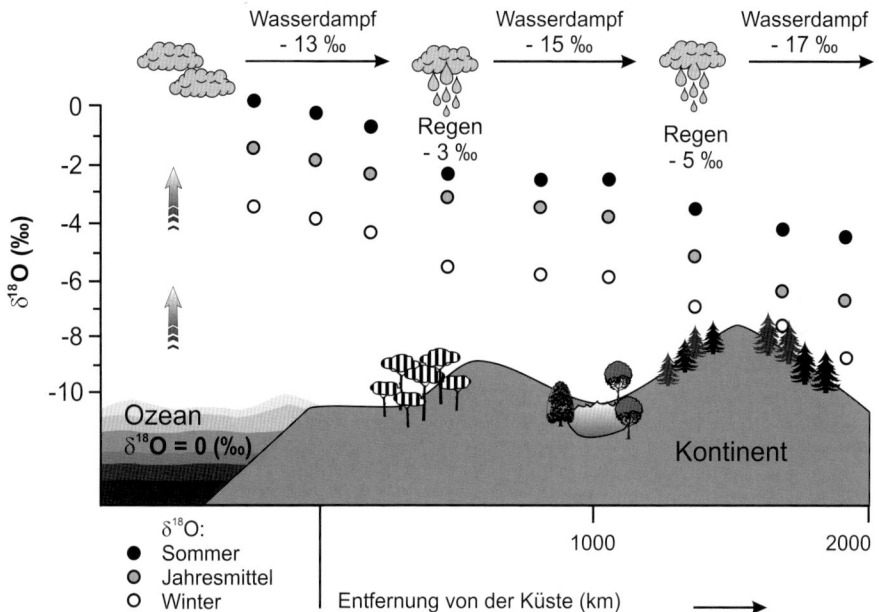

**Abb. 1.16.** Schematische Darstellungen der Fraktionierung der Sauerstoffisotope im atmosphärischen Wasserzyklus (modifiziert nach Hoefs 1980).

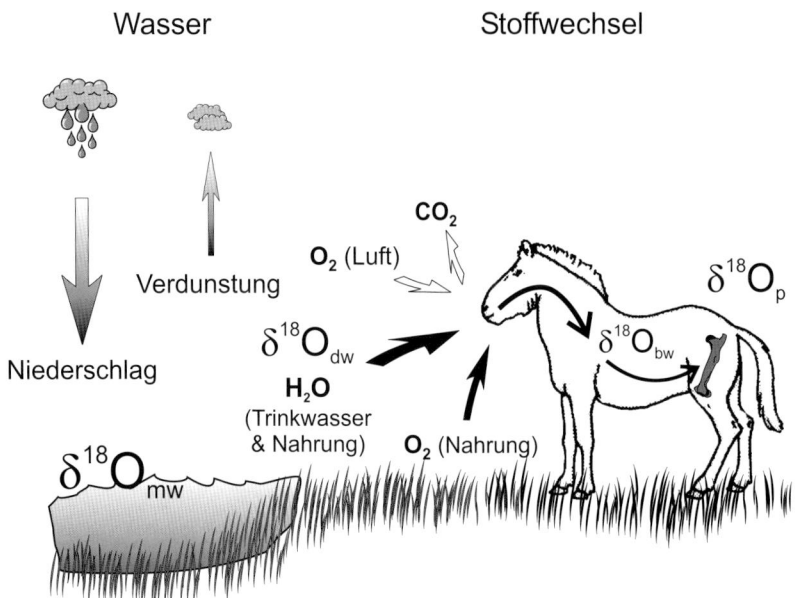

**Abb. 1.17.** Schema der Aufnahme und Fraktionierungen von Sauerstoff in terrestrischen Säugetieren.

schläge durch hohe $\delta^{18}O$-Werte gekennzeichnet. Ebenso spiegeln die Sauerstoffisotopenverhältnisse in den Niederschlägen unterschiedlich kalte und warme Jahre sowie die Jahreszeiten wider.

Die Fraktionierungen von Sauerstoffisotopen innerhalb von Säugetieren finden während der Aufnahme und der Verstoffwechselung bis hin zum Einbau des Sauerstoffs in den Knochen- und Zahnapatit statt (▶ **Abb. 1.17**). Sie bewirken eine lineare Anhebung der Isotopenverhältnisse. Hierdurch bestehen zwischen den $^{18}O/^{16}O$-Verhältnissen im Trinkwasser ($\delta^{18}O_{dw}$) und im Knochen- und Zahnapatit ($\delta^{18}O_p$) positive Korrelationen. Diese können mittels so genannter Regressionsgleichungen beschrieben werden und sind artspezifisch etwas unterschiedlich, da die Isotopenzusammensetzung der Nahrung und des Wassers sowie der Stoffwechsel je Tierart variiert (▶ **Abb. 1.18**, vgl. SCHOENINGER et al. 2000, NAVARRO et al. 2004).

Die Kombination der Effekte der Isotopenfraktionierungen im Verlauf des Wasserzyklus und innerhalb der Säugetiere führt zu einer positiven Korrelation zwischen den $^{18}O/^{16}O$-Verhältnissen in Knochen und Zähnen und der Temperatur: je höher die Temperatur desto höher die $\delta^{18}O_p$-Werte und umgekehrt. Aufgrund der kontinuierlichen langsamen Knochenerneuerung stellen die in Knochen gemessenen Isotopenverhältnisse eine Mischung der über mehrere Jahre aufgenommenen und verstoffwechselten Sauerstoffisotope dar. Sie repräsentieren demnach Jahresmitteltemperaturen. Anders verhält es sich im Zahnschmelz. Da dieser nach seiner Fertigstellung nicht mehr erneuert wird, werden die einmal vorhandenen Isotopensignaturen eingefroren und spiegeln so die Schwankungen der Isotopenverhältnisse während des Zahnwachstums über 1–1,5 Jahre wider.

Diese für rezente Säugetiere nachgewiesenen Beziehungen werden auf bodengelagerte Faunenfunde übertragen und als so genannte „proxies", d. h. Näherungswerte, zur Rekonstruktion von Paläotemperaturen verwendet (▶ **Abb. 1.19**). Dadurch können klimatische Ansprachen archäologischer Perioden, die anhand der Untersuchungen von Faunenresten, Pollen, botanischen Großresten, Käfern, Sedimenten, Seeablagerungen, Mineralen und Eisbohrkernen erstellt wurden, ergänzt und konkretisiert werden.

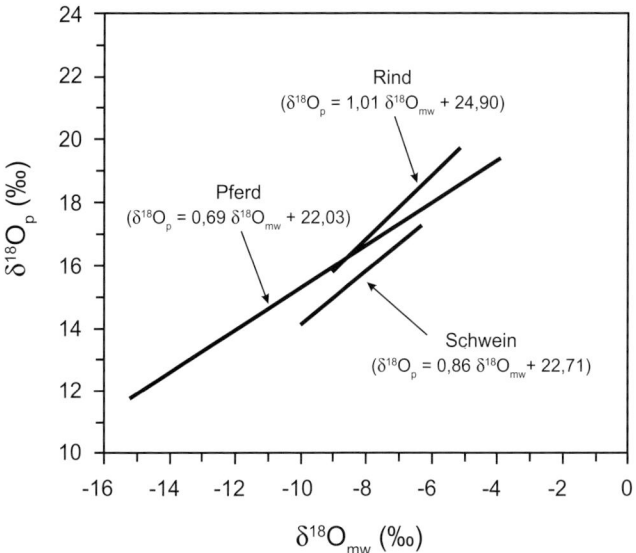

**Abb. 1.18.** Beispiele empirisch ermittelter Regressionsgeraden und -gleichungen für die Beziehung der $^{18}O/^{16}O$-Verhältnisse im Knochenphosphat rezenter Tiere ($\delta^{18}O_p$) und des lokalen meteorischen Wassers ($\delta^{18}O_{mw}$) (Daten aus: LONGINELLI 1995; STEPHAN 1999).

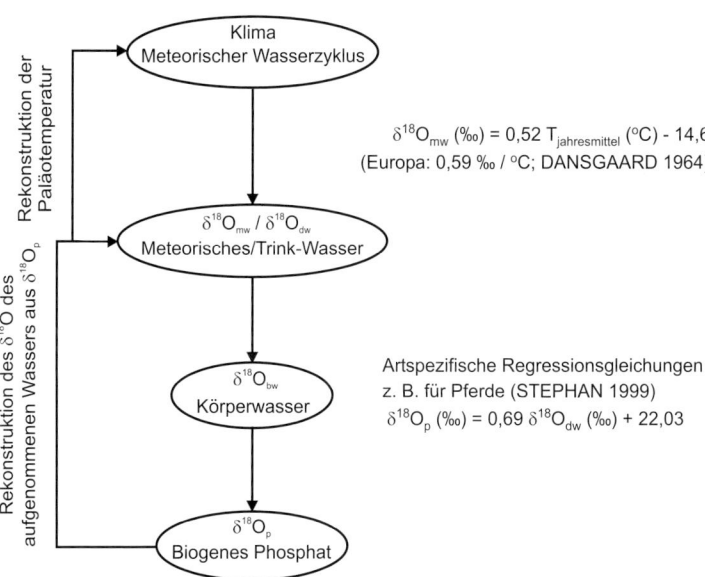

**Abb. 1.19.** Schema der Paläotemperatur-Rekonstruktion anhand der $\delta^{18}O_p$-Werte im Phosphat von Knochen und Zahnschmelz terrestrischer Säugetiere ($\delta^{18}O_{mw}$: Isotopenverhältnisse im meteorischen Wasser; $\delta^{18}O_{dw}$: Isotopenverhältnisse im Trinkwasser; $\delta^{18}O_{bw}$: Isotopenverhältnisse im Körperwasser; $\delta^{18}O_p$: Isotopenverhältnisse im Phosphat von Knochen oder Zahnschmelz; T: Temperatur in °C).

## Sauerstoffisotopenverhältnisse in Knochen und Zähnen als Klimaproxies

*Rekonstruktion von Paläotemperaturen anhand von Knochenfunden*

Das Potential der Paläotemperaturrekonstruktion wird durch Untersuchungen an Knochenfunden deutlich, die aus holozänen Fundstellen in gemäßigten, mediterranen und arid-subtropischen Klimazonen stammen. Für die bronze- und eisenzeitlichen Siedlungen Troia (Türkei), Ghanadha und Tell Abraq (Vereinigte Arabische Emirate) sowie das römische Heerlager Dangstetten (Südwestdeutschland) werden anhand von Faunen-, Pollen- und geomorphologischen Untersuchungen für den Zeitraum ihrer Besiedlung klimatische Bedingungen angenommen, die den heutigen gleichen. Die $\delta^{18}O_p$-Werte von Rinder- und Schweineknochen spiegeln die klimatischen Bedingungen ihres Lebensraums sehr exakt wieder. Das zeigt sich daran, dass die aus den $\delta^{18}O_p$-Werten berechneten Jahresmitteltemperaturen sehr gut mit den rezenten Isotopenverhältnissen des meteorischen Wassers und den heutigen Mitteltemperaturen übereinstimmen (▶ Tab. 1.1).

Die Übertragung der Zusammenhänge auf eiszeitliche Fundkomplexe hat sich ebenfalls als erfolgreich erwiesen (▶ Abb. 1.20; vgl. NAVARRO et al. 2004, TÜTKEN et al. 2007). Durch Untersuchungen von Wildpferdfunden aus alt-, mittel- und jungpaläolithische Fundplätzen konnten für Süd- und Westdeutschland klare Zusammenhänge zwischen dem globalen und regionalen Klima und den Isotopenverhältnissen aufgezeigt werden. In Funden aus Interglazialen, d. h. Phasen mit warmem dem heutigen vergleichbaren Klima, wurden zwischen 1,5–3 ‰ höhere $\delta^{18}O_p$-Werte nachgewiesen als in Knochen aus glazialen Phasen, die durch deutlich kälteres Klima als heute charakterisiert sind. Vergleichbare Differenzen zwischen Glazialen und Interglazialen wurden an Höhlenbär-, Mammut- und Rentierfunden aus englischen, spanischen und russischen Fundorten ermittelt (AYLIFFE et al. 1992, REINHARD et al. 1996, GENONI et al. 1998). Die $\delta^{18}O_p$-Werte einzelner Proben streuen innerhalb von Fundorten oder Fundschichten unterschiedlich stark (▶ Abb. 1.20). Hierin spiegelt sich die Vielfalt der – auch isotopenchemisch – unterschiedlichen Trinkwasserquellen der Tiere. Differenzen zwischen den Isotopensignaturen einzelner Proben können darüber hinaus auch durch kurzzeitige Klimaschwankungen hervorgerufen werden, die sich innerhalb des Zeitraumes ereignet haben, der in der archäologischen Fundschicht erfasst ist. Auffallend große Unterschiede zwischen $\delta^{18}O$-Werten innerhalb von Fundschichten und Fundorten, die auf Veränderungen während der

Tab. 1.1. $\delta^{18}O_p$-Mittelwerte in Tierknochen aus holozänen archäologischen Fundorten verschiedener Klimazonen und aus diesen errechnete Jahresmitteltemperaturen im Vergleich mit heutigen Daten (STEPHAN 1999, 2000b)

| Fundort | Tierart | n | $\delta^{18}O_p$ (‰) | Temperatur (°C) | | Klimazone |
| --- | --- | --- | --- | --- | --- | --- |
| Datierung | | | vs. SMOW | berechnet[1] | heute | |
| Dangstetten Römisch | Schwein | 3 | 15,4 | 8,6 | 9,1 | warm-gemäßigt |
| Troia Bronzezeit & Römisch | Rind | 4 | 18,7 | 15,1 | 15,1 | mediterran-subtropisch |
| Ghanadha Bronzezeit | Rind | 2 | 24,9 | 27,3 | 26,8 | arid-tropisch |
| Tell Abraq Bronze- und Eisenzeit | Rind | 12 | 24,3 | 26,1 | 25,9 | arid-tropisch |

[1] Temperatur berechnet anhand der $^{18}O/^{16}O$-Verhältnisse in den Knochen nach LUZ et al. 1990.

# Stabile Isotope in fossilen Faunenfunden

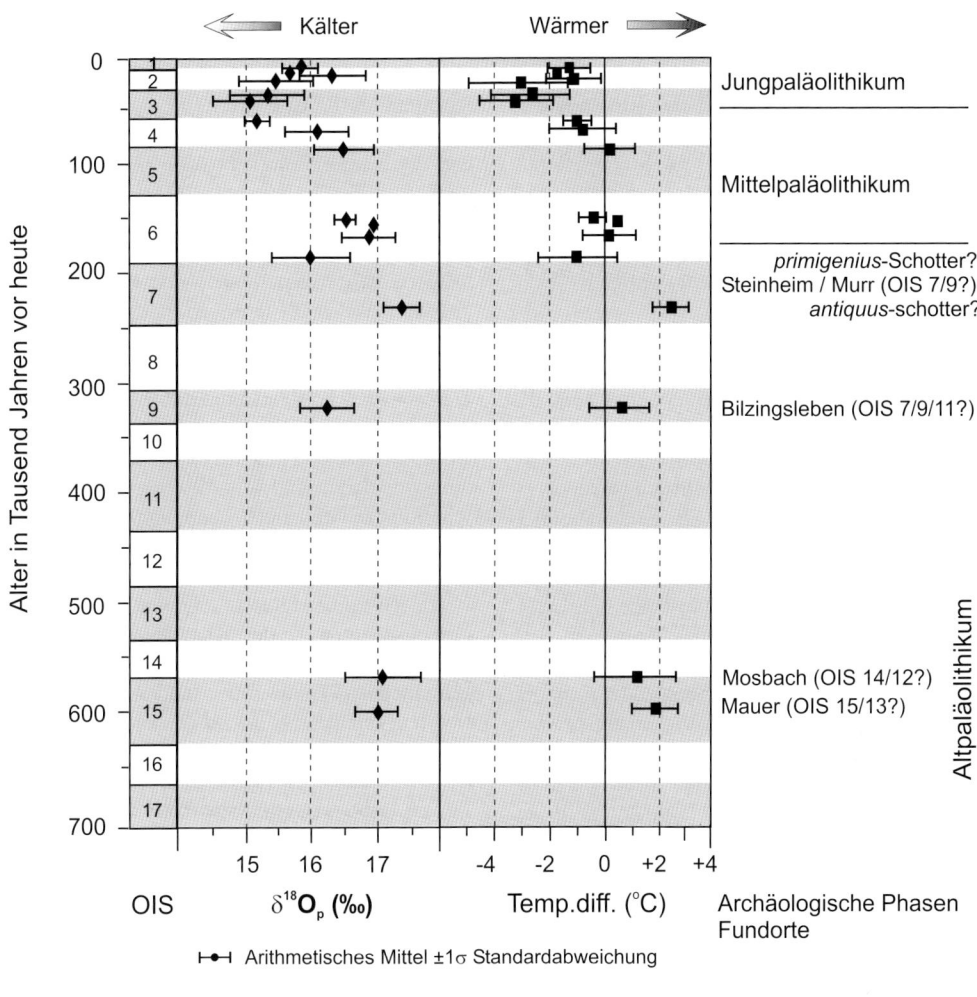

**Abb. 1.20.** $\delta^{18}O_p$-Werte in Pferdeknochen aus pleistozänen archäologischen Fundplätzen in Deutschland und berechnete Temperaturdifferenzen im Vergleich zu heutigen lokalen Jahresmitteltemperaturen (modifiziert nach STEPHAN 1999; 2000a).

Bodenlagerung zurückgeführt werden könnten, wurden nicht zu beobachtet (STEPHAN 1999, vgl. SÁNCHEZ CHILLÓN et al. 1994, IACUMIN et al. 1996).

In bestimmten Fällen erlauben Sauerstoffisotope Zuordnungen von Funden zu bestimmten klimatischen Phasen, auch wenn dies anhand der Tierart selbst nicht möglich ist. So gliedern sich die $\delta^{18}O_p$-Werte der Knochenproben aus Steinheim/Murr in eine Gruppe mit hohen und eine mit niedrigeren Isotopensignaturen (▶ **Abb. 1.20**). Die höheren Werte stammen wahrscheinlich aus den nach dem Waldelefant *Palaeoloxodon antiquus* benannten „*antiquus*-Schottern" und repräsentieren das so genannte Steinheimer Thermal, das durch eine Reihe von Tierarten als ausgeprägte Warmzeit charakterisiert ist. Die Funde mit niedrigen Werten belegen kälteres Klima, wie es für die jüngeren *trogontherii-primigenius*-Schotter anhand des Auftretens von Steppenelefant (*Mammuthus trogontherii* und *Mammuthus primigenius*) und Wollnashorn sowie das Verschwinden von Wasserbüffel, Waldbison, Reh und Wildschwein nachgewiesen wurde (KOENIGSWALD 1983).

Die ermittelten Temperaturdifferenzen stellen Näherungswerte für die Temperaturunterschiede zwischen prähistorischen Perioden und heute dar (▶ **Abb. 1.20**). Für warme Klimaphasen bestätigen und konkretisieren die berechneten Mitteltemperaturen die mit anderen Methoden gewonnenen Temperaturabschätzungen (z. B. FRENZEL 1991, DANSGAARD et al. 1995). Die Jahresmitteltemperaturen waren in Mauer, Mosbach, Steinheim (*antiquus*-Schotter) und Bilzingsleben 0,2–2,3 °C höher als heute. Für die kalten Phasen der Riß- und Würmeiszeit (OIS 6, 4 und 2) spiegeln die Berechnungen z. T. jedoch Temperaturen wider, die unseren heutigen warmzeitlichen entsprechen oder nur wenig niedriger sind. Während dieser Phasen war es jedoch in vielen Regionen Europas und Asiens bis zu ca. 10 °C kälter als heute. Dies zeigen z. B. Untersuchungen von Pollenprofilen in Frankreich (PONS et al. 1992) und Isotopenmessungen an Mammut- und Rentierfunden aus Finnland, Sibirien, Russland und der Ukraine (GENONI et al. 1998, ARPPE & KARHU 2006). Ein Grund die relativ hohen $\delta^{18}O$-Werte könnte sein, dass die eigentlichen Hochglaziale im verfügbaren Fundmaterial aus Süd- und Westdeutschland keinen Niederschlag gefunden haben und dass alle analysierten Funde überwiegend aus wärmeren Phasen innerhalb einer Eiszeit, so genannten Interstadialen, stammen. Sicher ist, dass das letzte glaziale Maximum um 20 000 Jahre vor heute in den untersuchten Knochenfunden nicht vertreten ist. Eine genaue klimatische Einordnung der Funde innerhalb der restlichen mehr oder weniger kalten Perioden kann häufig aber nicht vorgenommen werden (STEPHAN 1999, 2000a). Eine andere mögliche Erklärung liefern isotopenchemische Effekte. So können zu hohe $\delta^{18}O_p$-Werte durch das kalte und trockene bis sehr trockene Klima verursacht sein, durch das die Tiefseestadien OIS 6, 4 und 2 charakterisiert sind (FRENZEL et al. 1992, ANDEL & TSEDAKIS 1996). Aufgrund starker Verdunstung wird das schwere $^{18}O$ unter diesen klimatischen Bedingungen im Trinkwasser der Tiere und infolgedessen auch im Knochen stark angereichert (z. B. EICHER et al. 1991, HAMMARLUND & BUCHARDT 1996). Die Korrelation zwischen der Temperatur und den Isotopensignaturen im meteorischen Wasser und in den Knochen wird hierdurch verringert oder ganz aufgehoben (vgl. HOPPE et al. 2004).

Diese Anreicherungseffekte müssen auch bei Tieren wie z. B. Rentieren, Hirschen und Rehen berücksichtigt werden, die – anders als Pferde – größere Wassermengen aus der pflanzlichen Nahrung aufnehmen und verstoffwechseln. Terrestrische Pflanzen enthalten – besonders unter ariden Bedingungen – deutlich mehr schweres $^{18}O$ als meteorisches Wasser (EPSTEIN et al. 1977, YAKIR et al. 1989). Dies führt zu erhöhten $\delta^{18}O_p$-Werten im Knochengewebe der genannten Tierarten, die dann nicht nur die Isotopenverhältnisse des aufgenommenen Trinkwassers, sondern auch die der Nahrung repräsentieren und zu hohe Temperaturen widerspiegeln (LUZ et al. 1990, IACUMIN et al. 1996, KOHN et al. 1996, SPONHEIMER & LEE-THORP 1999, STEPHAN 1999). Im Extremfall, d. h. bei sehr niedriger Luftfeuchtigkeit und Tierarten, die nahezu ihren gesamten Wasserbedarf aus der Nahrung decken, ist die positive Korrelation zwischen den Isotopendaten und der Temperatur vollständig aufgehoben und es ergeben sich negative Korrelationen der Isotopensignaturen mit der Luftfeuchtigkeit (AYLIFFE & CHIVAS 1990).

## Zahnschmelz als Archiv der Saisonalität

Untersuchungen an einer Reihe rezenter Pflanzenfresser aus unterschiedlichen Klimazonen belegen, dass sich jahreszeitliche Schwankungen der Isotopensignaturen des Trinkwassers in den $\delta^{18}O_p$-Werten des Zahnapatits entlang der Zahnhöhe widerspiegeln und diese so Informationen über die saisonalen Klimaunterschiede während des Zahnwachstums innerhalb von 1 bis 1,5 Jahren liefern (KOHN et al. 1998, FRICKE & O'NEIL 1999). Die Isotopen-Kurven für pleistozäne Zahnfunde zeigen, dass sich saisonale $\delta^{18}O$-Schwankungen in

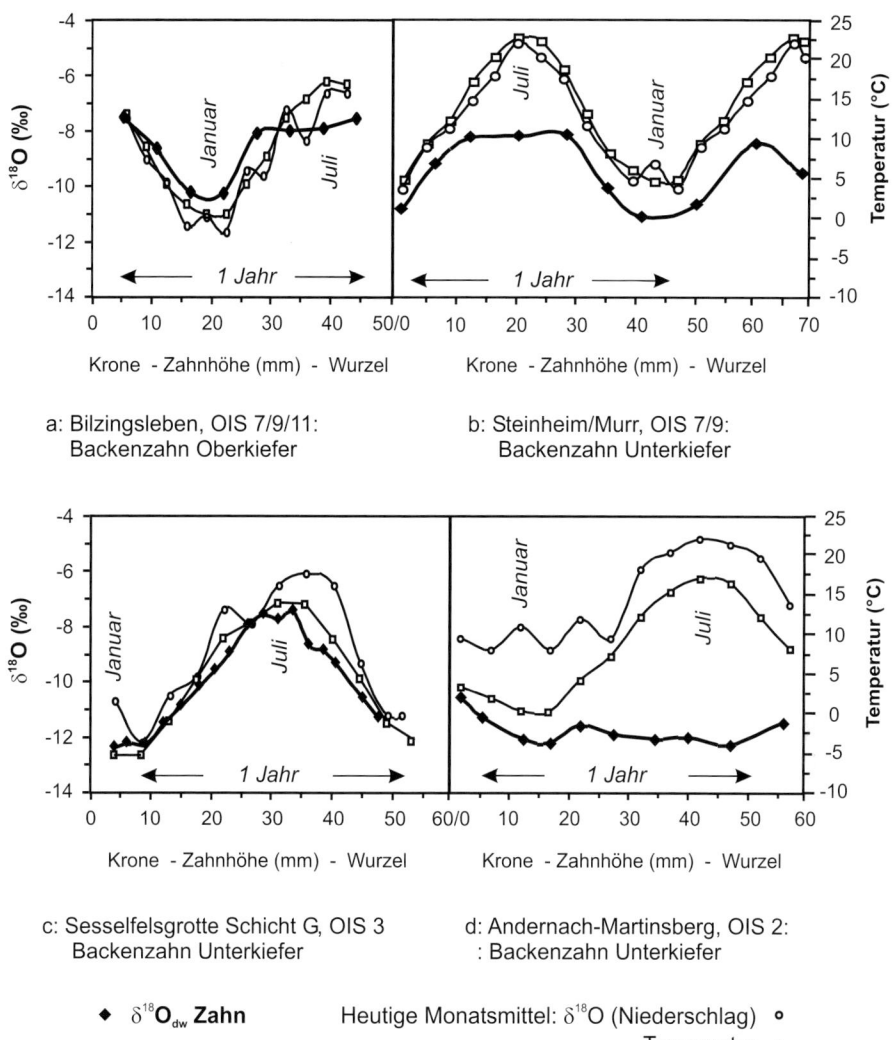

**Abb. 1.21a–d.** Saisonale Schwankungen der $^{18}$O-Werte im Zahnschmelz pleistozäner Pferde und heutige Monatsmittel der $\delta^{18}$O-Werte in den Niederschlägen und der Lufttemperaturen ($\delta^{18}O_{dw}$-Werte des Trinkwassers berechnet aus den $\delta^{18}O_p$-Werten der Zahnfunde; heutige Vergleichswerte von der jeweils nächstgelegenen IAEA-Station; modifiziert nach STEPHAN 2000a).

den $\delta^{18}$O-Werten des Zahnschmelzes erhalten haben und nicht durch Veränderungen während der Bodenlagerung überprägt worden sind. Hierdurch besteht die Möglichkeit, Ausprägung und Dauer der Jahreszeiten in unterschiedlichen Klimaphasen zu ermitteln, und so zusätzlich zu den Jahresmitteltemperaturen wichtige Informationen über die Lebensbedingungen prähistorischer Tiere und auch Menschen zu gewinnen.

In ▶ **Abb. 1.21** dargestellt sind die Isotopensignaturen des Trinkwassers pleistozäner Pferde ($\delta^{18}O_{dw}$), die aus den in ihren Backenzähnen gemessenen $\delta^{18}O_p$-Werten errechnet wurden (STEPHAN 2000a). Als klimatischer Bezug dienen die

Monatsmittel der Temperaturen und der Isotopenwerte in Niederschlägen, die über mehrere Jahre in nahe den Fundorten gelegenen IAEA-Wetterstationen gemessen wurden (IAEA 1998). Die berechneten $\delta^{18}O_{dw}$-Werte variieren mit einer Periode von ca. 45 mm Zahnhöhe, wobei ein Zyklus einem Jahr entspricht. Hohe Werte korrespondieren mit den Sommermonaten, niedrige mit den Wintermonaten. Die Amplitude der im Zahn aus der Sesselfelsgrotte gemessenen $\delta^{18}O$-Werte korrespondiert annähernd mit der jährlichen Variation in den heutigen Niederschlägen (▶ **Abb. 1.21c**: Zahn: 4,9 ‰; Regen: 6,0 ‰). Die Zähne aus Bilzingsleben und Steinheim zeigen geringere Variationen der $^{18}O/^{16}O$-Verhältnisse (2,8 bzw. 2,9 ‰) als in den heutigen Niederschlägen (5,0 bzw. 5,3 ‰; ▶ Abb. 1.21a, b). Die Isotopenwerte im Zahnfund aus Andernach-Martinsberg variieren nur geringfügig, obwohl die Differenz zwischen den Minimal- und Maximalwerten im heutigen meteorischen Wasser der Region ca. 4 ‰ beträgt (▶ **Abb. 1.21d**). Die in den Zahnfunden gemessenen Maximal- und Minimalwerte können jedoch nicht direkt in Sommer- und Wintertemperaturen umgerechnet werden, sondern es muss berücksichtigt werden, dass die untersuchten Wildtiere ihr Trinkwasser aus Flüssen, Seen und Tümpeln bezogen haben, deren isotopenchemische Zusammensetzung gegenüber den Niederschlägen verändert sein kann. Für Bilzingsleben kommen als Trinkwasserquellen kleinere Flüsse und Seen in Frage, die aufgrund der kurzen Verweilzeiten des Wassers normalerweise keine ausgeprägte Dämpfung der saisonalen $\delta^{18}O$-Schwankungen in den Niederschlägen aufweisen. Deshalb repräsentieren die $\delta^{18}O_p$-Werte in den Zähnen wahrscheinlich relativ genau die Isotopenverhältnisse der pleistozänen Niederschläge zur Zeit der Belegung des Fundplatzes. Die Pferde aus der Sesselfelsgrotte haben vermutlich aus Donau und Altmühl und die Steinheimer Tiere hauptsächlich aus dem Neckar getrunken. In diesen Flüssen vermischen sich aufgrund höherer Verweilzeiten Niederschläge der unterschiedlichen Jahreszeiten sowie Wässer unterschiedlicher Regionen des jeweiligen Einzugsgebietes. Die saisonalen Schwankungen der Sauerstoffisotope sind deshalb in diesen Gewässern und auch im Zahnschmelz der Pferde deutlich gedämpft (FONTES 1980, FLINTROP et al. 1996). Die geringen Amplituden belegen hier keine geringere Saisonalität als heute. Die jahreszeitlichen klimatischen Unterschiede könnten gleich stark oder auch ausgeprägter gewesen sein (vgl. FRICKE et al. 1998, HOPPE et al. 2004). Trinkwasserquelle für die Pferde aus Andernach-Martinsberg war wahrscheinlich hauptsächlich der nahe gelegene Rhein, der aufgrund langer Verweilzeiten des Wassers keine bzw. nur geringe saisonale $^{18}O/^{16}O$-Schwankungen aufweist (vgl. SHARP & CERLING 1998). In diesem Fall spiegeln die Isotopenwerte in den Zähnen ausschließlich die Isotopenzusammensetzung der Trinkwasserquelle wider und eine klimatische Interpretation ist nicht möglich. Beeinflussungen der saisonalen Variation der Isotopenwerte in Zähnen können darüber hinaus durch einen Ausgleich der Isotopensignaturen des aufgenommenen Wassers während der Verstoffwechselung und Schmelzbildung, die Art der Beprobung und (saisonale) Migrationen der Tiere hervorgerufen werden (siehe ▶ **Abb. 1.15,** FRICKE & O'NEIL 1999, SHARP & CERLING 1998, PASSEY & CERLING 2002, BALASSE 2003, TAFFOREAU et al. 2007).

## Kohlenstoff und Stickstoff

### Kohlenstoff

Fraktionierungen der Isotopenverhältnisse im terrestrischen Kohlenstoff-Kreislauf, die für die Isotopenverhältnisse im Knochengewebe wichtig sind, finden hauptsächlich bei der Photosynthese statt, bei der das atmosphärische Kohlendioxid in die Pflanzen aufgenommen wird. Allgemein wird $^{12}C$ in terrestrischen Pflanzen angereichert, da aus energetischen Gründen in biologischen Reaktionen grundsätzlich das leichtere Isotop vorgezogen wird. Das Ausmaß der Fraktionierungen ist jedoch abhängig vom Photosyntheseweg. Im so genannten Calvin- oder C3-Zyklus wird im ersten Schritt der Kohlenstoff der Luft in eine chemische Verbindung mit drei C-Atomen eingebunden. Pflanzen, die diesen Mechanismus nutzen, werden als C3-Pflanzen bezeichnet. Sie finden sich typischerweise in den gemäßigten Klimazonen Europas und Nordamerikas. Zu ihnen gehört die Mehrzahl der bekannten Nutzpflanzen wie z. B. Weizen. Pflanzen, die in besonders trockenen Regionen mit starker Son-

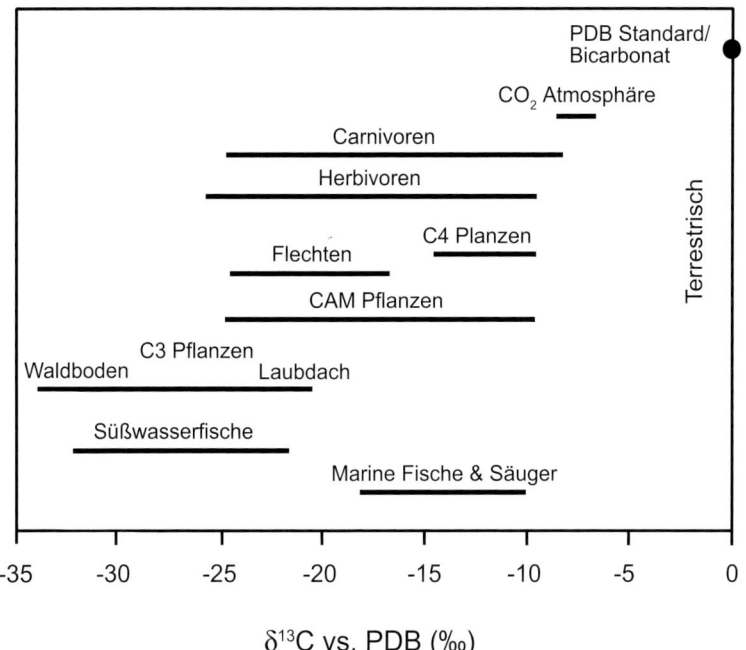

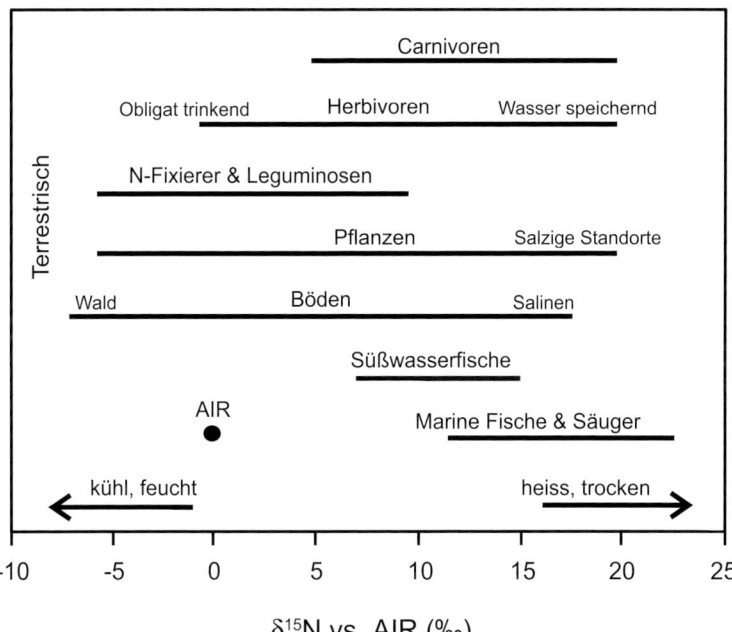

**Abb. 1.22.** Variationen der Kohlenstoff- und Stickstoff-Isotopenverhältnisse in marinen und terrestrischen Organismen.

neneinstrahlung wachsen, steht eine größere Energiemenge zur Verfügung. Sie können deshalb den Einbau von Kohlendioxid auf einem anderen chemischen Weg schneller abwickeln. Dieser Zyklus wird Hatch-Slack- oder C4-Zyklus genannt, da hierbei eine Verbindung mit vier C-Atomen gebildet wird. Entsprechend werden Mais, Zuckerrohr, Hirse, Sorghum und viele tropische Gräser, die das atmosphärische Kohlendioxid auf diese Weise binden, C4-Pflanzen genannt. Der Crassulacean Acid Metabolism-Zyklus (CAM) ist eine Mischung des C3- und C4-Mechanismus und wird in manchen Sukkulenten wie z. B. Agave und Yucca verwendet (so genannte CAM-Pflanzen).

C4-Pflanzen diskriminieren weniger gegen das schwere Isotop $^{13}C$ als C3-Pflanzen, d. h. sie nehmen mehr $^{13}C$ auf als diese und besitzen mit durchschnittlich –12,5 ‰ deutlich höhere Werte als C3-Pflanzen mit durchschnittlich –26,5 ‰ (▶ **Abb. 1.22**). Die Isotopenverhältnisse der CAM-Pflanzen liegen im Mittel zwischen den Werten der C3- und C4-Pflanzen. Die große Variation der $^{13}C/^{12}C$-Verhältnisse in verschiedenen C3-Pflanzen beruht auf Standortfaktoren wie Temperatur, Lichtintensität, Wasserverfügbarkeit und Nährstoffangebot. Darüber hinaus führen unterschiedliche Fraktionierungen in unterschiedlichen Pflanzenteilen zu abweichenden Isotopensignaturen. Beides muss bei der Nahrungs- und Klimarekonstruktion berücksichtigt werden (AMBROSE 1993). Die Variabilität der Werte innerhalb der C4-Pflanzen ist bisher schlecht verstanden, scheint jedoch unbeeinflusst von den Umweltbedingungen zu sein.

Anders als terrestrischen Pflanzen steht aquatischen Pflanzen eine ganze Anzahl von Kohlenstoffquellen zur Verfügung. Dies sind neben dem Luftkohlendioxid auch das Kohlendioxid und das Bicarbonat im Wasser sowie Carbonate aus Gesteinen und Böden. Da diese Verbindungen unterschiedliche $^{13}C/^{12}C$-Isotopenverhältnisse besitzen, ist die Variabilität der $\delta^{13}C$-Werte in Wasserpflanzen und -tieren hoch (z. B. DUFOUR et al. 1999, KATZENBERG & WEBER 1999). Im marinen Bereich wird die Kohlenstoff-Isotopie durch Austauschreaktionen zwischen atmosphärischem Kohlendioxid und im Meerwasser gelöstem Bicarbonat bestimmt. Hierbei wird bei der Absorption des Kohlendioxid und der Bildung des Bicarbonats $^{13}C$ um ca. 7 ‰ im Bicarbonat gegenüber dem Luft-Kohlendioxid angereichert. Plankton und Meerespflanzen nehmen das Bicarbonat unter weiterer Anreicherung von $^{13}C$ auf, weshalb Meerestiere, die sie konsumieren, höhere $\delta^{13}C$-Werte besitzen als terrestrische Organismen.

Die in den Organismen erzeugten Unterschiede des $^{13}C/^{12}C$-Verhältnisses werden im weiteren Verlauf der Nahrungskette bis hin zum Einbau in das Knochengewebe beibehalten, wobei es jedoch zu unterschiedlich starken Fraktionierungen zwischen aufgenommener Nahrung und verschiedenen Körpergeweben kommt. Im Mittel beträgt die $^{13}C$-Anreicherung zwischen Nahrung und Kollagen ca. 5 ‰ (AMBROSE & NORR 1993, TIESZEN & FAGRE 1993). Ebenso kommt es zwischen einzelnen Stufen der Nahrungskette zu Fraktionierungen. Im Knochenkollagen von Fleischfressern wurde ca. 1–2 ‰ höhere $\delta^{13}C$-Werte als in Pflanzenfressern gemessen (SCHOENINGER 1985, BOCHERENS & DRUCKER 2003). Verantwortlich hierfür könnten spezielle Anreicherungen des schweren Isotops im Fleisch der Herbivoren sein, die als Nahrung der Carnivoren fungieren.

## Stickstoff

Innerhalb des Stickstoff-Kreislaufs finden Isotopenfraktionierungen hauptsächlich bei der Fixierung von Stickstoff der Luft im Nitrit und der Nitrifikation von Ammoniak zu Nitrat durch Mikroorganismen im Boden statt. Aufgrund klimatischer Unterschiede werden in verschiedenen Böden unterschiedliche $\delta^{15}N$-Werte erzeugt. Hohe $^{15}N$-Anteile finden sich in trockenen Savannen- und Wüstenböden. In Waldböden der kühlen und feuchten Regionen liegen die $\delta^{15}N$-Werte aufgrund der hohen Stickstoff-Fixierung deutlich niedriger. Sehr hohe $^{15}N$-Anteile entstehen bei hoher Verdunstung des Wassers aus oberflächennahen Bodenbereichen sowie durch Anreicherungen von organischen Materialien in salzigen Böden (▶ **Abb. 1.22**).

Alle biologischen Materialien sind in der Regel gegenüber der Atmosphäre mit dem schweren Isotop angereichert. Terrestrische Pflanzen zeigen – basierend auf den in den Böden erzeugten unterschiedlichen $^{15}N/^{14}N$-Verhältnissen – eine große Variation der $\delta^{15}N$-Werte. Zwischen den einzelnen Stufen der Nahrungskette wurden schrittweise Anreicherungen von ca. 3–5 ‰ beobachtet. Dabei werden die in Pflanzen erzeugten Isotopendiffe-

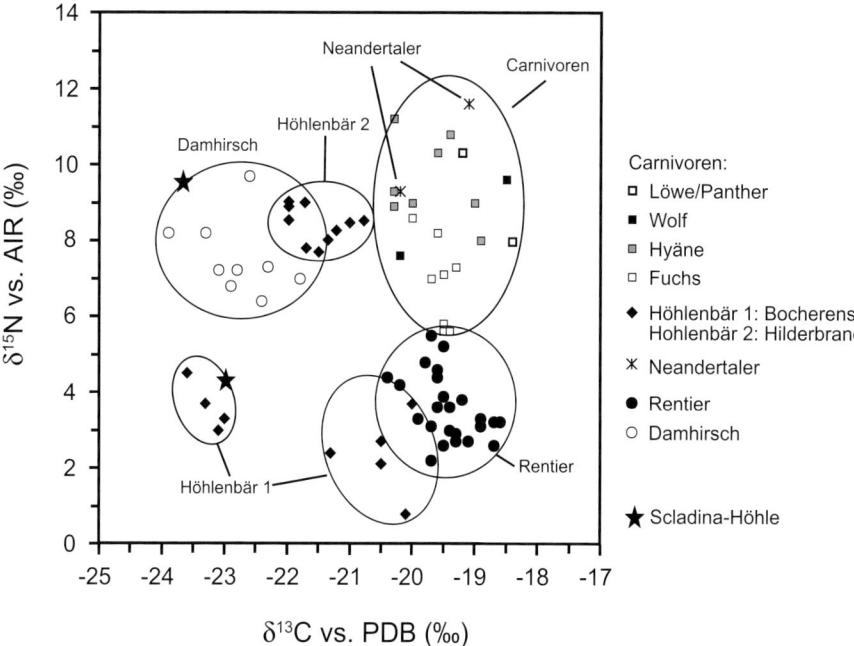

**Abb. 1.23.** $\delta^{13}C$ und $\delta^{15}N$ in Knochenfunden pleistozäner Tierarten und des Neandertalers aus europäischen Fundplätzen (Daten aus: Bocherens et al. 1990, 1994; 1995; 1999; Fizet et al. 1995, Hilderbrand et al. 1996, Drucker et al. 2000).

renzen beibehalten, was in der großen Streuung der Daten für Tiere zum Ausdruck kommt (▶ **Abb. 1.22**, Schoeninger & Deniro 1984, Ambrose 1993). Weitere Fraktionierungen können durch spezifische Stoffwechselanpassungen innerhalb von Tieren verursacht werden. Viele Säugetiere sind in der Lage, in Zeiten von Wasserknappheit durch Aufkonzentrierung des Urins Wasser im Körper zurückzuhalten. Da der Urin gegenüber der aufgenommenen Nahrung an $^{15}N$ abgereichert ist, wird $^{15}N$ im Körper angereichert, je mehr Stickstoff über den Urin ausgeschieden wird. „Wasserspeichernde" Tiere besitzen deshalb höhere $\delta^{15}N$-Werte in ihren Knochen und Zähnen.

Eine Besonderheit bilden die Leguminosen (Hülsenfrüchte). Sie leben in Symbiose mit Mikroorganismen, die bei der Fixierung des Stickstoffs aus der Luft stark gegen $^{15}N$ diskriminieren und nur geringe Mengen des schweren Isotops aufnehmen. Der so von den Hülsenfrüchten aus den Mikroorganismen aufgenommene Stickstoff besitzt deshalb im Durchschnitt 7 ‰ niedrigere $\delta^{15}N$-Werte als Nicht-Leguminosen.

Marine Organismen erreichen aufgrund hoher Fraktionierungsfaktoren während der Denitrifikation, d. h. der Umwandlung von Nitrat zu Stickstoff, höhere $\delta^{15}N$-Werte als terrestrische Pflanzen und Tiere. Die in Süßwasserfischen nachgewiesenen unterschiedlich starken $^{15}N$-Anreicherungen beruhen auf den lokalen limnologischen Bedingungen und der jeweiligen Position der Organismen in der Nahrungskette (Dufour et al. 1999, Katzenberg & Weber 1999).

## Rückschlüsse auf Ernährung und Lebensweise

### $\delta^{13}C$ und $\delta^{15}N$ im Kollagen

▶ **Abb. 1.23** zeigt eine Zusammenstellung der C- und N-Isotopenverhältnisse in Knochentunden unterschiedlicher Tierarten aus pleistozänen Fundorten in Europa. Während Pflanzenfresser durch eher niedrige $\delta^{15}$N-Werte charakterisiert sind, weisen Carnivoren (Fleischfresser) im allgemeinen entsprechend der Anreicherung innerhalb der Nahrungskette hohe $^{15}$N-Konzentrationen auf. Auch der Neandertaler konnte aufgrund seiner $\delta^{15}$N-Werte im Vergleich mit den Werten in den potentiellen tierischen Nahrungsquellen als überwiegend carnivor eingestuft werden (FIZET et al. 1995, BOCHERENS et al. 2005). Die ebenfalls zu den Fleischfressern gehörenden Höhlenbären fallen einerseits durch extrem niedrige $\delta^{15}$N-Werte auf, woraus für sie – wie schon aufgrund der Morphologie der Backenzähne vermutet – auf eine strikt herbivore Lebensweise geschlossen wird (▶ **Abb. 1.23** Höhlenbär 1: BOCHERENS et al. 1994, 2006). HILDERBRAND und Mitarbeiter (1996: ▶ **Abb. 1.23** Höhlenbär 2) ermittelten dagegen hohe $\delta^{15}$N-Werte für Höhlenbären, die die Autoren als Beweis für eine omnivore Lebensweise anführen. Die Lösung dieser Diskrepanz könnte in der großen Nahrungsvielfalt sowie im Lebenszyklus von Bären begründet sein. Rezente Bären sind je nach Lebensweise und geographischer Region durch unterschiedliche $^{15}$N/$^{14}$N-Verhältnisse gekennzeichnet. Europäische Braunbären leben eher carnivor, nordamerikanische Schwarzbären und Grizzlys eher omnivor. Zudem besitzen Bären während des Winterschlafs spezielle Mechanismen, um Fettreserven und gespeicherte Proteine zu verstoffwechseln und den darin enthaltenen Stickstoff wiederzuverwerten. Dies kann zu Anreicherungen des schweren Isotops $^{15}$N im Knochengewebe führen. In besonderer Weise wirkt sich dies bei während des Winterschlafs geborenen Bärenjungen aus. In ihren Knochen wurden bis zu 5 ‰ höhere $\delta^{15}$N-Werte nachgewiesen als in Knochen ausgewachsener Tiere (NELSON et al. 1998, BOCHERENS et al. 2004).

Aufgrund der $\delta^{13}$C-Variationen zwischen C3-Pflanzen besitzen auch Herbivoren, deren Nahrung sich vollständig aus C3-Pflanzen zusammensetzt, unterschiedliche Isotopenverhältnisse (▶ **Abb. 1.22, 1.23**). In manchen Fällen kann dies auf bestimmte Nahrungs- bzw. Ressourcenklassen zurückgeführt werden. So ist die $^{13}$C-Anreicherung in Rentierknochen wahrscheinlich durch den Konsum großer Flechtenmengen mit hohen $\delta^{13}$C-Werten zu erklären (FIZET et al. 1995, DRUCKER et al. 2000, STEPHAN 2000b). Durch Untersuchungen unterschiedlicher Tierarten innerhalb eines Fundortes kann auch auf die bevorzugte Beute von Carnivoren zurückgeschlossen werden. So scheinen die Wölfe während des Mittelpaläolithikums in Marillac in Frankreich hauptsächlich Rentiere gejagt zu haben (BOCHERENS et al. 1995, FIZET et al. 1995, vgl. URTON & HOBSON 2005).

Detailkenntnisse zur Zusammensetzung der Nahrung liefern die Isotopensignaturen im Kollagen von Knochen und Zähnen. Die in pleistozänen Rentier- und Höhlenbärfunden nachgewiesenen Anreicherungen von 2–3 ‰ $\delta^{15}$N im Zahn- gegenüber dem Knochenkollagen werden aufgrund von Untersuchungen an rezenten Tieren als Ergebnis $^{15}$N-angereicherter Milchnahrung während des Wachstums der Zähne interpretiert (BOCHERENS et al. 1994, 1995, FIZET et al. 1995). Durch Analysen kompletter Zahnreihen heute lebender Pflanzenfresser können darüber hinaus Phasen des Ernährungswechsels wie das Abstillen und der Übergang von C3- zu C4-pflanzendominierter Nahrung erfasst werden (BALASSE et al. 1999, 2001). Auf der Basis dieser Analysen ermöglichen entsprechende Studien an archäologischen Faunenfunden Rückschlüsse auf Tierhaltung und Milchnutzung durch prähistorische Menschen (BALASSE & TRESSET 2002). Durch Untersuchungen holozäner Tier- und Menschenknochen gelang es, neue Erkenntnisse zum Übergang von Jäger- und Sammler-Gesellschaften zu sesshaften Ackerbauern und Viehzüchtern zu erarbeiten sowie Unterschiede in der Nahrung von Wildfauna und Haustieren an verschiedenen jungsteinzeitlichen Fundplätzen nachzuweisen (SCHULTING & RICHARDS 2002, Noe-Nygaard et al. 2005a, b, BÖSL et al. 2006, LÖSCH et al. 2006, BOCHERENS et al. 2007). Die Kombination von Kohlen- und Sauerstoffisotopenanalysen im Zahnschmelz belegt darüber hinaus die jahreszeitlich variierende Fütterung neolithischer Hausschafe in Schottland (BALASSE et al. 2006).

Unterschiede in den C- und N-Isotopensignaturen können auch klimatische Ursachen besitzen. Höhlenbär und Damhirsch aus der Scladina-Höhle zeichnen sich durch geringe $^{13}$C-Anteile aus (▶ **Abb. 1.23**). Dies ist auf den so genannten encanopy-Effekt in dicht bewaldeten Regionen

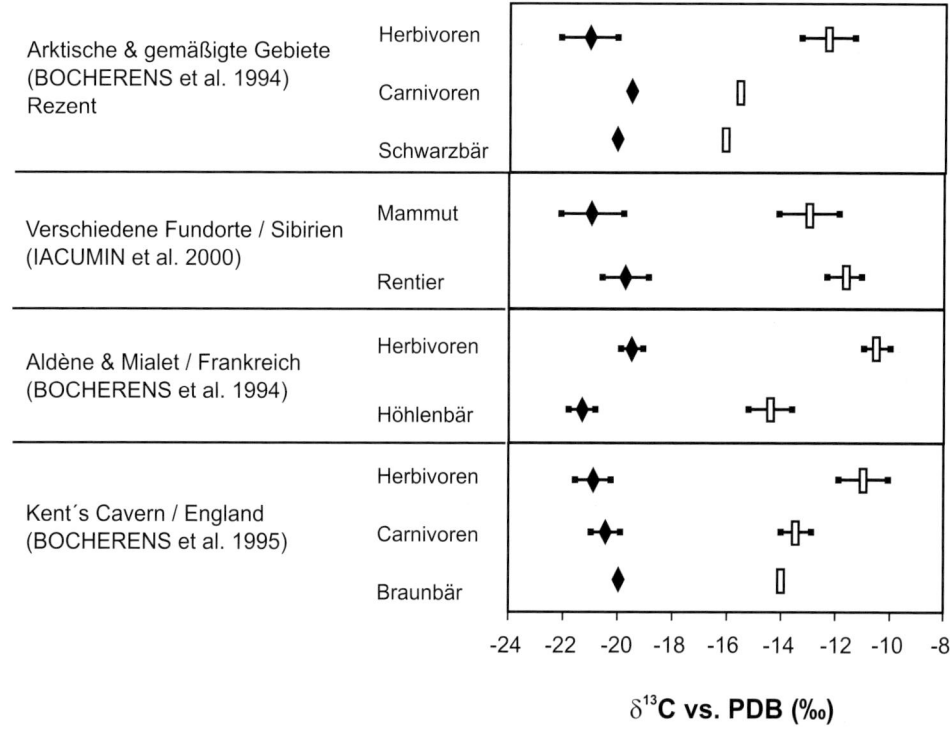

**Abb. 1.24.** $\delta^{13}$C-Mittelwerte in Kollagen und Apatit rezenter und fossiler Herbivoren-, Carnivoren- und Bärenknochen sowie -zähnen aus der letzten Kaltzeit.

zurückzuführen (Laubdach-Effekt). Zersetzung und Atmung der C3-Pflanzen erzeugen hier biogenes Kohlendioxid mit sehr geringen $\delta^{13}$C-Werten von durchschnittlich ca. −26 ‰. Da eine schnelle Durchmischung von biogenem und atmosphärischem Kohlendioxid mit einem $\delta^{13}$C-Wert von ca. −7,7 ‰ durch das geschlossene Laubdach verhindert wird, sinkt auch der $^{13}$C-Anteil im bodennahen Kohlendioxid sowie in den Pflanzen, die dieses aufnehmen (z. B. MERWE & MEDINA 1991, AMBROSE 1993). Mit zunehmender Entfernung vom Waldboden nimmt die Durchmischung von biogenem und atmosphärischem Kohlendioxid zu. Dies führt zu einem graduellen Anstieg der $\delta^{13}$C-Werte in den Blättern höherer Waldabschnitte. Die niedrigen $^{13}$C/$^{12}$C-Verhältnisse in den Scladina-Knochen weisen so auf eine stark bewaldete Umgebung hin, was mit der Datierung des Fundplatzes in das Eem-Interglazial vor ca. 120 000 Jahren übereinstimmt (BOCHERENS et al. 1999). Anhand diesen Effekts kann auch die Wiederbewaldung am Übergang von der letzten Kaltzeit zur heutigen Warmzeit in den Knochen von Rothirschen in Frankreich nachvollzogen werden (DRUCKER et al. 2003b).

Anreicherungen der leichten Stickstoffisotope in Herbivoren können auf kaltes und arides Klima hinweisen. In Knochenfunden von Pferd, Rentier,

Auerochse und Bison wurde ein deutlicher Abfall der $\delta^{15}$N-Werte von der mäßig kalten mittleren Phase der letzten Eiszeit (OIS 3) zum letzten glazialen Maximum vor ca. 18–20 000 Jahren in Europa beobachtet werden (DRUCKER et al. 2003a, RICHARDS & HEDGES 2003). Grund hierfür scheinen Veränderungen im Stickstoff-Kreislauf zu sein, die mit der Entwicklung des Permafrosts in Verbindung gebracht werden, und die – abhängig von der Entfernung von der Permafrostregion – zu geographisch unterschiedlichen Isotopensignaturen führen. Die im Vergleich zu anderen großen Herbivorarten hohen $\delta^{15}$N-Werte in pleistozänen Mammutfunden reflektieren dagegen wahrscheinlich eine spezielle Futterauswahl (BOCHERENS et al. 1996, 2003, HILDERBRAND et al. 1996, IACUMIN et al. 2000).

### $\delta^{13}$C in Kollagen und Carbonat

Weitergehende Informationen zur Lebensweise von Tieren können durch Analysen der Kohlenstoffisotope in unterschiedlichen Komponenten des Knochengewebes gewonnen werden. Die $\delta^{13}$C-Werte im Carbonat des Apatits reflektieren die Kohlenstoffisotope der gesamten Nahrung ohne einzelne Nahrungsbestandteile über- oder unterzurepräsentieren. Aufgrund der Fraktionierungen sind sie im Knochencarbonat durchschnittlich um 9,4 ‰ und im Zahnschmelz bis zu 14 ‰ höher als in der aufgenommenen Nahrung (AMBROSE & NORR 1993, TIESZEN & FAGRE 1993, CERLING & HARRIS 1999). Die Isotopenzusammensetzung des Knochenkollagens wird dagegen hauptsächlich durch die Proteine in der Nahrung bestimmt. Zwischen Nahrung und Kollagen bestehen hier Differenzen der $\delta^{13}$C-Werte von 1–6 ‰. Die unterschiedlich starken Fraktionierungen zwischen aufgenommener Nahrung und gebildeter Knochenkomponente verursachen unterschiedliche $\delta^{13}$C-Werte im Kollagen und im Apatit (▶ Abb. 1.24). Diese Differenzen sind jedoch nicht für alle Tierarten gleich, sondern variieren abhängig von der Zusammensetzung ihrer Nahrung, der Verstoffwechselung und der Knochenbildung (HEDGES 2003). Die Nahrung von Herbivoren besteht überwiegend aus Kohlenhydraten, d. h. diese werden als Kohlenstoffquelle zur Synthese sowohl von Carbonat aber auch von Eiweißen und Kollagen genutzt. Carnivoren dagegen fressen hauptsächlich Fleisch und andere tierische Gewebe, die überwiegend Proteine und Lipide und nur zu einem geringen Teil Kohlenhydrate enthalten. Aufgrund der geringeren $^{13}$C-Anreicherung in Proteinen und Fetten ist die carnivore Nahrung an $^{13}$C verarmt (DENIRO & EPSTEIN 1978). Der Apatit von Carnivoren weist deshalb niedrigere $\delta^{13}$C-Werte auf als der von Herbivoren. Dies wurde sowohl in rezenten Tieren als auch in pleistozänen Faunenfunden nachgewiesen (▶ Abb. 1.24). Die $\delta^{13}$C-Werte im Apatit von Schwarz-, Braun- und Höhlenbären entsprechen den Werten von Carnivoren. Dies beweist aber nicht eindeutig eine carnivore Lebensweise, sondern kann auch durch die Verstoffwechselung von Fetten mit geringen $^{13}$C-Anteilen während des Winterschlafs bedingt sein.

Diese Unterscheidung zwischen der isotopenchemischen Zusammensetzung der unterschiedlichen Knochenkomponenten macht deutlich, dass die ausschließliche Betrachtung der $^{13}$C-Isotope im Kollagen die Gefahr birgt, den Anteil der „Nicht-Protein-Nahrung" unterzubewerten, was sich besonders bei der Rekonstruktion komplex zusammengesetzter Nahrung, die proteinreiche Samen und Nüsse umfasst, auswirkt.

## Ausblick

Die Bestimmung stabiler Isotopenverhältnisse in prähistorischen Faunenfunden kann erheblich zum Verständnis des Klimas, der Umwelt und der Nahrung prähistorischer Tiere beitragen und das aus anderen Untersuchungen gewonnene Wissen vergrößern und ergänzen. Durch weiterentwickelte Analysemethoden sind in diesem Forschungsbereich deutliche Fortschritte erzielt worden. Zur Optimierung des Interpretationspotentials der Isotopenverhältnisse sind zum einen eingehende Untersuchungen der physiologischen Vorgänge, Ernährungsgewohnheiten und Verhaltensweisen rezenter Tiere erforderlich und wünschenswert. Zum anderen eröffnet eine möglichst enge und konkrete Ausrichtung der isotopenchemischen Untersuchungen auf die archäologische Fragestellung detaillierte Erkenntnisse auch zur Lebensweise prähistorischer menschlicher Bevölkerungen.

# Literatur

Ambrose, S. H., 1990, 1993
Ambrose, S. H. & Norr, L., 1993
Andel, T. H. V. & Tzedakis, P. C., 1996
Arppe, L. M. & Karhu, J. A., 2006
Ayliffe, L. K. & Chivas, A. R., 1990
Ayliffe, L. K., Lister, A. M. & Chivas, A. R., 1992
Balasse, M., 2003
Balasse, M., Ambrose, S., Smith, A. B. & Price, T. D., 2002
Balasse, M., Bocherens, H. & Mariotti, A., 1999
Balasse, M., Bocherens, H., Mariotti, A. & Ambrose, S. H., 2001
Balasse, M. & Tresset, A., 2002
Balasse, M., Tresset, A. & Ambrose, S. H., 2006
Bentley, R. A., 2006
Bentley, R. A., Price, T. D. & Stephan, E., 2004
Bocherens, H., 2003
Bocherens, H., Argant, A., Argant, J., Billiou, D., Cregut-Bonnoure, E., Donat-Ayache, B., Philippe, M. & Thinon, M., 2004
Bocherens, H., Billiou, D., Mariotti, A., Patou-Mathis, M., Otte, M., Bonjean, D. & Toussaint, M., 1999
Bocherens, H. & Drucker, D., 2003
Bocherens, H., Drucker, D. G., Billiou, D., Geneste, J.-M. & Plicht, J. V. D., 2006
Bocherens, H., Drucker, D. G., Billiou, D., Patou-Mathis, M. & Vandermeersch, B., 2005
Bocherens, H., Fizet, M. & Mariotti, A., 1990, 1994
Bocherens, H., Fogel, M. L., Tuross, N. & Zeder, M., 1995
Bocherens, H., Pacaud, G., Lazarev, P. A. & Mariotti, A., 1996
Bocherens, H., Polet, C. & Toussaint, M., 2007
Bösl, C., Grupe, G. & Peters, J., 2006
Cerling, T. E. & Harris, J. M., 1999
Dansgaard, W., 1964
Dansgaard, W., Johnson, S. J., Clausen, H. B., Gundestrup, N., Hammer, C. U. & Tauber, H., 1995
Deniro, M. J. & Epstein, S., 1978, 1981
Drucker, D., Bocherens, H. & Billiou, D., 2003a
Drucker, D., Bocherens, H., Bridault, A. & Billiou, D., 2003b
Drucker, D., Bocherens, H., Cleyet-Merle, J.-J., Madelaine, S. & Mariotti, A., 2000
Dufour, E., Bocherens, H. & Mariotti, A., 1999
Eicher, U., Oeschinger, H. & Siegenthaler, U., 1991
Epstein, S., Thompson, P. & Yapp, C. J., 1977
Fizet, M., Mariotti, A., Bocherens, H., Lange-Badré, B., Vandermeersch, B., Borel, J. P. & Bellon, G., 1995
Flintrop, C., Hohlmann, B., Jasper, T., Korte, C., Podlaha, O. G., Scheele, S. & Veizer, J., 1996

Fontes, J. C., 1980
Frenzel, B., 1991
Frenzel, B., Pecsi, M. & Velichko, A. A. (Eds.), 1992
Fricke, H. C., Clyde, C. C. & O'Neil, J. R., 1998
Fricke, H. C. & O'Neil, J. R., 1999
Genoni, L., Iacumin, P., Nikolaev, V., Gribchenko, Y. & Longinelli, A., 1998
Hammarlund, D. & Buchardt, B., 1996
Hare, P. E., Fogel, M. L., Stafford, T. W. Jr., Mitchell, A. D. & Hoering, T. C., 1991
Hedges, R. E. M., 2003
Hedges, R. E. M., Stevens, R. E. & Koch, P. L., 2006
Hilderbrand, G. V., Farley, S. D., Robbins, C. T., Hanley, T. A., Titus, K. & Servheen, C., 1996
Hobson, K. A., 1999
Hoefs, J., 2004
Hoppe, K. A., Amundson, R., Vavra, M., Mcclaran, M. P. & Anderson, D. L., 2004
Iacumin, P., Cominotto, D. & Longinelli, A., 1996
Iacumin, P., Nikolaev, V. & Ramigni, M., 2000
IAEA, 1998
Katzenberg, M. A. & Harrison, R. G., 1997
Katzenberg, M. A. & Weber, A., 1999
Knipper, C., 2004
Koenigswald, W. V., 1983
Kohn, M. J. & Cerling, T. E., 2002
Kohn, M. J., Schoeninger, M. J. & Valley, J. W., 1996, 1998
Kolodny, Y., Luz, B. & Navon, O., 1983
Lambert, J. B. & Grupe, G. (Eds.), 1993
Lee-Thorp, J., 2002
Leyden, J. J., Wassenaar, L. I., Hobson, K. A. & Walker, E. G., 2006
Lindars, E. S., Grimes, S. T., Mattey, D. P., Collinson, M. E., Hooker, J. J. & Jones, T. P., 2001
Lösch, S., Grupe, G. & Peters, J., 2006
Longinelli, A., 1966, 1973, 1995
Luz, B., Cormie, A. B. & Schwarcz, H. P., 1990
Merwe, N. J. V. D. & Medina, E., 1991
Munro, L. E., Longstaffe, F. J. & White, C. D., 2006
Navarro, N., Lecuyer, C., Montuire, S., Langlois, C. & Martineau, F., 2004
Nelson, D. E., Angerbjörn, A., Lidén, K. & Turk, I., 1998
Noe-Nygaard, N., Price, T. D. & Hede, S. U., 2005a, 2005b
O'Neil, J. R., Roe, L. J., Reinhard, E. & Blake, R. E., 1994
Passey, B. H. & Cerling, T. E., 2002, 2006
Pons, A., Guiot, J., Beaulieu, J. L. De & Reille, M., 1992
Price, T. D., Bentley, R. A., Lüning, J., Gronenborn, D. & Wahl, J., 2001
Reinhard, E., Torres, T. D. & O'Neil, J. R., 1996
Richards, M. P. & Hedges, R. E. M., 2003

Sánchez Chillón, B., Alberdi, M. T., Leone, G., Bonadonna, F. B., Stenni, B. & Longinelli, A., 1994
Schoeninger, M. J., 1985
Schoeninger, M. J. & Deniro, M. J., 1984
Schoeninger, M. J., Kohn, M. J. & Valley, J. W., 2000
Schulting, R. J. & Richards, M. P., 2002
Sharp, Z. D. & Cerling, T. E., 1998
Sponheimer, M. & Lee-Thorp, J. A., 1999
Stephan, E., 1999, 2000a, b, c
Stephan, E. & Neumann, U., 2001
Tafforeau, P., Bentaleb, I., Jaeger, J.-J. & Martin, C., 2007
Tieszen, L. L. & Fagre, T., 1993
Tütken, T., Furrer, H. & Vennemann, T. W., 2007
Urton, E. J. M. & Hobson, K. A., 2005
Vennemann, T. W., Fricke, H. C., Blake, R. E., O'Neil, J. R. & Colman, A., 2002
Yakir, D., Deniro, M. J. & Rundel, P. W., 1989

# Alte DNA

Susanne Hummel

## Zusammenfassung

Die genetische Typisierung alter, degradierter DNA ermöglicht seit wenigen Jahren die Beantwortung einer ganzen Reihe von Fragen, die sich durch die Forschungsgeschichte der Archäologie und der Anthropologie ziehen. Sie umfassen die nach der Verwandtschaft zwischen Bevölkerungen und einzelnen Individuen, nach ihrer regionalen Herkunft, nach ihren Heiratskreisen, ihrem Aussehen oder auch danach, an welchen Infektionskrankheiten die Menschen früher gelitten haben und ob sie möglicherweise durch besondere genetische Eigenschaften vor solchen Krankheiten geschützt waren. Gegenstand der Forschung ist zudem die Tiernutzung unserer Vorfahren, wie z. B. Züchtung von Haustieren und deren Handel, die Fertigung von Werkzeugen aus Knochen, Nutzung tierischer Rohstoffe wie Kalbs- oder Ziegenhäute für die Herstellung von Pergamenten und Ledern.

## Einführung

Das Makromolekül Desoxyribonukleinsäure (engl. deoxyribonucleic acid; Abkürzung DNA) ist der Katalog aller genetischen Information, verschlüsselt durch die Abfolge von nur vier kleineren Untereinheiten, sogenannten Basen. Beim Menschen sind je Körperzelle mehr als drei Milliarden Basen an der Verschlüsselung genetisch bedingter individueller Eigenschaften, beispielsweise Stoffwechselvorgängen oder äußerlich erkennbaren Merkmalen, wie Augen- und Haarfarben, beteiligt. Aus bestimmten Basenabfolgen kann aber auch auf die Artzugehörigkeit, die biologische Verwandtschaft oder das Geschlecht geschlossen werden. Gerade diese DNA-Sequenzen sind für die Beantwortung zahlreicher anthropologischer und archäologischer Fragestellungen besonders interessant. Zwischen den ersten Publikationen erfolgreicher Analysen alter DNA aus historischen Skelettelementen (HAGELBERG et al. 1989, HUMMEL & HERRMANN 1991) und der in einigen Fragestellungskontexten schon routinemäßigen Anwendung molekulargenetischer Untersuchungen an alter DNA (aDNA) liegt gerade ein gutes Jahrzehnt.

Kernstück dieser Analysen ist die sogenannte Polymerase Kettenreaktion (engl. polymerase chain reaction; Abkürzung PCR), die noch aus kleinsten Spuren degradierter DNA untersuchungsfähige Mengen generieren kann. In dieser besonderen Eigenschaft der PCR, unzählige Kopien einer kurzen DNA-Sequenz synthetisieren zu können, liegt die für aDNA-Analysen unverzichtbare Stärke der Technik, zugleich allerdings deren Achillesferse. Denn genau wie die stark fragmentierte aDNA aus einer Probe mithilfe der PCR vielfach kopiert wird, werden auch kleinste Mengen an zellhaltigen Verunreinigungen vermehrt,

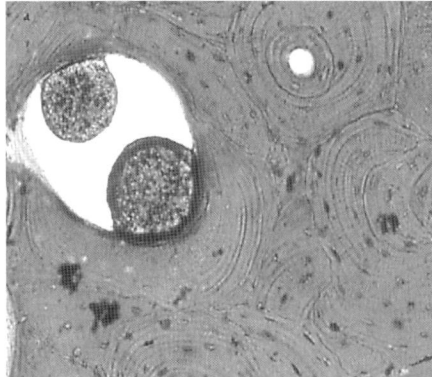 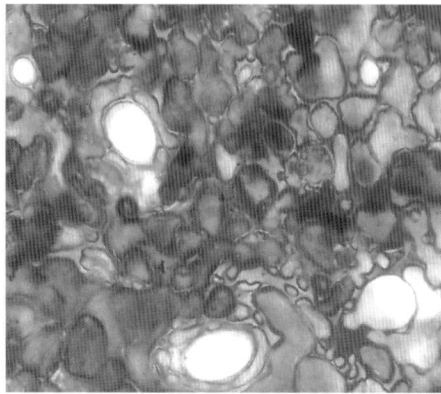

**Abb. 1.25.** Ein Blick in die Binnenstruktur von mittelalterlichen Langknochen. Auf der linken Seite ist ein gut erhaltener Knochen zu sehen, dessen Mikrostruktur von der Besiedelung durch Mikroorganismen verschont blieb. Aus Stücken wie diesen lässt sich indigene DNA in vergleichsweise großen Mengen extrahieren. Rechts ist die Mikrostruktur durch Bakterien zerstört worden, obwohl der Knochen von außen weitgehend intakt schien. Die DNA-Extrakte solcher Knochen bestehen weit überwiegend aus mikrobieller DNA, indigene DNA des Individuums würde sich wohl kaum noch finden lassen. (Dünnschnittpräparate ca. 100 µm, ca. 400fach)

die sich auf oder in einer Probe befinden können. Durch einen verbindlichen Katalog an Handlungsanweisungen im Umgang mit degradierten biologischen Materialien, der sich im Laufe der letzten Jahre aus den Erfahrungen der weltweit in der aDNA-Analytik tätigen Arbeitsgruppen entwickelt hat, konnte dieser Problematik jedoch erfolgreich begegnet werden. Damit dürfte die molekulargenetische Analyse an biologischen Skelett- und Sachüberresten zwar zu einem der jüngsten und sicherlich noch in jüngster Vergangenheit am heißesten diskutierten und umstrittenen Analysegebiete zählen, sich aber zweifellos bereits heute auf dem sicheren Weg zu einem unverzichtbaren Handwerkszeug in der Archäometrie befinden.

## Überdauerung von DNA

Werden beispielsweise bei einer archäologischen Grabung Skelette von Menschen und Tieren, oder aus tierischen oder pflanzlichen Bestandteilen gefertigte Sachüberreste geborgen, so stellt sich schnell die Frage nach der Aussicht, in diesen biologischen Materialien noch analysefähige DNA zu finden. Grundsätzlich trifft zwar die plausible Vermutung zu, dass die Erhaltungsaussichten für analysefähige DNA um so besser sind, je jünger das Probenmaterial ist. In dieser Eindeutigkeit scheint das jedoch nur für solche biologischen Materialien zuzutreffen, die aus jüngster Zeit stammen und der forensischen Medizin bzw. der kriminaltechnischen Analytik unterstehen. Selbst hier sind klare zeitliche Zusammenhänge nur bei sehr frischen Geweben im Zeitraum weniger Tage und Wochen erkennbar. Ist das Alter der Proben höher, werden also archäologisch relevante Zeiträume erreicht, hat das absolute Alter der Proben einen zunehmend geringeren Einfluss auf die Überdauerungsaussichten von DNA.

Auflösungsprozessen organischer Gewebereste (Leichenfäulnis, Verwesung) fallen in der Regel sämtliche wasserreichen Weichgeweborgane und Körperflüssigkeiten zum Opfer, so dass schließlich nur Knochen bzw. andere hoch mineralisierte und wasserarme Gewebe wie Zahnschmelz, Dentin oder Körpersteine die Chance auf langfristige Überdauerung besitzen. Bleiben dennoch Weichgewebe erhalten, deutet dies auf eine entweder zufällige oder intentionale Unterbrechung der Verwesungsprozesse hin, etwa durch schnelle Trocknung (südamerikanische Mumien,

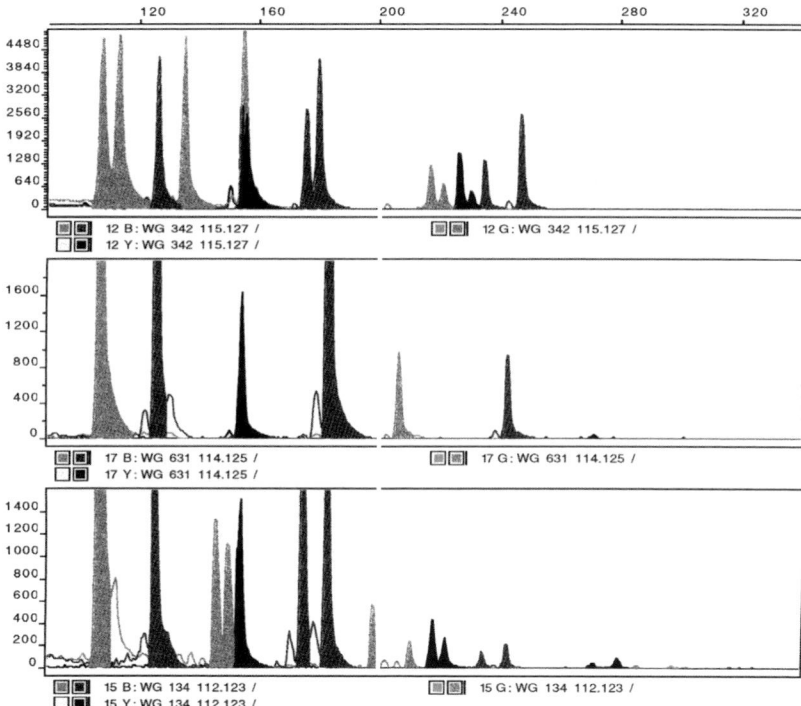

**Abb. 1.26.** Genetische Fingerabdrücke in Elektropherogrammdarstellungen aus drei Proben der frühmittelalterlichen Skelettserien von Weingarten. Deutlich ist der Einbruch der Peakhöhen nach Erreichen der 200 Basenpaarlängen (X-Achse) zu erkennen. Die Peakhöhen, die für die generierte Produktmenge stehen, spiegeln die Zahl der intakten Sequenzabschnitte im Extrakt wider. Das lässt darauf schließen, dass mit 200 Basenpaaren eine Grenze erreicht wird, oberhalb derer sich nur noch wenige intakte Fragmente in einem aDNA-Extrakt finden.

aus Tierhäuten gefertigte Pergamente) oder durch eine Inhibition gewebeeigener und mikrobieller Enzyme (Moorleichen, mit Asphalt behandelte ägyptische Mumien, Leder).

Sind die Zersetzungsprozesse der Weichgewebe abgeschlossen, spielt mit zunehmender Liegedauer das Liegemilieu eine bedeutende Rolle für die DNA-Erhaltung in den verschiedenen Zellentypen, die sich in den überdauernden Knochen und Zahnwurzeln finden. Wesentliche Faktoren sind der pH-Wert, die Temperatur und die Mikroorganismen des Sediments, in dem sich die Skelettelemente befinden. Dies konnte durch grundlegende vergleichende Untersuchungen von BURGER et al. (1999) gezeigt werden, die in Skelettmaterialien etwa gleicher Zeitstellung (ca. 3000 Jahre alt) extrem verschiedene Qualitäten der DNA-Erhaltung belegt haben. Gute Voraussetzungen, analysefähige DNA auch in sehr alten Knochen und Sachüberresten zu finden, sind durch einen neutralen pH-Wert und niedrige Temperaturen in der Probenumgebung und eine möglichst geringe Besiedelung der Probenmaterialien mit Mikroorganismen gegeben (▶ **Abb. 1.25**). Dennoch sind die meisten in aDNA-Extrakten anzutreffenden intakten Fragmente kürzer als 200 Basenpaare (▶ **Abb. 1.26**). Außerdem muss mit charakteristischen Veränderungen in der Basenabfolge der DNA gerechnet werden, wie Untersuchungen von HOFREITER et al. (2001) zeigen.

# 1 Archäologische Funde organischer Zusammensetzung

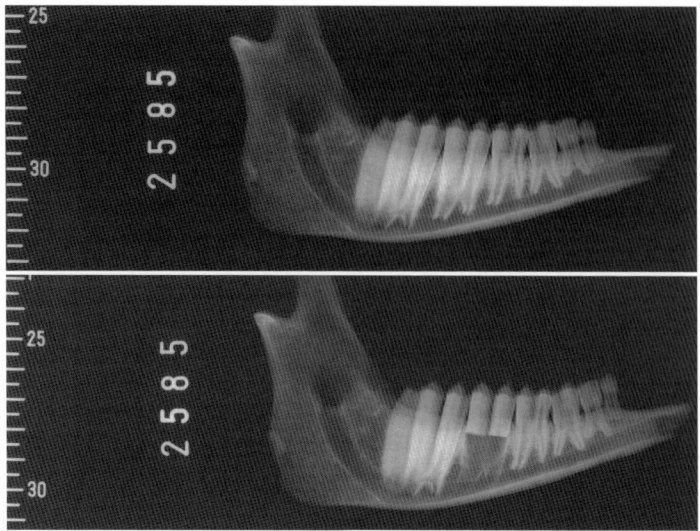

**Abb. 1.27.** Röntgenbilder eines Unterkiefers (DOT 2585) von einem Tier, für das molekular die Frage geklärt werden sollte, ob es sich um eine Schaf oder eine Ziege handelt. Die Ergebnisse der RFLP-Untersuchung haben sichergestellt, dass es sich um eine Ziege (*Capra hircus*) handelte (vgl. Artbestimmung). Das Röntgenbild oben zeigt den Kiefer vor der Probennahme, unten nach der Probennahme. Für die DNA-Extraktion wurde nur die Wurzel des Zahnes verwendet und die Zahnkrone wieder in das Zahnfach eingeklebt, so dass der Kiefer äußerlich völlig unbeschädigt erscheint.

Solche Veränderungen können für diejenigen Untersuchungen eine Rolle spielen, in welchen die Basenabfolge der Informationsträger ist (z. B. Artbestimmung, Stammesgeschichte), berühren allerdings nicht diejenigen Fragestellungen, in denen Längenunterschiede die gewünschte Information transportieren (z. B. Identifikation, genealogische Verwandtschaftsrekonstruktion).

## Probennahme und Probenaufbewahrung

Obwohl die Oberflächen aller Proben vor der DNA-Extraktion abgetragen werden, sollten Probenmaterialien, die für eine genetische Analyse vorgesehen sind, nach Möglichkeit nur mit Einmalhandschuhen zur Vermeidung von Kontaminationen berührt werden. Nach der Entnahme wird das Material kühl und trocken, am besten tiefgefroren aufbewahrt. Die Probenmenge sollte nicht weniger als ein Gramm betragen, damit mindestens zwei unabhängige DNA-Extraktionen durchgeführt werden können. Um auch zu einem späteren Zeitpunkt neue Untersuchungen zu ermöglichen und genetische Archive aufzubauen, wird am besten deutlich mehr Probenmaterial – z. B. mehrere Skelettelemente aus verschiedenen anatomischen Regionen – eingelagert. Bei der Beprobung von Skeletten sind vorzugsweise Zähne, Mittelhand- und Mittelfußknochen für die Analyse auszuwählen, die aufgrund der hohen Materialdichte bzw. der wasserarmen anatomischen Umgebung vor Degradierungsprozessen besser geschützt zu sein scheinen, als viele andere Skelettelemente. Da nur die Zahnwurzeln zellhaltiges Material enthalten, können die Zahnkronen abgetrennt und wieder in die Zahnfächer eingesetzt werden. Zähne ermöglichen damit eine Probennahme, die das Objekt äußerlich unbeschädigt erscheinen lässt (▶ **Abb. 1.27**).

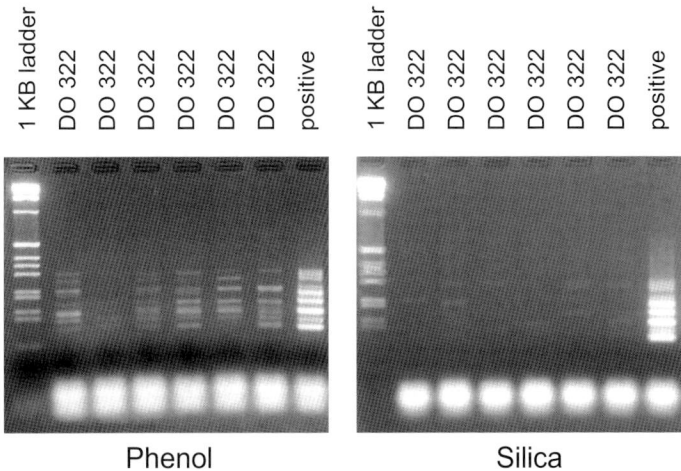

**Abb. 1.28.** Der Vergleich von Extraktionsmethoden zeigt, dass die am häufigsten verwendeten aDNA-Extraktionsprotokolle deutlich verschiedene Mengen chromosomale DNA extrahieren. Zu sehen sind Auftrennungen genetischer Fingerabdrücke auf Agarosegelen. Links ist die erfolgreichere Methode („Phenol") zu sehen, die ein aufwändiges organisches Verfahren in Kombination mit Silicatpartikeln einsetzt. Rechts („Silica") werden für die Extraktion nur Silikatpartikel eingesetzt. Während sich nach der höher auflösenden Polyacrylamidgel-Elektrophorese aus den „Phenol"-Proben durchgängig vollständige Fingerprints ermitteln ließen, waren aus den „Silica"-Proben nur einzelne Allele zu bestimmen. Bei der Amplifikation mitochondrialer DNA hatten die „Phenol"-Proben nur leichte Vorteile gegenüber den „Silica"-Proben. Die Untersuchungen wurden an homogenisierten Knochenpulvern des Knochens DO 322 aus der bronzezeitlichen Lichtensteinhöhle durchgeführt.

## DNA-Extraktion

Von jedem Untersuchungsgegenstand sollte soviel Material zur Verfügung stehen, dass zumindest zwei DNA-Extrakte angefertigt werden können, um die unabhängige Reproduzierbarkeit der Ergebnisse sicherzustellen. Für die Probennahme an Skeletten haben sich 0,1 bis 0,5 Gramm Knochen- bzw. Zahnmaterial als ausreichend erwiesen. Für Sachüberreste wie Pergamente, Leder, Leime, Blutanhaftungen an Werkzeugen und Pflanzenreste sollten in Abhängigkeit von der Materialbeschaffenheit und vom Erhaltungszustand des Materials Einzelentscheidungen über das für die DNA-Extraktion gewählte Verfahren, und damit auch über die erforderliche Probenmenge, getroffen werden. Die vereinzelt vorliegenden Erfahrungen mit solchen Probenmaterialien deuten darauf hin, dass die DNA-Extraktion in vielen Fällen von handelsüblichen Kits zur Weichgewebsextraktion gut unterstützt werden.

Für die DNA-Extraktion aus Skelettmaterial werden routinemäßig zwei Extraktionsverfahren angewandt, die sich jedoch hinsichtlich der DNA-Ausbeuten unterscheiden. Während die erste Verfahrensweise, die auf Höss & Pääbo (1993) zurückgeht, überwiegend mitochondriale DNA zu extrahieren scheint, wird von dem aufwändigeren zweiten Verfahren (Baron et al. 1996) neben der mitochondrialen auch die chromosomale DNA in analysefähiger Menge extrahiert (▶ **Abb. 1.28**). Sind die angestrebten Fragestellungsziele beispielsweise eine Geschlechtsbestimmung, die Rekonstruktion von genealogischer Verwandtschaft, oder die Aufdeckung von Heiratsmustern, ist die auf organischen Lösungsmitteln basierende zweite Extraktionstechnik vorzuziehen, da diese Fragestellungen die Analyse chromosomaler DNA zwingend erfordern. Darüber hinaus kann die Analyse genetischer Fingerabdrücke aus chromosomaler DNA die Authentizität von Analyseergebnissen sicherstellen.

Häufig sind zusätzliche Reinigungsverfahren nach der eigentlichen DNA-Extraktion erforderlich, weil inhibierende Substanzen die Taq-Polymerase beeinflussen, die eine wesentliche Komponente des folgenden Analyseschrittes, der Polymerase Kettenreaktion ist. Inhibitoren sind z. B. chemisch heterogene Huminstoffe, die aus dem Boden in die Knochenmatrix einwandern, weiterhin Kollagen, ein Bestandteil der organischen Knochenmatrix (SCHOLZ et al. 1998) oder Abbauprodukte oxidativer Prozesse, so dass zusätzliche Präparationsschritte oft auch bei nicht-bodengelagerten Materialien erforderlich sind. Inhibierende Wirkung besitzen auch Chemikalien, die für die Herstellung und Haltbarmachung von Sachüberresten eingesetzt wurden, so z. B. Gerbstoffe bei der Lederherstellung. Die Intensität der Verunreinigungen mit inhibierenden Substanzen kann bereits am Grad der Braunfärbung der Proben abschätzbar sein. Die DNA-Verluste, die mit jedem zusätzlichen Präparationsschritt unvermeidlich sind, sprechen jedoch dagegen, zusätzliche Reinigungsschritte als Regelbestandteil in ein Extraktionsprotokoll zu integrieren (detaillierte Protokolle zur aDNA-Extraktion und Aufreinigungsverfahren bei HUMMEL 2003a).

## Polymerase Kettenreaktion (PCR)

Die Polymerase Kettenreaktion (Abkürzung PCR) ist ein Verfahren, das Kopien eines kurzen DNA-Abschnittes in nahezu unbegrenzter Menge herstellen kann. Hierfür ist ein Gemisch aus nur fünf Komponenten ausreichend: eine Pufferlösung (Medium für die Reaktion), dNTPs (freie Basen als Bausteine für die DNA-Kopien), Primer (kurze, einzelsträngige synthetische DNA-Stücke, die den gewünschten DNA-Abschnitt begrenzen und zugleich als Startermoleküle dienen), DNA-Extrakt (aus der Probe, dient als Matrize für die Kopien) und Taq-Polymerase (Enzym, das dNTPs von den Primern ausgehend entlang der Matrize einbaut und damit einen DNA-Strang synthetisiert). Dieses Reaktionsgemisch wird zyklisch wiederkehrend drei verschiedenen Temperaturen ausgesetzt, die nötig sind, um die Proben-DNA aufzuspalten (Denaturierung), dann die Anlagerung der Primer zu ermöglichen (Annealing) und schließlich die Neusynthese von DNA zu ermöglichen (Elongation). Theoretisch findet so je Zyklus eine Verdoppelung des durch die Primer definierten DNA-Abschnittes (target) statt. Faktisch kann die Effizienz der Reaktion jedoch stark vermindert sein, z. B. durch Inhibitoren aus dem DNA-Extrakt. Dies kann beispielsweise durch eine Erhöhung der Zyklenzahl kompensiert werden. Ist die Effizienzverminderung zu stark, müssen andere Parameter der Reaktion verändert werden.

Während die PCR in der klinischen Anwendung wegen der dabei verwendeten vergleichsweise großen Mengen intakter DNA zu einer äußerst robusten und bereits weitgehend automatisierten Technik entwickelt werden konnte (z. B. MULLIS et al. 1994), erfordert das Verfahren in seiner Anwendung in Grenzbereichen wie der aDNA-Analytik eine möglichst fundierte Kenntnis der Reaktionsmechanismen. Gründe hierfür sind die verschiedenen Möglichkeiten zu fehlerhaften Ergebnissen zu gelangen, seien dies falsch-positive Ergebnisse verursacht durch zellhaltige Kontaminationen, oder falsch-negative Ergebnisse durch Wahl ungeeigneter Reaktionsparameter. Wesentliche Komponenten und Parameter der PCR müssen daher auf der Grundlage des angestrebten Analyseziels (Fragestellung) und aufgrund der Voraussetzungen, die vom Probenmaterial selbst mitgebracht werden (Degradierungsgrad, Kontaminationswahrscheinlichkeit, Inhibitoren) neu bestimmt werden. Im Vordergrund steht die Wahl der sogenannten Primer. Weitere Parameter der PCR, die ebenfalls besonderer Beachtung bedürfen, sind die Zyklenzahl und die zeitliche Dauer, die dem DNA-Syntheseschritt (Elongation) innerhalb eines Vermehrungszyklus eingeräumt wird. Beide Parameter müssen auf die Gegebenheiten eines aDNA-Extraktes reagieren. Werden sie in ungeeigneter Weise gewählt, führt dies zu falsch-negativen Ergebnissen, d.h. es ist kein Amplifikationsprodukt zu erzielen, obwohl eine ausreichende Anzahl intakter DNA-Zielsequenzen im Extrakt vorhanden war. Ursache sind niedrige Reaktionseffizienzen durch im Extrakt verbliebene Inhibitoren. Jedoch können auch ungeeignete Primersequenzen diesen Effekt erzeugen oder verstärken. Prinzipiell kann dies durch eine zusätzliche Reinigung des Extraktes, bzw. die Korrektur des Primerdesigns behoben werden. Um erfolgreiche Untersuchungen an aDNA durchführen zu können, sollte die PCR daher nicht als standardisiertes Routineverfahren betrachtet werden.

## Primerdesign

Primer (Startermoleküle) sind diejenige Komponente im PCR-Reaktionsgemisch, die einen DNA-Abschnitt einrahmen und von denen aus die Amplifikation des gewünschten DNA-Abschnittes beginnt. Durch gezieltes Primerdesign (HUMMEL 2003a) kann die Erfolgsrate in der aDNA-Analytik deutlich erhöht werden. Anzustreben ist die Amplifikation hinreichend kurzer Produkte (< 200 Basenpaare) und eine hohe Spezifität der Reaktion. Letzteres kann durch Wahl besonderer Energieprofile für die Primersequenzen erreicht werden. Bei der Artbestimmung kann durch geeignete Auswahl der Primersequenzen die Co-Amplifikation z. B. kontaminierender humaner DNA verhindert werden. Dies wird erreicht, indem Sequenzabschnitte für die Primer ausgesucht werden, in denen sie zwar auf die zu analysierenden Tierarten passen, gegen menschliche DNA aber „mismatches" aufweisen. Beim Design für Primer, deren Einsatz in Multiplex-Analysen (simultane Amplifikation mehrerer DNA-Abschnitte) geplant ist, müssen annähernd gleiche Schmelztemperaturen angestrebt werden, um eine effiziente Annealing-Phase zu ermöglichen. Ferner muss überprüft werden, dass die verschiedenen Primersequenzen keine wechselseitige Hybridisierung und Elongation (Primerdimere) ermöglichen. Entstehen solche Nebenprodukte in größerer Zahl, was mit jedem in die Reaktion eingeführten Primerpaar wahrscheinlicher wird, können sich die Ressourcen der Reaktion (Primer, dNTPs, Taq-Polymerase) weitgehend in der Generierung der Nebenprodukte erschöpfen. Primer, die sich in Veröffentlichungen zur Analyse moderner DNA finden, genügen den genannten Anforderungen in der Regel nicht oder nur teilweise und sind daher ungeeignet für die Amplifikation von alter DNA.

## Sequenzpolymorphismen, Längenpolymorphismen und Elektrophorese

Die Informationen, die aus einer molekulargenetischen Analyse gewonnen werden können, werden entweder über Sequenzpolymorphismen oder über Längenpolymorphismen transportiert. Unter Sequenzpolymorphismen sind mögliche Unterschiede in der Basenabfolge auf einem DNA-Abschnitt zu verstehen. Soll die gesamte Abfolge der Basen in einem DNA-Abschnitt ermittelt werden, so wird die sogenannte Sequenzierung zur Entschlüsselung eingesetzt. Soll nur die Basenausprägung an einer ganz bestimmten Stelle (Nukleotidposition) ermittelt werden, kommen grundsätzlich zwei verschiedene Techniken, RFLP und SBE, in Frage. Während es sich bei der SBE (single base extension) um eine Art Minisequenzierung für nur eine einzige Nukleotidposition handelt, geht die RFLP-Analyse (Restriktionsfragmentlängenpolymorphismus) ganz anders vor. Es werden Enzyme eingesetzt, die auf bestimmte Basenabfolgen mit einer Durchtrennung des DNA-Doppelstranges reagieren. Finden sie diese Basenabfolge nicht vor, bleibt die DNA ungeschnitten. Unabhängig davon, ob Sequenzierung, SBE oder RFLP als Analysetechnik gewählt wird, muss abschließend eine Elektrophorese zur Identifikation der Information durchgeführt werden.

Der andere Informationstyp, der über verschiedene Längenausprägungen von DNA-Abschnitten in verschiedenen Individuen transportiert wird (z. B. genetische Fingerabdrücke), ist ohne weitere Zwischenschritte über eine Elektrophorese zu analysieren. Bei der Elektrophorese handelt es sich um eine Art Sortierverfahren für Moleküle in Abhängigkeit von ihrer Größe. Dabei nutzt die Elektrophorese aus, das DNA-Moleküle eine negative Ladung besitzen und im elektrischen Feld wandern. Je nach erwartetem Längenunterschied muss das geeignete Medium für die Elektrophorese ausgewählt werden. Während sich Agarosen für die Auftrennung größerer Fragmentlängenunterschiede eignen, können Polyacrylamide bis auf ein Basenpaar genau trennen.

## Kontaminationsquellen

Potenzielle Kontaminationsquellen sind grundsätzlich alle zellhaltigen Gewebe, die auf ein Probenstück gelangen können. Eine ernstliche Gefährdung der Authentizität eines Analyseergebnisses ist allerdings nur im Falle der Kontamination einer Probe mit Zellmaterial derselben oder einer phylogenetisch nahestehenden Spezies gegeben. In einem solchen Fall werden die Primerpaare des PCR-Analysesystems auf die kontaminierende DNA in gleicher Weise passen, wie auf die DNA aus der Probe. Wird menschliches Skelettmaterial untersucht, müssen daher alle Maßnahmen zur Vermeidung von Kontaminationen eingehalten werden (z. B. Einmalhandschuhe, Haarhauben, Verwendung von Einwegmaterialien, unabhängig durchgeführte Doppelanalysen). In wesentlichen Zügen gilt dies auch für Proben tierischer oder pflanzlicher Herkunft.

Grundsätzlich werden im Zusammenhang mit der PCR-Analysetechnik drei Wege des Kontaminationseintrages in die Analyse unterschieden. (1) Der Eintrag moderner DNA, der entweder auf unsachgemäße Handhabung der Probenmaterialien zurückzuführen ist (z. B. Berührung, Niesen) oder auf den Eintrag von degradierter moderner DNA durch PCR-Einwegmaterial (SCHMIDT et al. 1995). (2) Die Kreuzkontamination zwischen Probenmaterialien, die auf fehlerhafte Verfahrensweisen (z. B. vergessener Handschuhwechsel, Vermischung der Knochenpulver, schlecht gereinigte Laborgerätschaften) zurückgehen. (3) Die Verschleppung von PCR-Produkten aus dem post- in den prä-PCR-Bereich (z. B. Austausch von Gerätschaften zwischen den Laborbereichen).

## Individuelle Identifikation und Authentizität

Um den Eintrag von Kontaminationen zu kontrollieren werden unabhängig voneinander zwei DNA-Extraktionen für ein Individuum, wenn möglich aus verschiedenen Probenstücken, vorgenommen. Jeder DNA-Extrakt wird mindestens zweifach mithilfe der PCR analysiert, so dass jedes Ergebnis schließlich auf vier vollständig auswertbaren Einzelergebnissen beruht. Auf diese Weise wird die für naturwissenschaftliche Experimente geforderte Reproduzierbarkeit von Daten geprüft und belegt.

Sollten Kontaminationen vorgelegen haben, können sie durch die Analyse von DNA-Abschnitten mit einer hohen Individualspezifität (z. B. genetischer Fingerabdruck) erkannt werden. Die genetischen Fingerabdruckdaten lassen ein auf Kontamination basierendes Ergebnis sofort als „fremd" erkennbar werden und sind damit in Authentizitätsfragen jeder anderen Strategie überlegen. Liegen die genetischen Fingerabdrücke aller Personen vor, die mit der Probe jemals direkten Kontakt hatten (z. B. Grabung, Bearbeitung), so lässt sich die Kontamination nicht nur als solche erkennen, sondern kann sogar einem bestimmten Individuum und damit letztlich einem Arbeitsschritt bzw. Zeitpunkt zugeordnet werden (HUMMEL et al. 2000).

Für Tiere und Pflanzen sind solche dem menschlichen genetischen Fingerabdruck vergleichbare DNA-Abschnitte häufig noch nicht bekannt. Für die Bearbeitung von Tier- und Pflanzenproben müssen daher für die Authentifizierung von genetischen Daten alternative Strategien entwickelt werden. Das Problem stellt sich bei Proben nicht-menschlicher Herkunft allerdings auch nicht in gleichem Maße wie in der Analyse menschlicher DNA, weil der verunreinigende Eintrag moderner DNA nur für wenige Spezies (z. B. finden sich regelhaft Rinder-DNA-Sequenzen in Einwegmaterialien) in reduzierter Form auftritt.

## Anwendungen

### Artbestimmung

Die Frage nach der Spezies, von der ein Knochen oder Sachüberrest stammt, stellt sich in nahezu allen Fundzusammenhängen als eine der ersten. Diese Frage kann insbesondere für vollständige Skelette und viele Pflanzenteile meist zweifelsfrei und schnell durch fundierte Formenkenntnis beantwortet werden. Bereits im Falle isoliert vorliegender Knochen kann die Identifikation der Tierart jedoch bereits schwierig sein, entweder wegen grundsätzlich hoher morphologischer Ähnlichkeiten (Schaf/Ziege und Hund/Fuchs) oder aber in Folge einer Bearbeitung der Knochen, um sie als Gebrauchs- oder Schmuckgegenstand nutzbar zu machen. Ähnliches gilt für Pergamente und Leder, die auch nicht mehr in jedem Fall die Merkmale aufweisen, die dem Experten eine eindeutige Bestimmung der artlichen Herkunft ermöglichen. Praktisch unmöglich werden auf morphologischen Merkmalen basierende Speziesidentifikationen, wenn das zu untersuchende biogene Material hoch prozessiert wurde (z. B. Leime, Farbaufträge, Nahrungsreste) oder es sich um Anhaftungen von Körperflüssigkeiten oder Körperausscheidungen (z. B. Blut, Kot) handelt. Dennoch sind an solche Überreste eine große Zahl kulturhistorisch relevanter Fragen und potenzielle Erkenntnisse geknüpft, die von der Bejagung, Domestikation und Verwertung von Tierarten, der Nutzbarmachung und Züchtung von Pflanzen, bis hin zur Aufdeckung von Handelsbeziehungen reichen. Ebenfalls im Kontext der menschlichen Kulturgeschichte oder aber auch als Beitrag zur Klimageschichte sind Untersuchungen zur historischen und prähistorischen Verbreitung von heute ausgestorbenen Tier- und Pflanzenarten zu sehen.

Dass verschiedene Abschnitte des Genoms von Tieren und Pflanzen zur Identifikation von Spezies und Subspezies aus archäologischen Materialien erfolgreich analysiert werden können, ist bereits durch zahlreiche Autoren in faunengeschichtlichen (z. B. LOREILLE et al. 1997, ORLANDO et al. 2002), und kulturhistorisch-archäometrischen Fragestellungszusammenhängen (z. B. BAILEY et al. 1996, SCHLUMBAUM et al. 1998, BURGER et al. 2000, BURGER et al. 2001, POINAR et al. 2001, ROLLO et al. 2002) in beeindruckender Weise gezeigt worden.

Für die Identifikation von Tierarten hat sich die Analyse des mitochondrialen Cytochrom b-Gens als besonders geeignet erwiesen. So gelang es beispielsweise durch Amplifikation eines knapp 200 Basenpaare langen Abschnitts des Cytochrom b-Gens, morphologisch nicht sicher zu unterscheidende Schaf- und Ziegenknochen aus der bronzezeitlichen Lichtensteinhöhle (FLINDT 2001) zu identifizieren (BURGER 2000).

Ein neu erstelltes Analysesystem benötigt nur noch 116 Basenpaare lange Amplifikationsprodukte, um mithilfe der folgenden RFLP-Analyse Speziesbestimmungen vorzunehmen. Anders als bei bisherigen RFLP-Analysen ist eine Eingangsvermutung (z. B. Schaf/Ziege oder Hund/Fuchs) nicht mehr zwingend erforderlich, da das Analysekonzept so erstellt wurde, dass auch unbestimmt gebliebene Knochenfragmente durch mehrere aufeinander folgende RFLP-Analysen aus dem 116 Basenpaare langen PCR-Produkt identifiziert werden können. Dieses Analyse-Konzept ist an einer Reihe nicht bestimmbarer Knochenfragmente der insgesamt mehr als 7000 Tierknochenfunde der Lichtensteinhöhle erprobt worden (▶ **Abb. 1.29**).

*Geschlechtsbestimmung*

Für die Paläodemographie stellte die Möglichkeit, Geschlechtsfeststellungen auf molekularer Ebene vornehmen zu können, mit Beginn der aDNA-Analytik ein attraktives Ziel dar (HUMMEL & HERRMANN 1991). Bereits seit vielen Jahren wird zu diesem Zweck ein Abschnitt des auf den Geschlechtschromosomen lokalisierten Amelogenin-Gens regelhaft erfolgreich aus Skelettmaterial amplifiziert (z. B. LASSEN 1998, 2000, FAERMAN et al. 1995, STONE et al. 1996, VERNESI et al. 1999).

In einer populationsweiten Studie wurden metrische Geschlechtsdiagnosen an 121 Skeletten von Frühgeborenen, Säuglingen und Kleinkindern der frühneuzeitlichen Traufkinder von Aegerten (ULRICH-BOCHSLER 1997, ▶ **Abb. 1.30**) molekular überprüft (LASSEN et al. 2000). Mithilfe der metrischen Methoden war ein Überschuss an weiblichen Individuen ermittelt worden. Als Ursache für die hohe Übersterblichkeit der Mädchen wären beispielsweise geschlechtsspezifische Vernachlässigung oder sogar Tötung neugeborener Mädchen als Ausdruck differentiellen Elterninvestments in Frage gekommen. Die molekularen Analysen (▶ **Abb. 1.31**) stellten abweichend von den metrischen Daten einen Gesamtüberschuss an männlichen Individuen sicher. Die Auswertungen für die einzelnen Altersklassen zeigten, dass die Mortalitätsraten im frühneuzeitlichen Aegerten mit den WHO-Daten zu Sterblichkeitsverhältnissen in modernen, wenig industrialisierten Ländern weitgehend übereinstimmen (LASSEN 1998).

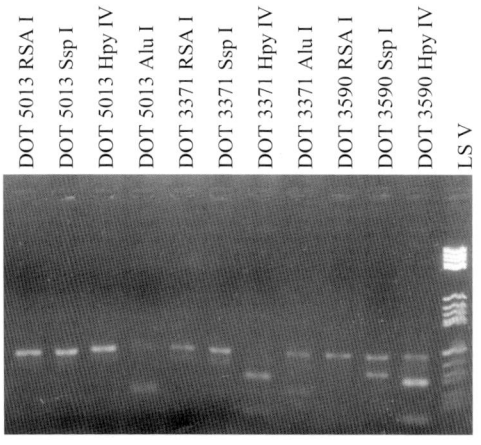

Abb. 1.29. Mit einem neu konzipierten Analysesystem ist die Bestimmung der Tierart auch von gänzlich unbestimmt gebliebenen Fragmenten möglich. Dafür ist es erforderlich, aus einem PCR-Produkt mehrere RFLP-Analysen mit verschiedenen Restriktionsenzymen (z.B. Rsa I, SSp I, HpyCH4 IV, Alu I und Tsp 509 I) durchzuführen. Auf diese Weise wird sukzessive nach dem Ausschlussverfahren so lange analysiert (maximal sind für die Ermittlung der gängigen europäischen Haus- und Wildtierarten der Einsatz von sechs Enzymen erforderlich), bis die Tierart feststeht. Aus der bronzezeitlichen Lichtensteinhöhle wurden auf die Weise mehrere, meist nur wenige Zentimeter lange Langknochenfragmente und Zähne artlich identifiziert (darunter Schwein, Ziege, Schaf, Pferd, Wildkatze, Rind, Baummarder, Hund und Fuchs). Aus den hier in Teilen abgebildeten RFLP-Schnitten wurde bestimmt: DOT 5013 = *Equus caballus* (Pferd), DOT 3371 = *Felis catus* (Wildkatze), DOT 3590 = *Bos taurus* (Rind).

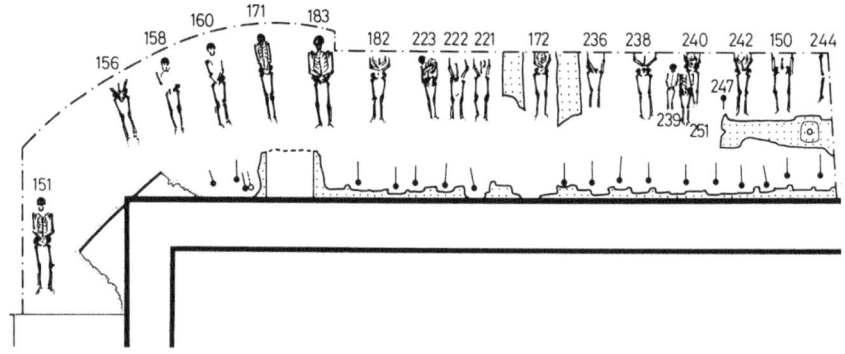

**Abb. 1.30.** Die Bestattung der Säuglinge, Neugeborenen und Totgeburten (in „Stecknadel"-Darstellung) von Aegerten im Kanton Bern erfolgte unmittelbar an der Kirchenmauer. Auf diese Weise sollte sicher gestellt werden, dass das gesegnete Wasser von der Dachtraufe des Gotteshauses auf die häufig noch ungetauft gestorbenen Kinder herabregnete. Die morphometrischen Analysen ließen zunächst vermuten, dass Mädchen eine deutlich überhöhte Sterblichkeitsrate hatten. Dies konnte durch die molekulare Analyse wiederlegt werden, die zeigte, dass im Gegenteil eine Übersterblichkeit der Jungen vorlag. Dies gilt nach WHO-Daten für vorindustrielle Gesellschaften als normal.

## Identifikation und Zuordnung

Gestörte Fundsituationen werfen häufig die Frage nach der Zusammengehörigkeit von Skelettelementen auf. In geradezu idealer Weise kann der genetische Fingerabdruck dazu dienen, solche Fragen zu klären. Der genetische Fingerabdruck, der aus degradierter DNA erstellt werden kann (▶ **Abb. 1.32**, HUMMEL & SCHULTES 2000), basiert auf der Analyse sogenannter Mikrosatelliten-DNA, die auch als short tandem repeats (STRs) bezeichnet wird. Der auf STR-Typisierungen gestützte genetische Fingerabdruck ist damit aus

# Alte DNA

**Abb. 1.31.** Zu sehen ist die elektrophoretische Auftrennung der geschlechtsanzeigenden Amelogeningenabschnitte. Männliche Individuen weisen in der Regel zwei Banden (112 und 106 Basenpaare) auf, weibliche Individuen zeigen nur eine 106 Basenpaare lange Bande. Auf der Abbildung ist für die Probe AE 102.2 nur die Bande des Y-Chromosoms zu sehen. Die deutet darauf hin, dass in dem Extrakt nur sehr wenige intakte Sequenzen vorhanden sind, darunter befand sich keine X-chromosomale. Dieses Phänomen wird als allelic dropout bezeichnet.

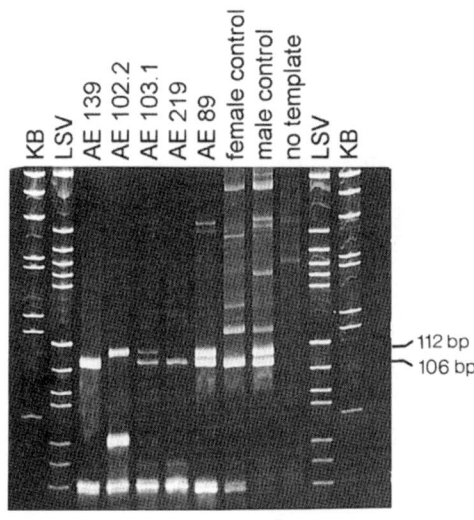

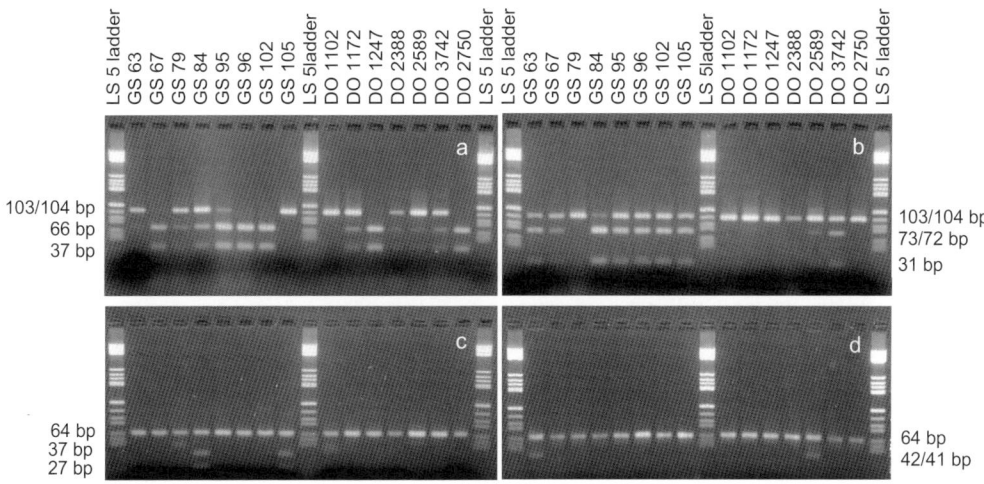

**Abb. 1.32.** Ergebnisse der Blutgruppenanalyse an Knochenproben einer frühneuzeitlichen Skelettserie aus Goslar (GS) und der bronzezeitlichen Menschenknochenfunde aus der Lichtensteinhöhle im Harz (DO). Durch vier aufeinander folgende RFLP-Analysen mit verschiedenen Restriktionsenzymen (a=Rsa I, b=HpyCH4IV, c=Nla III und d=Mnl I) konnten die folgenden AB0-Blutgruppen auf phänotypischer und genotypischer Ebene (in Klammern) festgestellt werden: GS 63 = 0 (01/02); GS 67 = 0 (01/01v); GS 79 = A (A/01); GS 84 = B (B/01); GS 95 = A (A/01v); GS 96 = 0 (01/01v); GS 102 = 0 (01/01v); GS 105 = AB (A/B); DO 1102 = A (A/A); DO 1172 = A (A/01); DO 1247 = 0 (01/01); DO 2388 = A (A/01); DO 2589 = 0 (01/02); DO 3742 = A (A/01v); DO 3750 = 0 (01/01).

CHRISTIANO D. G. POSTVLATO EP. HALBERSTADIENS
DVCI BRVNSVICENSI, ET LVNEBVRGENSI ETC.

**Abb. 1.33.** Herzog Christian II von Braunschweig-Wolfenbüttel (1599–1626) verlor in einer Schlacht im Jahre 1622 infolge einer Schwerthiebverletzung seinen linken Unterarm. Historische Dokumente besagen, dass ihm der Arm noch auf dem Schlachtfeld amputiert werden musste, was er wohl ohne Betäubung hat über sich ergehen lassen. Später soll er eine Ledermanschette getragen haben, die er bei Trinkgelagen wohl gelegentlich abnahm und seine Trinkkumpane mit einem Inhalt erschreckte, der in der Überlieferung leider nicht näher beschrieben wird. In Christians Sarg fand sich nun vor wenigen Jahren ein anatomisch montiertes Unterarmskelett. Der Vergleich der genetische Fingerabdrücke einer Probe aus diesem anatomischen Präparat und einer Probe aus dem rechten Oberarmbein zeigte, dass es sich um seinen eigenen Unterarm handelte. Damit dürfte geklärt sein, womit er seine Trinkkumpane zu fortgerückter Stunde erschreckte.

genetischer und technischer Sicht völlig verschieden von den ersten genetischen Fingerabdrücken, die Mitte der achtziger Jahre von JEFFREYS et al. (1985) in den Analysen moderner, intakter DNA gefunden wurden. Beiden Qualitäten von genetischen Fingerabdrücken ist jedoch gemeinsam, dass sie genetische Muster von Individuen repräsentieren, die, von eineiigen Zwillingen abgesehen, einzigartig sind. Diese Eigenschaft ermöglicht zweifelsfreie Identifikationen und Zuordnungen der gefundenen genetischen Muster zu bestimmten Individuen, ein Umstand, der nicht nur für Fragen der Authentifizierung von aDNA-Ergebnissen (s. o.) unschätzbaren Wert besitzt.

In gestörten Fundsituationen lassen sich Skelettelemente mithilfe des genetischen Fingerabdrucks einander zuordnen, wie für verstreut liegende Oberschenkel-, Unterschenkel-, und Hüftknochen in der Lichtensteinhöhle bereits gezeigt wurde (SCHULTES et al. 1997). In gleicher Weise konnte die Frage nach dem amputierten Arm des Herzogs Christian II. von Braunschweig-Wolfenbüttel geklärt werden (▶ **Abb. 1.33**, GERSTENBERGER et al. 1998).

Grundsätzlich ist mithilfe des genetischen Fingerabdrucks auch die Identifikation von Tierindividuen möglich, was schon erfolgreich für die Zuordnung von Pergamentstücken genutzt wurde (BURGER et al. 2001), eine Situation, die z. B. in restauratorischen Zusammenhängen auftreten kann. Etwas problematisch kann die Analyse von STRs an Sachüberresten tierlichen Ursprungs allerdings dadurch werden, dass für viele Tierarten lediglich sogenannte Dinukleotid-STRs bekannt sind. Dinukleotid-STRs haben zwar den Vorteil, in den Genomen aller Tierarten besonders häufig vorzukommen, weshalb sie durch die Tiermedizin im Hinblick auf Abstammungs-

**Abb. 1.34.** Umzeichnung der in situ Fundsituation einer merowingerzeitlichen Gruppe von fünf Individuen aus Kleve-Rindern, die bei Ausschachtungsarbeiten entdeckt wurden. Aufgrund der Fundsituation war sichergestellt, dass die erwachsene Frau und der Mann sowie die drei Kinder zwischen ein und zehn Jahren zeitgleich bestattet wurden (die Skelettelemente von NI 25, einem 3-4jährigen Jungen sind nicht eingezeichnet, weil sie sich vollständig im Abraum fanden). Es bestand daher die Vermutung, dass es sich um Mitglieder einer Familie handelt, die aus unbekanntem Grund (Vergiftung?) zeitgleich gestorben sind. Die molekulargenetische Untersuchung konnte durch genetische Fingerabdrücke zeigen, dass die Annahme über die genealogische Beziehung zutrifft, tatsächlich handelt es sich um Mutter, Vater und Kinder. Nur für eines der Kinder (NI 31) war dieser Beleg nicht möglich, weil zu wenige Daten aus dem DNA-Extrakt, für den lediglich ein sehr kleines Schädeldachfragment zu Verfügung stand, gewonnen werden konnten.

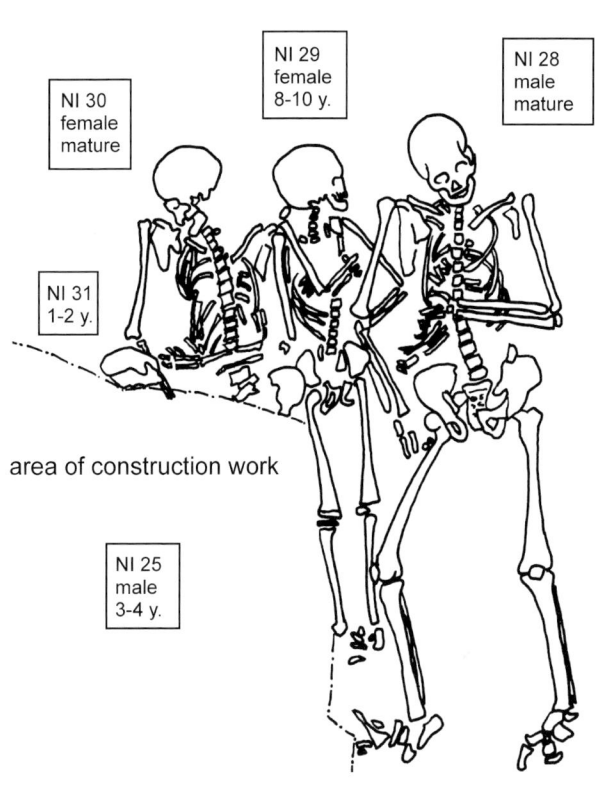

nachweise auch gut untersucht sind und regelmäßig angewendet werden. In der Analyse stark degradierter aDNA entwickeln Dinukleotid-STRs jedoch vergleichsweise deutliche Artefakte, sogenannte Stotterbanden, was zu Schwierigkeiten in der Allelbestimmung für den genetischen Fingerabdruck führen kann. Auf diese durch Stotterbanden verursachten Artefakte sind im Übrigen auch die anfänglich sehr negativen Bewertungen des STR fingerprinting-Verfahrens an archäologischem menschlichen Skelettmaterial (RAMOS et al. 1995) zurückzuführen. Diese Versuche wurden mit humanen Dinukleotid-STRs durchgeführt, obwohl die viel weniger artefaktanfälligen humanen Tetranukleotid-STRs schon seit einiger Zeit in der forensischen Medizin erfolgreich genutzt wurden (z. B. KIMPTON et al. 1994).

*Prüfung und Rekonstruktion von Genealogien*

Eine der zentralen Fragen in der archäologischen und anthropologischen Untersuchung historischer und prähistorischer Bestattungsplätze ist die Frage nach der Verwandtschaft der Menschen, deren Skelette die Zeiten überdauert haben. Über die Analyse genetischer Fingerabdrücke ist neben der Identitätsfeststellung die außerordentlich interessante Möglichkeit der Verwandtschaftsanalyse gegeben. Während sich diese Analytik vor wenigen Jahren noch in ihren Anfängen befand (ZIERDT et al. 1996), kann heute auf weitgehend standardisierte Verfahren zur genetischen Typisierung alter Proben zurückgegriffen werden (SCHULTES et al. 1999, HUMMEL 2003b).

# 1 Archäologische Funde organischer Zusammensetzung

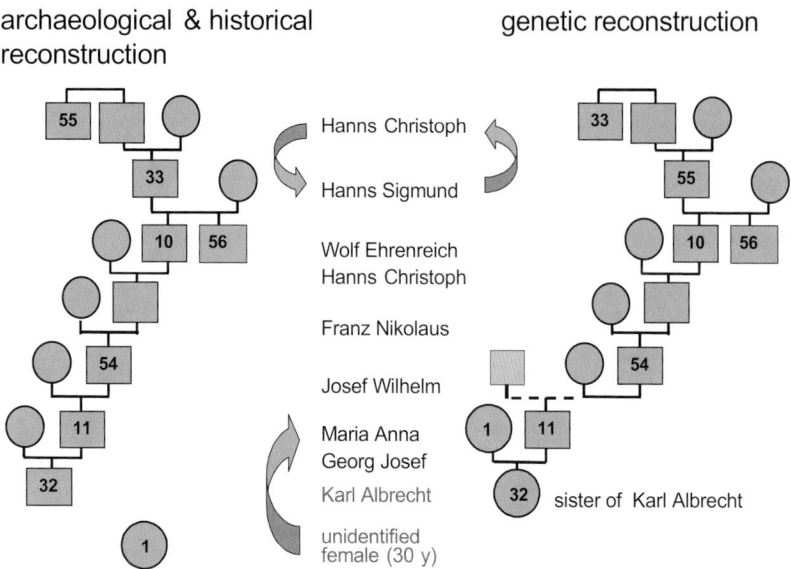

**Abb. 1.35.** Die Abbildung zeigt die historisch-archäologische und die genetische Rekonstruktion des Stammbaumes der Königsfelder Grafen. Bei den Königsfelder Grafen handelt es sich um eine Adelsfamilie, die ihre Männer von 1546–1749 in der kleinen Kapelle St. Margareth im niederbayrischen Reichersdorf bestattete. Es wurden acht Skelette gefunden (nummerierte Individuen), von denen eines (MA 1) bereits durch die morphologische Bearbeitung als weiblich, jedoch unbekannter Herkunft, eingestuft wurde. Der Vergleich zwischen historisch-archäologischem und genetisch rekonstruiertem Stammbaum ergab nun vier wesentliche Punkte: (a) die Grabsteine von Hanns Christoph und Hanns Sigmund müssen während einer früheren Restaurierung der Kapelle vertauscht worden sein. Beide Skelette besitzen zwar den gleichen Y-Haplotyp und gehören damit in die selbe männliche Familienlinie, als Vater von Wolf Ehrenreich (MA 10) und Hanns Christoph (MA 56) kommt allerdings nur das mit MA 55 bezeichnete Skelett in Frage. (b) Anstelle von Karl Albrecht ist offensichtlich eine seiner Schwestern, von denen zwei im gleichen Alter starben, in St. Margareth bestattet worden. (c) Joseph Wilhelm (MA 54) ist nicht der biologische Vater von Georg Joseph (MA 11), der einen völlig anderen Y-chromosomalen Haplotyp aufweist. (d) Die unbekannte Frau (MA 1) konnte als Maria Anna von Königsfeld identifiziert werden. Dies wurde daraus abgeleitet, dass ihre Mutterschaft zu MA 32 aufgrund ihres genetischen Fingerabdruckes praktisch sichergestellt werden konnte.

Die Randbedingungen, unter denen eine Verwandtschaftsrekonstruktion stattfindet, können grundsätzlich sehr verschieden sein. Im einfacheren Fall wird eine bestehende Hypothese geprüft, d.h. es liegen Eingangsvermutungen über die genealogische Verbindung der zu untersuchenden Individuen vor. In diesen Fällen können bereits die genetischen Fingerabdrücke der Individuen ausreichen, um z. B. die Hypothese einer Eltern-Kind-Beziehung zwischen mehreren Individuen zu prüfen (▶ **Abb. 1.34**). Wird die Verwandtschaftsvermutung allerdings etwas komplexer in dem Sinne, als dass sich die Genealogie über mehrere Generationen erstreckt und Generationslücken vorhanden sind, muss zusätzlich zu den genetischen Fingerabdrücken ein generationenübergreifender genetischer Marker untersucht werden. Fragestellungsabhängig können dies entweder Y-chromosomale Marker (▶ **Abb. 1.35**, GERSTENBERGER et al. 1999) oder mitochondriale Marker sein.

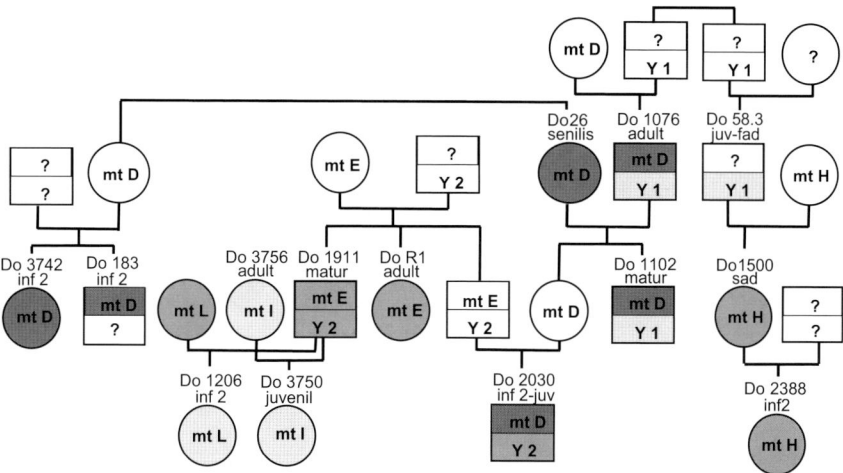

**Abb. 1.36.** Eine umfassende Typisierung mithilfe verwandtschaftsanzeigender genetischer Marker konnte bislang für 21 der 38 in der bronzezeitlichen Lichtensteinhöhle gefundenen Individuen vorgenommen werden. Von diesen 21 Individuen ließen sich wiederum 14 (gefärbte Symbole mit Fundnummern und Altersangaben), wie im Stammbaum dargestellt, gesichert genealogisch einordnen. Die engen familiären Beziehungen zwischen den in der Lichtensteinhöhle gefundenen Individuen legt nahe, dass es sich nicht um eine Opferhöhle, sondern um einen zumindest vorwiegend als Bestattungsplatz genutzten Ort handelt. Mit dieser genealogischen Rekonstruktion gelang erstmals der Verwandtschaftsnachweis für eine (prä-)historische Bevölkerung.

Liegen keinerlei Eingangsvermutungen über mögliche verwandtschaftliche Beziehungen zwischen den bestatteten Individuen vor, und handelt es sich um eine vergleichsweise große Zahl von Individuen, so müssen in jedem Falle alle drei Markersysteme (STRs, mitochondriale und Y-chromosomale) untersucht werden (▶ **Abb. 1.36**). Eine Verwandtschaftsrekonstruktion dieser Art konnte erfolgreich für bislang 14 der 38 Individuen aus der bronzezeitlichen Lichtensteinhöhle durchgeführt werden (SCHULTES 2000, HUMMEL 2003a, ▶ **Abb. 1.37**). Im Zuge dieser Untersuchung stand auch die sehr grundsätzliche Frage nach der Nutzung der Höhle im Zentrum des Interesses. Aufgrund des archäologischen Befundes konnte keine hinreichend sichere Entscheidung über die Nutzung der Höhle als Menschenopferplatz, wie dies für andere zeitstellungsähnliche Höhlen der Region angenommen wird, oder als Bestattungsplatz getroffen werden. Durch den Nachweis enger genealogischer Verbindungen scheint sich jedoch eine überwiegende Nutzung der Höhle als Bestattungsplatz abzuzeichnen, wenn dies auch als ungewöhnlich für die Zeitstellung (Brandbestattungen) gelten muss. Unterstützt wird diese auf molekularen Daten basierende Interpretation durch den morphologischen Befund, der an den Skelettelementen keine Hinweise auf die Anwendung scharfer Gewalt findet, wie dies für Skelette aus Opferhöhlen ansonsten typisch ist (GESCHWINDE 1988).

## Regionale Herkunft, Stammesgeschichte und Heiratsmuster

Unter Verwandtschaft kann genealogische Zusammengehörigkeit von Individuen im engeren Sinne (Familie) verstanden werden, aber auch Verwandtschaft auf Gruppen- bzw. Populationsniveau. Auch zur Verwandtschaft auf dem Populationsniveau ist der Zugang über DNA-Mikrosatelliten (STRs) möglich. In bevölkerungsbiologischen Fragestel-

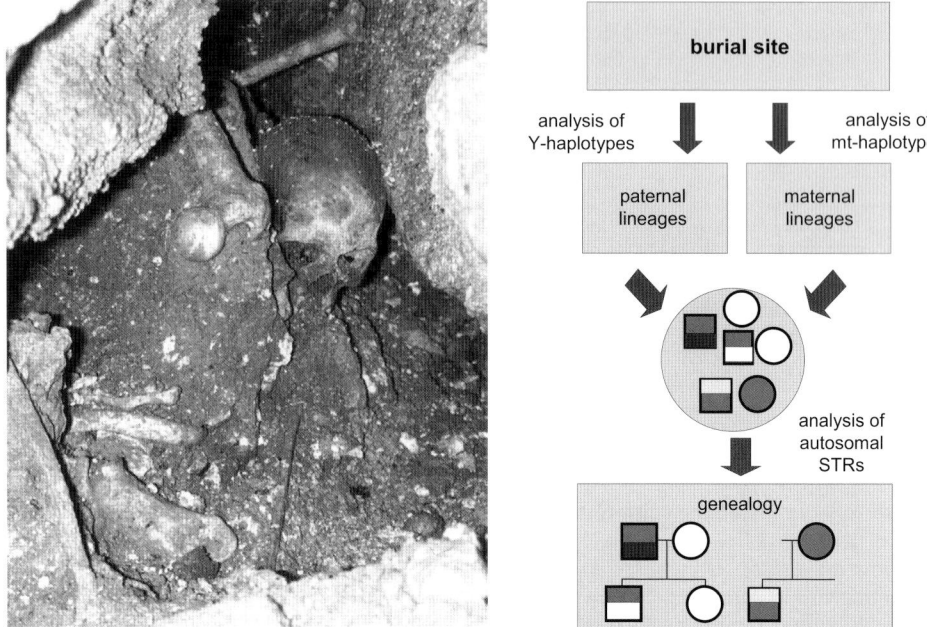

**Abb. 1.37.** Die archäologische Fundsituation und die Zeitstellung der Lichtensteinhöhle im Harz warf die Frage auf, ob es sich um eine bronzezeitliche Opferhöhle oder um einen Bestattungsplatz handelt. Die Untersuchung auf mögliche genealogische Verwandtschaft der 38 Individuen, deren Skelette anatomisch stark gestört vorgefunden wurden (links), sollte helfen, diese Frage zu klären. Da keine aus dem in situ-Befund ableitbare Hypothese über mögliche Verwandtschaft vorlag, wurden über die Analyse von Y-chromosomalen und mitochondrialen Haplotypen zunächst eine Zuordnung der Individuen zu paternalen und maternalen Linien vorgenommen. Innerhalb dieser nun kleineren Verwandtengruppen wurde mithilfe der genetischen Fingerabdrücke eine genealogische Rekonstruktion (vgl. **Abb. 1.39**) vorgenommen.

lungszusammenhängen sind es nicht mehr die verschiedenen genetischen Fingerabdrücke der einzelnen Individuen, die Auskunft geben, sondern die Gesamtschau über alle Allele in der untersuchten Population transportiert die gewünschte Information. Dies konnte über Abweichungen der Allelfrequenzen von statistisch zu ermittelnden Erwartungswerten in einer historischen Skelettserie gezeigt werden (BRAMANTI et al. 2000b). Ziel war es, über die genetische Analyse Antwort auf die Frage zu finden, ob eine beruflich hochspezialisierte Gruppe von Personen ihr Expertentum tradiert, oder ob qualifiziertes „know-how" importiert wurde, wie dies aus dem Mittelalter bekannt ist. Bei den untersuchten Skeletten handelt es sich um die Überreste von frühneuzeitlichen Hüttenleuten aus Goslar, die im Silberbergbau des Harzes tätig waren. Die Resultate ließen wegen der überzufällig hohen Häufungen bestimmter Allele darauf schließen, dass Heiratspartner in einem kleinen Kreis gesucht wurden. Dies wurde dahingehend interpretiert, dass das Expertentum in den ortsansässigen Familien tradiert wurde und eine stetige Einwanderung von Hüttenleuten praktisch ausgeschlossen werden kann.

Eine weitere Möglichkeit regionale Herkunft sogar für Einzelindividuen aufdecken zu können, stellt die Analyse der mitochondrialen und Y-chromosomalen Haplotypen dar. Wie Studien an modernen Bevölkerungen zeigen, sind diese geneti-

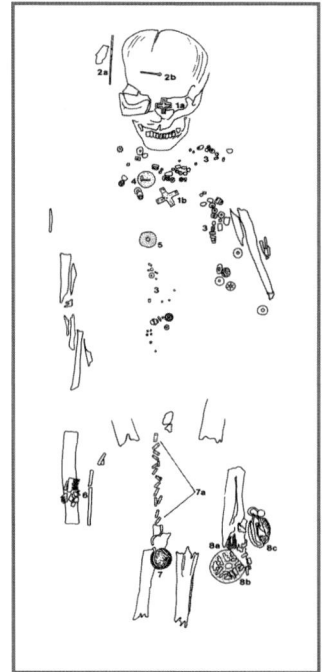 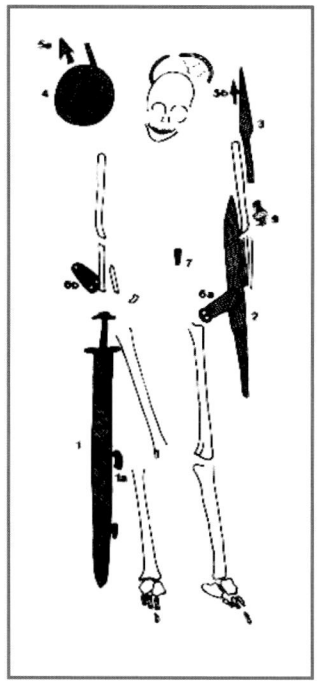

**Abb. 1.38.** Umzeichnung der reich ausgestatteten Gräber einer Frau (links) und eines Mannes (rechts) aus dem frühmittelalterlichen, alemannischen Weingarten. Die genetische Analyse der mitochondrialen und Y-chromosomalen Haplotypen, die auf dem Fragestellungshintergrund der Entdeckung von Heiratsmustern durchgeführt wurden, hat darauf schließen lassen, dass die Männer an ihrem Geburtsort blieben und auswärtige Frauen in die Familien der Männer einheirateten. Auch die Frage, ob die soziale Hierarchie eine durchlässige Struktur war, konnte zumindest für Einzelfälle aus der Analyse der genetischen Fingerabdrücke beantwortet werden. Es fanden sich mehrere Vater-Sohn-Paare, die nach der unterschiedlichen Grabausstattung (arm und reich) verschiedenen Sozialschichten zugeordnet wurden (s. Theune & Roth 1988). Danach wäre die Gesellschaftsordnung sozial durchlässig gewesen, der Sozialstatus zum Zeitpunkt der Geburt wäre also nicht zwangsläufig der endgültige soziale Status gewesen, sondern über Lebensleistung erarbeitet worden.

schen Muster in charakteristischer Weise weltweit verschieden (z. B. Richards et al. 2000). So haben Vernesi et al. (2001) mithilfe der Untersuchung des mitochondrialen Haplotyps der mutmaßlichen Überreste des Evangelisten Lukas zeigen können, dass die in Padua verwahrten Gebeine aller Wahrscheinlichkeit nach tatsächlich zu Lukas gehören können, der aus Antiochia stammte. Strittig diskutiert wurde diese Frage insofern, als dass es Mutmaßungen gab, die Überreste Lukas seien zu einem späteren Zeitpunkt in Griechenland oder Italien gegen Skelettelemente einer aus diesen Regionen stammenden Person ausgetauscht worden. Die Ergebnisse der Studie zeigten jedoch, dass der mitochondriale Haplotyp aus den Skelettresten größere Ähnlichkeit mit denjenigen aus dem heutigen Nordsyrien aufweist, also der Gegend, aus der Lukas stammte.

Dass die Analysen mitochondrialer und Y-chromosomaler Haplotypen grundsätzlich für Fragestellungen geeignet sind, die sich in die zeitliche Tiefe erstrecken, wie in der Anwendung in stammesgeschichtlichen Kontexten deutlich wird, liegt an der vergleichsweise hohen Stabilität der untersuchten genetischen Muster. Diese Stabilität kommt dadurch zustande, dass die Muster unverändert an die nächste Generation weitervererbt werden, ganz anders also als beim genetischen Fingerabdruck, bei dem für jedes Individuum ein neues Muster aus den Chromsomensätzen der Eltern zusammengestellt wird (s. o.). So wurden mitochondriale Sequenzabschnitte für die Untersuchungen an Neandertaler-DNA herangezogen (KRINGS et al. 1997, OVCHINNIKOV et al. 2000). Ziel war die Annäherung an die Frage, ob Neandertaler eher als Vettern oder als Vorfahren der modernen Menschen zu betrachten sind. Die bislang erzielten Ergebnisse scheinen den nach morphologischen Befunden angenommenen Ausschluss des Neandertalers als Vorfahren des modernen Menschen zu bestätigen.

Eine weitere interessante Interpretationsmöglichkeit, nämlich die auf Heiratsmuster zu schließen, ergibt sich aus der populationsweiten Analyse der in mütterlicher und väterlicher Linie vererbten mitochondrialen und Y-chromosomalen Haplotypen. Dies wurde in der Arbeit von GERSTENBERGER (2002) gezeigt, die Skelette des alemannischen Gräberfeldes von Weingarten auf diesem Fragestellungshintergrund untersucht hat. Eingangshypothese ist für diese Art Fragestellung, dass in einer Bevölkerung, in der Frauen am Ort bleiben und Männer einheiraten, die Variabilität der Y-Haplotypen vergleichsweise hoch, die der mitochondrialen Haplotypen niedrig sein sollte. Die Ergebnisse der Arbeit weisen darauf hin, dass in Weingarten die Heiratsstrategie gerade umgekehrt war, also dass Frauen von außerhalb einheirateten. Dies war daran festzumachen, dass sich in den untersuchten männlichen Individuen nur 16 Y-chromosomale Haplotypen, aber 21 mitochondriale Haplotypen fanden. Daneben konnte die Arbeit einen interessanten Beitrag zur Frage liefern, ob es sich bei der anhand der Grabinventare sozial deutlich stratifizierten Bevölkerung (▶ **Abb. 1.38**, ROTH & THEUNE 1988) um eine sozial durchlässige oder hermetische Gesellschaft handelte. Indem mehrere Vater-Sohn-Paare gefunden wurden, deren Grabinventare die Zuweisung unterschiedlicher sozialer Ränge für Vater und Sohn erfordern, liegt die Vermutung nahe, dass der soziale Status im alemannischen Weingarten nicht durch Geburt, sondern durch die Lebensleistung erarbeitet wurde.

## Selektionsmechanismen

Viele genetische Marker unterliegen entweder mittelbar oder unmittelbar mehr oder weniger stark ausgeprägten Selektionsdrücken. Die Bedeutung von Selektionsdruck wird leicht verständlich im Falle eines unmittelbaren Selektionsdruckes, der genau dann wirksam wird, wenn ein Individuum eine erblich oder durch Neumutation erworbene Eigenschaft besitzt, die gar nicht oder nur schwer mit der normalen Lebensumwelt vereinbar ist. Beispiele sind angeborene Immunschwächen, die Bluterkrankheit oder eine besonders helle Hautfarbe in tropischen Regionen. Werden kein besonderen Vorkehrungen zum Schutz eines solchen Individuums getroffen, sind seine Aussichten auf eine normale Lebensspanne und damit auf Nachkommen deutlich eingeschränkt. Anders verhält es sich bei genetischen Markern, für die ein nur mittelbar wirksamer Selektionsdruck angenommen wird. Eine bestimmte genetische Ausstattung stellt hier im Normalfall zunächst keinen Vor- oder Nachteil dar, erst unter besonderen Bedingungen wird sie als vor- oder nachteilig erkennbar. Zu diesen genetischen Eigenschaften zählt die Zugehörigkeit zu den AB0-Blutgruppen, die weltweit sehr verschieden verteilt sind. Dies wird allgemein darauf zurückgeführt, dass die Träger der unterschiedlichen Blutgruppenallele verschiedenen Selektionsdrücken durch endemische Krankheitserreger ausgesetzt sind. Die weltweit verschiedene Verteilung der Blutgruppenallele würde demnach einen balancierten Polymorphismus darstellen, der die epidemische und pandemische Geschichte der Infektionskrankheiten (z. B. Syphilis und Pest) bis zum heutigen Tag spiegelt. Um diesen Fragen an historischen Skelettserien nachgehen zu können, wurde ein auf RFLP (s. o.) basiertes Analysesystem entwickelt, dass eine Identifikation der A-, B-, und 0-Allele an sehr kurzen PCR-Produkten ermöglicht (HUMMEL et al. 2002). Dieses Analysesystem wurde an aDNA-Extrakten verschiedener Skelettserien erprobt (▶ **Abb. 1.39**).

Zwei weitere genetische Marker, $\Delta F508$ und $\Delta 32ccr5$, deren relativ hohe Allelfrequenzen in

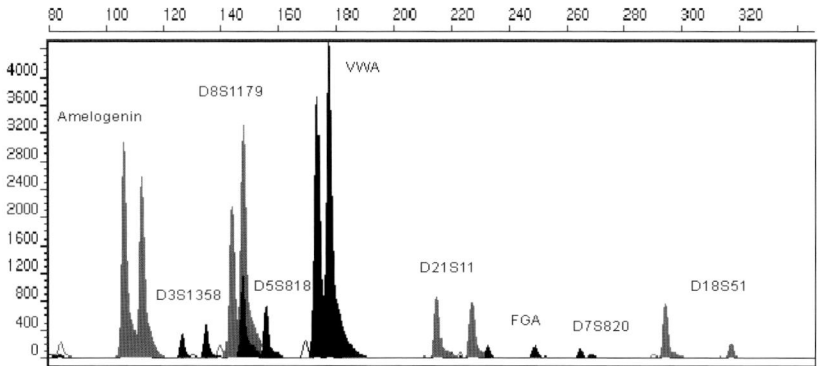

**Abb. 1.39.** Elektropherogrammdarstellung eines genetischen Fingerabdrucks (STRs) aus der Probe DO 1076, einem jungen Mann (2 Peaks mit 106 und 112 Basenpaaren, vgl. Geschlechtsbestimmung) aus der bronzezeitlichen Lichtensteinhöhle. Durch unterschiedliche Farbmarkierungen der PCR-Produkte ist es möglich, STRs mit etwa gleichen Basenpaarlängen zu unterscheiden (z.B. D8S1179 und D5S818). Hierdurch kann in Multiplexanalysen eine große Informationsmenge in einem sehr kleinen Längenbereich (ca. 100–330 Basenpaare; X-Achse) gewonnen werden.

europäischen Bevölkerungen auffallen, werden ebenfalls mit Selektionsmechanismen in Verbindung gebracht. Mit ΔF508 wird eine kurze, nur drei Basenpaare lange Deletion auf Chromosom 7 bezeichnet, die für mischerbige (heterozygote) Träger dieser Mutation offenkundig kaum spürbare Auswirkungen besitzt. Liegt die Mutation jedoch reinerbig (homozygot) vor, überleben Personen in historischer Zeit meist das Kindesalter nicht. Dennoch ist die Heterozygotenrate mit ca. 1:20 auffallend hoch in heutigen mitteleuropäischen Bevölkerungen, so dass für heterozygote Träger der Deletion ein Vorteil vermutet wird. Dieser Vorteil könnte etwa in einem verminderten Schweregrad infektionsbedingter Durchfallerkrankungen liegen, die als eine der Hauptursachen für die hohe Kleinkindsterblichkeit in historischer Zeit gelten. Um der Frage nachzugehen, ob schwere Diarrhöen einen positiven Selektionsmechanismus für die ΔF508-Variante darstellen, wurden bislang 44 Skelette aus einer 170 Jahre alten sizilianischen Massenbestattung von Choleratoten untersucht (BRAMANTI et al. 2000a). Die positiv bestätigte Eingangshypothese war, dass sich unter den Choleratoten keine heterozygoten Träger von ΔF508 befinden.

Etwas anders als beim Mukoviszidose-Gen ist die Situation im Falle der auf Chromosom 3 liegenden Genvariante Δ32ccr5, deren Allelfrequenz in Mitteleuropa 16–18% beträgt. Weder die heterozygoten noch die homozygoten Träger der 32 Basenpaare umspannenden Deletion scheinen benachteiligt zu sein, obwohl die Deletion im Zusammenhang mit der Immunabwehr von großer Bedeutung ist. Vielmehr zeigte AIDS-Forschung, dass heterozygote und homozygote Träger der Mutation Vorteile im Fall einer HIV-Infektion besitzen. Da es sich bei AIDS um eine sehr junge pandemische Seuche handelt, kommt das Virus als Selektionsparameter für historische Zeiträume nicht in Frage. Die Vermutungen gehen vielmehr dahin, dass andere, in historischer Zeit auftretende Pandemien, wie beispielsweise die Pest, für die rasche Verbreitung der deletierten Variante verantwortlich sind (ALTSCHULER 2000), indem sie den Trägern der Δ32ccr5-Variante einen Selektionsvorteil bescherten. Die molekulargenetischen Untersuchungen an Skeletten einer mittelalterlichen Pestmassenbestattung und einem Kontrollkollektiv zeigten jedoch, dass dies nicht zutrifft, da sich keine signifikanten Unterschiede in den Allelfrequenzen der Δ32ccr5-Variante nachweisen ließen (KREMEYER et al. submit). Auch das aus modernen populationsgenetischen Studien geschätzte Alter der Δ32ccr5-Variante von nur rund 2500 Jahren mit einem Erstauftreten in Nordosteuropa

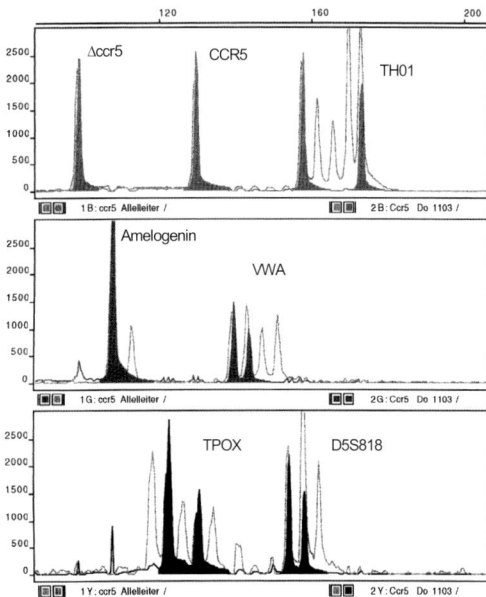

**Abb. 1.40.** Dreiteilige Elektropherogrammdarstellung der Multiplexanalyse eines Knochens aus der Lichtensteinhöhle. Die Frau mit der Fundnummer DO 1103 ist eines der vier bronzezeitlichen Individuen, welche die Δ32ccr5-Mutation in heterozygoter Ausprägung (Δ32ccr5/CCR5) besitzen. Von dieser Mutation hatte man aufgrund von linkage-Studien an heute lebenden europäischen Bevölkerungen angenommen, dass sie vor 750 bis 3500 Jahren erstmals in Nordosteuropa auftrat. Durch den vierfachen Nachweis der Variante in der bronzezeitlichen Harzbevölkerung muss diese Annahme korrigiert werden. Die Abbildung zeigt ferner, dass sich neben dem Amelogenin-Marker auch der ebenfalls wenig polymorphe Marker für CCR5 problemlos in ein STR-Multiplexanalysesystem einfügt, das genetische Fingerabdrücke generiert. Durch diese Maßnahme ist die Authentizität auch von Ergebnissen schwach polymorpher Marker sichergestellt.

(z. B. LIBERT 1998) hat sich durch Analysen prähistorischer Skelette als nicht zutreffend erwiesen. So konnte Δ32ccr5 in vier von 19 Individuen des bronzezeitlichen Skelettkollektivs der Lichtensteinhöhle (Kr. Osterode/Harz) nachgewiesen werden (▶ **Abb. 1.40**, HUMMEL et al. submit).

## Krankheitserreger

Infektionskrankheiten spielen zumindest in der jüngeren Menschheitsgeschichte eine bedeutende Rolle als wirksame Determinante der demographischen Entwicklung. So wird geschätzt, dass Pandemien wie der hochmittelalterliche Pestzug mindestens ein Drittel der europäischen Bevölkerung das Leben kostete. Aber auch weniger dramatische Seuchen als die Pest forderten durch die Jahrhunderte zahllose Opfer, etwa die Tuberkulose, die Cholera und die Syphilis. Aus evolutionsbiologischer Sicht sind der Erreger und sein Opfer als symbiontische Gemeinschaft zu betrachten, jeder zieht grundsätzlich Vorteile aus der Existenz des anderen. Dagegen abzugrenzen sind Organismen, die als Parasiten beizeichnet werden, die einseitig einen Vorteil aus dem Zusammenleben mit einer anderen Art ziehen. Aber selbst einige als Endoparasiten bezeichnete Bandwurmarten wurden von der immunologischen Forschung als insofern vermutlich „nützlich" für das befallene Opfer erkannt, als dass sie das Immunsystem des Wirts zu „schulen" scheinen, nur auf wirklich in drastischen Mengen auftretende fremde Eineiße allergisch zu reagieren, nicht aber auf Allerweltsstoffe aus der Lebensumwelt.

Zu Ungleichgewichten in der symbiontischen Beziehung zwischen Organismen kommt es immer dann, wenn einer der beiden seine Lebensumwelt deutlich verändert. Im Beispiel Mensch-Krankheitserreger kann dies z. B. bedeuten, dass der Erreger in eine andere als seine angestammte Wirtspopulation eindringt und dort auf Individuen trifft, die gegen das pathogene Potential des spezifischen Erregers immungenetisch und durch genetische Sondervarianten nicht hinreichend gerüstet sind. Durch diesen Mechanismus wird beispielsweise die hohe Virulenz der von fremden Kontinenten eingeschleppten Erreger erklärt, in historischer Zeit so geschehen mit der Einschleppung des Syphiliserregers aus Amerika nach Europa durch die spanischen Eroberer oder die Ausbreitung der

Pest von Asien nach Europa. Aber auch die Veränderungen, welche die Menschen durch Änderung ihrer Lebensweise vornehmen, schaffen häufig erst geeignete Voraussetzungen für epidemisches Geschehen. So stehen Domestikationen, wie zum Beispiel die des Rindes, und das daraus resultierende enge Zusammenleben und die konsequente Nutzung des Rindes im Verdacht, eine Adaption des Erregers der Rindertuberkulose (*Mycobacterium bovis*) an den Wirt Mensch überhaupt erst ermöglicht zu haben. Ein sehr modernes Beispiel für die potentielle Gefährlichkeit solcher durch Menschen vorgenommenen radikalen Änderungen evolutionsbiologisch lange ausbalancierter Prozesse sind BSE-Erkrankungen von Rindern und Menschen, die ursächlich vermutlich zulasten der „Umerziehung" der sich rein vegetabil ernährenden Rinder zu Omnivoren geht.

Eine wesentliche Voraussetzung für die Ausbreitung vieler Infektionskrankheiten ist eine hohe Populationsdichte, ebenfalls eine Randbedingung, die von Menschen erst mit der Gründung von Städten geschaffen wurde. So wundert es nicht, dass von einer regelrechten Seuchengeschichte erst seit dieser Zeit die Rede sein kann. Trotz der zum Teil erstaunlich präzisen Beschreibungen von Krankheitsverläufen und Todesgeschehen, wird die Frage der tatsächlich dafür verantwortlichen Erreger jedoch kontrovers diskutiert.

Von besonderem Interesse ist aus paläoepidemiologischer Sicht naturgemäß die Pest als eine in ihrer Wirkung radikalsten Seuchen, da eine Aussicht auf Heilung für den einmal Infizierten praktisch nicht gegeben und die Infektionswahrscheinlichkeit bei Kontakt mit einem an Lungenpest Erkrankten sehr hoch war. Im Zusammenhang mit dem „Schwarzen Tod", der großen Pandemie des 14. Jhs., wurden Krankheitsbeschreibungen nun dahingehend geprüft und diskutiert, ob nicht auch andere Erreger als *Yersinia pestis* in Frage kommen, das Geschehen mitbestimmt zu haben. So wird auch *Bacillus anthracis*, der Erreger des Milzbrandes, als Krankheitsauslöser diskutiert (z. B. SCOTT & DUNCAN 2001).

Zur Klärung von Fragen wie dieser kann ideal die molekulargenetische Untersuchung beitragen, zumindest in all jenen Fällen, in denen der Erreger in den Blutkreislauf des Individuums dringt, und seine DNA damit in den zahlreichen Blutgefäßen des Knochens überdauern kann. Dass die molekulargenetische Identifikation von Krankheitserregern aus Skelettmaterial gelingt, obwohl dies tatsächlich der Suche nach der Nadel im Heuhaufen gleichkommt, wurde beispielsweise durch bereits zahlreiche aDNA-Nachweise von *Mycobacterium tuberculosis* und *Mycobacterium bovis* (z. B. DIXON & ROBERTS 2001), dem Erreger der Tuberkulose, belegt. Dass derartige Untersuchungen auch dazu beitragen können, neue Erkenntnisse zu Virulenzänderungen der aufgrund ihrer kurzen Generationsdauern so schnell evolvierenden Krankheitserreger zu gewinnen, ist sicher mehr als nur ein interessanter Nebenaspekt (vgl. dazu GREENBLATT 1998, GREENBLATT & SPIGELMAN 2003).

## Literatur

Altschuler, E. L., 2000
Bailey, J. F., Richards, M. B., MaCauley, V. A., Colson, I. B., James, I. T., Bradley, D. G., Hedges, R. E. M. & Sykes, B. C., 1996
Baron, H., Hummel, S. & Herrmann, B., 1996
Bramanti, B., Hummel, S., Schultes, T. & Herrmann, B., 2000b
Bramanti, B., Sineo, L., Vianello, M., Caramelli, D., Hummel, S., Chiarelli, B. & Herrmann, B., 2000a
Burger, J., 2000
Burger, J., Hummel, S. & Herrmann, B., 2000
Burger, J., Hummel, S., Herrmann, B. & Henke, W., 1999
Burger, J., Pfeiffer, I., Hummel, S., Fuchs, R., Brenig, B. & Herrmann, B., 2001
Dixon, R. A. & Roberts, C. A., 2001
Faerman, M., Kahila, G., Smith, P., Greenblatt, C., Stager, L., Oppenheim, A. & Filon, D., 1997
Flindt, S. (Ed), 2001
Gerstenberger, J., 2002
Gerstenberger, J., Hummel, S. & Herrmann, B., 1998
Gerstenberger, J., Hummel, S., Schultes, T., Häck, B. & Herrmann, B., 1999
Geschwinde, M., 1988
Greenblatt, C. L. (Ed), 1998
Greenblatt, C. & Spigelman, M. (Eds), 2003
Hagelberg, E., Sykes, B. & Hedges, R., 1989
Hofreiter, M., Jaenicke, V., Serre, D., Haeseler, A. V. & Pääbo, S., 2001a
Höss, M. & Pääbo, S., 1993
Hummel, S., 2003a, 2003b
Hummel, S. & Herrmann, B., 1991

Hummel, S. & Schultes, T., 2000

Hummel, S., Bramanti, B., Schultes, T., Kahle, M., Haffner, S. & Herrmann, B., 2000

Hummel, S., Schmidt, D., Herrmann, B. & Oppermann, M., submit.

Hummel, S., Schmidt, D., Kahle, M. & Herrmann, B., 2002

Jeffreys, A. J., Wilson, V. & Thein, S. L., 1985

Kimpton, C., Fisher, D., Watson, S., Adams, M., Urquhart, A., Lygo, J. & Gill, P., 1994

Kremeyer, B., Hummel, S. & Herrmann, B., submit.

Krings, M., Stone, A., Schmitz, R. W., Krainitzki, H., Stoneking, M. & Pääbo, S., 1997

Lassen, C., 1998

Lassen, C., Hummel, S. & Herrmann, B., 2000

Libert, F., Cochaux, P., Beckman, G., Samson, M., Aksenova, M., Cao, A., Czeizel, A., Claustres, M., De La Rua, C., Ferrari, M., Ferrec, C., Glover, G., Grinde, B., Guran, S., Kucinskas, V., Lavinha, J., Mercier, B., Ogur, G., Peltonen, L., Rosatelli, C., Schwartz, M., Spitsyn, V., Timar, L., Beckman, L., Parmentier, M. & Vassart, G., 1998

Loreille, O., Mounolou, J. C. & Monnerot, M., 1997

Mullis, K. B., Ferré, F. & Gibbs, R. A. (Eds.), 1994

Orlando, L., Bonjean, D., Bocherens, H., Thenot, A., Argant, A. & Otte, M., Hanni, C., 2002

Ovchinnikov, I. V., Gotherstrom, A., Romanova, G. P., Kharitonov, V. M., Lidén, K. & Goodwin, W., 2000

Poinar, H. N., Kuch, M., Sobolik, K. D., Barnes, I., Stankiewicz, A. B., Kuder, T., Spaulding, W. G., Bryant, V. M., Cooper, A. & Pääbo, S., 2001

Ramos, M. D., Lalueza, C., Girbau, E., Pérez-Pérez, A., Quevedo, S., Turbón, D. & Estivill, X., 1995

Richards, M., MacAulay, V., Hickey, E., Vega, E., Sykes, B., Guida, V., Rengo, C., Sellitto, D., Cruciani, F., Kivisild, T., Villems, R., Thomas, M., Rychkov, S., Rychkov, O., Rychkov, Y., Golge, M., Dimitrov, D., Hill, E., Bradley, D., Romano, V., Cali, F., Vona, G., Demaine, A., Papiha, S., Triantaphyllidis, C., Stefanescu, G., Hatina, J., Belledi, M., Di Rienzo, A., Novelletto, A., Oppenheim, A., Norby, S., Al-Zaheri, N., Santachiara-Benerecetti, S., Scozari, R., Torroni, A. & Bandelt, H. J., 2000

Rollo, F., Ubaldi, M., Ermini, L. & Marota, I., 2002

Roth, H. & Theune, C., 1988

Schlumbaum, A., Neuhaus, J. M. & Jacomet, S., 1998

Schmidt, D., Hummel, S. & Herrmann, B., 2003

Schmidt, T., Hummel, S. & Herrmann, B., 1995

Scholz, M., Giddings, I. & Pusch, C. M., 1998

Schultes, T., 2000

Schultes, T., Hummel, S. & Herrmann, B., 1997, 1999

Scott, S. & Duncan, C., 2001

Stone, A. C., Milner, G. R., Pääbo, S. & Stoneking, M., 1996

Ullrich-Bochsler, S., 1997

Vernesi, C., Caramelli, D., Carbonell, I. Sala, S., Ubaldi, M., Rollo, F. & Chiarelli, B., 1999

Vernesi, C., Di Benedetto, G., Caramelli, D., Secchieri, E., Simoni, L., Katti, E., Malaspina, P., Novelletto, A., Marin, V. T. & Barbujani, G., 2001

Zierdt, H., Hummel, S. & Herrmann, B., 1996

Anmerkung: Abgabe des Manuskriptes im Februar 2003.

# Farbtafeln I–XVI

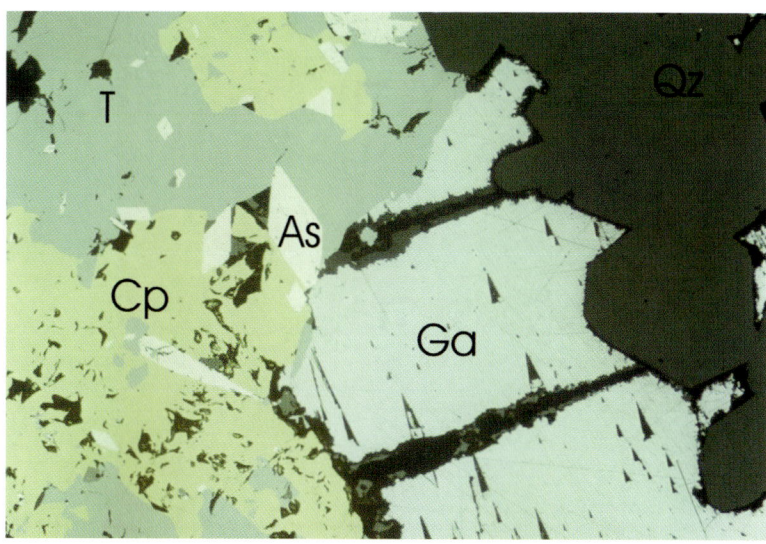

**Abb. 2.23.** Silbererz aus dem mittelalterlichen Bergbau vom Birkenberg bei St. Ulrich-Bollschweil (Schwarzwald). Bleiglanz (Ga), Kupferkies (Cp), Fahlerz (T), Arsenkies (As), verwachsen mit Quarz (Qz). Aus: Schifer (1999)

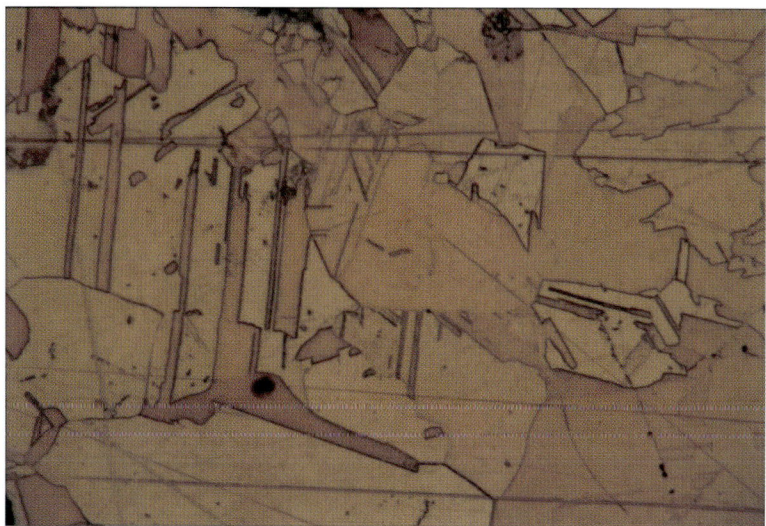

**Abb. 2.24.** Frühneolithische Perlen von Aşıklı Höyük, südlich von Ankara. Das Mikrogefüge des etwa 200fach vergrößerten Ausschnitts zeigt beginnende Rekristallisation durch Erhitzung. Es haben sich zudem Druckzwillinge durch mechanische Beanspruchung (Hämmern) gebildet. Auflicht, Ölimmersion. Ätzung: $NH_4OH$-$H_2O_2$-Lösung. Aus: Yalçın & Pernicka (1999)

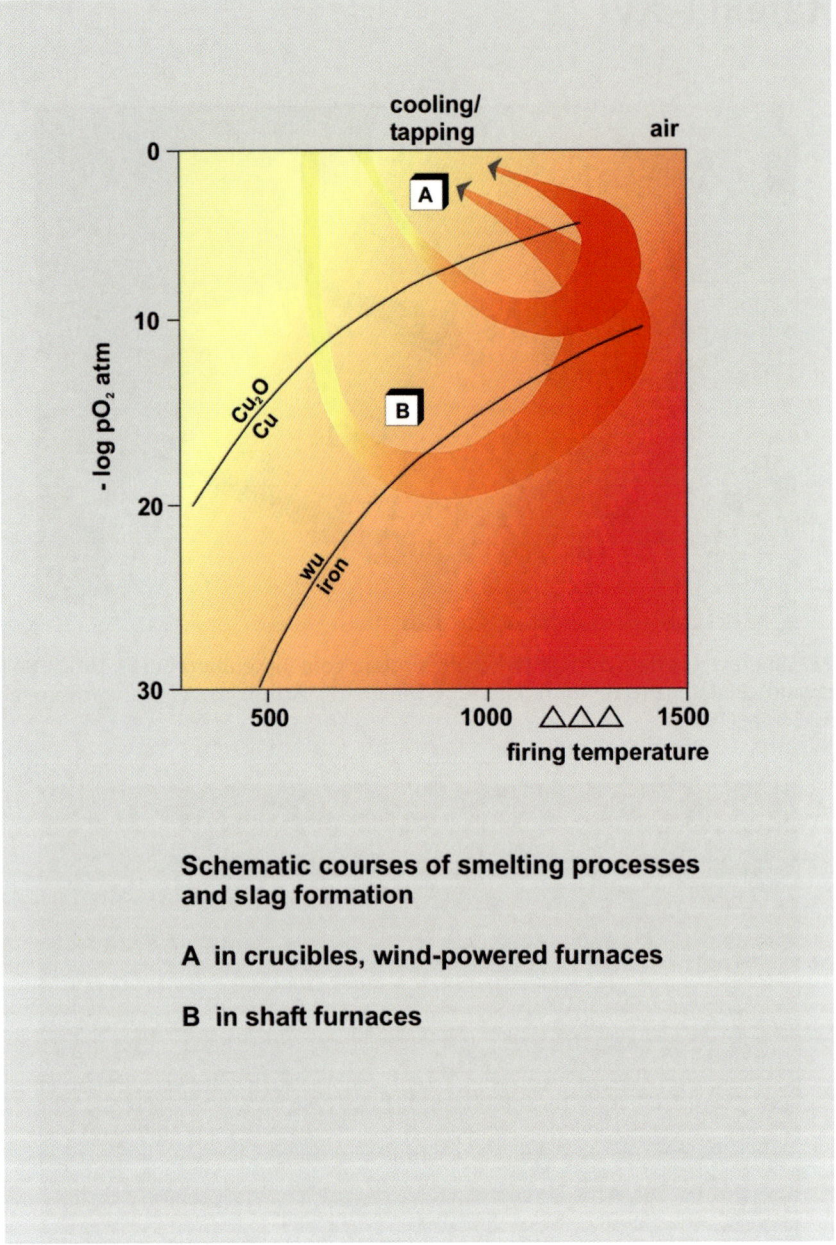

**Abb. 2.29.** Idealisierter Verlauf der Schlackenbildung bei der Verhüttung von Erzen in Abhängigkeit von Temperatur T und Gasatmosphäre, dargestellt als Sauerstoff-Partialdruck ($pO_2$). Die Charge wird zu Beginn der Prozessführung im Holzkohlebett schnell reduziert und dann im Bereich von Düsen oder anderer Luftzufuhr stark erhitzt. Am Ende der Prozessführung wird das Material abgekühlt und gleichzeitig durch Abstich oder Entfernung der Holzkohle dem Sauerstoff ausgesetzt. A Feuerung in offenen Schmelztiegeln; B Verhüttung in Schachtöfen.

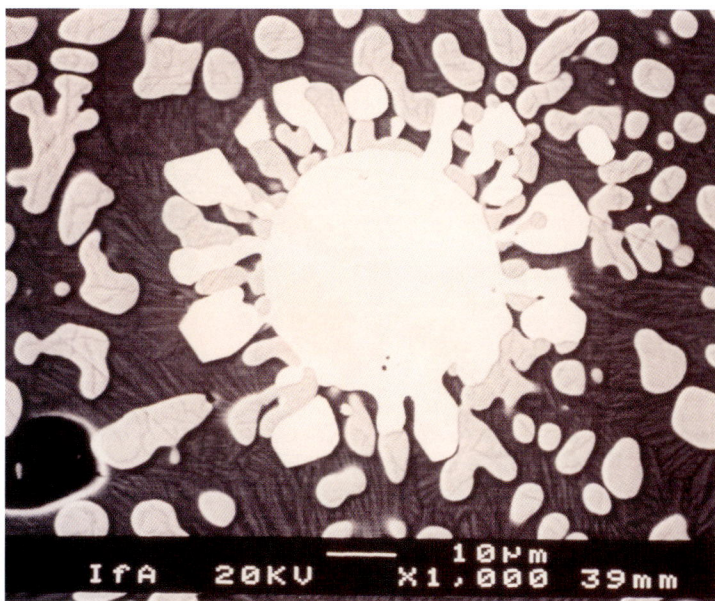

**Abb. 2.30.** Mikroaufnahme einer Rennfeuerschlacke der Eisenverhüttung. Langstielige Fayalitkristalle (dunkelgrau) mit gerundeten Dendriten aus Wüstit mit Entmischungslamellen von Magnetit (mittelgrau), der partiell zu Eisen reduziert ist (weiß). Dieses agglommeriert sukzessive zu größeren Tröpfchen. Bildbreite: 5 mm. Foto: DBM

**Abb. 2.33.** Mikrogefüge eines vermutlich hethitischen Schwerts, ca. 1400–1200 v. Chr. Die Klinge wurde aus mehreren unterschiedlich aufgekohlten Einzelteilen zusammengeschmiedet. Oberer Bildteil: hoch aufgekohlter Stahl (ca. 0,8 % C), mittlerer Bereich: Stahl mit ca. 0,4–0,5 % C; Unten: Stahl mit geringem Kohlenstoffgehalt (0,2 % C). Auflicht; geätzt mit 3% iger $HNO_3$-Lösung. Aus: YALÇIN (2006).

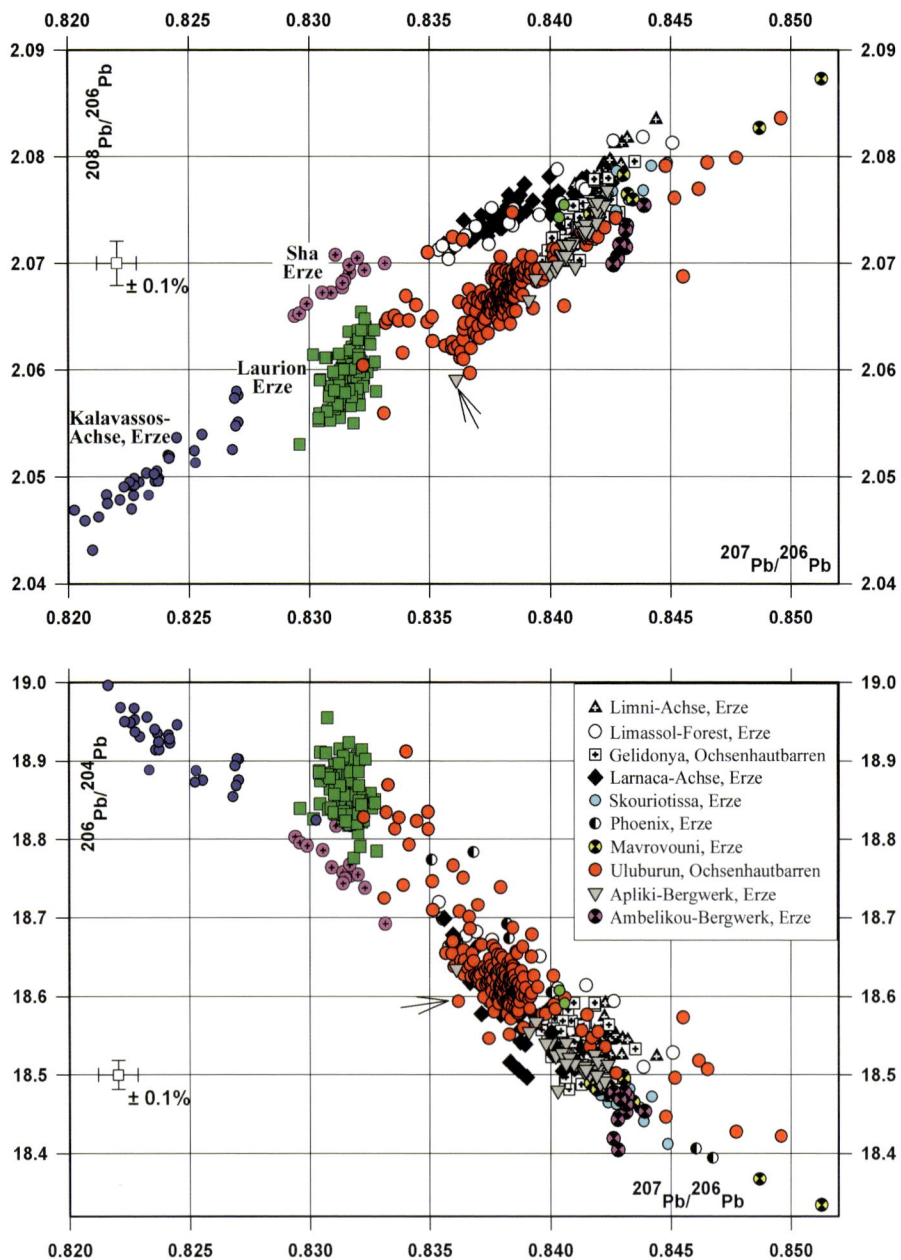

**Abb. 2.35.** Die Bleiisotopenverhältnisse $^{208}Pb/^{206}Pb$ vs. $^{207}Pb/^{206}$ von Ochsenhautbarren aus Kupfer vom Schiffswrack von Uluburun im Vergleich zu Kupfererzen von Zypern und Laurion. Für eine vollständige Wiedergabe müsste auch eine Darstellung der Isotopenverhältnisse $^{204}Pb/^{206}Pb$ vs. $^{207}Pb/^{206}$ gezeigt werden. Diese sind in der Publikation GALE & STOS-GALE (2006) wiedergegeben. Aus: GALE & STOS-GALE (2006).

# Stratigraphie-Prinzip

### Lokale Abfolgen

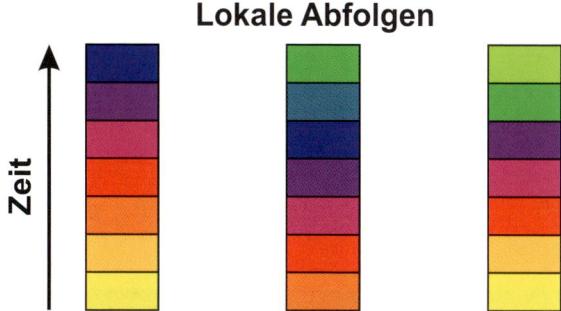

### Korrelation der Schichten

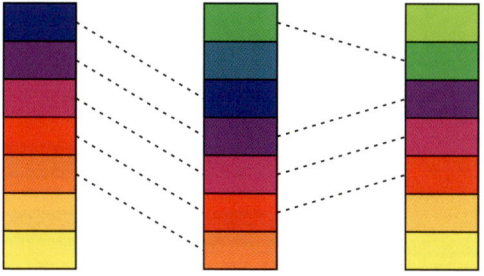

### Stratigraphische Abfolgen

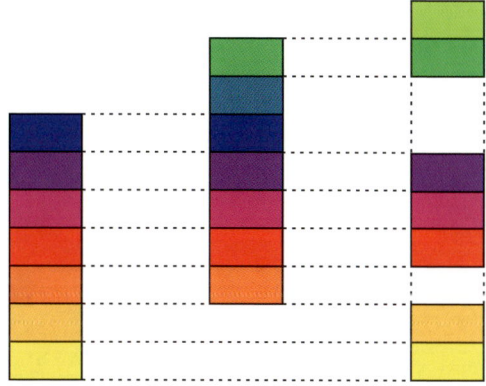

**Abb. 3.1.** Prinzip der komparativen Stratigraphie. In jeder der drei lokalen Schichtenstapel folgen aufeinander jeweils jüngere Schichten (oben). Anhand charakteristischer Merkmale (hier Farbe) lassen sich die Schichten der verschiedenen Abfolgen miteinander korrelieren, so dass Schichtlücken erkennbar werden (mitten) und eine gemeinsame stratigraphische Abfolge aufgebaut werden kann.

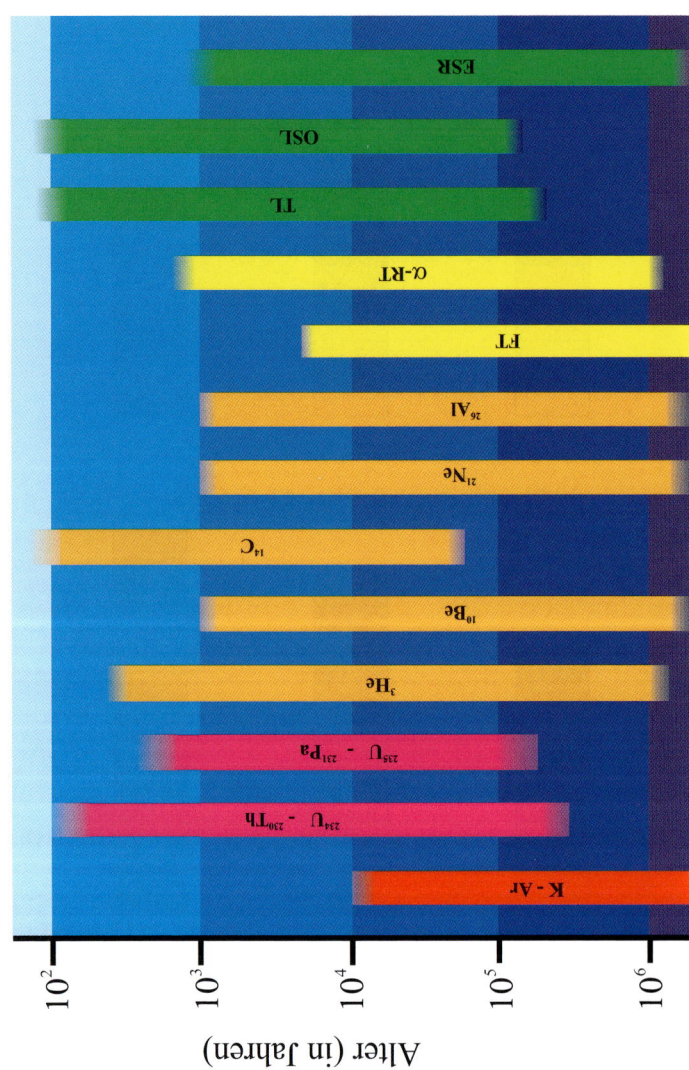

**Abb. 3.19.** Archäochronometrische Datierungsverfahren für das Quartär. Die Verfahren lassen sich physikalisch untergliedern in solche mit: Radiogenen Edelgasen (rot), Uranreihen (violett), Kosmogenen Nukliden (rot), Partikelspuren (gelb) und Strahlendosimetrie (grün). Die einzelnen Verfahren sind jeweils für unterschiedliche Altersbereiche geeignet. Aus G. A. Wagner (2007)

Farbtafeln **VII**

**Abb. 5.4.** Die Stadtanlage von Zuzhou der Liao-Zeit (907–1125 n. Chr.), Innere Mongolei, China, am Boden (oben) und aus der Luft (unten) fast gleichzeitig im Jahr 1997 fotografiert. Auf dem Bodenbild sind außer vier Erhebungen, die paarweise im Vorder- und Hintergrund zu sehen sind, kaum andere Strukturen erkennbar. Im Luftbild wird sofort klar, dass es sich bei den vier Erhebungen um Überreste von zwei Eingangstoren der Innen- und Außenstadtmauer handelt. Außerdem zeigt das Luftbild anhand von Schattenmerkmalen den Grundriss der Ruinenstadt mit Straßen und Bebauungen im Innen- und Außenbereich (Bodenbild von K. Leidorf, Luftbild von Verf.).

VIII  Farbtafeln

**Abb. 5.5.** Die Ruinenstadt Qingzhou der Liao-Zeit (907–1125 n. Chr.), Innere Mongolei, China, wurde mit einer Innen- und einer Außenmauer befestigt. Während die inneren Mauerwerke mit darin befindlichen Straßen und Bebauungen z.T. als Schattenmerkmale klar zu erkennen sind, lassen sich die Außenmauer (1) und Straßen (2) nur teilweise als Bodenmerkmale identifizieren (fotografiert 1997 vom Verf.).

**Abb. 5.6.** Das Luftbild zeigt einen Ausschnitt der Ruinenstadt Zhongjing der Liao-Zeit (907–1125 n.Chr.), Innere Mongolei, China. Am unteren Bildrand ist die oberirdisch noch erhaltene Stadtmauer mit einer rechteckigen Toranlage zu erkennen. Gliederung und Baustruktur innerhalb der Stadtmauer sind durch Ackerbau eingeebnet. Straßen (dunklere Streifen) und unterirdische Überreste von Gehöften (hellere und dunklere Flecken in annähernd rechteckiger Form) erscheinen auf dem Bild als eine Kombination von Feucht- und Bodenmerkmalen im Löss (fotografiert 1997 vom Verf.).

Farbtafeln IX

**Abb. 5.8.** Xanten-Birten (Kr. Wesel). Vetera castra I. Überblick über den Fürstenberg mit den Bewuchsmerkmalen des neronischen Zweilegionenlagers. Blick von Süden (fotografiert am 03.07.2006 vom Verf.).

**Abb. 5.9.** Vetera castra I auf dem Fürstenberg (Kreis Wesel). Das Luftbild dokumentiert Baustrukturen des neronischen Lagers südlich der via principalis. Auffällig sind einige groß angelegte Hallenbauwerke mit wahrscheinlich massiven Steinfundamenten und Steinfußböden als negative Bewuchsmerkmale. Pfostenreihen und Gruben für Steinbasen erscheinen dagegen als positive Bewuchsmerkmale (fotografiert am 09.06.2004 vom Verf.).

**Abb. 5.10.** Das Luftbild zeigt die im Jahr 2005 neu entdeckten Bebauungsspuren außerhalb des neronischen Lagers im Nordosten. Oben links auf dem Bild ist die Ostumwehrung mit Graben und Glacis zu sehen. Östlich davon mitten im Bild sind Siedlungsstrukturen mit Straßen und Bebauungen zu erkennen. Im Norden (rechts im Bild) sieht man einen großen Baukomplex mit zwei ausgedehnten Bauwerken (fotografiert am 28.06.2005 vom Verf.).

**Abb. 5.11.** Einige Spuren von diesen beiden römischen Marschlagern wurden am 06. August 2003 auf einer Wiese beobachtet. Erst eine Woche danach (12.08.2003) sind die Gräben der Marschlager komplett sichtbar (fotografiert vom Verf.).

**Abb. 5.12.** Am 2. August 2003 wurden Gräben von 4 Marschlagern jeweils nur zur Hälfte dokumentiert. Fast zwei Jahre später, am 28. Juni 2005 wurden erst die fehlenden Teile von 3 Marschlagern fotografiert.

**Abb. 5.15.** Die digital erstellte Orthophotokarte der kaiserlichen Grabanlage Yongding der Song-Dynastie (960–1127 n. Chr.), Gongyi, Provinz Henan, China (erstellt vom Lehrstuhl für Ur- und Frühgeschichte der Ruhr-Universität Bochum und dem Deutschen Bergbau-Museum Bochum).

Farbtafeln **XIII**

(a)

(b)

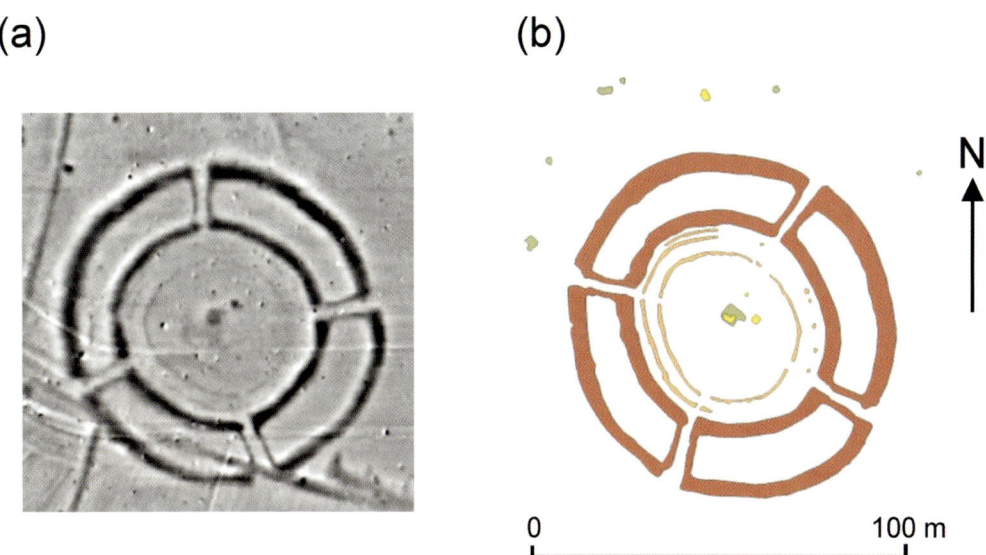

(c)

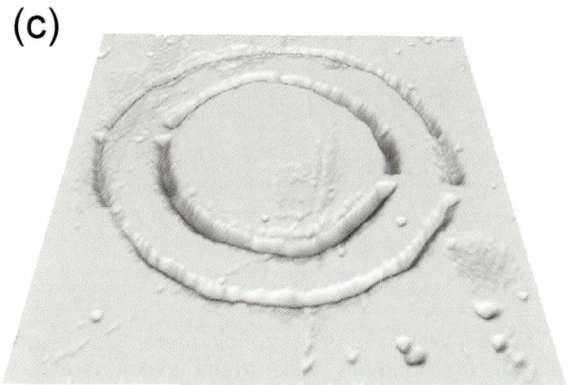

**Abb. 5.20.** Mittelneolithische Kreisgrabenanlage von Steinabrunn, Nieder-Österreich. a) Ergebnis der geomagnetischen Kartierung; b) archäologische Interpretation: Graben- und Befestigungsstrukturen sowie einzelne Gruben; c) Ergebnis der 3D Modellrechnung. Aus: NEUBAUER (2001/2002)

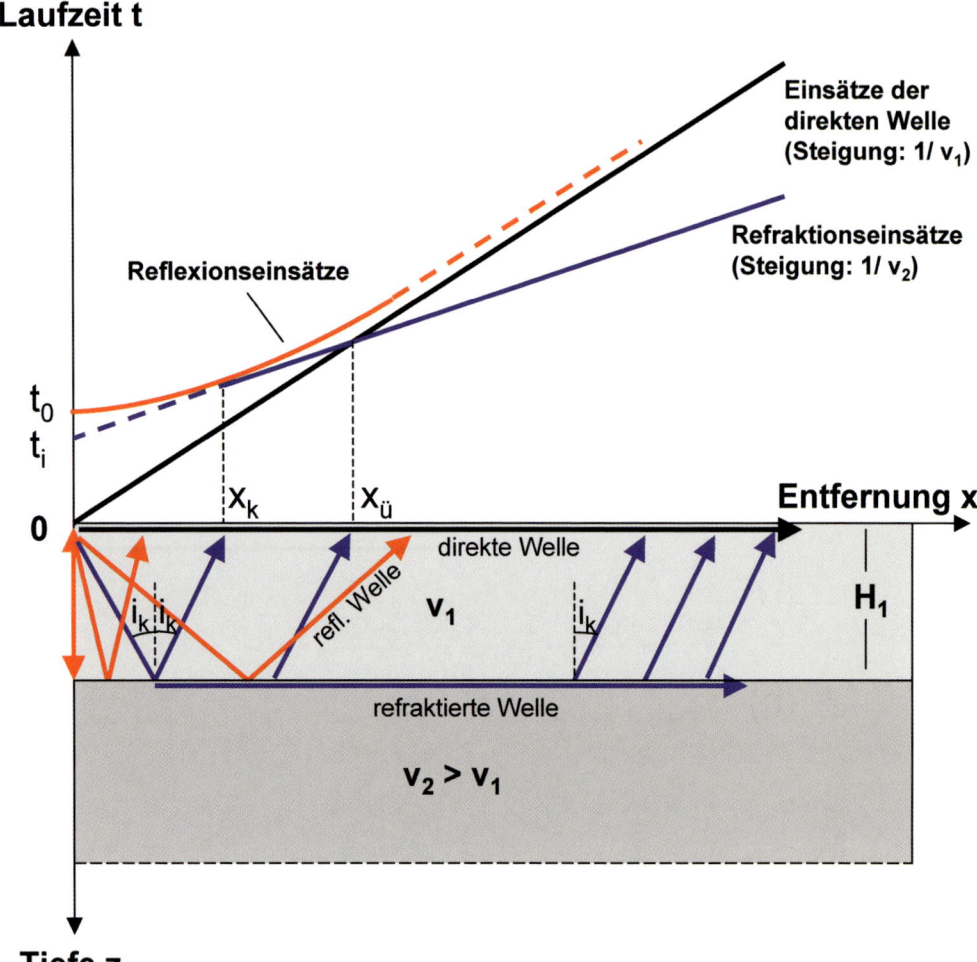

**Abb. 5.24.** Ausbreitung seismischer Wellen im Untergrund (unterer Bildteil) und zugehörige Laufzeitkurven (oberer Bildteil). Die Brechung des Wellenstrahls erfolgt nach dem Brechungsgesetz von Snellius (sin α / sin β = $v_1 / v_2$) und zwar für den kritischen Einfallswinkel α = $i_k$, bei welchem β = 90° wird (sin $i_k$ = $v_1 / v_2$). Hierzu muss die Ausbreitungsgeschwindigkeit $v_2$ in der unteren Schicht größer sein als $v_1$ in der oberen. Für die Reflexion gilt das Gesetz α = β. $x_k$ ist die zum Winkel $i_k$ gehörende kritische Entfernung und $x_ü$ die Überholentfernung. Die Tiefenbestimmung kann mit der $t_0$-Zeit erfolgen gemäß $H_1 = 1/2\, t_0 v_1$ oder mit der $t_i$-Zeit gemäß $H_1 = 1/2\, t_i\, (v_2\, v_1)\, (v_2^2 - v_1^2)^{-1/2}$

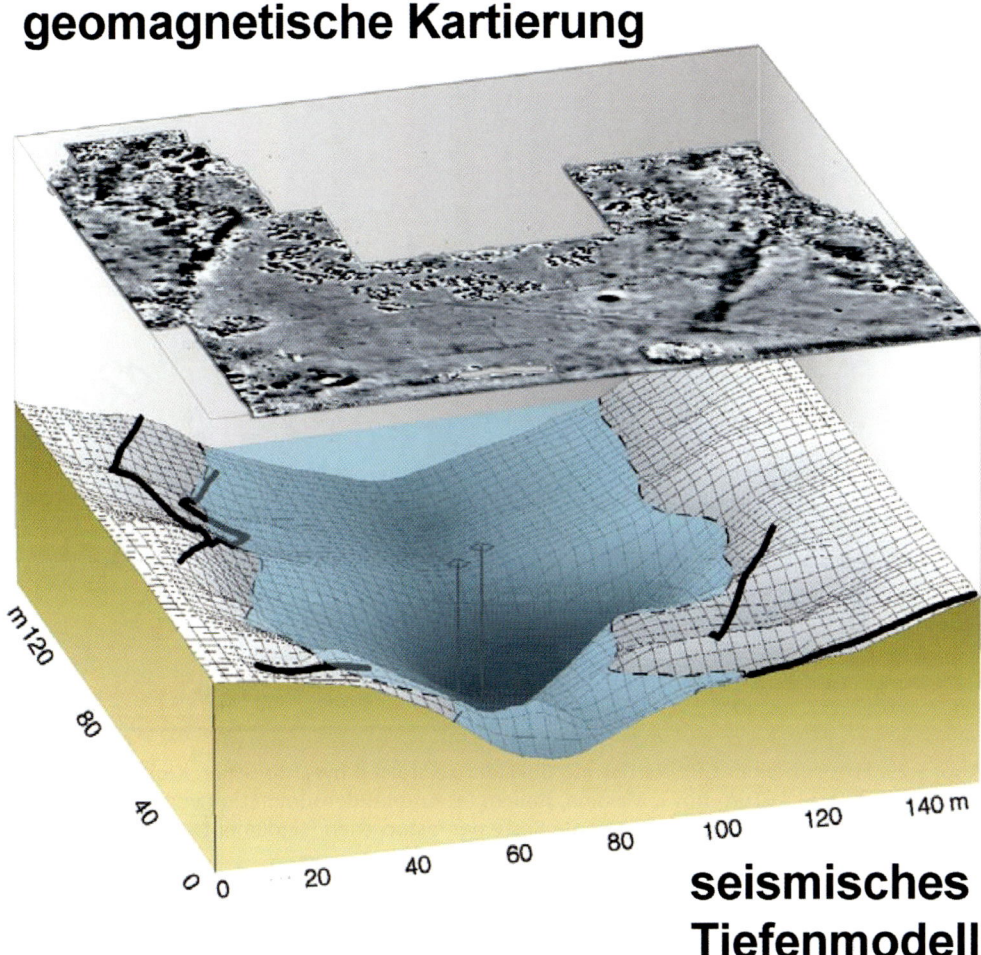

**Abb. 5.26.** Seismisches 3D-Modell vom Löwenhafen in Milet und Ergebnis der geomagnetischen Kartierung (gesehen aus Nord). Das Geschwindigkeitsmodell besteht aus Sedimenten der Beckenfüllung mit $v_p$ = 250 bis 1300 m/s und $v_s$ = 120 m/s sowie aus Kalkgestein im Untergrund mit $v_p$ = 2000 m/s und $v_s$ = 500 m/s. Modifiziert nach: Rabbel et al. (2004).

XVI  Farbtafeln

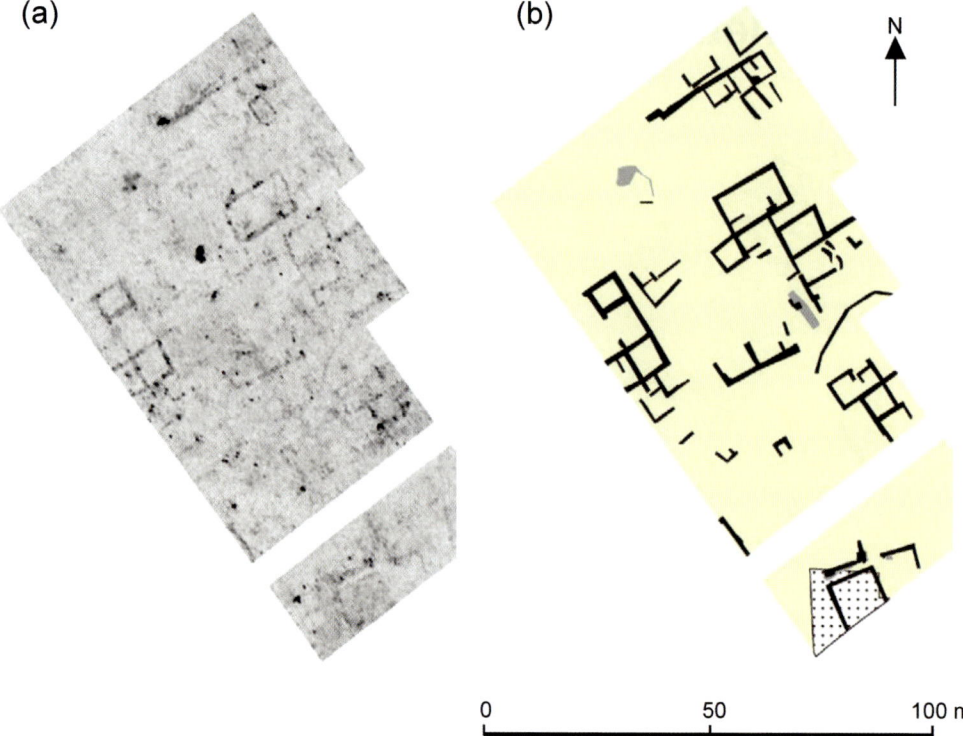

**Abb. 5.29.** Ergebnis einer GPR-Kartierung über der zerstörten byzantinischen Klosteranlage von San Pietro di Deca in Torrenova, Messina, Italien. (a) Amplitudensummation von 12 Tiefenscheiben von 0.1 bis 1.2 m Tiefe, (b) festgelegte Reste der historischen Fundamente. Modifiziert nach: Seren et al. (2005).

# 2 Die Untersuchung archäologischer Funde anorganischer Zusammensetzung

## Einführung

Andreas Hauptmann

In der Natur kommen zahlreiche Rohstoffe vor, die in alter Zeit entweder getrennt voneinander gewonnen und im Rohzustand genutzt wurden, oder Ausgangsbasis für wechselnd komplexe Weiterverarbeitungsprozesse waren. Zur ersten Gruppe solcher Funde kann man Obsidian, Feuerstein, Hornstein und verschiedene andere Gesteine zählen (RAPP 2002), aus denen z. B. Äxte, Gefäße oder Bausteine hergestellt wurden, des weiteren Pigmente wie Hämatit, Limonit, Malachit u. a. Sie wurden bereits seit dem Paläolithikum bergmännisch gewonnen (WEISGERBER 1999, KÖRLIN & WEISGERBER 2006). Zur zweiten Gruppe gehören zunächst solche Rohstoffe, die vor der Verwendung durch den Menschen sehr einfach aufbereitet wurden, z. B. Salz. Dann gibt es Rohstoffe, die komplexeren Verfahrensschritten unterzogen werden mussten, um das gewünschte Endprodukt zu erlangen. Zu diesen zählen Sand, Kalk, Ton und/oder Pozzolane, die zur Herstellung von Zement und Mörtel verwendet wurden. Hier mussten bestimmte Mischungen aus Rohstoffen hergestellt werden, die anschließend einer kontrollierten Behandlung durch Feuer unterzogen wurden (HAUPTMANN & YALÇIN 2000). In diese Kategorie sind auch die Herstellungsverfahren von Keramik (NOLL 1991, VELDE & DRUC 1999) sowie Glas und Fayence (WEDEPOHL 2003) einzuordnen. Hochtemperaturprozesse im Temperaturbereich über 1000 °C und komplexe Schritte der Weiterverarbeitung von Halbprodukten waren erforderlich, um verschiedene Metalle und Legierungen zu erzeugen und daraus Fertigprodukte herzustellen.

Die hier behandelten häufigsten anorganische Funde im archäologischen Kontext sind Festkörper, die in kristallinem oder glasigem Zustand vorliegen. Die geschilderten technischen Prozesse sind so zu sagen in den Materialien eingefroren und können durch analytische Verfahren entschlüsselt werden. Das archäologische Material, das zur Verfügung steht, spiegelt die Herstellungsprozesse direkt oder indirekt wieder, sei es durch Funde von Fertigobjekten, sei es durch Abfallprodukte, die bei einzelnen Verfahrensschritten anfielen. Letztere werden im archäologischen Kontext an Plätzen der Rohstoffgewinnung, d.h. in Gruben, Bergwerken oder an Werkplätzen innerhalb und außerhalb von Siedlungsplätzen gefunden.

Nahezu weltweit grundlegender Bestandteil des täglichen Lebens war Keramik, die fast regelhaft auf Ausgrabungen in unterschiedlichen Mengen zu finden ist. Am häufigsten ist Gebrauchskeramik in Siedlungsräumen. Als Grabbeigaben sind eher künstlerische Produkte zu finden. Sie sind seit den Anfängen der Archäologie als Leitobjekte von unschätzbarem Wert wissenschaftlich vor allem nach stilkritischen Merkmalen bearbeitet worden, wobei primär Fragen nach Stratigraphie und Datierung im Vordergrund standen. Einen Übergang zur frühen Metallurgie stellen keramische Gusstiegel, Ofenwandungen und Gussformen dar, die zur Gruppe der technischen Keramik zählen.

Metallobjekte und Glasobjekte sind aufgrund ihrer komplexen Herstellungsverfahren und des damit verbundenen hohen Wertes seltener als Keramik. Häufig sind sie als Grabbeigaben zu finden, wobei Metallobjekte in Hortfunden und Deponierungen durchaus auch in der Größenordnung von Tonnen auftreten können (HANSEN 1994).

Das Vorkommen von Schlackenhalden bzw. Schmelzplätzen und Plätzen der Metall-Weiterverarbeitung als Zeugnisse der Metallproduktion ist, so zeigte sich durch die jüngere Forschung, erheblich unterschätzt bzw. über lange Zeit hinweg in der Archäologie stiefmütterlich behandelt wurden. Es ist heute bekannt, dass in Europa wahrscheinlich alle an der Erdoberfläche austretenden Erze in alter Zeit abgebaut und verhüttet wurden, wobei sich tausende von Schlackenhalden bildeten. Als beredtes Zeugnis für die Intensität alter hüttenmännischer Aktivitäten seien Siegerland und Sauerland, die Iberische Halbinsel und das Trentino genannt (STÖLLNER et al. 2003).

Da die genannten Funde technikgeschichtliche Dokumente sind, liegt die Frage nach Ausgangsmaterial und Herstellungsverfahren auf der Hand. Zudem stellt sich häufig die Frage nach dem Ursprung der Materialien: handelt es sich um lokale Produkte, oder sind sie durch Warentausch, durch Handel an ihr Ziel gelangt? Insbesondere die Frage nach der Herkunft von Metallen und von Keramikprodukten ist in den letzten wenigen Jahrzehnten deutlich in den Vordergrund gerückt.

Hier müssen moderne physiko-chemische Messmethoden herangezogen werden, deren Vielfalt und Anwendungsbereiche in verschiedenen Lehrbüchern zusammengefasst sind (MOMMSEN 1986, CILIBERTO & SPOTO 2000, BROTHWELL & POLLARD 2001). Sie unterscheiden sich grundlegend von denen, die bei der Untersuchung von organischen Fundmaterialien eingesetzt werden, da sie darauf abzielen, Materialzusammensetzungen zu analysieren. Hierzu zählen die Analyse kristalliner Bestandteile und ihrer Gefüge, die Bestimmung von Haupt-, Neben- und Spurenelementen, die sich in anorganischen Materialien anreichern sowie die Zusammensetzung verschiedener Isotopen.

Hier vorgestellte Fallbeispiele umfassen mit dem Beitrag von Marino Maggetti die grundsätzlichen Probleme und Möglichkeiten naturwissenschaftlicher Untersuchungen an alter Keramik. Im Beitrag von Peter Hoffmann wird der erfolgreiche Einsatz verschiedener chemisch-physikalischer Messverfahren (Methodenbündel) gezeigt, um die Herstellung von Glasperlen und die Herkunft ihrer Ausgangsprodukte zu ermitteln. Der Abschnitt von Andreas Hauptmann beleuchtet die Interpretationsmöglichkeiten analytischer Untersuchungen an Materialien im Rahmen der Metallurgiekette (Erz – Schlacke – Metall).

## Literatur

Brothwell, D. R. & Pollard, A. M., 2001
Ciliberto, E. & Spoto, G., 2000
Hansen, S., 1994
Hauptmann, A. & Yalcin, Ü., 2000
Körlin, G. & Weisgerber, G., 2006
Mommsen, H., 1986
Noll, W., 1991
Rapp, G., 2002
Stöllner, T., Körlin, G., Steffens, G. & Cierny, J. (Hrsg.), 2003
Velde, B. & Druc, I., 1999
Wedepohl, K. H., 2003
Weisgerber, G. (Hrsg.), 1999

# Naturwissenschaftliche Untersuchung antiker Keramik

Marino Maggetti

## Zusammenfassung

Die Lebensphasen eines antiken keramischen Objektes sind die Gewinnung des Rohstoffes, die Herstellung, der Gebrauch, die Bodenlagerung und die Ausgrabung. Von jedem «Lebensabschnitt» werden Informationen im keramischen Körper gespeichert, die mittels naturwissenschaftlichen Untersuchungen «abgerufen» werden können. An ausgewählten Beispielen wird illustriert, wie die petrographische Schliffanalyse einen Import bronze- bis eisenzeitlicher Keramik vom heutigen Italien in die Schweiz belegt. Mit der chemischen Analyse gelingt die Trennung römischer Terra Sigillata-Produkte aus Blickweiler, La Graufesenque, Lezoux und Rheinzabern, wie auch mittelalterlicher Backsteine des 13. Jh. dreier Zisterzienserabteien der Schweiz. Römischer Keramikhandel von einem Zentrum (Augusta Rauricorum) zu bis 20 km entfernten Villen ist so auch fassbar. Mittels Dünnschliffanalysen können Aussagen über die Aufbereitung der Rohstoffe (z. B. technologisch bedingte, gezielte Zugabe eines bestimmten Magerungstyps), gemacht werden. Die chemische Untersuchung der Terra Sigillata-Engoben von La Graufesenque zeigt, dass es sich hier nicht um eine feinstkörnige Abschlämmung der für das keramische Objekt verwendeten Tone handelt, sondern dass sie aus anderen Rohstoffen herzuleiten sind. Mit der röntgenographischen Phasenanalyse gelingt die Bestimmung antiker Brenntemperaturen. Organisch-chemische Untersuchungen von verkohlten Essensresten zeigen, dass die kanadischen Indianervölker des 10.–16. Jh. aus Manitoba in den keramischen Gefäßen vorwiegend lokale Vegetabilien und Fisch kochten. Isotopenanalysen von im porösen Scherbenkörper gespeicherten Fetten römischer Keramik aus England lieferten den Nachweis von Milch-, Wiederkäuer-, und gemischt Wiederkäuer- und Nichtwiederkäuerfetten.

## Einleitung

Jedes keramische Fragment (Scherben), so klein es auch sein mag, ist ein «virtuelles Buch» mit vielen Hinweisen über seine Lebensgeschichte. Letztere kann, wie ▶ **Abb. 2.1** illustriert, in 5 Phasen gegliedert werden: (1) Gewinnung des Rohstoffes, (2) Herstellung des Objektes, (3) Gebrauch bis evtl. Zerbrechen, (4) Bodenlagerung, (5) Ausgrabung und Analyse. Von all diesen Phasen hat der Scherben Informationen gespeichert und dieses «Gedächtnis» kann mit verschiedenen naturwissenschaftlichen Methoden aktiviert werden. Liegt z. B. eine chemische Analyse eines solchen Fragmentes vor, so reflektieren diese Zahlen: (1) die chemische Zusammensetzung der Rohstoffe, (2) den Herstellungsprozess wie z. B. die Zugabe von

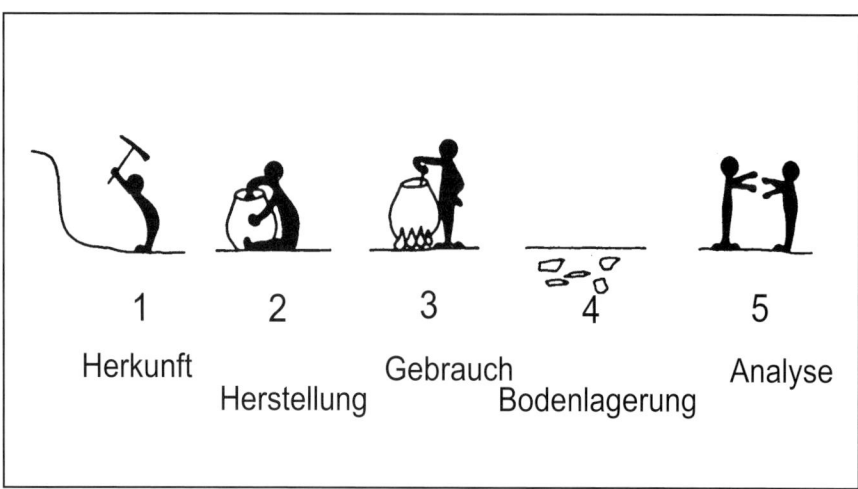

**Abb. 2.1.** Die 5 Etappen im „Leben" eines tonkeramischen Objektes (nach MAGGETTI 1982).

Magerungsmaterial, (3) die beim Gebrauch vorgefallenen chemischen Reaktionsprozesse wie z. B. die Fixierung von Speiseresten in der porösen keramischen Matrix, (4) die während der Bodenlagerung abgelaufenen interaktiven Prozesse zwischen keramischem Körper und den zirkulierenden Bodenlösungen wie z. B. die Ausfällung von Calcit in den Poren oder die Herauslaugung dieses Minerals in einer sauren Umgebung und (5) die nach erfolgter Bergung vorgenommen Reinigungsprozesse wie z. B. die Auflösung von Karbonaten im Falle des Einsatzes von Salzsäure. Es ist evident, dass die chemische Untersuchung allein nicht genügt, um herauszufinden, in welcher Phase welches analysierte chemische Element zu- bzw. weggeführt wurde oder ob es stabil geblieben ist. Dazu muss auf andere Methoden zurückgegriffen werden, in der die verschiedenen Scherbenanteile (▶ **Abb. 2.2**) untersucht werden. Die aus diesen Gründen in jedem Falle vorzuziehende Kombination mehrerer Untersuchungsmethoden führt schlussendlich zu einem besseren Verständnis aller Faktoren, die während des langen Lebens des Scherbens zusammengewirkt haben. Bei der naturwissenschaftlichen Untersuchung antiker Keramik geht es um die Lösung folgender Fragen: (1) **Wo**? Herstellungsort des Objektes bzw. die Herkunft der Rohstoffe, (2) **Wie**? Herstellungstechnik: Aufbereitung der Rohstoffe, Reinigung der Rohstoffe, Zugabe von Magerung, Formung, Brennprozess usw., (3) **Wozu**? Funktion bzw. Gebrauch des Objektes, (4) **Wann**? Eruierung des Entstehungsalters mittels physikalischer Datierungsmethoden und (5) **Was**? Klärung sekundärer Veränderungen während der Bodenlagerung und/oder vor der Analyse. Zur Lösung dieser Fragen sind sehr viele naturwissenschaftliche Methoden eingesetzt worden. Übersichtsartikel zu dieser Thematik sind bei BARCLAY (2001), DASKIEWICZ & SCHNEIDER (2001), HROUDA (1978), MAGGETTI (1982, 1990, 1994, 2001), MOMMSEN (1986), RIEDERER (1981), SCHNEIDER (1978), SCHNEIDER et al. (1989), TITE et al. (1998), VELDE & DRUC (1999) einzusehen. Über die Bemalungen und verwandte Dekorationstechniken orientiert NOLL (1991).

Im Folgenden sollen einige wenige Fragestellungen exemplarisch vorgestellt werden, unter Auslassung des ganzen Problemkreises der Datierung. Zu diesem Thema siehe MOMMSEN (1986) und WAGNER (1995).

## Herkunft

Die Frage nach dem Herstellungsort kann mit dem Einsatz der petrographischen Dünnschliffanalyse und/oder einer chemischen Untersuchung ange-

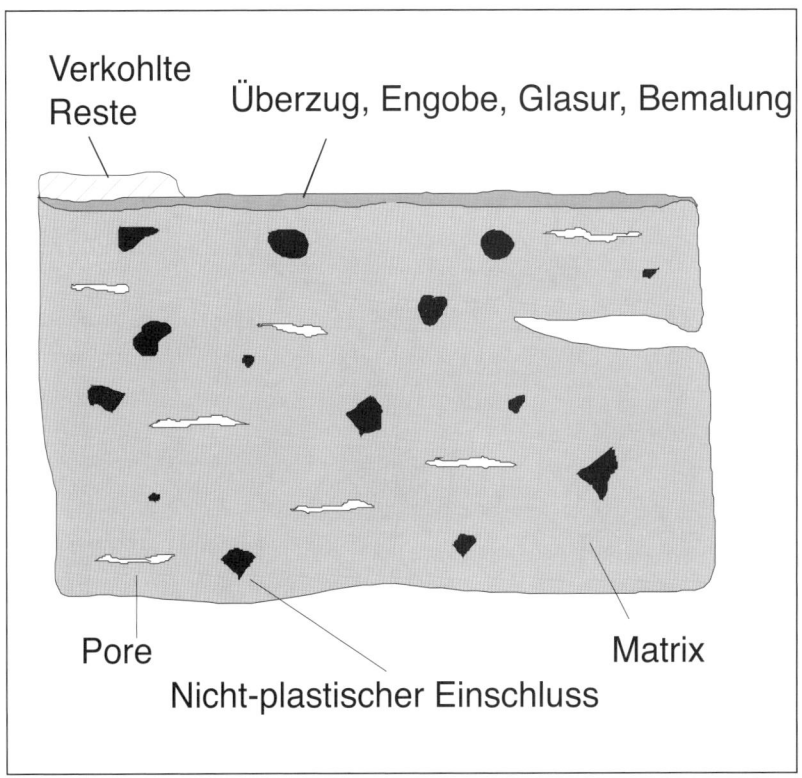

**Abb. 2.2.** Die physikalischen Bestandteile eines tonkeramischen Bruchstückes (nach Maggetti 1982). Aber nicht alle sind immer an einem Objekt vorhanden!

gangen werden. Es lohnt sich, beide Methoden parallel einzusetzen, da im Voraus nicht zu sagen ist, welche Methodik zu einer fundierten Aussage führen wird, auch wenn Schwerpunkte, im Falle der Grobkeramik eher Mikroskopie und bei Feinkeramik vor allem chemische Analysen, gesetzt werden können.

*Petrographische Analyse*

Zur Durchführung einer petrographischen Analyse braucht es vier Dinge: (1) einen Dünnschliff, (2) ein Polarisationsmikroskop, (3) Kenntnisse der Geologie der potentiellen Herstellungsareale und (4) eine(n) erfahrenen Petrographen/in. Ein Dünnschliff ist ein kleines Scherbenfragment von ca. 2–3 mm Dicke und ca. 2 cm² Fläche, das normalerweise senkrecht zur Oberfläche geschnitten, auf ein Glasplättchen geklebt und bis auf eine Dicke von 0.03 mm heruntergeschliffen wird. Zur Identifikation gewisser Minerale kann der Dünnschliff mittels geeigneter Verfahren angefärbt werden. Brüchige Scherben sind vor dem Schneiden mit Kunstharz zu festigen. Polierte Dünnschliffoberflächen erlauben den Einsatz spezieller Methoden (z. B. Mikrosonde) zur genauen chemischen Analyse von Überzügen und Mineralien.

Die petrographische Analyse befasst sich mit den Poren, den Überzügen, der Matrix und den nicht-plastischen Bestandteilen einer Keramik. Für die Herkunftsanalyse werden die nicht plastischen Bestandteile genauer charakterisiert. Diese bestehen aus Gesteins- oder Mineralfragmenten und sind umso leichter zu identifizieren, je grösser die zu untersuchenden Körner sind. Aus diesem Grunde eignet sich diese Methode vorzüglich für

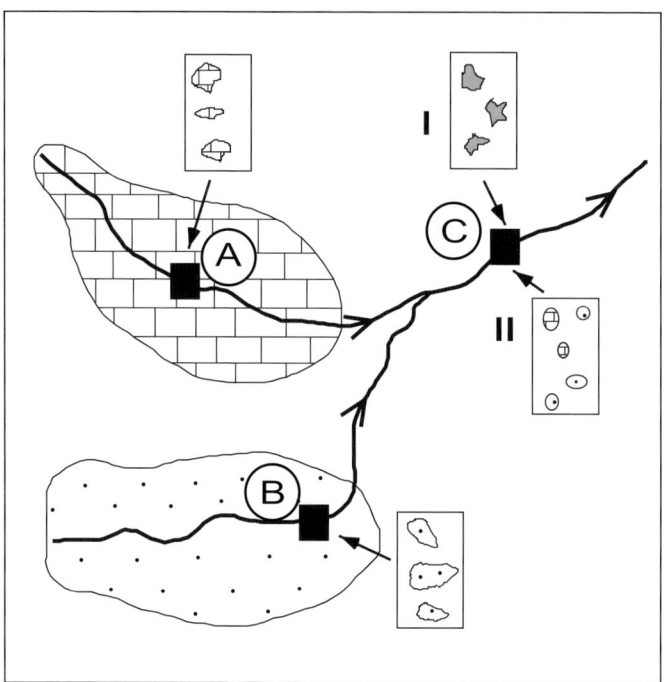

**Abb. 2.3.** Schema der petrographischen Herkunftsanalyse (nach MAGGETTI 1979).

die Analyse grobkeramischer Objekte. Sie basiert auf der Voraussetzung, dass ein lokales Gefäß aus lokalen Materialien hergestellt wurde. Die Verwendung weit hergeholter Magerungsmittel ist à priori ausgeschlossen, was durch ethnographische Untersuchungen bestätigt wurde. Bei einer derartigen Annahme müssen die nicht-plastischen Keramikbestandteile die lokalen geologisch-petrographischen Verhältnisse reflektieren, d. h. ein importiertes keramisches Objekt ist an seinen nicht-plastischen Einschlüssen zu erkennen, die nicht zur lokalen Geologie passen. Zu diesem Zwecke wird wie folgt vorgegangen: (1) Identifikation der nicht-plastischen Bestandteile, (2) Vergleich dieser Resultate mit der lokalen Geologie und Abklärung, ob es eine Übereinstimmung (mögliche lokale Produktion) oder keine Übereinstimmung (gesichert nicht lokale Produktion, d. h. Import) gibt.

Das Prinzip ist in ▶ **Abb. 2.3** erläutert. Gegeben seien drei archäologische Fundorte A, B, C. Die vier Rechtecke stellen schematisch Dünnschliffe von vier in A, B und C gefundenen keramischen Objekten dar. Durch die petrographische Analyse wurde nachgewiesen, dass die nicht-plastischen Bestandteile der Keramik des Fundortes A aus Kalkstein bestehen, diejenigen von B aus Sandstein, diejenigen von C aus Kalk- und Sandstein (Schliff II) bzw. aus Basalt, einem vulkanischen Gestein (Schliff I). Die geologisch-petrographische Analyse des Einzugsgebietes des Flusses, der A durchströmt, zeige den einfachen Fall, dass das gesamte Gebiet aus Kalkstein besteht und dasjenige von B nur aus Sandstein. In A und B lokale hergestellte keramische Objekte sollten demnach die geologischen Verhältnisse dieser Gebiete reflektieren, d. h. diejenigen des Fundortes A sollten Kalk-, und diejenigen von B Sandsteinfragmente enthalten, sei es als natürliche, sei es als künstlich zugefügte nicht-plastische Bestandteile. Wie unser Beispiel zeigt, passen die zwei aus A und B stammenden Objekte demnach laut ihrer petrographischen Zusammensetzung gut zur lokalen Geologie. Dies bedeutet aber nicht, dass sie unbe-

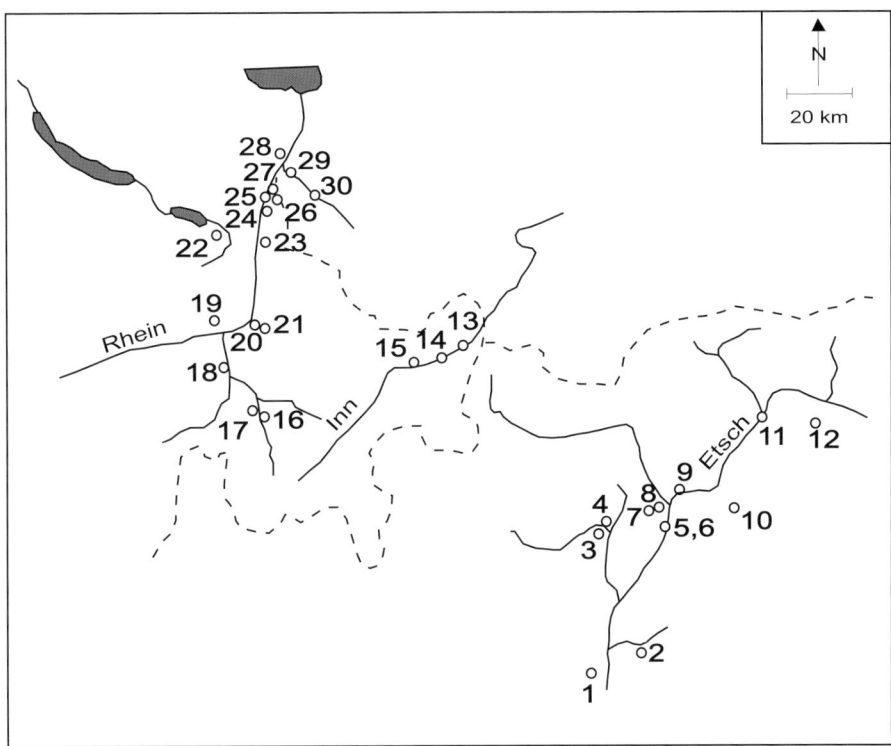

**Abb. 2.4.** Lage der untersuchten Laugen-Melaun-Stationen (MAGGETTI et al. 1983). 1 = Sopramonte-La Groa, 2 = Pergine-Montesei, 3 = Cles-Mechel, 4 = Monte Ozol-Ciaslir, 5 = Vadena (Pfatten)-Laimburg, 6 = Vadena (Pfatten)-Stadlhof, 7 = Eppan (Appiano)-Gärtnerei Gamberoni, 8 = Bozen-Sigmundskron-Unterburg, 9 = Klobenstein-Piperbühel, 10 = Schlern-Birgstall, 11 = Brixen (Bressanone)-Stufels, 12 = St.Lorenzen-Sonnenburg, 13 = Ramosch-Mottata, 14 = Schuls-Kirchhügel, 15 = Ardez-Suotchasté, 16 = Savognin-Rudnal, 17 = Salouf-Motta Vallac, 18 = Cazis-Cresta, 19 = Tamins-Unterm Dorf, 20 = Chur-Areal Ackermann, 21 = Maladers-Tummihügel, 22 = Flums-Gräpplang, 23 = Balzers-Gutenberg, 24 = Schaan-Krüppel, 25 = Gamprin-Bendern-Kirchhügel, 26 = Eschen-Malanser, 27 = Gamprin-Lutzengüetle, 28 = Oberriet-Montlingerberg, 29 = Altenstadt-Grütze, 30 = Bludenz-Kleiner Exerzierplatz.

dingt in A oder B hergestellt worden sind, denn Kalk- und Sandstein sind weitverbreitete Gesteine und beide Gefäße könnten durchaus Importe aus anderen Regionen sein, in denen diese zwei Gesteinstypen anstehen. Hier helfen nur detailliertere Untersuchungen weiter, die evtl. im Nachweis lokal-spezifischer Kriterien resultieren (z. B. Mikrofossilien, charakteristische chemische Elemente für die Gesteine der Regionen A und B), die den hier vorkommenden Kalk- und Sandstein eindeutig von anderen Typen unterscheiden. Basierend auf derselben Argumentation kann für das Objekt II aus C durchaus eine mögliche lokale Provenienz postuliert werden. Das Objekt I hingegen ist auf Grund der basaltischen Einschlüsse eindeutig fremd und kann unmöglich im Einzugsgebiet des vorliegenden fluvialen Systems hergestellt worden sein, da nirgendwo basaltische Gesteine anstehen. Für eine genauere Provenienz dieses importierten Stückes müssen daher geologische Areale in Betracht gezogen werden, wo derartige Basalte anstehen.

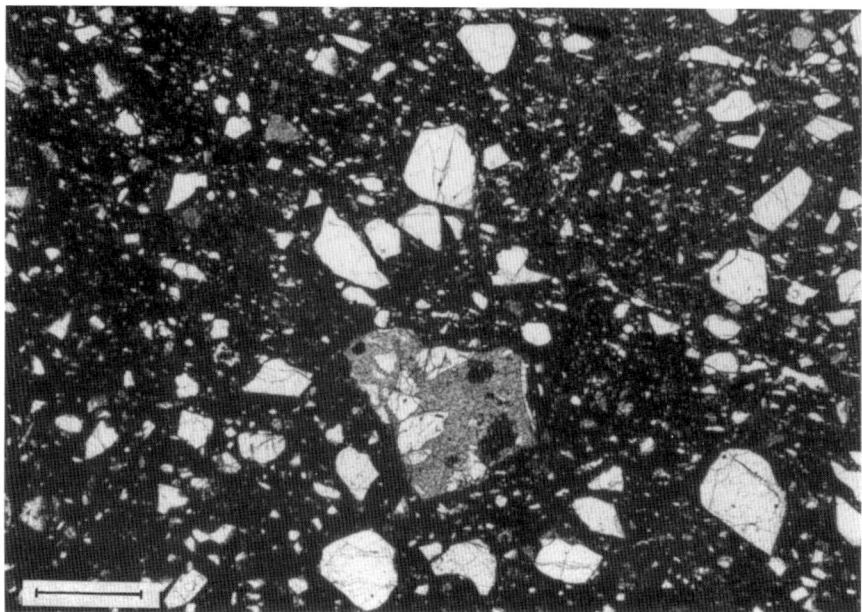

**Abb. 2.5** Schliffbild eines mit Quarzporphyrbruchstücken gemagerten Scherbens (Me 124, Sigmundskron, 1 P). Strichbreite 1 mm. In der Mitte ein eckiges Fragment eines Quarzporphyrs (kantige Quarze in feinkörniger Grundmasse), darum herum große, farblose, eckige Quarze in dunkler Matrix (Marro et al. 1979).

Als Beispiel der erfolgreichen Anwendung petrographischer Dünnschliffanalysen zur Herkunftsbestimmung mögen die Untersuchungen der so genannten Laugener Keramik des 11.–6. Jh. v. Chr. dienen (Marro et al. 1979, Stauffer et al. 1979, Maggetti et al. 1983). Dieser Keramiktyp (Laugen / Melaun / Luco) ist im wesentlichen im italienischen Südtirol und Trentino, im österreichischen Osttirol, im schweizerischen Graubünden und im schweizerisch-liechtensteinisch-österreichischen Alpenrheintal verbreitet (▶ Abb. 2.4). Die analysierte Keramik des Südtirol / Trentino enthält für die zentralen Fundorte (Nr. 5–9 der ▶ Abb. 2.4) charakteristische vulkanische Elemente (Quarzporphyr und vulkanische Einzelminerale, ▶ Abb. 2.5), neben anderen Bestandteilen wie Kalksteinen und Gneisen. Dies passt gut zur lokalen Geologie, die von Karbonaten und mächtigen Quarzporphyren dominiert wird (▶ Abb. 2.6). Nun finden sich in den drei Unterengadiner Stationen (Nr. 13–15 der ▶ Abb. 2.4) Stücke, deren petrographische Beschaffenheit (Marmore, Gneise, Schiefer, Kalksteine, Dolomite, Serpentinite) durchaus mit den lokalen geologischen Verhältnissen zu vereinbaren ist, aber auch solche, die sich durch eine Quarzporphyrmagerung auszeichnen (▶ Abb. 2.7), die derjenigen der Südtiroler/Trentino Stücken gleicht. Da im Unterengadin nicht-metamorphe Quarzporphyre fehlen, kann es sich bei diesen Stücken nur um Importe handeln! In den anderen Fundorten entlang des Rheins fehlen derartig gemagerte Stücke und es ist deshalb anzunehmen, dass die Importe aus dem Südtirol / Trentino nur das Inntal erreichten.

### Chemische Analyse

Mit der chemischen Analyse können ausgewählte sog. chem. Hauptelemente (> 2 Gew. %), Nebenelemente (2–0,01 Gew. %) und Spurenelemente

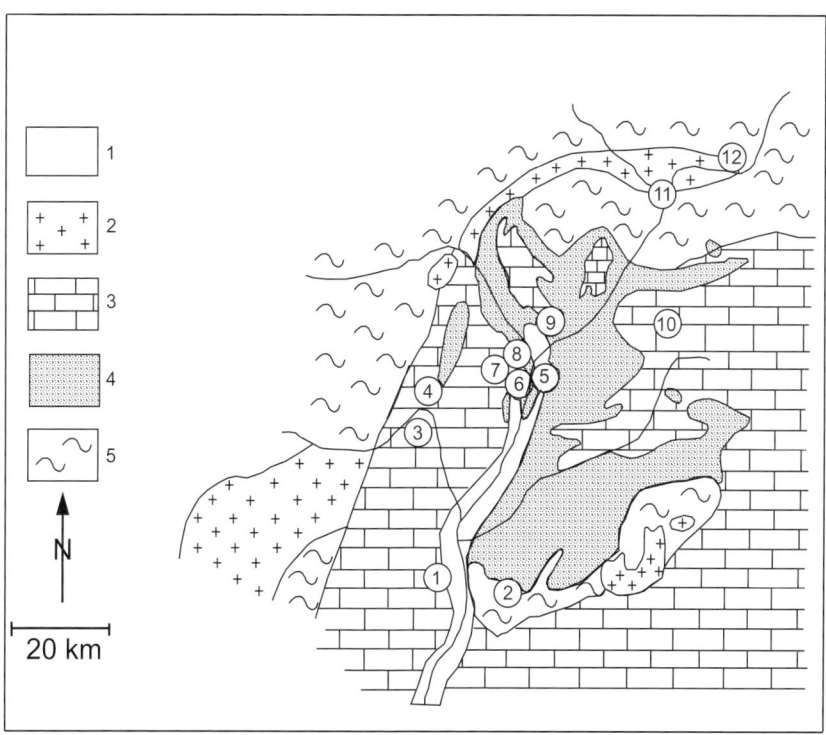

**Abb. 2.6** Geologie des Raumes Bolzano-Trento (Maggetti et al. 1983). Die eingekreisten Nummern beziehen sich auf die Stationen der ▶ Abb. 2.4. 1 = Quartär, 2 = Granit, 3 = Dolomit, Kalk, 4 = Vulkanit, 5 = Metamorphit.

**Tab. 2.1.** Übersicht der gebräuchlichsten quantitativen Analysenverfahren für die chemische Charakterisierung keramischer Objekte. Weitere Ausführungen s. Mommsen (1985).

|  | XRF | INA | AAS | ICP | PIXE |
|---|---|---|---|---|---|
| Menge an Pulver | 100 mg–2 g | 200 mg–1 g | 10 mg–1 g | 5 mg–1 g | ca. 1 mg |
| Maximale messbare chem. Elemente | ca. 80 | ca. 80 | ca. 50 | ca. 40 | |
| Bemerkungen | Das Pulver wird zu einer Tablette gepresst oder mit Zusätzen in einer Glaspille gelöst. | Das Pulver wird in einem Nuklearreaktor bombardiert und wird radioaktiv. Entsorgungsprobleme! | Das Pulver wird in einer Flüssigkeit gelöst. | Das Pulver wird in einer Flüssigkeit gelöst. | |
| Lokalisierung der Geräte | Geräte in geowissenschaftlichen Instituten. | Gerät (Reaktor) an speziellen Forschungsanstalten. | Geräte in chemischen Instituten. | Geräte in chemischen und geowissenschaftlichen Instituten. | Geräte in Physikinstituten. |

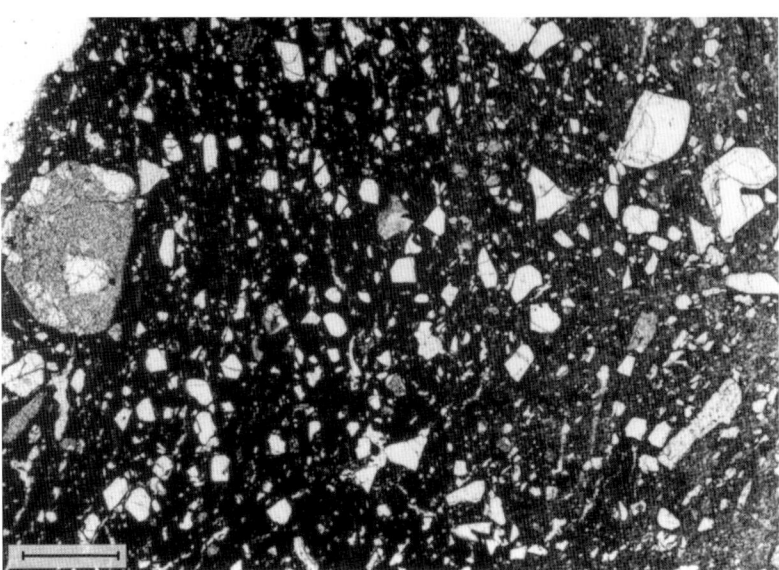

**Abb. 2.7.** Schliffbild eines aus Südtirol/Trentino importierten Scherbens des Engadins (Me 46, Mottata bei Ramosch, 1 P). Strichbreite 1 mm. Die Ähnlichkeit mit Bild 2.5 ist auffällig. An der linken Bildkante ein Quarzporphyrbruchstück, am rechten Bildrand ein typischer vulkanischer Quarz mit pseudohexagonalem Querschnitt und charakteristischen Korrosionsbuchten. Die restliche Magerung besteht aus vulkanischen Quarzen neben wenig leistigen Sanidinen und Biotiten (Marro et al. 1979).

(< 0,01 Gew. %) bestimmt werden. Die gemessenen Konzentrationen werden in tabellarischer Form als Element oder als Oxid dargestellt. Da man in den meisten Fällen nicht weiß, welche Elemente diskriminierend sein werden, ist eine möglichst große Zahl von Elementen zu messen, was mit den heute vorhandenen automatischen Großgeräten ohne großen zusätzlichen Aufwand möglich ist. Die zur Zeit gängigsten chemischen Analysenverfahren sind in der ▶ **Tab. 2.1** zusammengefasst. Alle benötigen in der Regel ein pulverförmiges Analysenmaterial.

Wenn mit chemischen Analysen herauszufinden ist, wo ein bestimmtes Objekt hergestellt wurde, so genügt es nicht, eine Einzelanalyse durchzuführen. Geht es beispielsweise um die Frage einer möglichen Herkunft aus Rom oder Florenz, so muss die Einzelanalyse mit entsprechendem analysierten Material dieser beiden Produktionsstätten verglichen werden, d. h. es braucht die so genannte Referenzgruppe. Eine solche umfasst eine Serie von Einzelanalysen (mindestens 20–30) keramischer Objekte gesicherter lokaler Provenienz. Kriterien für eine lokale Herkunft können archäologische Argumente oder andere Evidenzen wie die Übereinstimmung mit Fehlbränden, Ofenmaterial und lokalen Rohstoffen sein. Eine chemische Referenzgruppe sollte homogen sein, d. h. in ihrer chemischen Zusammensetzung nur in engen Grenzen schwanken, sich aber deutlich von anderen Referenzgruppen abheben. Sind die Referenzgruppen bekannt und passt eine Einzelanalyse zu einer dieser Gruppen, so kann gefolgert werden, dass das entsprechende Objekt am Herstellungsort der zutreffenden Referenzgruppe getöpfert wurde. Dies gilt aber nur solange, bis eine noch besser passende Referenzgruppe definiert wird! Aus dem Gesagten wird auch klar, dass die chemische Herkunftszuweisung nicht immer eindeutig ist bzw. nur provisorischen Charakter hat, denn in der Regel sind nicht alle zur fraglichen Zeit produzierenden Orte chemisch untersucht! Eine weitere Schlussfolgerung ist, dass Referenzgruppen nur in enger internatio-

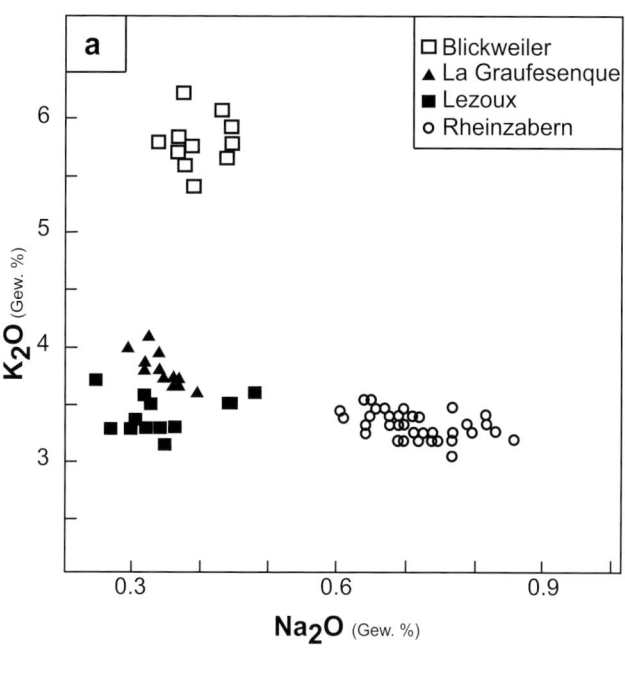

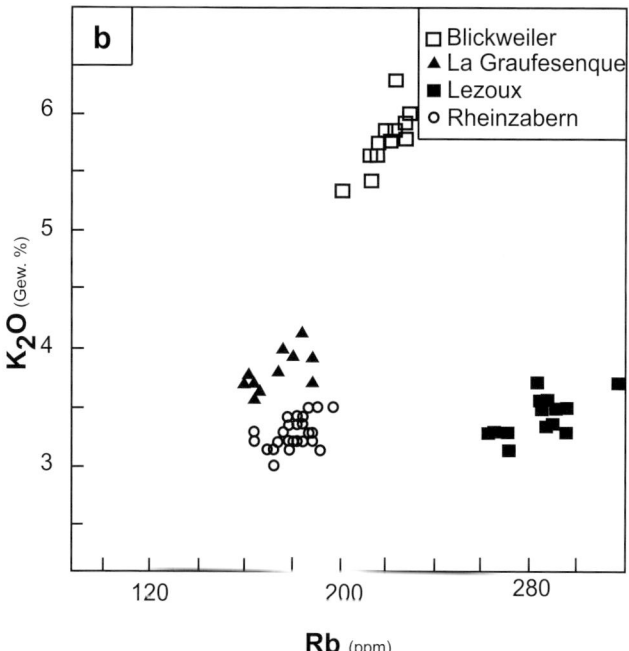

**Abb. 2.8.** a) $K_2O$-$Na_2O$ Korrelationsdiagramm; b) $K_2O$-Rb Korrelationsdiagramm für die Terra Sigillata aus 4 verschiedenen Ateliers (nach Schneider 1978).

## 2 Archäologische Funde anorganischer Zusammensetzung

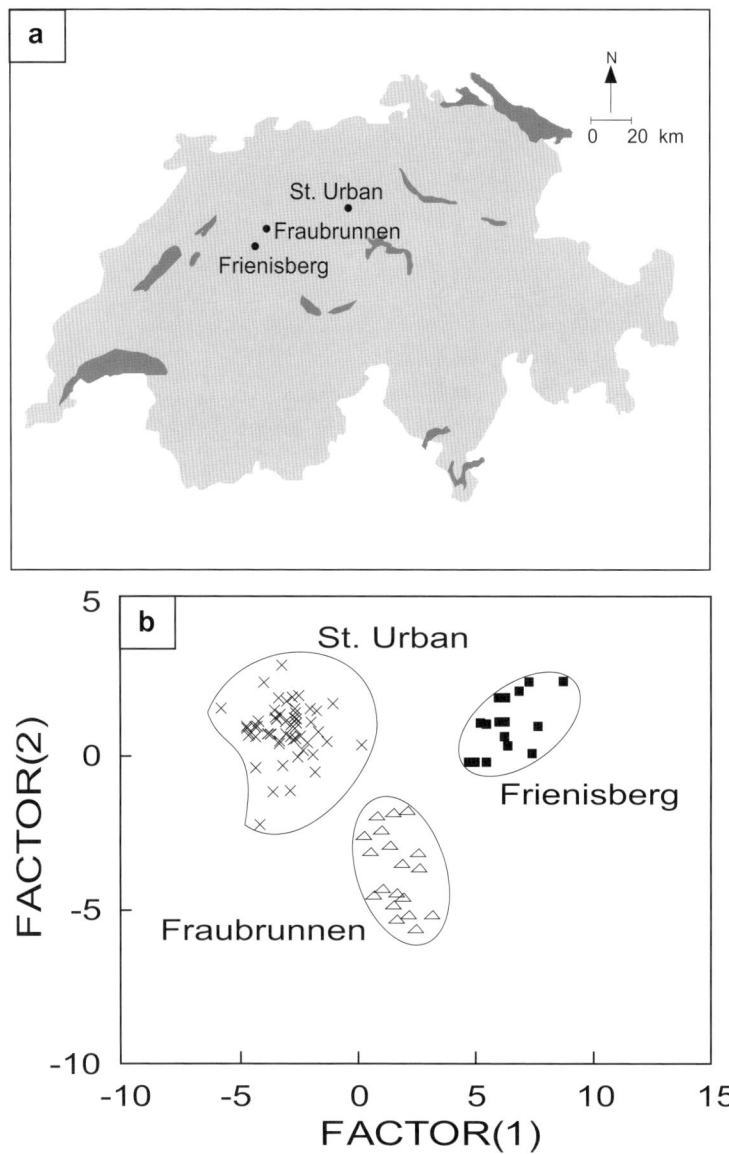

**Abb. 2.9.** a) Lage der drei backsteinproduzierenden Zisterzienser(innen)-Klöster des 13. Jh. in der Schweiz; b) chemische Differenzierung (Basis:19 chem. Elemente) der zisterziensischen Backsteine der drei Klöster (nach WOLF 1999).

naler Zusammenarbeit in nützlicher Zeit vorgelegt werden können. Der Probennahme ist besondere Sorgfalt zu widmen, denn die analysierte Probenmenge muss repräsentativ für das gesamte Gefäß sein und sollte keinesfalls nur der Matrix oder einem grossen Magerungskorn entsprechen.

Vor der Interpretation der chemischen Analysen ist zudem abzuklären, inwieweit die chemische Zusammensetzung des Objektes nach dem Brand verändert worden ist, sei es durch den Gebrauch, die Bodenlagerung oder die Behandlung nach erfolgter Bergung.

Zwei Beispiele illustrieren die geschilderten Vor- und Nachteile chemischer Herkunftsnachweise. Im ersten Falle geht es um die Frage, ob die Terra Sigillata (TS)-Produktionen der Töpferzentren Blickweiler, La Graufesenque, Lezoux und Rheinzabern chemisch differenziert werden können. SCHNEIDER (1978) wies nach, dass dies mit Hilfe einfacher Korrelationsdiagramme möglich ist. In ▶ Abb. 2.8a trennt sich die TS aus Rheinzabern durch ihren höheren Natriumgehalt ($Na_2O$) und diejenige aus Blickweiler durch ihren höheren Kaliumgehalt ($K_2O$) von den Produkten aus Südgallien (La Graufesenque, Lezoux) ab. Letztere sind mittels ihrer Rubidium (Rb)-Werte gut zu differenzieren (▶ Abb. 2.8b). Bei der Klärung des Herstellungsortes der grossformatigen Backsteine des zisterziensischen St. Urban-Typs des 13. Jh. war es unklar, ob diese nur an einem Ort (Kloster St. Urban) oder an mehreren produziert wurden (SCHNYDER 1958). Mit Hilfe der chemischen Analysen konnte WOLF (1999) die Schnyder'sche Hypothese dreier Produktionsstätten (Frienisberg, Fraubrunnen und St. Urban, ▶ Abb. 2.9a) eindeutig bestätigen. In ausgewählten Korrelationsdiagrammen und mittels Einsatz multivariater statistischer Verfahren (▶ Abb. 2.9b) sind die Produkte aus diesen drei Fundorten problemlos zu trennen. Das dritte Beispiel (SCHMID et al. 1999) beleuchtet die Problematik des römischen Keramikhandels (80–150 AD) zwischen einem grossen Produktionszentrum (Augusta Rauricorum = Augst) und den umliegenden Villen. Es fiel den Ausgräbern auf, dass die ca. 100 gallorömischen Villen, die sich in einem Radius von 20 km um Augst befinden, mit einer einzigen Ausnahme keine Töpferbetriebe hatten. Handelt es sich hier um eine Grabungslücke oder deutet die frappante makroskopische Übereinstimmung der Augster Produkte mit denjenigen, die in den Villen ausgegraben wurden, auf deren Herkunft aus Augst? Das Korrelationsdiagramm Zr-MgO (▶ Abb. 2.10a) zeigt die chemische Übereinstimmung (für diese zwei Parameter) der Augster Produkte mit denjenigen der Villen, was durch die multivariate statistische Analyse bestätigt wird (▶ Abb. 2.10b). Somit ist bewiesen, dass Augster Keramik in einem Umkreis von mindestens 20 km verhandelt wurde (▶ Abb. 2.10c). Von den vielen Publikationen zur chemischen Herkunftsbestimmung seien exemplarisch THIERRIN (1994) für grobkeramisches (Amphoren) und MOMMSEN et al. (1995) für feinkeramisches Material genannt.

## Herstellungstechnik

Die Herstellung eines tonkeramischen Objektes folgt bekanntlich folgenden Schritten: (1) Auswahl der Rohstoffe, (2) Aufbereitung der Rohstoffe, (3) Formgebung und (4) Brand. Die plastischen Rohmaterialien (Tone, Lehme) enthalten sowohl die Tonmineralien (Partikel kleiner als 0.002 mm), deren Eigenschaften die Plastizität verursachen, als auch gröbere, nicht-plastische Minerale wie Quarz, Feldspat, Calcit und Dolomit bzw. Gesteinsfragmente. Beide sind für einen bestimmten Rohstoff charakteristisch. Durch die Aufbereitung wird dieser für die weitere Verwendung vorbereitet. Dabei geht es um die Homogenisierung der keramischen Masse, das Austreiben von Luftblasen, das Entfernen von gröberen Partikeln, die Zugabe von Magerung, das Mischen zweier Tone und das Mauken. Das so vorbereitete Material kann nun mit unterschiedlichen Techniken zu einem Objekt geformt werden. Vor dem Brand erfolgt eine schonende Trocknung. Beim Brand verlieren die Tonminerale ihr chemisch gebundenes Wasser ab ca. 500 °C und reagieren bei höheren Temperaturen mit anderen Phasen zu neuen Kristallen. Im Folgenden wird an einigen Beispielen gezeigt, wie naturwissenschaftliche Methoden zur Klärung herstellungstechnischer Fragen eingesetzt werden können.

### Wahl der Rohstoffe

Die petrographische bzw. chemische Natur der Rohtone und Lehme kann mit der Dünnschliffanalyse (vor allem bei niedrig, d. h. zwischen 600–700 °C gebrannter Grob- und Feinkeramik) und der chemischen Analyse eruiert werden, wobei die plastischen Rohmaterialien zu einer der folgenden drei Gruppen gehören:

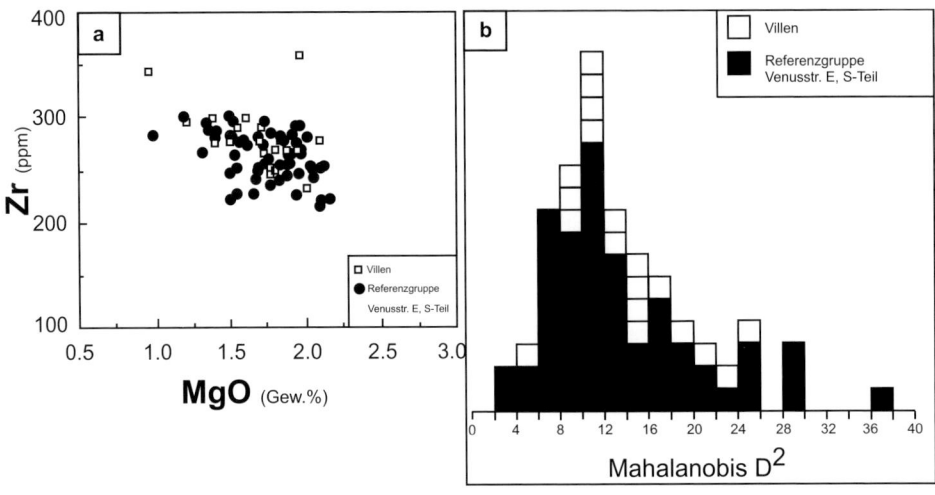
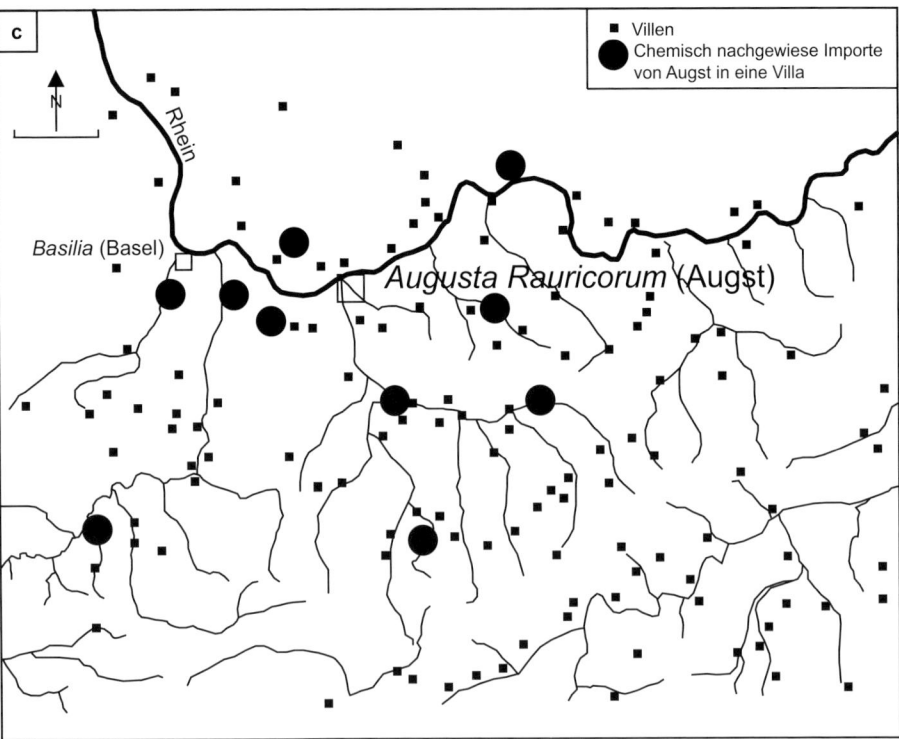

**Abb. 2.10.** a) Zr-MgO Korrelationsdiagramm der Töpferprodukte aus dem Atelier Venusstr. E, S-Teil (n = 61) und 18 gleichartiger Gefäße aus galloömischen Villen der Umgebung; b) Mahalanobis-Distanzen für die gleichen Gruppen wie in a (Multivariate Diskriminanzanalyse); c) Lage der galloömischen Villen um das Keramikproduktionszentrum Augusta Rauricorum mit Angabe, in welcher Villa Augster Keramik chemisch gefasst wurde (nach Schmid et al. 1999).

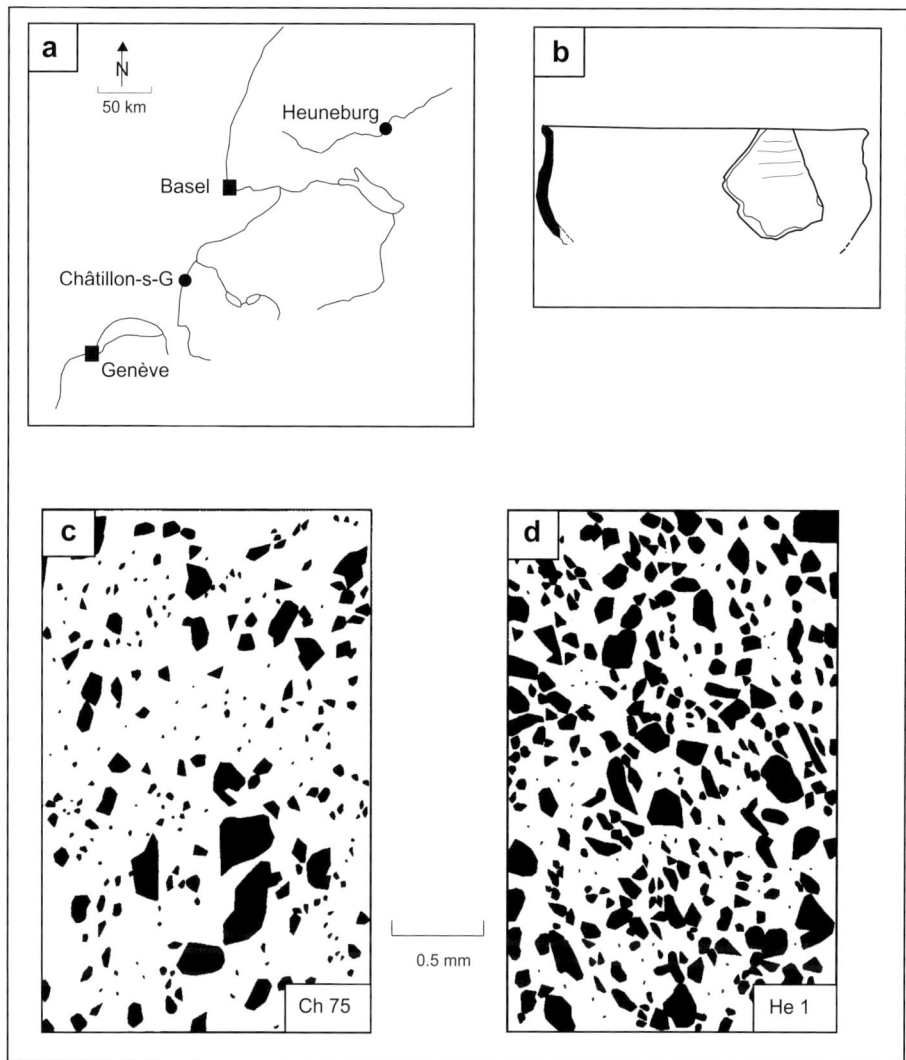

**Abb. 2.11.** a) Schematische Lage der Heuneburg und von Châtillon-s-Glâne; b) Beispiel einer geriefter Keramik aus Châtillon-s-Glâne 1,2; c+d) Vergleich der Verteilung und der Korngrösse geriefter Feinkeramik aus Châtillon-s-Glâne (Ch 75) und der Heuneburg (He 1) (nach Maggetti & Schwab 1982).

a) Silikatische Tone. In der Matrix sind unter dem Mikroskop keine Karbonatkristalle zu erkennen. CaO < 2 Gew. %.

b) Karbonatische Tone (Mergel). Die Matrix enthält optisch mehr Karbonate (Calcit, Dolomit) als Tonmineralien. CaO > 10 Gew. %.

c) Silikatisch-karbonatische Tone. In der Matrix hat es zwar Karbonatkristalle, aber die silikatischen Tonminerale überwiegen. CaO 2–10 Gew. %.

Die Dünnschliffanalyse liefert zudem genaue Aussagen über die Natur der nicht-plastischen Be-

## 2 Archäologische Funde anorganischer Zusammensetzung

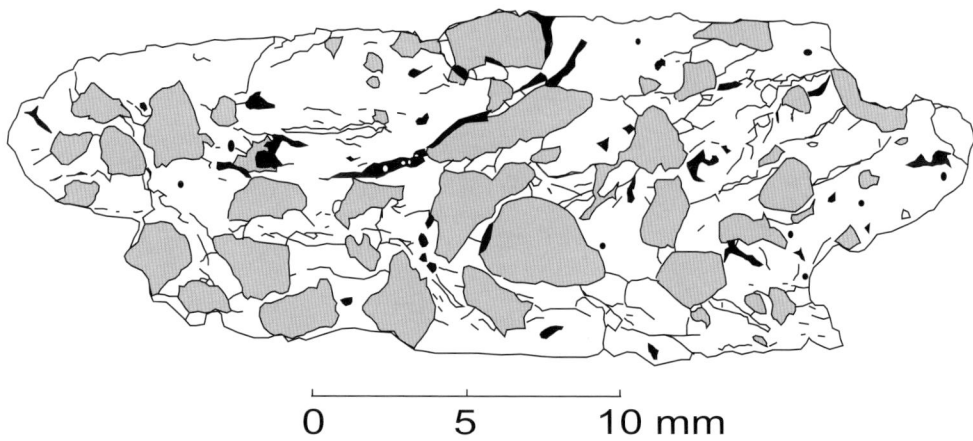

**Abb. 2.12.** Grobe granitische Magerung (grau) in einer neolithischen Keramik vom Burgäschisee (Nungässer & Maggetti 1978). Schwarz = Poren, Risse. Die bimodale Verteilung, d. h. grobe nicht-plastische Fragmente neben wenigen feinen spricht für eine bewusste Zugabe dieser granitischen Magerung.

standteile und deren prozentuale Anteile gegenüber der Tonmatrix (magerer oder fetter Ton).

*Aufbereitung*

Die mikroskopische Analyse ist sehr nützlich, um (1) die Qualität der Homogenisierung, (2) die absichtlich zugefügte Magerung von natürlich im Ton vorhandenen nicht-plastischen Bestandteilen zu erkennen, (3) die Menge zugegebener Magerung zu erfassen und (4) herauszufinden, ob die Zugabe eines spezifischen, charakteristischen Magerungstyps technische oder kulturelle Hintergründe hat. Absichtlich zugemischte Magerung kann anhand folgender Kriterien erkannt werden (Maggetti 1994): (1) Bimodale Verteilung der nicht-plastischen Bestandteile (▶ **Abb. 2.11, 12**), (2) Eckige Umrisse dieser Bestandteile (▶ **Abb. 2.11c**), (3) Organische Natur (z. B. Stroh, Wolle, Haare, Pflanzenreste) und (4) Schamotte (Maggetti 1979). ▶ **Abb. 2.11** illustriert den unterschiedlichen Gehalt an nicht-plastischen Bestandteilen in keramischen Objekten. Die analysierten Stücke gehören zu den sog. gerieften eisenzeitlichen (Ha D2-D3) Schüsseln und es stellte sich die Frage nach dem Keramikaustausch zwischen den ca. 200 km auseinanderliegenden Fundorten von Châtillon-s-Glâne (Schweiz) und der Heuneburg (Deutschland). Die mikroskopische Analyse zeigt den deutlichen Unterschied zwischen diesem Keramiktyp beider Produktionsorte, denn die Feinkeramik von Châtillon-s-Glâne hat markant weniger nicht-plastische Bestandteile (5–25 Vol. %) als die entsprechende Keramik der Heuneburg (15–45 Vol. %).

Ein schönes Beispiel technisch bedingter gleichartiger Magerung bilden die organischen Zusätze in keramischen Gusstiegeln, d. h. in Objekten, die eine hohe Temperaturwechselbeständigkeit aufweisen müssen. Wie beispielsweise Maggetti et al. (1990) anhand neolithischer Schmelztiegel nachweisen konnten, wurde diesem Keramiktyp bewusst Stroh, d. h. Dreschabfall, zugemischt. Im Hochtemperaturprozess brannten die organischen Bestandteile aus und schufen dadurch zusätzliche, faserförmige Poren (▶ **Abb. 2.13**). Im «Einsatz» entstanden dann zwar die üblichen Risse, die aber an den bewusst erzeugten, querliegenden faserförmigen Poren abgefangen wurden und sich nicht durchs ganze Gefäß ausbreiten konnten, was den Bruch bedeutet hätte.

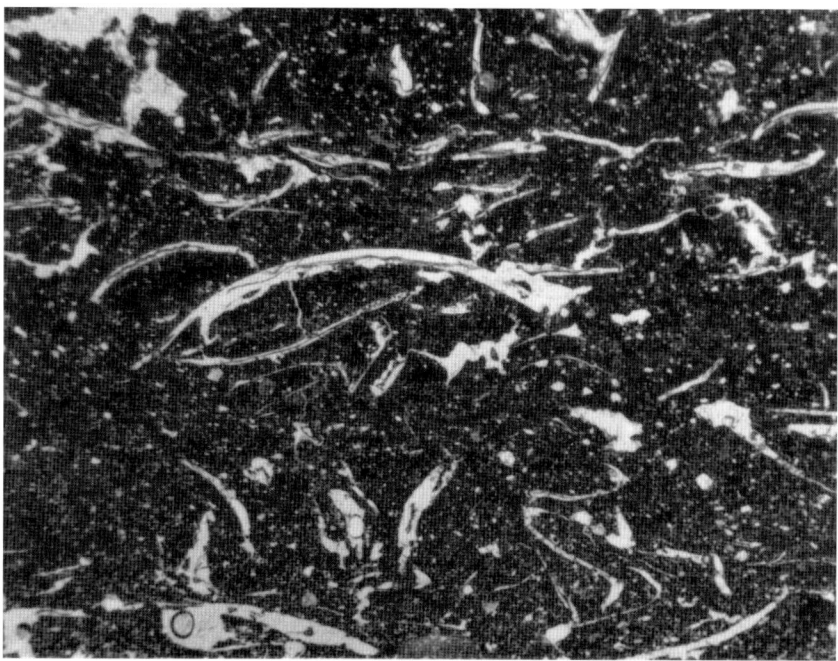

**Abb. 2.13.** Schliffbild des neolithischen Gusstiegels LM8 aus Wetzikon. Die länglichen Poren, entstanden durch das Ausbrennen künstlich beigemischter organischer Magerung (Stroh), sind gut zu erkennen. Schmale Bildseite 7 mm. (MAGGETTI et al. 1990).

## Formgebung

Diese Etappe umfasst sowohl die Herstellung des eigentlichen keramischen Objektes als auch dessen Dekorierung mittels Engoben, Glasuren, Bemalung und Verzierungen. Als Beispiel der Engobentechnik diene die Terra Sigillata (TS), eine römische Keramikgattung, die sich durch einen CaO-reichen, porösen Scherben und einen CaO-armen, gesinterten, roten, ca. 0.02–0.03 mm dicken, tongrundigen Überzug auszeichnet. Es wurde lange debattiert, ob diese Engobe einer feinen Abschlämmung desselben Tones entspricht, der auch zur Gefäßherstellung verwendet worden ist oder ob es sich um einen anderen lokalen oder nicht-lokalen Rohstoff handelt. Mit dieser Frage hat sich PICON (1977) auseinandergesetzt. Er konnte aufzeigen, dass der keramische Körper der TS von La Graufesenque mit den lokalen jurassischen (liasischen) Rohtonen gut übereinstimmt (▶ **Abb. 2.14a, b**). Auch die feinkörnigen Abschlämmungen d. h. potentiellen Engoben A, B und C dieser Tone (wovon A dem feinstkörnigen Anteil entspricht, gewonnen nach 8-tägigen Absetzen), unterscheiden sich markant von den TS-Engoben, passen aber gut zu den liasischen Rohstoffen. Hingegen stimmen die TS-Engoben chemisch mit den triasischen Tonen überein (▶ **Abb. 2.14c**), wonach gefolgert werden kann, dass die römischen Töpfer zwei verschiedene Tone verwendeten, einen lokalen für die mengen- und transportmäßig ins Gewicht fallende Gefäßfabrikation und einen importierten für das mengenmäßig unbedeutende Engobenmaterial.

## Brand

Eine Übersicht der zur Bestimmung antiker Brenntemperaturen verwendeten Methoden gibt HEIMANN (1979). Eine weitverbreitete Methode ist die röntgenographische Phasenanalyse. Mit-

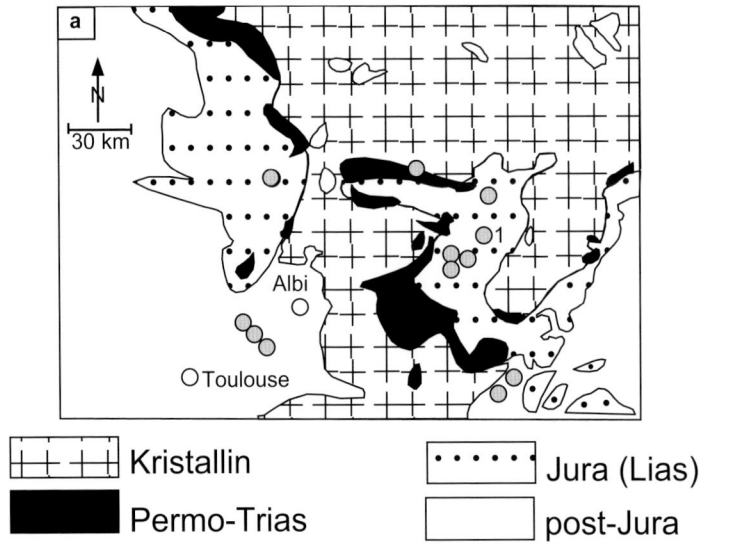
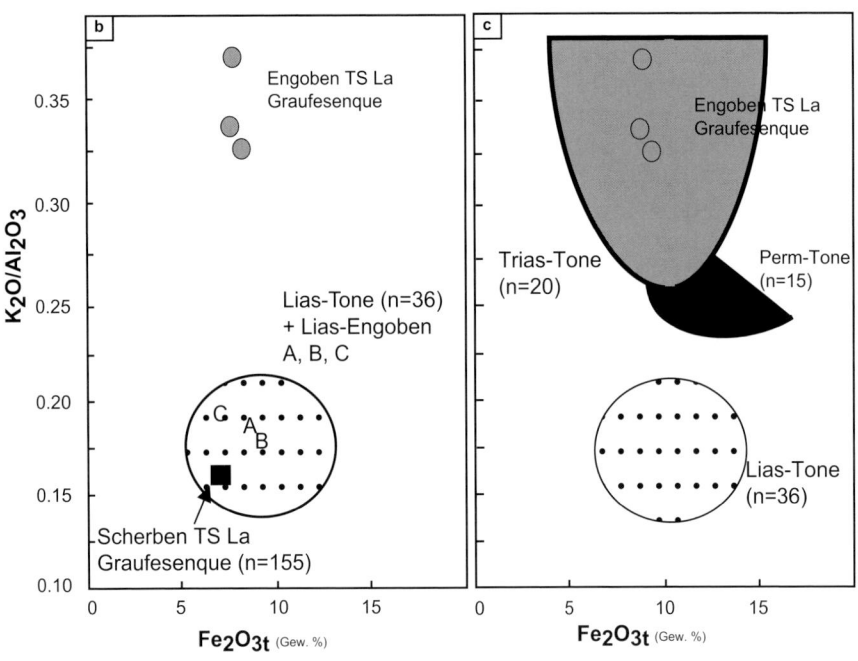

**Abb. 2.14.** a) Vereinfachte geologische Karte Südgalliens mit den wichtigsten TS-Produktionszentren; b) $K_2O/Al_2O_3$ - $Fe_2O_{3t}$ Korrelationsdiagramm, modifiziert nach Picon (1997). Das Quadrat stellt die Schwankungsbreite der La Graufesenque'schen Scherben dar, ermittelt aus 155 Einzelanalysen; c) $K_2O/Al_2O_3$ - $Fe_2O_{3t}$ Korrelationsdiagramm, modifiziert nach Picon (1977). $Fe_2O_{3t}$ = Total Eisen als $Fe_2O_3$.

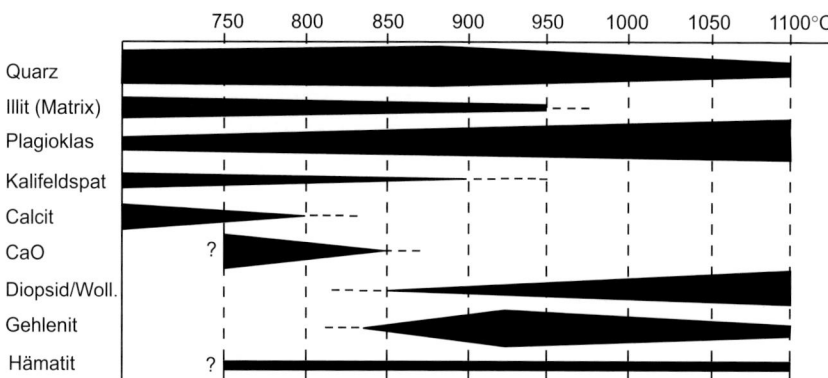

**Abb. 2.15.** Änderung des Phasenbestandes in Funktion der Temperatur. Kalkreicher Ton aus der Terra Sigillata-Werkstätte La Péniche (Schweiz), oxidierender Brand im Muffelofen (MAGGETTI & KÜPFER 1978).

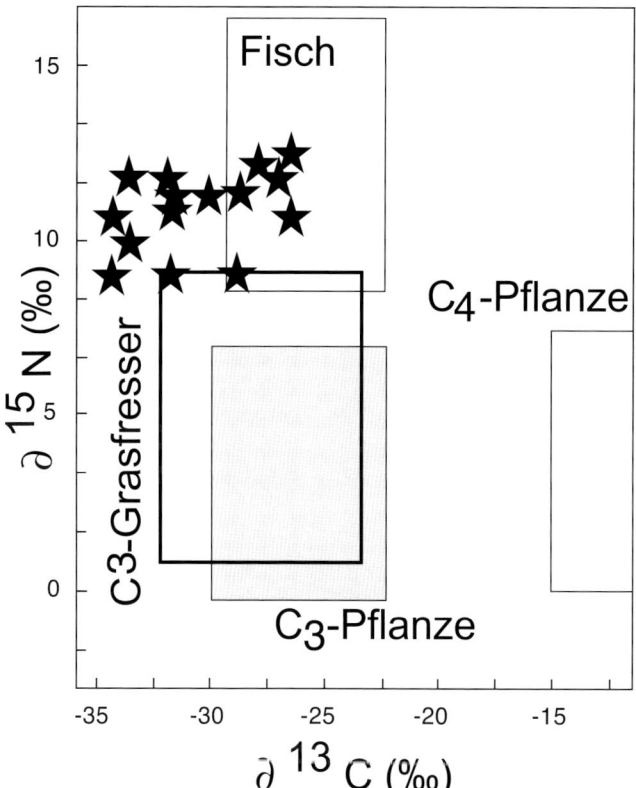

**Abb. 2.16.** Stickstoff (N)- und Kohlenstoff (C)-Isotopenanalyse (Sterne) verkohlter Speisereste in indianischer Keramik des 10.–16. Jh. aus Manitoba, Kanada (nach SHERIFF et al. 1995). $C_3$ Pflanzen (z. B. Wildreis) wachsen in kälteren Regionen, $C_4$ Pflanzen (z. B. Mais) im trockenen, heißen Klima.

sich die im ursprünglichen Rohstoff vorhandenen Mineralien bzw. Phasen mit zunehmender Temperatur um, verschwinden und reagieren mit anderen Bestandteilen zu neuen Phasen, sog. Brennphasen. Eine Terra Sigillataprobe aus La Péniche mit der Phasenassoziation Quarz + Plagioklas + Diopsid/Wollastonit + Gehlenit + Hämatit muss über 950 °C, eine mit Quarz + Illit + Plagioklas + Diopsid/Wollastonit + Gehlenit + Hämatit im Temperaturintervall 850–950 °C und eine mit Quarz + Illit + Plagioklas + Kalifeldspat + Calcit + Hämatit unter 850 °C gebrannt worden sein.

## Gebrauch

Ein keramisches Gefäß kann drei Zwecken dienen: (1) Aufbewahren und Transport trockener Substanzen, (2) Aufbewahren und Transport von Flüssigkeiten und (3) Kochen flüssiger und trockener Substanzen über einem Feuer. Kulinarische Tätigkeiten sind so beispielsweise in Form organischer Reste dokumentiert, entweder als sichtbare Krusten oder als unsichtbare Adsorbate im porösen Gefäßinnern. Die Untersuchung dieser, meist schwarzen Krusten kann Hinweise auf die «Esskultur» unserer Vorfahren geben. Neben der botanischen Krustenanalyse (Literaturzusammenstellung siehe ROTTLÄNDER & SCHLICHTHERLE 1980) kommen heute chemische Methoden zum Zuge, wie z. B. die Gaschromatographie, oft gekoppelt mit der Massenspektroskopie. Mit letzterer Technik untersuchten SHERIFF et al. (1995) derartige Krustenreste indianischer Keramik des 10.–16. Jh. aus Manitoba (Kanada). Dabei ging es auch um die Frage, ob diese Völker Mais aßen, d. h. eine $C_4$-Pflanze, die in trockenen, heissen Zonen gedeiht und die nachweislich seit dem 7. Jh. nach Kanada importiert wurde, oder ob sie sich nur von den in kälteren Regionen heimischen $C_3$-Pflanzen bzw. von den diese Pflanzen verzehrenden Grasfresser und/oder von Fisch ernährten. Die Stickstoff- und Kohlenstoffisotopen sind je nach Spezies, d. h. $C_4$-Pflanze (z. B. Mais), $C_3$-Pflanze (z. B. Wildreis), $C_3$-Grasfresser (z. B. Büffel) oder Süsswasserfisch, verschieden. Die Analysen zeigen nun eindeutig, dass diese Indianerstämme in den untersuchten Gefäßen weder $C_3$-Vegetabilien noch Mais, sondern vorwiegend Fisch kochten,

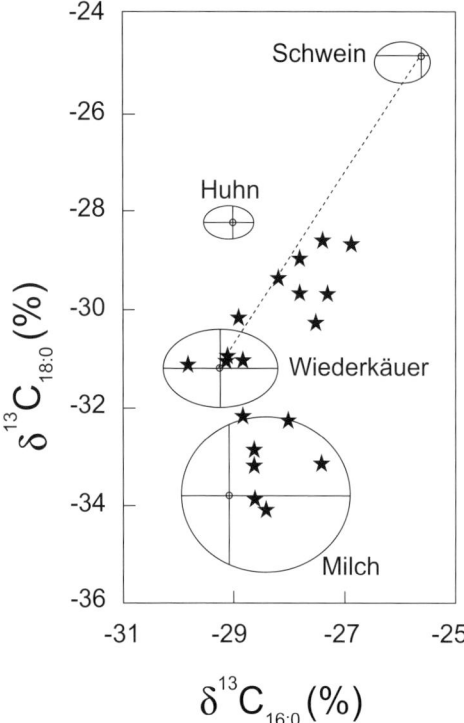

**Abb. 2.17.** Isotopenverhältnisse verschiedener tierischer Fette. Diejenigen der Nicht-Wiederkäuer (Schwein, Huhn) unterscheiden sich deutlich untereinander und von denjenigen der Wiederkäuer (Kuh, Schaf, Ziege). Sterne = Analysen eisenzeitlich-romanobritischer Gefäßinhalte aus Stanwick, Northhamptonshire, England. Die archäologischen Fette fallen in die Referenzfelder von Milchfett, Wiederkäuerfett (d. h. deren Adipose) oder liegen nahe der berechneten, strichliert gezeichneten Mischungslinie Schweine- und Wiederkäuerfett. Die Referenzfelder entsprechen den jeweiligen Maximal- und Minimalwerten mit einem Kreis für das arithmetische Mittel (nach DUDD & EVERSHED 1998).

tels dieser Untersuchung wird der im keramischen Objekt vorhandene Mineralbestand ermittelt und mit demjenigen von kontrolliert gebrannten Tonen analoger mineralogisch-chemischer Beschaffenheit verglichen. Wie ▶ **Abb. 2.15** zeigt, wandeln mit evtl. Zugabe von $C_3$-Fleisch (▶ **Abb. 2.16**). Letzteres wurde wohl größtenteils direkt auf dem Feuer gebraten und nicht gekocht.

Die in den Poren adsorbierten organischen Substanzen können in Form von Lipiden extrahiert werden (HERON & EVERSHED 1993). Detaillierte Untersuchungen von CHARTERS et al. (1993) haben gezeigt, dass die im ursprünglichen Ton vorhandenen organischen Bestandteile im Brand verkohlt werden und dass nach dem Brand keine Bodenlagerungskontamination erfolgt, da die Lipide nicht migrieren. So konnte ROTTLÄNDER (1992) als Brennstoff römischer Beleuchtungskörper folgende Substanzen identifizieren: Hasel-/Olivenöl, Mohnöl, Walnussöl, Talg, Bucheckeröl, Lein-/Leindotteröl und Talg- + Walnusspräparat. DUDD & EVERSHED (1998) gelang der Nachweis von Milch-, Wiederkäuer- und gemischt Wiederkäuer-/Nichtwiederkäuerfetten in eisenzeitlichen bis romano-britischen Gefäßen aus Stanwick, England, (▶ **Abb. 2.17**).

## Schlussbetrachtung

Mit vorliegendem Text soll ein kurzer Überblick über den Einsatz naturwissenschaftlicher Methoden bei der Untersuchung antiker keramischer Objekte gegeben werden. Mittels interdisziplinärer Zusammenarbeit kann der Herstellungsort, die Herstellungstechnik, das Herstellungsalter und die Funktion dieser Objekte erfasst werden. Dadurch sind die Grundlagen für ein besseres Verständnis der antiken Techniken, des Handels und des soziokulturellen Verhaltens unserer Verfahren gegeben.

## Literatur

Barclay, K., 2001
Charters, S., Evershed, R. P., Goad, L. J., Leyden, H. & Blinkhorn, P. W., 1993
Daszkiemicz, M. & Schneider, G., 2001
Dudd, S. & Evershed, R. P., 1998
Heimann, R. B., 1979
Heron, C. & Evershed, R. P., 1993
Hrouda, B. (Hsg), 1978
Maggetti, M., 1979, 1982, 1990, 1994, 2001
Maggetti, M. & Küpfer, T., 1978
Maggetti, M. & Schwab, H., 1982
Maggetti, M., Baumgartner, D. & Galetti, G., 1990
Maggetti, M., Marro, C. & Perini, R., 1979
Maggetti, M., Waeber, M. M., Stauffer, L. & Marro, C., 1983
Marro, C., Maggetti, M. Stauffer, L. & Primas, M., 1979
Mommsen, H., 1985
Mommsen, H., Beier, T., Hein, A., Hameier, D. & Podzuweit, C., 1995
Noll, W., 1991
Nungässer, W. & Maggetti, M., 1978
Picon, M., 1997
Riederer, J., 1981
Rottländer, R. C. A., 1992
Rottländer, R. C. A. & Schlichtherle, H., 1980
Schmid, D., Thierrin-Michael, G., Galetti, G., 1999
Schneider, G., 1978
Schneider, G., Burmester, A., Goedicke, C., Hennicke, H. W., Kleinmann, B., Knoll, H., Maggetti, M. & Rottländer, R., 1989
Schnyder, R., 1958
Sheriff, B. L., Tisdale, M. A., Sayer, B. G., Schwarz, H. P. & Knyf, M., 1995
Stauffer, L., Maggetti, M. & Marro, C., 1979
Thierrin-Michael, G., 1994
Tite, M. S., Freestone, I., Mason, R., Molera, J., Vendrell-Saz, M. & Wood, N., 1998
Velde, B. & Druc, I. C., 1999
Wagner, G. A., 1995
Wolf, S., 1999

# Chemische und mineralogische Untersuchungen an Glas: Zur Herstellung merowingerzeitlicher Glasperlen[1]

Peter Hoffmann, Martin Heck, Claudia Theune

## Zusammenfassung

In diesem Beitrag wird gezeigt, dass mit Hilfe einer Kombination mehrerer chemisch-analytischer Verfahren (Röntgenfluoreszenzanalyse, Rasterelektronenmikroskopie, Elektronenstrahlmikroanalyse, Röntgendiffraktometrie und Thermionen-Massenspektrometrie) die Zusammensetzung der Glasmatrix und der farbgebenden Komponenten merowingerzeitlicher Glasperlen bestimmt werden konnte. Es war möglich, Informationen über die Herkunft der einzelnen Bestandteile zu erlangen. Darüber hinaus wurden chronologische und chorologische Verteilungen ermittelt, mit deren Hilfe Aussagen über die Kontinuität handwerklicher Traditionen bzw. Diskontinuität durch Aufgreifen neuer Techniken und Erschließen neuer Rohstoffquellen möglich sind.

---

[1] Der vorliegende Aufsatz basiert auf der Studie „Herstellungstechniken und Herstellungswerkstätten von frühmittelalterlichen Glasperlen aufgrund ihrer farbgebenden Komponenten und Mineralien", die von April 1996 bis März 2000 vom Bundesministerium für Bildung, Wissenschaft, Forschung und Technologie im Rahmen des Schwerpunkts „Einsatz neuer Technologien in den Geisteswissenschaften" gefördert wurde. Neben der Entwicklung neuer Verfahren zur zerstörungsfreien oder zumindest zerstörungsarmen chemischen und mineralischen Untersuchung der Glasperlen ist zur Erlangung eines umfassenden Ergebnisses als Neuerung die Kombination der Ergebnisse einer Vielzahl von Methoden zu nennen.

## Einleitung

Am Übergang von Spätantike zum Mittelalter beschäftigt die Archäologen und Geschichtswissenschaftler die Frage nach Kontinuität bzw. Diskontinuität kultureller, technischer und gesellschaftlicher Entwicklungen. Hier sind entsprechende Schriftquellen mit Bezug auf Veränderungen kaum vorhanden. Dagegen liefern zunehmend archäologische Funde Informationen zu Herstellungstechniken und Produktionsmechanismen. Besonders die Untersuchung von Handwerksprodukten ergeben Erkenntnisse zu Traditionen oder neuen Entwicklungen. Spezialisierte Handwerkszweige wie die Eisen- und Buntmetallindustrie sowie die Glasverarbeitung zeigen die Fortführung der Technologieverfahren oder Entwicklungen und Innovationen.

Im Rahmen dieser Fragestellung wurde eine archäologische Fundgruppe zur Untersuchung herangezogen, die in ihrer Qualität und Quantität Aussagen zu den genannten Aspekten erwarten lässt, nämlich Glasperlen. Sie sind eine regelhaft in großen Mengen auftretende Fundgruppe in frühmittelalterlichen Frauengräbern des merowingischen Reihengräberkreises (Sasse & Theune 1996, 1997). Sie unterliegen kaum zeitlichen oder regionalen Beschränkungen und sind im Gegensatz zu Metallfunden nicht an bestimmte soziale Gruppen gebunden. Aber schon die Perlenproduktion, deren Verarbeitung und Verteilung waren weitgehend ungeklärt. Glashandwerk und Perlenproduktion stellten spezialisierte Techniken dar, die grundlegende Kenntnisse über Rohstoffe sowie Mischungsverhältnisse von Rohglas und farbgebenden Komponenten (Pigmente bzw. in der Glasmatrix lösliche Metalloxide) voraussetzte.

Den handwerklichen und technischen Aspekten der merowingerzeitlichen Perlenproduktion wurde lange Zeit wenig Aufmerksamkeit gewidmet. Das Interesse galt vielmehr einer Typologisierung und zeitlichen Gliederung (SASSE & THEUNE 1996,1997). Rohglasherstellung und Glasverarbeitung sind für die römische Antike (BEZBORODOV 1975, REHREN 2000, WEDEPOHL 2003) und das hohe Mittelalter weitgehend erforscht, doch die Verhältnisse in der dazwischen liegenden Periode, der Völkerwanderungszeit und dem Frühmittelalter sind nicht untersucht. Auf den ersten Blick sehen merowingerzeitliche Perlen nicht nach „Glas" aus, sondern könnten eher als keramisch oder tönern angesprochen werden. Erst relativ spät wurde erkannt, dass es sich um Glas mit hohen Anteilen an Pigmenten handelt (REINECKE 1929). Diese beiden Komponenten (Glas und Pigment) müssen als erstes messtechnisch unterschieden werden, um über jede von ihnen ein Urteil abgeben zu können.

## Einige Grundlagen über Glas

Aus physikalisch-chemischer Sicht ist Glas ein Schmelzprodukt, das beim Abkühlen in nichtkristallinem Zustand erstarrt (SCHOLZE 1988, VOGEL 1979). Glas besteht aus einem Netzwerkbildner ($SiO_2$ = Quarz, Hauptbestandteil von Sand), Netzwerkwandlern ($Na_2O$ aus Soda, $K_2O$ aus Pottasche, $PbO$ aus Mennige) und Stabilisatoren ($CaO$ aus Kalk). Weitere, als eine von diesen drei Funktionen auftretende Bestandteile sind $Al_2O_3$, $MgO$, $B_2O_3$ und $Fe_2O_3$. Durch das Eisenoxid, das naturgemäß mit den Rohstoffen (Sand), Ofenmaterial oder Arbeitsgeräten eingebracht wird – wird Glas je nach Oxidationsstufe des Eisens gelb, braun, grün oder auch blau verfärbt. Damit war – vor allem für die Herstellung von Hohlgläsern – eine der ersten Aufgaben der Glashersteller überhaupt die Entfärbung von Glas. Da Eisen mit der Oxi-

dationsstufe III ($Fe^{3+}$) Glas weniger intensiv färbt als das mit der Oxidationsstufe II ($Fe^{2+}$), wurden zur sog. chemischen Entfärbung Oxidationsmittel zugesetzt: z. B. $MnO_2$, $KMnO_4$, $As_2O_3$, $Sb_2O_3$. Ein anderer Weg war die chemische Komplexierung des Eisens durch $F^-$- oder $PO_4^{3-}$-Ionen. Zur physikalischen Entfärbung wurde dem Glas ein Zusatz von komplementärgefärbten Materialien wie Cooxid oder Na-, Zn- oder $BaSeO_3$ beigemischt.

Ein weiterer Schritt bei der Produktion von wertvollen Hohlgläsern war deren attraktive, gleichmäßige Färbung. Um dieses Qualitätsmerkmal zu erreichen, wurden schon von den Römern (HARDEN 1988) verschiedene Verfahren angewandt. Das am weitesten verbreitete Verfahren beruht chemisch gesehen auf dem Prinzip der Ionenfärbung. Hier werden einer Glasschmelze Metalloxide zugesetzt, die sich dann in ihr lösen. Dabei können verschiedene Farben erzeugt werden: z. B. Grün durch $Cr^{3+}$, Violett durch $Mn^{3+}$, Gelb durch $Fe^{3+}$, Blau durch $Fe^{2+}$ und $Co^{2+}$, Blaugrün durch $Cu^{2+}$. Anlauffarben werden hergestellt durch Zusatz von Cadmiumsulfid, -selenid oder -tellurid, wobei eine reduzierende Schmelzführung und Zumischung von Schwefel-, Selen- oder Zinkpulver erfolgte. Die Bildung von Metallkolloiden zur Färbung von Glas wird erreicht, indem der Glasschmelze Salze wie z. B. $AuCl_3$, $CuCl_2$ oder $AgNO_3$ und Reduktionsmittel (z. B. K-hydrogentartrat, $SnO$, $Sb_2O_3$) beigemischt werden. In allen drei Fällen entstehen gefärbte, durchscheinende Gläser. Im Gegensatz dazu erhält man farbige, opake Gläser durch Zusatz von schwerlöslichen Metalloxiden (Pigmenten, wie z. B. $Ca_2Sb_2O_6$, $Ca_2Sb_2O_7$ oder $SnO_2$). In den angeführten Fällen werden durch Trübung (Opazifizierung) weiße, undurchsichtige Gläser erzeugt.

## Merowingerzeitliche Glasperlen

Für die Untersuchungen der Glasperlen wurden rund 1000 Exemplare ausgesucht, die in merowingischen Frauenbestattungen von Reihengräberfeldern aus dem 3.–8. Jh. n. Chr. in großen Mengen gefunden wurden. Sie stammen aus den Gräberfeldern von Schleitheim, Schweiz (SH), Eichstetten (ES), Endingen (EN), Griesheim (GH), Groß-Gerau (GG), Miesenheim (MH), Saffig (SG) und

Krefeld-Gellep (KG); es wurden also bewusst Perlen von Fundorten entlang des Rheins als alte Nord-Süd Verbindungslinie ausgesucht.

Die gemeinsam von geistes- und naturwissenschaftlicher Seite untersuchten Fragestellungen bezogen sich auf die chemische Zusammensetzung der Glasmatrix (BICHLMEIER 1997, HOFFMANN et al. 1999) und der farbgebenden Komponenten bei weißen, gelben, orangefarbenen, braunen (rotbraunen) und grünen (grünblauen) Perlen (HECK & HOFFMANN 2002).

Die Entwicklung von Farben in Perlenketten von der römischen Kaiserzeit bis zur Merowingerzeit zeigt zeitliche wie regionale Abhängigkeiten (MATTHES et al. 2002). So liegen etwa deutliche Unterschiede zwischen den beiden Kulturgebieten des germanischen Nordostens und dem provinzialrömischen Westen. Allerdings finden sich auch Farbunterschiede an Fundplätzen innerhalb derselben Region, die differenziert interpretiert werden. Der Verlauf der Farbgebungsanteile monochromer Perlen der Merowingerzeit verläuft in den verschiedenen Gräberfeldern nicht gänzlich synchron. Da zu den Grundlagen der Archäologie eine gesicherte chronologische Bestimmung gehört, wurden Farben, Formen, Größen und Verzierungen der Perlen als Merkmale herangezogen. Allerdings sind weniger die Einzeltypen als vielmehr die Kombinationen, in denen Perlen gemeinsam auftreten, von Bedeutung (SASSE & THEUNE 1996). Zur Ergänzung der Datierung wurden die Beifunde herangezogen (MATTHES et al. 2002). Die regionalen Perlenkombinationsgruppen bilden bei gemeinsamer Seriation in einer graphischen Darstellung „Cluster", die unterschiedliche Perlenkombinationsgruppen mit ähnlichem Typeninventar enthalten. Daraus ergibt sich eine Kombinationstabelle merowingerzeitlicher Perlentypen und regionaler Perlenkombinationsgruppen am Rhein.

Tab. 2.2. Konzentrationsbereiche von Elementen in verschieden gefärbten Perlen, die mit Hilfe der Röntgenfluoreszenzspektrometrie (RFA) an unpräparierten Perlen ermittelt wurden (in Gew.-%).

|  | Weiß | Gelb | Orange | Braun | Grün |
|---|---|---|---|---|---|
| $Na_2O$ | 6–13 | 1–10 | 3–9 | 4–13 | 4–14 |
| $MgO$ | 0,5–1,5 | 0–2 | 0,5–2 | 0,5–2 | 0,5–1,5 |
| $Al_2O_3$ | 2–6 | 1–14 | 2–8 | 2–6 | 2–6 |
| $SiO_2$ | 50–70 | 10–65 | 40–59 | 40–67 | 45–71 |
| $P_2O_5$ | 0–2 | 0–4 | 0–1,5 | 0–2 | 0–1 |
| $SO_3$ | 0–0,5 | 0–0,5 | 0–0,5 | 0–0,5 | 0–0,5 |
| $Cl$ | 0–1 | 0–2 | 0–1 | 0–1 | 0–1 |
| $K_2O$ | 0,5–1,5 | 0,5–2 | 0,5–1,5 | 0,5–2 | 1–2 |
| $CaO$ | 6–11 | 1–10 | 5–10 | 4–12 | 5–12 |
| $TiO_2$ | 0,1–0,3 | 0,1–1 | 0–0,5 | 0,1–0,3 | 0,1–0,3 |
| $MnO$ | 0–2 | 0–3 | 0–3 | 0–4 | 0–2 |
| $Fe_2O_3$ | 1–3 | 1–6 | 1–4 | 3–14 | 1–3 |
| $Cu$ |  |  |  | 1–6 |  |
| $Cu_2O$ |  |  | 13–35 |  |  |
| $CuO$ | 0–0,2 | 0–3 |  |  | 2–10 |
| $ZnO$ | 0–0,2 | 0–0,1 | 0–2 | 0–1 | 0–1 |
| $As_2O_3$ | 0–0,1 | 0–3 | 0–0,1 | 0–0,5 | 0–0,3 |
| $SnO_2$ | 2–19 | 1–11 | 0–2 | 0–5 | 0,2–14 |
| $Sb_2O_3$ | 0–0,5 | 0–1,5 | 0–1,5 | 0–2 | 0–2 |
| $PbO$ | 2–15 | 8–70 | 0,1–8 | 2–17 | 1–10 |

# Messverfahren

Um die Perlen bzw. Perlengruppen objektiv beschreiben zu können (eine Farbansprache ist in den meisten Fällen subjektiv, HECK et al. 1998), musste die Element- bzw. Verbindungs- und Phasenzusammensetzung bestimmt werden. Als zerstörungsfreie Methode zur Untersuchung der chemischen Zusammensetzung wurde die energiedispersive Röntgenfluoreszenzspektrometrie eingesetzt. Dieses Verfahren zeigte allerdings Unzulänglichkeiten. Gründe hierfür waren zum einen die durch Korrosion (chemische Reaktion durch Feuchtigkeit und anderen Reaktionspartnern im Boden) bedingten Veränderungen der Elementzusammensetzung der Perlenoberflächen, zum anderen eine instrumentelle Beeinträchtigung, durch die leichte Elemente, wie z. B. Na oder K nicht immer mit ausreichender Genauigkeit zu bestimmen waren. Deswegen wurden kleine Flächenanteile von Bruchstücken einzelner Perlen in Epoxyharz eingebettet, angeschliffen, poliert und anschließend mit der Elektronenstrahlmikroanalyse untersucht. Ein Vergleich der Ergebnisse beider Methoden erlaubte eine Aussage über die Elementzusammensetzung aller untersuchten Perlen. In der ▶ Tab. 2.2 sind die Ergebnisse der Röntgenfluoreszenzspektrometer-Messungen an Perlen der verschiedenen Farbgruppen zusammengestellt. In den allermeisten Fällen sind die Elemente als Oxide aufgeführt, da sie üblicherweise als solche in dem sauerstoffreichen Glas vorliegen. Ausnahmen sind Cl und Cu. Die Angabe "0" bedeutet dabei nicht, dass dieses Element überhaupt nicht vorliegt, sondern dass es nicht mit Sicherheit nachgewiesen werden kann. Weiterhin sind für den Gehalt an Cu verschiedene chemische Verbindungen aufgeführt, die verschiedene Färbungen erzeugen und auch mit unterschiedlichem Anteil in die Zusammensetzung eingehen.

## Berechnung des Anteils an Basisglas

Aus den Angaben der ▶ Tab. 2.2 ist zu erkennen, dass die Perlen aus einem Basisglas und farbgebenden Komponenten zusammengesetzt sind. Zum Basisglas gehören die Verbindungen $Na_2O$, $MgO$, $Al_2O_3$, $SiO_2$, $K_2O$, $CaO$, $MnO$ und $Fe_2O_3$ aus den Rohmaterialien Sand, Kalk und Soda. Alle anderen Verbindungen (dazu gehört auch ein Teil des $Fe_2O_3$) sind entweder farbgebende Komponenten oder Spurenbestandteile der Haupt- und Nebenkomponenten.

Um die Zusammensetzung des Basisglases zu ermitteln, müssen die nicht zum Glas gehörenden Bestandteile rechnerisch abgezogen werden und die verbleibenden Verbindungen auf eine Summe von 100 % normiert werden. Die Ergebnisse dieser Rechnung sind in ▶ Tab. 2.3 zusammengestellt. Der Wert für den Anteil von $Fe_2O_3$ im Glas der braunen Perlen wurde aus den Ergebnissen für die anderen Farbgruppen abgeschätzt, da hier zusätzlich Fe-oxide zur Farbgebung zugesetzt wurden.

Wie schon oben beschrieben, können die in ▶ Tab. 2.3 zusammengestellten Werte vor allem für die Verbindungen der leichtesten Elemente $Na_2O$, $MgO$ und $Al_2O_3$ nicht zuverlässig sein, da

Tab. 2.3. Rechnerisch ermittelte Zusammensetzung des Basisglases der Perlen aus ▶ Tab. 2.2 (in Gew.-%).

|  | Weiß | Gelb | Orange | Braun | Grün |
|---|---|---|---|---|---|
| $Na_2O$ | 3,3–11,4 | 0,7–7,4 | 1,4–9,0 | 4,8–12,4 | 2,1–12,8 |
| $MgO$ | 0,6–2,8 | 0,5–3,9 | 0,7–5,2 | 1,0–3,1 | 0,6–3,0 |
| $Al_2O_3$ | 2,3–6,0 | 7,4–10,2 | 5,8–14,1 | 3,2–8,7 | 1,7–8,5 |
| $SiO_2$ | 67,6–72,2 | 62,3–82,1 | 62,2–74,3 | 65,7–71,3 | 68,1–75,6 |
| $K_2O$ | 1,1–2,3 | 0,5–2,1 | 0,9–3,4 | 1,4–3,3 | 1,2–3,0 |
| $CaO$ | 7,9–15,6 | 6,0–15,5 | 5,8–14,4 | 7,9–13,6 | 8,0–14,8 |
| $MnO$ | 0,4–1,9 | 0,2–1,6 | 0,3–2,5 | 0,8–1,9 | 0,2–1,5 |
| $Fe_2O_3$ | 1,4–3,4 | 2,1–10,1 | 1,1–3,7 | 2,2 | 1,1–2,8 |

Tab. 2.4. Elektronenstrahl-Mikroanalysen (ESMA) von einzelnen präparierten Glasperlen. Zusammensetzung des Basisglases (in Gew.-%).

|  | Weiß | Gelb | Orange | Braun | Grün |
|---|---|---|---|---|---|
| $Na_2O$ | 18,2 ± 0,8 | 17,1 ± 0,2 | 17,2 ± 0,2 | 18,7 ± 0,4 | 18,7 ± 0,4 |
| MgO | 1,3 ± 0,2 | 0,1 ± 0,1 | 0,4 ± 0,3 | 0,3 ± 0,1 | 0,4 ± 0,1 |
| $Al_2O_3$ | 2,3 ± 0,1 | 5,9 ± 0,2 | 3,1 ± 0,2 | 2,8 ± 0,2 | 3,3 ± 0,1 |
| $SiO_2$ | 66,6 ± 0,4 | 68,8 ± 0,1 | 67,9 ± 0,5 | 70,1 ± 0,5 | 68,5 ± 0,5 |
| $K_2O$ | 1,2 ± 0,1 | 0,7 ± 0,1 | 1,1 ± 0,1 | 0,8 ± 0,1 | 0,8 ± 0,1 |
| CaO | 9,6 ± 1,1 | 5,5 ± 0,1 | 8,9 ± 0,1 | 6,2 ± 0,1 | 7,4 ± 0,1 |
| MnO | 0,1 ± 0,1 | 0,1 ± 0,1 | 0,1 ± 0,1 | 0,5 ± 0,1 | 0,8 ± 0,1 |
| $Fe_2O_3$ | 0,8 ± 0,1 | 2,1 ± 0,1 | 1,5 ± 0,1 | 1,1 ± 0,3 | 1,0 ± 0,1 |

sie messtechnisch mit der RFA schlecht erfassbar sind und am stärksten von der Korrosion betroffen sind. Deshalb wurden einzelne Perlen aus jeder Farbgruppe nach Abtragen der Korrosionsschicht und Polieren mit Hilfe der ESMA gemessen. Diese Ergebnisse sind in ▶ Tab. 2.4 zusammengestellt.

Vergleicht man die Ergebnisse der RFA und der ESMA (▶ Tab. 2.3, 2.4), so kann man Folgendes feststellen:
– Da bei der RFA-Messung die Korrosionsschicht mit gemessen wird, kann man erkennen, dass das Element Na darin deutlich abgereichert ist und die Elemente Mg, Al, K, Ca, Mn und Fe angereichert sind. Der Effekt ist für Na gravierend, während die anderen Elemente nur relativ wenig beeinflusst werden.
– Dagegen kann man für Si keinen Einfluss erkennen.
– Die deutlich größere Variationsbreite der RFA-Werte ist darauf zurückzuführen, dass mit dieser Methode viel mehr Perlen (insgesamt etwa 1000 Perlen) im Vergleich zu den ESMA-Werten (einzelne Perlen) gemessen werden konnten (HECK & HOFFMANN 2000).
– Da die ESMA-Messwerte für das Innere der Perle zuverlässiger sind, wurden die mit dieser Methode erhaltenen Na-Werte für alle Perlen angesetzt.
– Damit ergab sich für die Zusammensetzung des Glases: ca. 68 % $SiO_2$, ca. 18 % $Na_2O$ und ca. 8 % CaO. Rechnet man diese Werte auf die Rohstoffe Sand, Soda und Kalk um, so ergeben sich Gewichtsverhältnisse von etwa 80 : 10 : 10.
– Geringfügige Abweichungen von diesen Konzentrationen sind zurückzuführen auf die nicht gleichmäßige Zusammensetzung der Rohmaterialien, eine beschränkte Präzision in deren Dosierung und auf eine deutliche Inhomogenität des Produkts.

Aus den Angaben in ▶ Tab. 2.2 konnte das Verhältnis für die Mischung Glas/farbgebende Komponenten berechnet werden. Daraus ergaben sich für jede Farbgruppe z. T. deutliche Unterschiede für die verschiedenen Gräberfelder. Z. B. wurde für den Glasanteil in orangefarbenen Perlen aus Krefeld-Gellep ein Wert von 63 ± 8 % und für solche aus Endingen von 74 ± 5 % gefunden. Ähnliche Unterschiede wurden für alle Farbgruppen, Gräberfelder und Zeitstellungen gefunden.

## Farbpigmente

Neben der Bestimmung der Glasmatrix konnten die farbgebenden Elemente und Verbindungen identifiziert werden. Wie sich aus ▶ Tab. 2.2 ergibt, sind für die Farbe weiß das Element Sn, für gelb die Elemente Sn und Pb, für orange Cu, für braun die Elemente Fe, Cu und Pb sowie für grün Cu, Sn und Pb verantwortlich. Wie man den Perlen ansieht, stellen in den meisten Fällen Pigmente das Färbemittel dar. Liegen diese Pigmente in anorganischer und kristalliner Form vor, kann ihre Struktur mit Hilfe der Röntgendiffraktometrie (XRD) bestimmt werden. Amorphe, d.h. nichtkristalline Substanzen können auf diese Weise nicht bestimmt werden.

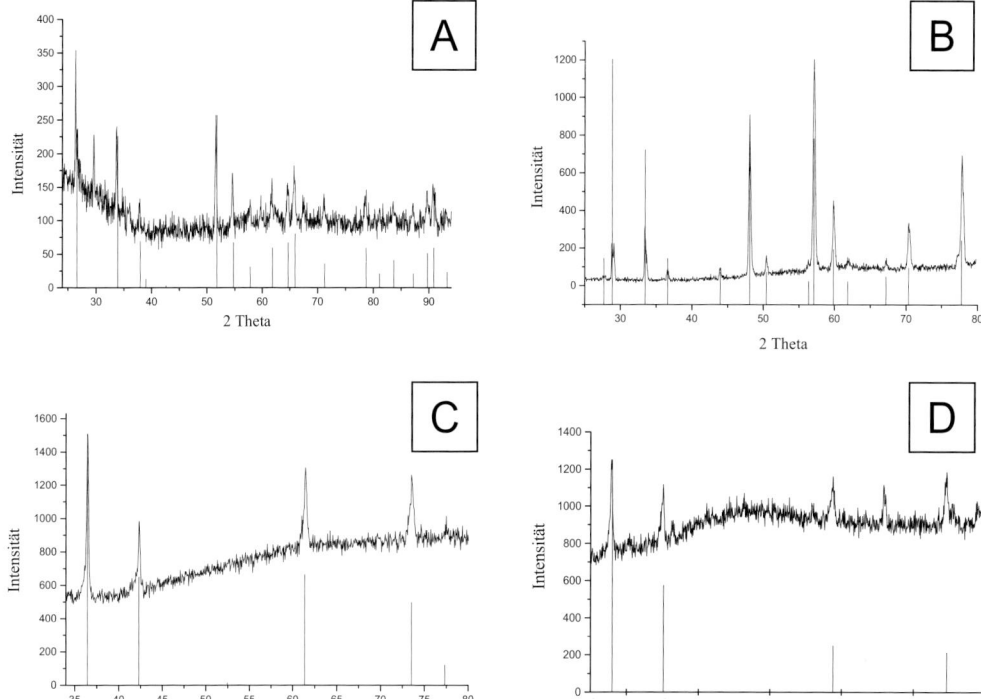

**Abb. 2.18.** Diffraktogramme von weißen [A], gelben [B], orangefarbenen [C], braunen [D] und grünen [E] Perlen.

Für alle mit der XRD untersuchten Perlen wurden Signale beobachtet, wie sich aus den Diffraktogrammen in ▶ **Abb. 2.18** ergibt. Diese wurden mit bekannten Referenz-Substanzen verglichen. Folgende kristalline Phasen wurden identifiziert:
- In den weißen Perlen (▶ **Abb. 2.18A**) wurden $SnO_2$-Partikel als färbendes bzw. trübendes Pigment identifiziert (Ausnahme: in einer weißen Perle aus dem Grab 311 in Griesheim wurde $Ca_2Sb_2O_7$ als Pigment gefunden).
- In fast allen gelben Perlen (▶ **Abb. 2.18B**) wurde kubisches $PbSnO_3$ als farbgebendes Pigment gefunden (Ausnahme: in einer Perle aus Eichstetten oder Donaueschingen wurde $Pb_2SnSbO_{6,5}$ als Pigment gefunden (Hoffmann 1994), das entstehen kann, wenn Sb-haltige Rohstoffe eingesetzt wurden).
- In orange gefärbten Perlen (▶ **Abb. 2.18C**) wurde $Cu_2O$ (Cuprit) als farbgebendes Pigment nachgewiesen.
- Als einzige kristalline Phase konnte in den braunen Perlen (▶ **Abb. 2.18D**) metallisches Cu identifiziert werden.
- Für die grünen Perlen (▶ **Abb. 2.18E**) wurden nur Signale von dem oben bereits erwähnten, weißfärbenden bzw. trübenden $SnO_2$ identifiziert. Die Färbung der grünen Perlen rührt von in der amorphen Glasmatrix gelösten Cu(II)-Ionen her.

Besonders im Falle der gelben, braunen und grünen Perlen wurde der Farbeindruck durch die Anwesenheit anderer farbgebender Komponenten beeinflusst. Gelbe Perlen erhielten bei Anwesenheit von Cu(II)-Ionen einen grünen Farbstich. Weiterhin konnte gezeigt werden, dass in den braunen Perlen zusätzlich Anteile an Eisen (je nach Oxidationsstufe verschiedene Farbgebung) die Farbe beeinflussen. Dasselbe gilt für die grünen Perlen. Einige grüne bzw. grüngelbe Perlen enthalten das gelbe Pigment $PbSnO_3$ sowie blaugrün färbende Cu(II)-Ionen.

## 2 Archäologische Funde anorganischer Zusammensetzung

Aus dem Verhältnis der Metalle untereinander für eine Farbgruppe ließen sich zusätzliche Informationen gewinnen (HECK & HOFFMANN 2002). Dies ist besonders für die Farbgruppen orange, braun und grün von Bedeutung, zu deren Farbgebung jeweils das Element Cu eine bedeutende Rolle spielt. Wie sich aus den Histogrammen (Häufigkeit des Auftretens eines Elementgehalts als Funktion dieses Gehalts) der ▶ **Abb. 2.19** ergibt, gilt für die orangefarbenen Perlen ein Massenverhältnis der Elemente von Cu : Sn : Pb = 90 : 5 : 5. Das bedeutet, dass hier als Färbemittel geringe Mengen einer Blei-Zinn-Bronze-Legierung (RIEDERER 1987) zugegeben wurde. Für die braunen Perlen ergeben sich für das Massenverhältnis Cu : Sn : Pb Werte von 25 : 15 : 60. Entsprechend diesen Werten kann man annehmen, dass dem Glas eine Cu-Sn-Legierung mit dem Verhältnis von etwa 60 : 40 hinzugefügt wurde und zusätzlich PbO, möglicherweise als Mittel zur Erniedrigung der Glaserweichungstemperatur. Schwieriger stellt sich die Situation für die Farb-

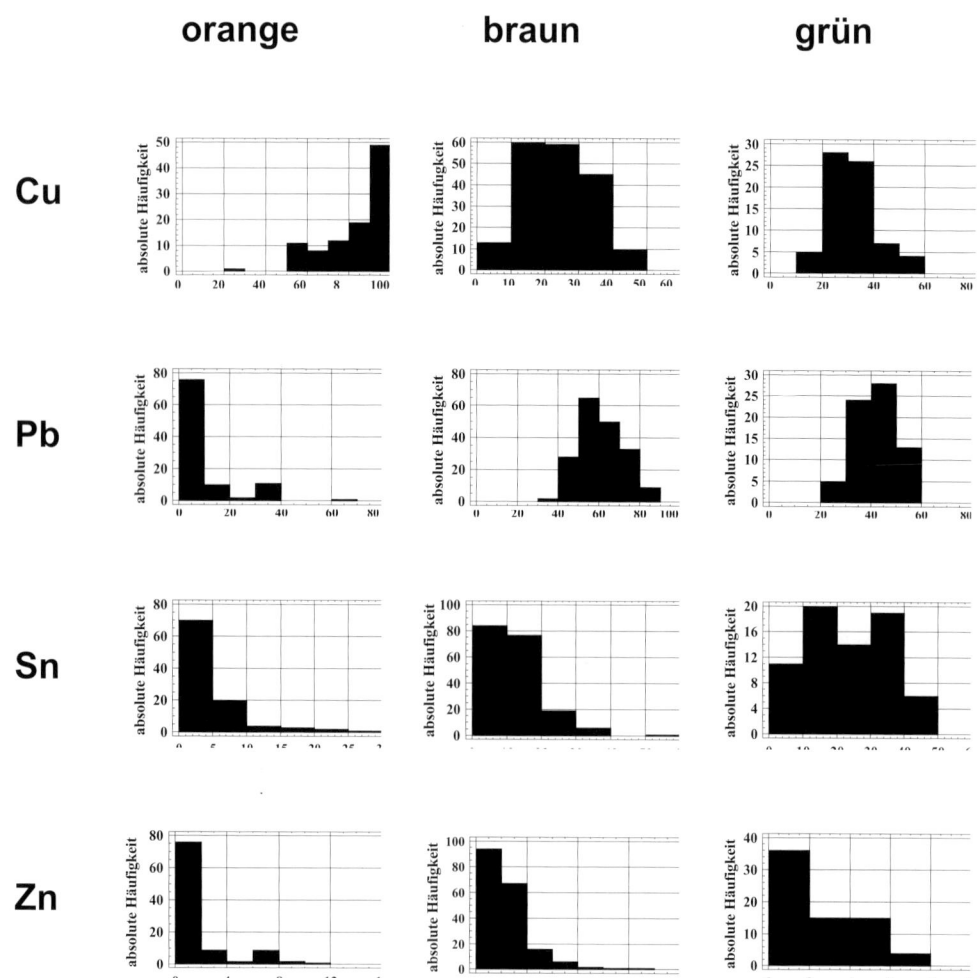

**Abb. 2.19.** Häufigkeitsverteilung der Elemente Cu, Zn, Sn und Pb im Metallanteil der farbgebenden Komponenten orangefarbener, brauner und grüner Perlen.

gruppe grün dar. Das Massenverhältnis der Elemente Cu : Sn : Pb kann grob mit 30 : 25 : 45 angegeben werden, wobei die Häufigkeitsverteilung für Sn bimodal ist. Diese Zusammensetzung kann durch die Verwendung der Cu-Sn-Legierung 60 : 40 erklärt werden, wobei zur Opazifizierung der Perlen zusätzlich $SnO_2$ beigemischt wurde. Auch hier wurde PbO separat zugesetzt.

Die Messwerte können aber auch auf andere Weise interpretiert werden, nämlich, dass in allen drei Fällen (orange, braun, grün) die gleiche Cu-Legierung mit 5 % Sn und 5 % Pb eingesetzt wurde. Dann muss angenommen werden, dass mit dem zugesetzten PbO zusätzliches Sn in die braunen und grünen Perlen gelangt ist. Auch in diesem Fall bleibt der Zusatz von $SnO_2$ zur Opazifizierung der grünen Perlen eine Tatsache.

## Beobachtungen unter dem Elektronenmikroskop

Interessante Beobachtungen konnten durch Gefügeuntersuchungen am Elektronenmikroskop gemacht werden. Allgemein waren bei allen Farbgruppen anhand der Verteilung von PbO Inhomogenitäten in der Glasmatrix festzustellen. Weiterhin war eine Vielzahl runder Poren zu beobachten, die durch Einschlüsse von Gasblasen entstanden sind. In den weißen Perlen wurden $SnO_2$-Pigmentpartikel mit Größen bis zu 70 µm festgestellt. Auf Grund des gemeinsamen Auftretens von Sn und Pb an ein und demselben Aggregat lässt sich folgern, dass $SnO_2$ und PbO gemeinsam in den Glasschmelzfluss eingebracht wurden. Für das $SnO_2$ konnten auf Grund der Größe und Morphologie der Partikel zwei Gruppen gebildet werden: relativ große, runde Partikel, die als reliktisch anzusehen waren, während kleinere, nadelförmige während der Abkühlung der Schmelze auskristallisiert sein müssen.

Bei der Untersuchung der gelben Perlen stellte sich heraus, dass diese Gruppe häufig besonders stark korrodiert und dass in vielen Fällen ein schwarzer, hocheisenhaltiger Belag im Fadenloch zu beobachten ist. Dieser Befund ist wahrscheinlich auf die Verwendung eines verzunderten Eisenstabs zurückzuführen, um den die Perle durch Wickeln hergestellt wurde. In der Glasmatrix sind $PbSnO_3$-Farbpigmentpartikel und in einigen auch Calciumsilikatnadeln verteilt. Unter den Pigmentpartikeln können zwei Typen erkannt werden: große zugesetzte Partikel und kleine, aus der Schmelze beim Abkühlen entstandene Kristalle.

In der Glasmatrix der orangefarbenen Perlen war das Farbpigment $Cu_2O$ in Kriställchen von deutlich kleiner als 1 µm zu beobachten. Einige Cu-Tröpfchen mit einem Durchmesser von etwa 8 µm zeigen dagegen, dass das Glas unter mindestens schwach reduzierenden Bedingungen hergestellt worden ist.

In den braunen Perlen wurden Aggregate von einigen 100 µm mit hohen Fe-Gehalten festgestellt, an deren Rand Reihen kleiner, kugeliger Partikel (ca. 1 µm) aus elementarem Kupfer saßen. Die eisenreiche Phase in den großen Aggregaten wurde aufgrund des typischen Gefüges als Wüstit („FeO") identifiziert, das das eingesetzte Kupferoxid zum metallischen Kupfer reduziert hat. Gefügeuntersuchungen haben gezeigt, dass das Reduktionsmittel FeO ursprünglich aus einer Rennofenschlacke stammte.

In den grünen Perlen wurden dieselben Beobachtungen gemacht, die für die weißen Perlen beschrieben wurden: Es wurde auch hier $SnO_2$ als Trübungsmittel zugesetzt. Zusätzlich wurden reliktische Aggregate des zur Färbung zugesetzten Kupferoxids beobachtet. Unter dem Polarisationsmikroskop konnten sowohl $Cu_2O$- wie CuO-Partikel unterschieden werden.

## Bleiisotopenanalysen

In Perlen aller Farbgruppen findet sich in wechselnden Konzentrationen Blei (▶ Tab. 2.2), das in der Form seiner Oxide zur Farbgebung und/oder zur Erniedrigung der Erweichungstemperatur des Glases zugesetzt wurde. Zur Ermittlung der Herkunft des Bleis wurden mit Hilfe des Thermionen-Massenspektrometers (TIMS) dessen Isotopenzusammensetzung bestimmt. In ▶ Abb. 2.20 sind die Bleiisotopen-Verhältnisse $^{207}Pb/^{204}Pb$ und $^{206}Pb/^{204}Pb$ für Proben von 15 gelben Perlen gegeneinander aufgetragen.

Auf den ersten Blick sind zwei Gruppen von Messwerten zu erkennen. In den Proben von Gruppe 1 konnten weder Gehalte von Arsen noch Antimon nachgewiesen werden. Diese Elemente sind in allen Proben von Gruppe 2 vorhanden.

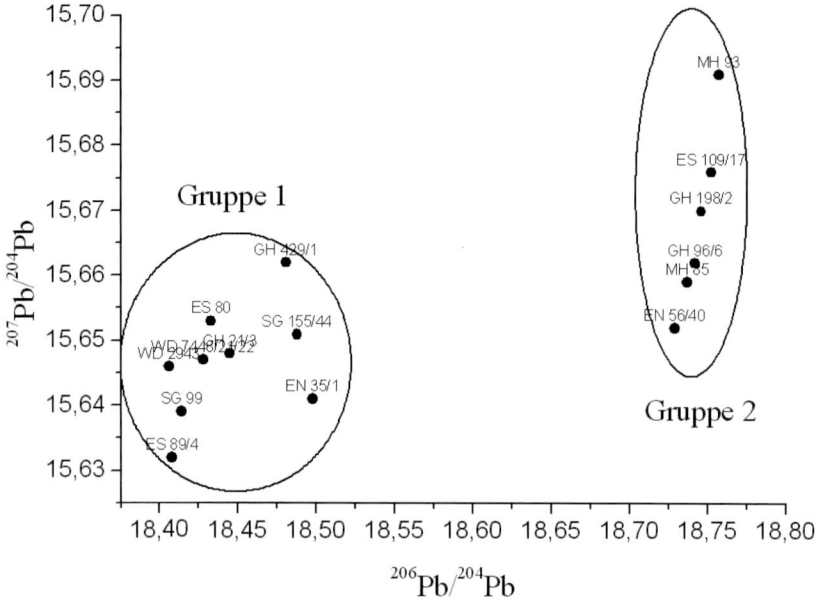

**Abb. 2.20.** Isotopenverhältnisse von Blei für 15 gelbe Perlen.

Eine Zuordnung der beiden Gruppen zu den untersuchten Gräberfeldern ist nicht möglich. Ein Vergleich der Isotopenverhältnisse mit Angaben aus der Literatur ergab, dass das Blei der Gruppe 1 aus Lagerstätten im Siegerland, Osttaunus, Hunsrück, der Eifel und dem Schwarzwald stammen kann, während das Blei der Gruppe 2 nur im Schwarzwald gewonnen worden sein kann (HECK 2000). Blei der Gruppe 2 wurde hauptsächlich im 7. Jh. verwendet, was möglicherweise ein Hinweis auf den einsetzenden Silberbergbau im Schwarzwald ist.

## Interpretationsmöglichkeiten

Hervorzuheben ist, dass die umfassende Charakterisierung der Perlen nur durch die Anwendung einer relativ großen Zahl von chemisch-analytischen Methoden gelungen ist (▶ **Abb. 2.21**). In derselben Weise, in der die Messungen nacheinander durchgeführt werden konnten, kann auch die Interpretation der Ergebnisse schrittweise vorgenommen werden.

Zur Herstellung der Perlen wurde ein Glas eingesetzt, das mit Pigmenten und anderen Beimengungen in der Schmelze gemischt wurde.

Betrachten wir als erstes die Pauschalzusammensetzung der Glasmatrix. Mit 18 % $Na_2O$, 68 % $SiO_2$ und 8 % CaO kann diese als „klassische" Zusammensetzung von Glas bezeichnet werden. Ob dieses Verhältnis eine spezielle Bedeutung hatte oder ob eher bestimmte Volumenmaße verwendet wurden, kann mit Hilfe der vorliegenden Ergebnisse nicht geklärt werden. Diese Zusammensetzung eines Natron-Kalk-Glases entspricht aber derjenigen, die für römisches wie für vorderasiatisches Glas immer wieder gefunden wurde (z. B.: BEZBORODOV 1975; NOËLLE & GMÜR 1990, ADAMS et al. 1997, REHREN 2000, FREESTONE et al. 2002).

Kann das heißen, dass im merowingischen Gebiet von dort das Rezept zur Glasherstellung übernommen wurde? Das ist zweifelhaft, denn es zeigt sich allzu oft, dass die Begriffe „Glasherstellung" und „Glasverarbeitung" verwechselt werden und damit der Eindruck erweckt wird, als wäre an einem Fundort Glas hergestellt worden, obwohl es

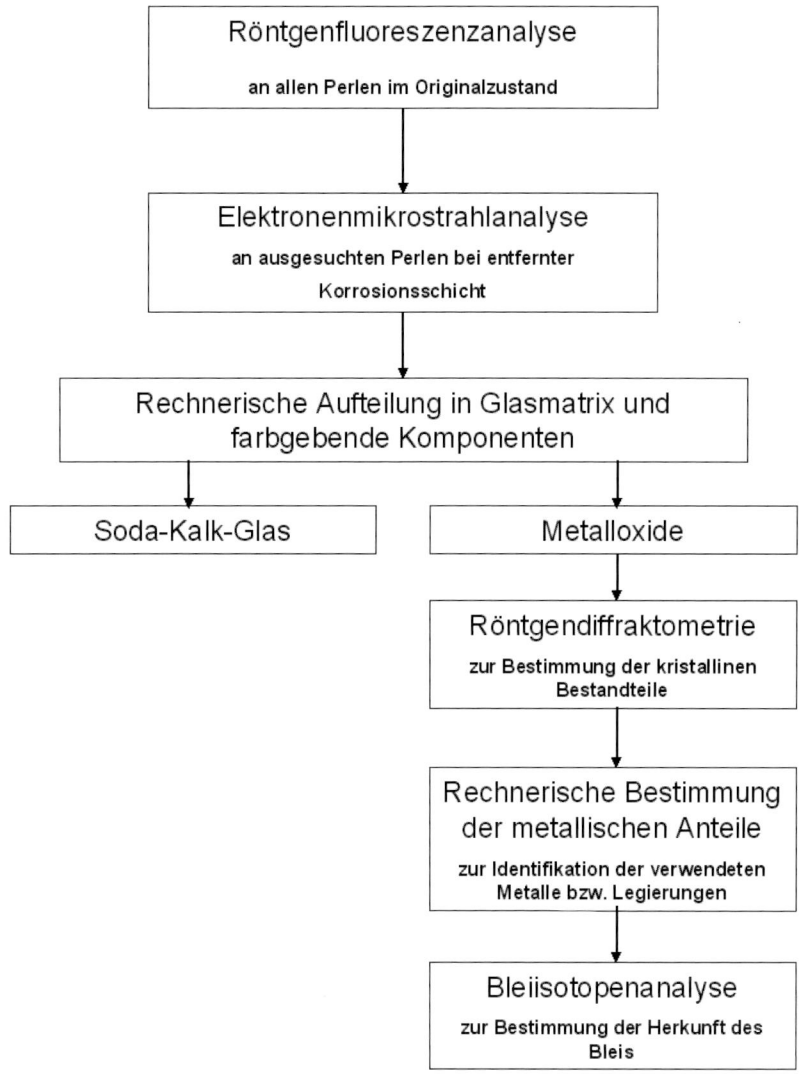

**Abb. 2.21.** Schema der analytischen Strategie zur chemischen Charakterisierung von antiken Glasperlen.

dort „nur" verarbeitet wurde. Sehr klar scheinen die Verhältnisse für die Stadtarchäologie Augsburg zu sein. Dort wurde ein Glasschmelzofen gefunden und in unmittelbaren Umgebung große Mengen an Glasbruch. Dieser Befund wurde von den Organisatoren der Ausstellung „Transparenz und Farbenspiel – Glas der Römer" dadurch zum Ausdruck gebracht, dass die Vitrinenbeschriftung auf einen Ofen hinwies, in dem Glasbruch zur Wiederverwendung geschmolzen wurde. Der vorgefundene Glasbruch stammt aus römischer Hohlglasproduktion.

Auch größere Schwankungen in der chemischen Zusammensetzung, wie sie z. B. in den $SiO_2$- und in erhöhten $Fe_2O_3$-Konzentration in Gläsern des Gräberfelds Krefeld-Gellep vorliegen, werden als Hinweise für eine nichtrömische Produktion angesehen (WEDEPOHL 1998). Dieser Befund kann aber auch zwanglos durch Verunreinigungen des Glases durch Ofen-, Tiegel- oder Werkzeug beim Wiedereinschmelzen erklärt werden. Weiter führt die These von Archäologen dahin, dass die Römer selbst kein Glas hergestellt hätten, sondern aus dem Nahen Osten importierte Glasbarren verarbeiteten (ROTTLOFF 1999). Diese These kann gestützt werden durch das Auffinden von Glasbarren auf im Mittelmeer gesunkenen Schiffen, die aus Osten in Richtung Rom unterwegs waren (BASS 1986).

Als färbende Zusätze sind Minerale (z. B. $SnO_2$), oxidierte Metalle (z. B. $Cu_2O$, CuO aus Cu-haltigen Legierungen), Abfallprodukte (z. B. „FeO" aus Schlacken, PbO aus der Silbergewinnung), in der Schmelze entstehende Komponenten (z. B. metallisches Kupfer durch Reduktion von Oxiden) oder „synthetisierte" Oxide gefunden worden.

Den weißen Perlen wurden $SnO_2$ und PbO zugesetzt. Zwischen dem 2. und 4. Jh. hat $SnO_2$ als Pigment zur Weißfärbung bzw. Opazifierung das $Ca_2Sb_2O_7$ abgelöst. Die beobachtete Korrelation zwischen den $SnO_2$- und PbO-Konzentrationen deutet auf eine bewusste gemeinsame Zugabe hin. Berechnet man das Verhältnis Sn : Pb, so erhält man einen Mittelwert von 63 : 37. Dieses Verhältnis liegt sehr nahe am eutektischen Gemisch, das bei 183 °C schmilzt und von den Römern als Weichlot zum Bearbeiten von Bleirohren verwendet wurde (PAPARAZZO et al. 1995). Abweichungen von diesem Verhältnis können herrühren vom Sn : Pb-Verhältnis 72 : 28 oder 78 : 22 in römischen Zinngefäßen und vom in betrügerischer Absicht erfolgten Erhöhen der Konzentration von billigem Blei gegenüber wertvollem Zinn. Den frühmittelalterlichen Handwerkern war es nicht möglich, die verschiedenen Anteile an Blei in den Legierungen zu erkennen (HECK 2000). Ein solches Metallgemisch führt bei der Oxidation im Gegensatz zum reinen Sn zu einem homogenen durch und durch weißgefärbten Pigment. Die einzig in der Antike bekannte Prüfung auf die Reinheit von Zinn beschreibt Plinius. Der Test beruht auf einer groben Abschätzung des Schmelzpunkts. „Papyrus dürfe nicht durch das Versengt werden reißen, sondern nur durch das Gewicht des Metalls, wenn man es geschmolzen daraufschütte". Entzündete sich der Papyrus, so wurde davon ausgegangen, dass das Zinn Blei enthält.

Bei der Bestimmung der Herkunft des Pigments $PbSnO_3$ für die gelben Perlen half die Untersuchung eines glasigen, gelben Schmelzkuchens in einem Tiegelfragment aus Schleitheim (HECK et al. 2002). Hierbei ergab sich, dass das Farbpigment durch Erhitzen von $SnO_2$ und PbO (Bleiglätte aus Produktionsabfällen dem Kupellationsprozess bei der Silbergewinnung) vor Ort gewonnen wurde. In diesem Gemisch wurde ein Sn-Anteil von 10 ± 4 % gefunden, der Rest besteht aus Pb, As und Sb. Weiterhin wurden in Wijnaldum Tiegelfragmente mit anhaftendem gelbem Glas zusammen mit anderen Produktionsabfällen eines Schmiedes/Bronzegießers gefunden (SABLEROLLES 1999).

Die Farbgebung der orangefarbenen, braunen und grünen Perlen soll gemeinsam besprochen werden, da in Perlen dieser drei Farbgruppen das Element Kupfer – allerdings in verschiedenen Oxidationsstufen – vorkommt. Wie sich aus den Mischungsverhältnissen der Elemente Cu : Sn ergibt, sind möglicherweise zwei verschiedene Legierungen benutzt worden, um die farbgebenden Pigmente zu erzeugen. Dies ist umso wahrscheinlicher, als schon in klassischen Schriften die Herstellung von Farben durch Oxidation von Legierungen beschrieben wird (ILG 1970). Man kann demnach davon ausgehen, dass in der Merowingerzeit eine Oxidation von Cu-haltigen Legierungen gezielt vorgenommen wurde (die alleinige Verwendung entsprechender Minerale oder das Sammeln von verschiedenen Oxiden, die sich bei der Metallverarbeitung gebildet haben, ist unwahrscheinlich). Da der Anteil an Blei im Kupfer in allen Fällen verschieden ist, ist davon auszugehen, dass nur in den orangefarbenen Perlen Bronze mit einem relativ kleinen Anteil an Pb (max. 10 Gew.-%) eingesetzt wurde. Der Farbton dieser Perlen von sandfarben über orange zu siegelwachsrot hängt mit dem Pb-Anteil zusammen. Je höher dessen Anteil ist, umso größer bilden sich die Pigmentkristallite aus, wodurch die Farbe verändert wird. In den braunen und grünen Perlen deuten 45 bis 55 Gew.-% Pb im Metall auf eine bewusste Zugabe hin. Die damit erreichbare Erniedrigung der Glaserweichungstemperatur stellte geringere Ansprüche an die Ofentechnologie und an den Brennstoffverbrauch. Während das Element Zn in allen Perlen als zufälliger Begleiter anderer Komponenten zu betrachten ist, muss man in den braunen Perlen die Elemente Pb und Fe (auch als reduzierende Komponente) und in den grünen Perlen die Elemente Sn und Pb als ebenfalls farbgebend betrachten. Die dadurch entstehenden, verschieden zusammengesetzten Mischungen führen zu einer breiten Farbpalette (allein bei den grünen Perlen wurden 27 Farbnuancen registriert).

Eine Rezeptur eines Mischungsverhältnisses von Glas zu färbenden Zusätzen ist nicht zu erkennen. Die Mischung scheint willkürlich oder den Umständen (z. B. Vorrat an Rohmaterialien) entsprechend auszufallen. Auch lokale Unterschiede lassen sich aus dem Mischungsverhältnis nicht ableiten. Die unterschiedlich hohen Farbkomponentenanteile können als Beleg dafür gelten, dass das Einfärben des Glases an verschiedenen Orten im merowingischen Raum stattfand. Für die meisten Perlen gilt, dass die Einfärbung und die Perlenfertigung in regionalen, teilweise auch in lokalen Werkstätten erfolgte. Sie wurden nicht importiert. Identische Zusammensetzung von Perlen deutet auf eine überregionale Produktion.

Die Zahl der in einem Herstellungsprozess erzeugten Perlen – also solcher mit chemisch identischer Zusammensetzung – erfolgte möglicherweise nach Bedarf oder hing vom Vorrat an gesammeltem Glasbruch, Abfallmetall, Mineralen und bei der Metallverarbeitung entstehenden Pigmenten ab. Die Sammlung der Rohmaterialien konnte durch die Kunden wie durch die Handwerker geschehen. Man könnte bei dieser Vorstellung an ein „Recycling" von Abfällen denken.

Die im Rahmen der Messunsicherheit gleiche Zusammensetzung von mehreren Perlen eines Grabes spricht dafür, dass diese Perlen aus einer Produktion stammen und möglicherweise gleichzeitig erworben wurden. Andere Perlen derselben Farbe in der gleichen Kette haben jedoch eine völlig unterschiedliche chemische Zusammensetzung, was darauf hinweist, dass Perlen aus verschiedenen Produktionsvorgängen oder Werkstätten in eine Kette integriert wurden. Die Perlen wurden wohl sukzessive angeschafft und die Kette mit der Zeit vervollständigt. Dafür spricht auch das Auffinden einer mit $Ca_2Sb_2O_6$ pigmentierten weißen Perle in einem wesentlich später datierten Grab.

Für die Isotopenverhältnisse des Bleis in gelben Perlen ließen sich Quellen im südlichen Schwarzwald finden, so dass Indizien für einen Zusammenhang mit dem beginnenden mittelalterlichen Bergbau im Schwarzwald vorliegen.

Tab. 2.5. Mittelwerte für die Cluster gelber Perlen (die charakteristischen Werte sind unterstrichen).

| Komponente Signifikanz | | CuO (±0,1) | $As_2O_3$ (±0,1) | $SnO_2$ (±0,2) | $Sb_2O_3$ (±1,2) | PbO (±6,2) |
|---|---|---|---|---|---|---|
| Cluster-Nr. | Größe der Cluster | Gew.% | Gew.% | Gew.% | Gew.% | Gew.% |
| 1 | 203 | 0,1 | <0,1 | 3,2 | <0,1 | 29,4 |
| 2 | 316 | 0,2 | 0,1 | 5,6 | 0,1 | 46,8 |
| 3 | 79 | 0,3 | <0,1 | 9,8 | <0,1 | 56,7 |
| 4 | 60 | 0,3 | <0,1 | 5,7 | 0,1 | 68,8 |
| 5 | 90 | 0,3 | 0,4 | 8,0 | 0,4 | 63,9 |
| 6 | 90 | 0,2 | 0,3 | 9,1 | 0,3 | 44,9 |
| 7 | 7 | 3,0 | 0,2 | 5,4 | 0,4 | 57,1 |
| 8 | 39 | 0,2 | 0,6 | 9,6 | 1,1 | 62,3 |
| 9 | 57 | 0,2 | 0,7 | 4,4 | 0,4 | 49,0 |
| 10 | 41 | 0,2 | 1,5 | 8,9 | 0,5 | 60,6 |
| 11 | 10 | 1,5 | <0,1 | 7,0 | <0,1 | 44,0 |

Diese Indizien zeigen alle einen Zusammenhang zwischen Metallherstellung, Metallverarbeitung und Glasperlenherstellung, wie er auch schon für andere Zeiten und Regionen festgestellt wurde (REHREN et al. 1998).

Die Ergebnisse der chemischen Analysen der Perlen können von der Archäologie zu zahlreichen Schlussfolgerungen genutzt werden. Z. B. zeigt die Verwendung von Glas konstanter Zusammensetzung auf eine Kontinuität von der römischen in die merowingische Zeit hin. Weiterhin weist diese Beobachtung auf eine zentrale Produktion des Glases hin. Zusätzlich muss man feststellen, dass die Herstellung des Glases und seine Färbung

**Tab. 2.6.** Datierung und Verteilung der Cluster gelber Perlen (E = Ende des Zeitraums). Die Terminologie in der Kopfzeile entspricht der von Ament bzw. von Roth und Theune (MATTHES et al. 2002).

| | VWZVWZ | AMISWI | AMISWI | AMIISWII | AMIISWII | AMIIISWIII | AMIIISWIII | JMISWIVH | JMIISWIVI | JMIISWIVI | JMIISWIVI | JMIIISWV | JMIIISWV | Verteilung | Produktions-Bereich |
|---|---|---|---|---|---|---|---|---|---|---|---|---|---|---|---|
| Cluster 1 | ▓▓ | ▓▓ | ▓▓ | ▓▓ | ▓▓ | ▓▓ | ▓▓ | | | | | | | überregional Rhein | Schleitheim: Pigment Maastricht ? |
| Cluster 2 | ? | ▓▓ | ▓▓ | ▓▓ | ▓▓ | ▓▓ | ▓▓ | ▓▓ | ▓▓ | ▓▓ | ▓▓ | ▓▓ | ▓▓ | überregional Rhein | Maastricht ? Süddeutschland ? |
| Cluster 3+4 | | | | ▓▓ E. | ▓▓ | ▓▓ | ▓▓ | ▓▓ | ▓▓ | ▓▓ | ▓▓ | | | überregional Ober- bis Niederrhein | ? |
| Cluster 11 | | | | | | | | ▓▓ E. | ▓▓ | | | | | regional Ober- bis Mittelrhein | ? |
| Cluster 7 | | | | | | | | ▓▓ E. | ▓▓ | ▓▓ | | | | Lokal regional Oberrhein | ? |
| Cluster 6 | | | | | | | | | ▓▓ E. | ▓▓ | | | | regional Oberrhein | ? |
| Cluster 5 | | | | | | | | ▓▓ E. | ▓▓ | ▓▓ | | | | regional Hochrhein - Rhein-Main | Breisgau ? |
| Cluster 8+10 | | | | | | | | | ▓▓ E. | ▓▓ | | | | Lokal- regional Oberrhein | Rhein-Main-Gebiet ? |
| Cluster 9 | | | | | | | | | ▓▓ E. | ▓▓ | | | | regional Ober- bis Mittelrhein | Breisgau ? |

als getrennte Prozesse angesehen werden müssen. Die Funde von Schleitheim und von Maastricht zeigen, dass der Färbevorgang im merowingischen Raum stattgefunden hat.

Mit Hilfe statistischer Methoden wurden die Pigmentanteile der gelben Perlen sortiert.

Die dabei erhaltenen Cluster (▶ **Tab. 2.5**) zeigen zwar keine charakteristischen Rezepturen, aber chronologische und regionale Unterschiede.

Die Gesamtheit der gelben Perlen konnte in 11 Cluster aufgeteilt werden. Die Perlen der Cluster-Nr. 1–4 werden schon im 6. Jh. beobachtet und sind üblich im 7. Jh. (▶ **Tab. 2.6**). Die ersten beiden Cluster enthalten relativ viel Glas und dementsprechend relativ wenig Pigment. Außerdem enthalten sie relativ wenig PbO. Im Gegensatz dazu werden die Perlen der Cluster-Nr. 5–11 (die meisten enthalten relativ wenig Glas und relativ hohe Anteile an PbO) in die jüngere Merowingerzeit datiert.

Die Verteilung von Cluster-Nr. 1 reicht vom Ober- bis an den Niederrhein. Auch die Perlen der Cluster-Nr. 2–4 werden in weiten Bereichen angetroffen. Die Änderung der Zusammensetzung zu den Clustern-Nr. 5–11 kann mit einem Fehlen an wertvollem Glas zusammenhängen. Weiterhin kann dies mit dem Erschließen neuer Rohstoffquellen (Pb aus dem Schwarzwald) erklärt werden. Diese Cluster erscheinen in regionaler Verbreitung, manchmal sogar nur an einem Fundort. Ähnliche Verteilungen von Clustern werden auch für die weißen, orangefarbenen, braunen und grünen Perlen festgestellt.

Die Untersuchungen haben einen wichtigen Beitrag zu Fragen der Kontinuität antiker Kulturen im frühen Mittelalter geliefert. Es ist nachweisbar, dass antike Traditionen zur Herstellung von Glasperlen bis in die Merowingerzeit hinein lebendig blieben. Die Verbindung zu solchen Traditionen lässt sich vor allem in der Völkerwanderungszeit und der älteren Merowingerzeit nachweisen. Die beobachteten Verhältnisse sind jedoch nicht ohne Dynamik und Innovationen. Veränderungen sind besonders in der jüngeren Merowingerzeit zu erkennen. Seit dem Ende des 6. Jh. wurde zunehmend mit neuen Komponenten gearbeitet. Ursache dafür mag ein Mangel an z. B. Soda-Kalk-Glas sein. Mit der Einführung des Kalium-Glases seit der Karolingerzeit werden technische Neuerungen erkennbar, die auch auf die Erschließung eigener Ressourcen zurückzuführen sind.

## Ausblick

Bei der Untersuchung merowingerzeitlicher Glasperlen wurde festgestellt, dass die farbgebenden Pigmente als Oxide von Metallen verschiedener Zusammensetzung und Oxidationsstufe anzusehen sind. Aus den erhaltenen Konzentrationen für die metallischen Elemente Kupfer, Zink, Zinn und Blei wurden unterschiedliche Verhältnisse ermittelt. Damit ist unklar, ob verschiedene Cu-Legierungen zur Herstellung der Pigmente verwendet wurden oder ob jeweils Cu-Legierungen identischer Zusammensetzung eingesetzt wurden mit Zusatz von Pb mit beträchtlichem Anteil an Sn. Selbstverständlich lassen sich auch andere Rezepturen ableiten.

Immerhin ist bekannt, dass in der römischen Kaiserzeit sechs verschieden zusammengesetzte Cu-Legierungen zur Herstellung von Gegenständen des täglichen Lebens eingesetzt wurden (Voss et al. 1998). Deswegen wäre von größtem Interesse, metallische Stücke aus demselben Fundkomplex (ohne Restaurierung) auf deren Metallzusammensetzung zu untersuchen. Wie schon wiederholt dargelegt, ist eine umfassende Charakterisierung (qualitative Analyse, quantitative Analyse, Bestimmung der chemischen Form, Strukturbestimmung, räumliche Verteilung) von Proben nur durch den Einsatz einer Kombination chemisch-analytischer Methoden durchzuführen.

## Literatur

Adams, F., Adriaens, A., Aerts, A., Deraedt, I., Janssens, K. & Schalm, O., 1997
Bass, G., 1986
Bezborodov, M. A., 1975
Bichlmeier, S., 1997
Freestone, I. C., Ponting, M. & Hughes, M. J., 2002
Harden, D. B., 1988
Heck, M., 2000
Heck, M. & Hoffmann, P., 2000, 2002
Heck, M., Hoffmann, P., Theune, C. & Callmer, J., 1998
Heck, M., Rehren, T. & Hoffmann, P., 2002
Hoffmann, P., 1994

Hoffmann, P., Bichlmeier, S., Heck, M., Theune, C. & Callmer, J., 1997
Ilg, A., 1970
Matthes, C., Heck, M., Theune, C., Hoffmann, P. & Callmer, J., 2002
Noëlle, R. U. & Gmür, B., 1990
Paparazzo, E., Moretto, L., D´Amato, C. & Calmieri, A., 1995
Rehren, T., 2000
Rehren, T., Pusch, E. B. & Herold, A., 1998
Reinecke, P., 1929
Riederer, J., 1987
Rottloff, A., 1999
Sablerolles, Y., 1999
Sasse, B. & Theune, C., 1996, 1997
Scholze, H., 1988
Vogel, W., 1979
Voß, H. U., Hammer, P. & Lutz, J., 1997
Wedepohl, K. H., 1998, 2003

# Vom Erz zum Metall - naturwissenschaftliche Untersuchungen innerhalb der Metallurgiekette

Andreas Hauptmann

## Zusammenfassung

Erze, Schlacken und Metalle sind Materialien, die häufig im archäologischen Kontext auftreten. Sie sind kausal miteinander innerhalb der Metallurgiekette verbunden. Die Entwicklung der Metallurgie hängt u. a. von der Qualität und Quantität der Erze ab, die in (prä-)historischer Zeit aus dem oberflächennahen Bereich von Lagerstätten bergmännisch gewonnen wurden. Ihre Zusammensetzung wird durch die sekundäre Zonierung bestimmt. Diskutiert wird die Rolle der Neben- und Spurenelemente. Schlacken, Abfallprodukte metallurgischer Tätigkeiten, vermitteln Informationen über handwerkliche Techniken alter Hüttenleute. Wichtige Parameter der Schlackenbildung sind vor allem Feuerungstemperatur und Oxidationsgrad der Gasatmosphäre im Schmelzofen. Die Analyse und Klassifikation von Metallartefakten beruht auf deren Verunreinigungen. Chemische und Bleiisotopenanalyse sind entscheidende Verfahren von Provenienzstudien. Metallographie entschlüsselt Herstellungsverfahren von Fertigprodukten. Diskutiert werden analytische Verfahren zur Untersuchung der genannten Materialien.

## Einleitung

Metallartefakte sind ebenso wie Hinterlassenschaften der frühen Metallgewinnung auf archäologischen Grabungen häufig anzutreffen. Das ist deswegen nicht weiter überraschend, da Metalle seit dem Einsetzen der Frühbronzezeit zu den wichtigsten Werkstoffen der Menschheit gehört haben und bis heute noch gehören. Die Untersuchung von Metallartefakten stand deshalb seit vielen Jahrzehnten im Fokus des wissenschaftlichen Interesses. Dabei wurden und werden auch heute noch zwei Ziele verfolgt. Das erste betrifft die Frage nach der Herkunft von Metallen und ihrer Verbreitung durch Handel und Warenaustausch. Die hierbei eingesetzten Methoden umfassen nicht nur einen stilistisch-komparativen Ansatz. Schon seit langer Zeit werden auch materialwissenschaftliche Analysen durchgeführt. Als wohl umfassendstes und bekanntestes Projekt sind hier die „Studien zu den Anfängen der Metallurgie" von JUNGHANS et al. (1968, 1974) zu nennen.

Das zweite Ziel ist die Beantwortung der Frage nach den Herstellungstechniken solcher Artefakte, d. h. mittels welcher Verfahren das Metall aus Erzen erschmolzen und weiter verarbeitet wurde. Von erheblicher Bedeutung ist hier die Frage nach Legierungstechniken, d. h., ob Artefakte bewusst aus mehreren Metallen, etwa aus Kupfer und Zinn hergestellt wurden, oder ob es sich um Legierungen handelt, die auf Verunreinigungen im Erz oder auf nicht kontrollierte Feuerführung in einem Schmelzofen zurückzuführen sind. Diese Frage stellt sich z. B. auch bei Kupfer-Arsen-Legierungen oder bei frühen Eisen-Kohlenstoffartefakten.

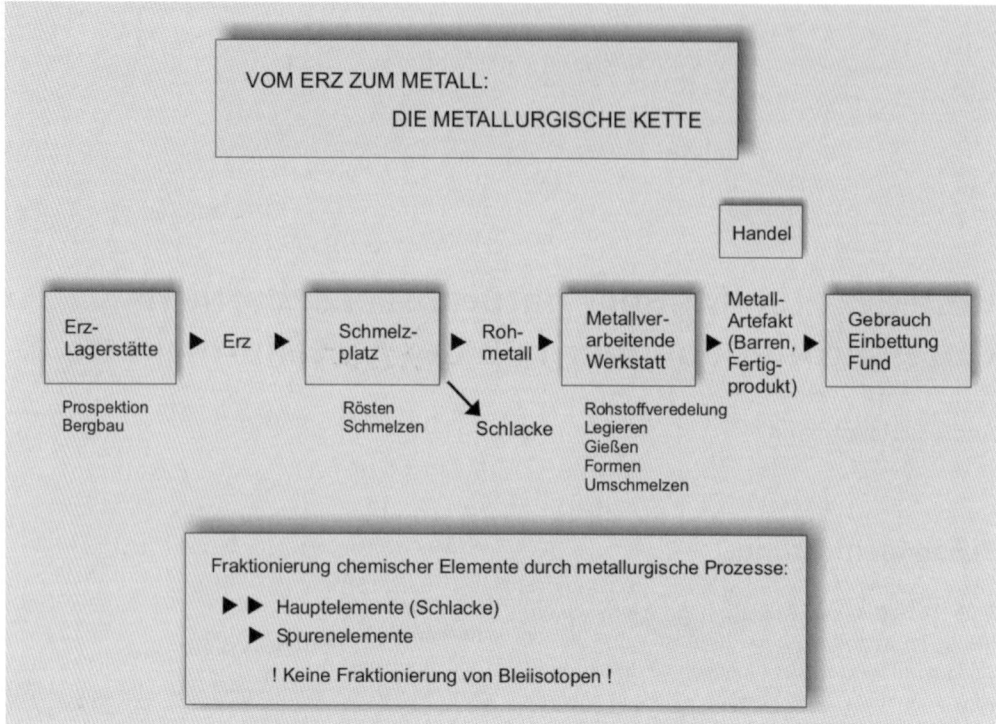

**Abb. 2.22.** Die kausalen Zusammenhänge von Materialien und menschlichen Tätigkeiten bei der Gewinnung und Verarbeitung von Metall sind in der Metallurgiekette zusammengefasst. Aus: Hauptmann (2000)

Zur Lösung dieser Fragestellungen bedarf es zusätzlich der Untersuchung von metallurgischen Ausgangs-, Zwischen und Abfallprodukten, wie z. B. von Erzen, die man zur Verhüttung einsetzte, von Schlacken und (Roh-)Metallen.

Diese Materialien stehen in kausalem Zusammenhang und sind Bestandteile der so genannten Metallurgiekette (▶ **Abb. 2.22**). Sie belegen damit unmittelbar berg- und hüttenmännische Gewinnung und/oder Verarbeitung von Metallen. Die Charakterisierung solcher Funde unter den genannten Fragestellungen erfordert den Einsatz naturwissenschaftlicher Analyseverfahren. Dies ist Gegenstand der Archäometallurgie, einem speziellen Forschungsgebiet der Archäometrie.

Die in alter Zeit bekannten Metalle waren zunächst Kupfer, Gold und Blei, dann folgten Silber, Zinn, Eisen, um die Zeitenwende Quecksilber und dann Zink. In der frühen Neuzeit kamen Antimon, Arsen, Kobalt und Wismut dazu. Alle anderen Metalle konnten mit den damals zur Verfügung stehenden Mitteln nicht aus ihren Erzen gewonnen werden.

Im Folgenden sollen aus dem Ensemble der vielfältigen archäometallurgischen Funde (Hauptmann 2000), einige grundlegend wichtige und häufige Materialien anhand verschiedener Untersuchungskonzepte und -methoden besprochen werden, nämlich Erze, Schlacken und Metalle.

## Erze

Erze sind natürliche Minerale oder Mineralgemenge mit hohen Metallgehalten. Die in der Natur auftretenden Erze sind nicht „rein", sondern enthalten aufgrund von Verunreinigungen im kristallographischen Bereich und als Verwachsungen im mikroskopischen Bereich eine Reihe anderer Elemente. Solche Metallbeimengungen liegen im Bereich von Mikrogramm pro Gramm oder parts per million bis zu einigen Gewichtsprozenten. Zudem sind Erzminerale in wechselndem Maße mit dem sie umgebenden Gestein verwachsen, was entscheidenden Einfluss auf die Schlackenbildung hat.

Hauptanliegen lagerstättenkundlicher Aufnahmen ist, qualitative und evtl. auch quantitative Aussagen über die Erzführung in den Bereichen einer Lagerstätte zu treffen, die in prähistorischer Zeit erreichbar waren, d. h. bis in eine Teufe von etwa 100 m. Unter Gesichtspunkten der Gewinnung, Verarbeitung und Nutzung ist es sinnvoll, die Erze der o. g. Metalle in solche einzuteilen, die in gediegener Form, in chemischen Verbindungen frei von Schwefel (abweichend von der Systematik der Mineralogie als „oxidische" Erze bezeichnet, wie z. B. Cerussit, Malachit, Cuprit, Limonit, Magnetit u. v. a.) und schließlich in Sulfid- bzw. Sulfatverbindungen vorliegen (Bleiglanz, Chalkosin, Covellin, Chalkopyrit, Bornit, Enargit u. a.). Mineralbestand und Gefüge von Erzen sind vergleichsweise einfach mit der Polarisationsmikroskopie (Erzmikroskopie, RAMDOHR 1975) und anhand der Röntgendiffraktometrie zu ermitteln. Liegen Verwachsungen von Erzen im (sub-)mikroskopischen Bereich vor, deren Zusammensetzung auch noch chemisch analysiert werden soll, bedarf es der Rasterelektronenmikroskopie und/ oder der Mikrosondenanalyse. Beredtes Beispiel hierfür ist die Bestimmung von Silberträgern in Erzen, deren Gewinnung in (prä-)historischer Zeit gerne mit silberhaltigem Bleiglanz erklärt wird. (Elektronen-)optische Untersuchungen an Erzen von Ross Island/Irland (IXER 1999) und aus dem Schwarzwald (SCHIFER 1999; GOLDENBERG & STEUER 2004) haben aber deutlich gemacht, dass in solchen Fällen die Rolle von silberhaltigen Fahlerzen wahrscheinlich unterschätzt wird (▶ Abb. 2.23, siehe Farbtafeln).

Unter den gediegenen Metallen ist Kupfer das häufigste. Die älteste Verarbeitung durch einfaches Kalt- und Warmhämmern ist in Vorderasien nachweisbar, wo bereits in frühneolithischer Zeit Perlen, Ahlen und kleine Häkchen hergestellt wurden (YALÇIN & PERNICKA 1999) (▶ Abb. 2.24, siehe Farbtafeln). Auch im iranischen Hochland haben die umfangreichen Vorkommen von gediegenem Kupfer und Kupferarseniden in Talmessi und Meskani wahrscheinlich eine Rolle in der frühen Kupfermetallurgie gespielt. Die Verwendung von Gold setzt im 5. Jahrtausend v. Chr. ein und ist z. B. durch die eindrucksvollen Funde von Varna in Bulgarien belegt (IVANOV 1978). Ob und wann gediegenes Eisen, das gelegentlich in meteoritischer Form, jedoch nur selten als terrestrisches Eisen auftritt, vom Menschen genutzt wurde, ist nicht vollständig geklärt. Erste Belege deuten aber schon auf das 6. Jahrtausend (PERNICKA 1995, YALÇIN 2000).

Im 5./4. Jahrtausend verbreitet sich von Vorderasien aus nach Mitteleuropa schnell die Kenntnis, durch einfache pyrometallurgische Operationen Metalle aus ihren oxidischen Erze zu extrahieren. Das betraf in erster Linie das Kupfer. Hierzu wurden Erze, die in der Regel in unterschiedlichem Maße mit Nebengestein verwachsen waren, mit Holzkohle als Brennstoff und Reduktionsmittel bei rund 1100 °C verhüttet. Das eigentliche Erz wurde dabei zu Metall reduziert, aus dem Nebengestein bildete sich Schlacke. Montanreviere mit oxidischen Kupfererzen, wo die frühe Archäometallurgie des Kupfers beispielhaft erforscht wurden, sind Faynan (HAUPTMANN 2000) und Timna (ROTHENBERG 1990) im Wadi Arabah.

Die Gewinnung von Silber, das im Vorderen Orient seit dem 4./3. Jahrtausend mit dem vermehrten Auftauchen von Bleiartefakten zu finden ist, erfordert dagegen einen zusätzlichen metallurgischen Prozess, nämlich den Treibeprozess. Silber tritt sehr oft als Beimengung von Bleierzen auf. Für eine Nutzung von gediegenem Silber in der Bronzezeit gibt es keine Belege. Beim Treibeprozess wird das Silber durch selektive Oxidation von Blei abgetrennt, wobei Bleiglätte (PbO) als Abfallprodukt anfällt. Funde vom oberen Euphrat zeigen, dass der Treibeprozess schon im 4. Jahrtausend v. Chr. bekannt war (HESS et al. 1998, PERNICKA et al. 1998)

Die Verhüttung von Eisenerzen setzt am Ende des zweiten vorchristlichen Jahrtausends ein. Sie beschränkt sich bis in die Neuzeit fast durchweg auf die Verhüttung von oxidischen Erzen. Schnell entwickelte sich das so genannte Rennfeuerver-

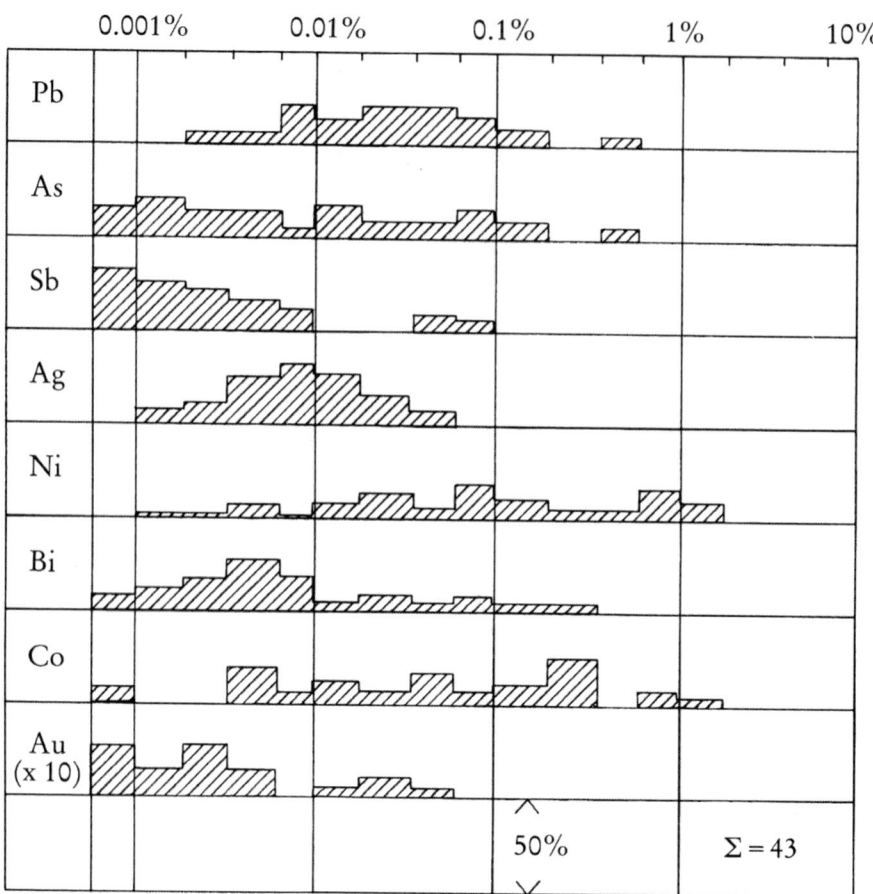

**Abb. 2.25.** Variation von Neben- und Spurenelementen in Chalkopyrit vom Mitterberg-Gebiet und vom Falkenstein bei Schwaz, dagestellt in einem Histogramm mit logarithmischer Skalierung. Aus: Pernicka (1995)

fahren, bei dem Eisen bzw. Stahl erzeugt wurde und die Charge zum großen Teil eine gut flüssige, eisenreiche Silikatschlacke bildete.

Schwefelhaltige bzw. sulfidische Erze erfordern vor und im Verlauf einzelner Verhüttungsgänge einen oder mehrere Röstprozesse, bei denen überwiegende Anteile von Schwefel aus dem Erz entfernt werden. Bei diesem Prozess werden auch leicht flüchtige Bestandteile des Erzes (As, Sb, Bi, Zn, Pb) mit entfernt. Die beabsichtigte Verhüttung von schwefelhaltigen Erzen setzt wahrscheinlich erst in der zweiten Hälfte des 2. Jahrtausends ein.

Erze, die in alter Zeit bergmännisch gewonnen wurden, stammen fast ausnahmslos aus den oberflächennahen Bereichen von Lagerstätten (Weisgerber & Pernicka 1995). Diese zeigen, bedingt durch den Einfluss von Atmosphärilien, eine so genannte sekundäre Zonierung. In der Oxidationszone tritt an der Erdoberfläche der so genannte Eiserne Hut auf, darunter liegt eine Laugungszone, gefolgt von einer Anreicherungszone aus oxidischen Erzen. Der Bereich des Grundwasserspiegels, die Zementationszone, ist ein ausgesprochen reichhaltiger Teil einer Erzlagerstätte.

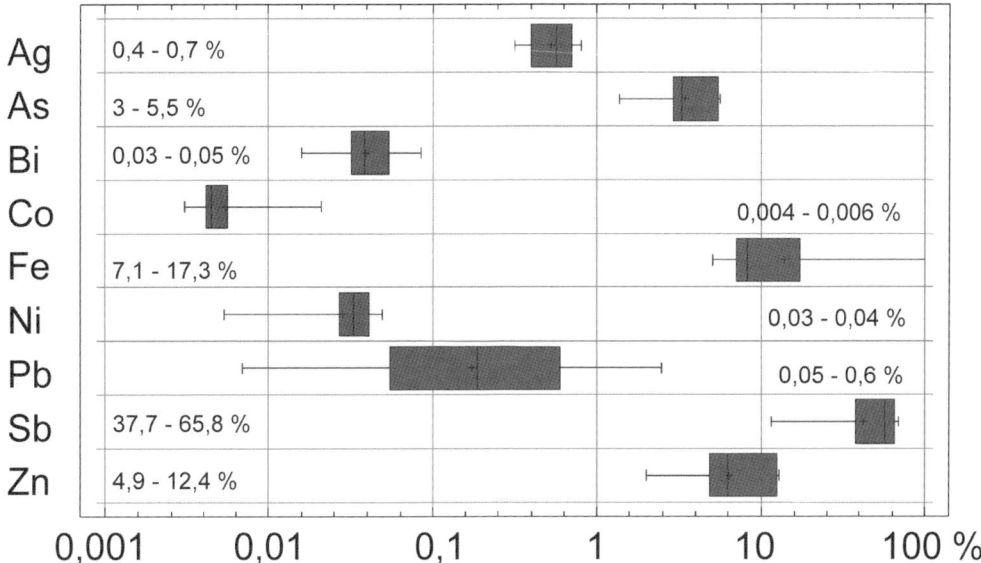

**Abb. 2.26.** Elementverteilung in Fahlerzproben aus der bronzezeitlichen Grube La Roussignole bei Cabrières, Frankreich, dargestellt in Box-Whisker-Plots. Die Konzentrationen der Elemente sind logarithmisch wiedergegeben und auf Cu = 100 % normiert. Die schwarze Linie innerhalb der „Box" ist der Median, diese wiederum zeigt die mittleren 50 % der gemessenen Werte, die „Whiskers" die restlichen 50 %. Beachte die außerordentlich hohen Sb- und Ag-Gehalte! Aus: PRANGE & AMBERT (2005)

Hier herrscht ein reduzierendes Milieu, das zur Ausfällung von Edelmetallen und hochgradigen sulfidischen (Kupfer-)Erzen führt. Der darunter liegende primäre Erzkörper ist dagegen deutlich metallärmer. Sekundäre Zonierung, Wechsel von oxidischen zu sulfidischen Erzen und die Bewältigung zunehmend ärmerer Erze gehören zu den grundsätzlichen technischen Auseinandersetzungen von Bergbau und Hüttenwesen, deren Bewältigung im Verlauf der Geschichte zu entsprechenden Innovationen geführt haben.

Hiermit verbunden sind drei Effekte, die in der Archäometallurgie berücksichtigt werden müssen:

1. In der Regel sind es nur mehr die Überreste abgebauter Vererzungen, die uns für eine Bearbeitung zur Verfügung stehen. Eine Beurteilung der Reichhaltigkeit oberflächennaher Vererzungen und des Vorkommens gediegener Metalle wie Kupfer, Silber und Gold, die zu Beginn der Metallzeiten wahrscheinlich vorhanden waren, ist schwierig. Es ist deshalb problematisch, eine Abschätzung von Metallgehalten für Erze vorzunehmen, die in bestimmten Epochen verhüttet wurden.

2. Hier ist besonders auf die (punktuelle) Verfügbarkeit von Reicherzen, oxidischen Erzen oder gediegenen Metallen zu achten. Erzproben sollten möglichst aus alten Gruben entnommen werden, um dem von den Alten abgebauten Material nahe zu kommen. Hier sind bergbauarchäologische Ausgrabungen erforderlich, die Probenahme ist limitiert. Moderne, geologische Probenahme von „off the mill"- Erzen ist nicht unbedingt hilfreich. Wichtig ist eine detaillierte Analyse von Verwitterungsmineralen in den Übergangsbereichen von Oxidations- und Zementationszone, oder das Auftreten von Wertträgern in Verwitterungsmineralen wie z. B. Gold- und Silbergehalte in Jarositen von Rio Tinto.

3. Die sekundäre Zonierung von Erzlagerstätten ist mit einer Verschiebung der geochemischen Signatur der Lagerstätte in kleinräumigen Be-

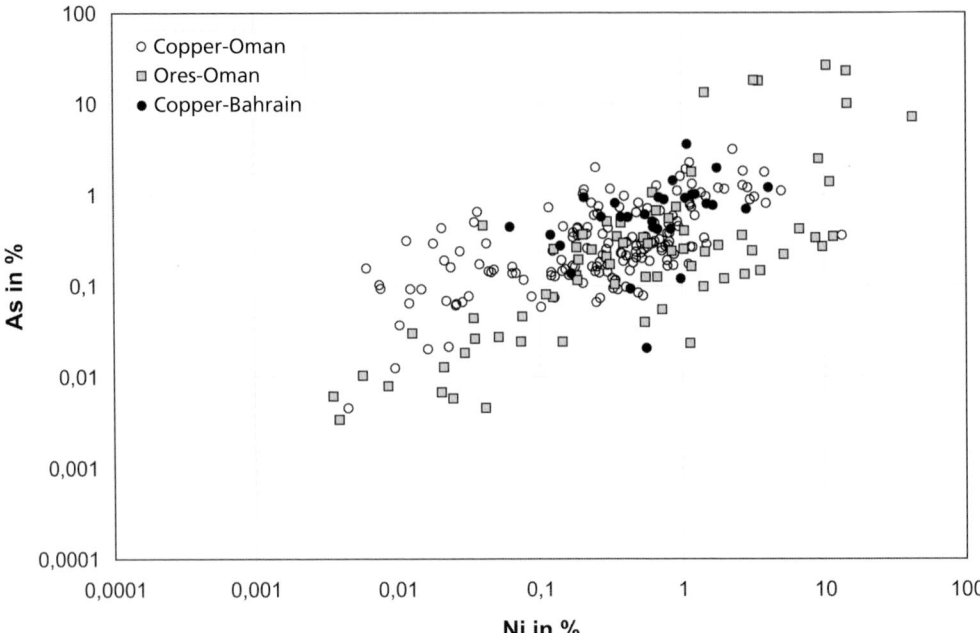

Abb. 2.27. Arsen- und Nickelkonzentrationen von omanischen Kupfererzen und bronze-/eisenzeitlichen Kupferobjekten von der südostarabischen Halbinsel, dargestellt in einem binären Arsen-/Nickeldiagramm in logarithmischer Skalierung. Aus: PRANGE et al. (1999)

reichen verbunden, so dass es in den daraus geschmolzenen Metallobjekten zu erheblichen Variationsbreiten von Spurenelementgehalten kommen kann. Für archäometallurgische Fragestellungen sollten nur solche Elemente analysiert werden, die bei hüttenmännischen Prozessen vom Erz ins Metall übergehen. Wichtig sind hier As-Gehalte, deren überregionales Vorkommen in Kupferartefakten der Frühbronzezeit noch immer nicht erschöpfend erklärt werden kann sowie Sn- und Pb-Konzentrationen, um festzustellen, ob eine Lagerstätte selbst diese wichtigen Legierungselemente besitzt oder ob sie später zum Metall zugegeben worden sind. Die Kenntnis von Pb spielt eine Rolle, wenn Analysen von Bleiisotopen vorgesehen sind (siehe unten). Weitere bedeutsame Elemente sind Co, Ni, Sb, Bi, Zn, Ag, Au, Se, Te und Fe.

Die Analyse von Neben- und Spurenelementen wird mittels spektrometrischer Verfahren (Atomabsorptions-, Plasma- und Massenspektrometrie, PRANGE 2001) oder mittels instrumenteller Neutronen-Aktivierungsanalyse (PERNICKA 1984) durchgeführt, da diese Verfahren über die notwendige Empfindlichkeit verfügen, Elementkonzentrationen im Bereich von parts per million oder darunter zu messen. Aber wegen der möglichen Variationsbreite von Spurenelementgehalten in Erzen ist eine Darstellung von Absolutkonzentrationen meist wenig sinnvoll. Um dieses Problem zu umgehen, müssen statistische Auswertemethoden benutzt werden. Es empfehlen sich z. B. Histogramme mit logarithmischer Skalierung, wie sie PERNICKA (1995) für die Darstellung von Neben- und Spurenelementen in Chalkopyrit vom Mitterberg-Gebiet und von Schwaz verwendet hat (▶ Abb. 2.25). PRANGE & AMBERT (2005) verwenden auch so genannte Box-Whisker-Plots, in denen sie Durchschnittswerte wie die Mediangehalte und Interquartile verschiedener Elemente in Erzen aus dem Gebiet von Cabrières darstellen (▶ Abb. 2.26).

Häufig werden auch lagerstättenspezifische Elementverhältnisse in binären Diagrammen gezeigt, um Gesetzmäßigkeiten wie positive oder negative Korrelationen oder Streubereiche aufzuzeigen. Sie sind Grundlage für geochemische Vergleiche mit Metallartefakten bei Provenienzstudien. Eine besonders deutliche Übereinstimmung zwischen Erzen und Metallartefakten zeigte sich im Arsen/Nickel-Diagramm in ▶ **Abb. 2.27**. Hier sind Erze aus den Kupferlagerstätten in Oman mit bronze- und eisenzeitlichen Kupferobjekten aus derselben Region aufgetragen. Die positive Korrelation zwischen beiden ist eines der überzeugenden Argumente für die Herkunft von As- und Ni-reichem Kupfer aus dem legendären Kupferland Magan (PRANGE et al. 1999).

Weiterführende Zusammenfassungen über verschiedene chemisch-analytische Methoden und über statistische Auswerteverfahren in der Archäometallurgie sind u.a. in PERNICKA (1995) und PRANGE (2001) zu finden.

## Schlacken

Schlacken bilden sich als Abfallprodukte bei den verschiedenen Verhüttungsprozessen von Erzen und bei der Weiterverarbeitung von Rohmetall. Letztere umfasst eine ganze Reihe von Tätigkeiten, z. B. das Zusammenschmelzen kleinerer Metallstücke zu größeren Einheiten, um daraus ein Artefakt zu gießen, das Zusammenschmelzen von Altmetall, das Legieren, das Ausheizen von Eisenluppen, um Schlackeneinschlüsse zu entfernen und das Schmieden von Eisen- bzw. Stahlrohlingen zu Objekten.

Funde archäometallurgischer Schlacken sind stets Hinweise auf Werkplätze, da sie als wertlose Abfallprodukte an der Stelle ihrer Entstehung auch weggeworfen werden. Sie tauchen ausgesprochen häufig im archäologischen Kontext auf. Am ehesten finden sie die Aufmerksamkeit von Archäologen bei Siedlungsgrabungen, da sie hier automatisch in das Fundinventar aufgenommen und bearbeitet werden. Oft handelt es sich um Schlacken aus der Metall-Weiterverarbeitung, wie sie z. B. in Mitteleuropa in latènezeitlichen Fundensembles häufig auftreten. Typisch sind hier so genannte Schmiedeschlacken aus der Eisenmetallurgie, Buntmetallschlacken und Fragmente von kleinen Schmelztiegeln (MODARRESSI-TEHRANI 2004). In Siedlungen des Spätneolithikums oder der Kupfersteinzeit sind aber auch Schlacken aus der Verhüttung von Erzen zu finden (BARTELHEIM et al. 2002), d. h., dass in den Anfangsphasen der Metallurgie Metall innerhalb von Siedlungen erschmolzen wurde. Spätestens seit der Spätbronzezeit sind Erze aber fast überall in unmittelbarer Nähe der Lagerstätten selbst verhüttet worden, so dass dort die eigentlichen Massen an Schlacken auf Halden liegen.

Die Formen von Schlacken variieren erheblich in Größe, Form und Gewicht: sie bilden handtellergroße Küchlein von einigen hundert Gramm bis zu Blöcken übereinandergeflossener Lagen von Fließschlacken mit einem Gewicht von hundert Kilogramm. Ihre Geometrie wird bestimmt von ihrer Viskosität, den Herd- oder Ofenkonstruktionen und dem Ort ihrer Erstarrung, ihre Zusammensetzung von der Summe der an dem metallurgischen Hochtemperaturprozess beteiligten Materialien: Ausgangserze, evtl. Flussmittel, Materialien aus der Herd- oder Ofenwandung und Holzkohle- bzw. Aschebestandteile. Da Schlacken nur in begrenztem Maße nach stilkritischen Merkmalen gekennzeichnet und interpretiert werden können und somit materialanalytischer Untersuchungen bedürfen, sind sie lange Zeit stiefmütterlich behandelt worden. Erst im Rahmen interdisziplinärer archäologisch-technikgeschichtlich-naturwissenschaftlicher Forschungen erkannte man die Aussagekraft dieser Fundgattung, um handwerkliches Know-How der epochenübergreifend wichtigen Metallentwicklung zu entschlüsseln.

Generell bedarf es zu einer Kennzeichnung von Schlacken eines Methodenbündels mineralogischer und chemischer Untersuchungen. Grundlegend sind zunächst makroskopische Gefügeanalysen, anhand derer der innere Aufbau einer Schlacke erfasst werden kann. Besonders instruktiv sind solche Untersuchungen an kalottenförmigen „Schmiedeschlacken" aus Merowingerzeit von Les Boulies in der Schweiz durchgeführt worden (ESCHENLOHR & SERNEELS 1991). Sehr deutlich zeigen die Aufnahmen die aus dem Stoffeintrag einzelner Arbeitsgänge aufgebauten Schlacken. Der mineralogische Phasenbestand und das Mikrogefüge von Schlacken können mittels polarisationsmikroskopischer Methoden erfasst werden. Es empfiehlt sich, oberflächenpolierte Dünnschliffe herzustellen, um nicht nur durchscheinende silikatische, sondern auch opake Gemengteile zu mikroskopieren und ggf. unter dem Rasterelektronenmikroskop oder der Elektronen-Mikrosonde zu analysieren. Chemische Pauschalanalysen sollten nur von homogenen, aus vollständig verflüssigten Schmelzen erstarrten Schlacken angefertigt werden. Ungeschmolzene Bestandteile verfälschen Ergebnisse, sofern man beabsichtigt, Analysen zur Diskussion in Phasendiagrammen zu verwenden (s. u.). Schlacken lassen sich mittels verschiedener spektralanalytischer Verfahren analysieren (Röntgenfluoreszenz-, Atomabsorptions-, Plasma-Spektrometrie).

## Phasendiagramme: Erstarrungstemperaturen bei der Abkühlung

Um bei modernen Hüttenprozessen die Erstarrungstemperatur von Schlacken möglichst niedrig zu halten, und damit die Trennung von dem entstehenden Metall zu optimieren, wird die Schlackenschmelze durch Zugabe von Flussmitteln auf möglichst niedrig schmelzende (eutektische) Zusammensetzungen hin justiert. Die hierfür geeignete Stoffzusammensetzung wird ermittelt, indem man die chemische Zusammensetzung einer Schlacke rechnerisch auf ihre Hauptbestandteile reduziert und diese Komponenten in geeignete Phasendiagramme projiziert. Für den Großteil der

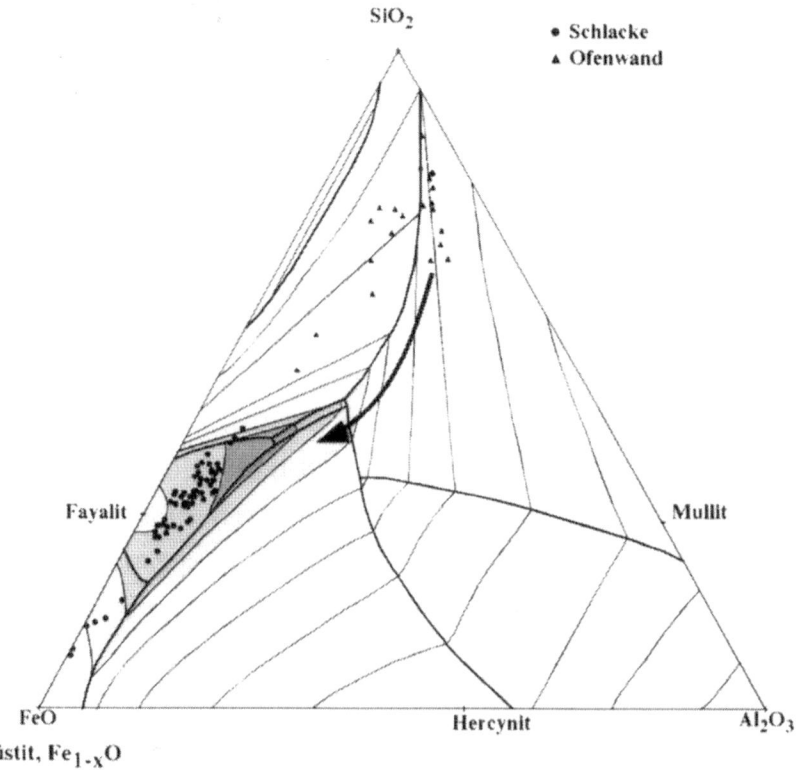

**Abb. 2.28.** Projektion der pauschalchemischen Zusammensetzung von verschiedenen eisenreichen Silikatschlacken (schwarze Punkte) und von Ofenwandungen. Die meisten der Schlacken liegen im Liquidusfeld von Fayalit und zeigen damit eine Erstarrung im niedrig schmelzenden Bereich des Systems an. Aus: Kronz (1997)

Zusammensetzungen sind entsprechende Dreistoff- und Vierstoffsysteme bekannt (Verein Deutscher Eisenhüttenleute 1995), so dass man leicht die optimalen Erstarrungstemperaturen rechnerisch abschätzen kann. Voraussetzung ist bei diesem Konzept, dass Schlacken aus einer vollkommen verflüssigten Schmelze erstarrt sind.

Die Abschätzung von Erstarrungstemperaturen archäometallurgischer Schlacken anhand von Phasendiagrammen wurde verschiedentlich diskutiert (KEESMANN 1989), und u. a. am Beispiel von Fließschlacken der späteren Bronzezeit und nachfolgender Perioden angewendet, z. B. aus Timna (BACHMANN 1980), Zypern (BACHMANN 1982a) und aus dem Lahn-Dill-Gebiet (KRONZ & KEESMANN 2003). Entsprechend der typischen Zusammensetzung von Schlacken an alten Schmelzplätzen verwendete man die Systeme $CaO-SiO_2$- $FeO$, $SiO_2-CaAl_2Si_2O_8-FeO$, $FeO$- $SiO_2-Al_2O_3$. Der Chemismus der Schlacken vermittelte gleichzeitig wichtige Informationen über die (beabsichtigte) Mischung von Chargen und über potenzielle stoffliche Einträge aus Ofenwandung und Asche. Die Untersuchungen haben ergeben, dass ein großer Teil alter Schlacken sich in einem Temperaturbereich von ca. 1100–1200 °C verfestigt hat, demnach die Feuerungsbereiche alter Schmelzöfen rund 200 °C höher lagen.

In ▶ **Abb. 2.28** ist das im System $FeO-SiO_2-Al_2O_3$ für die Zusammensetzung eisenreicher Silikatschlacken aus dem Rennfeuerverfahren gezeigt. Die Schlacken plotten überwiegend in den niedrig schmelzenden Bereich des Systems, nämlich im Ausscheidungsfeld von Fayalit. Nach den Überlegungen moderner Metallurgie lassen sie die Aussage zu, dass hier optimal zusammengesetzte, niedrig viskose Schlackenschmelzen aus Erz und Flussmitteln gemischt wurden, so dass die hohe „Trefferquote" solcher Zusammensetzungen scheinbar als deutlicher Hinweis für die Geschicklichkeit von alten Hüttenleuten gewertet werden kann (BACHMANN 1980). Auffallend ist aber, dass sie weltweit über die Zeiten hinweg an archäometallurgischen Schlacken zu beobachten ist (REHREN 2000).

Hier muss ein lagerstättenkundlich-petrologischer Aspekt berücksichtigt werden. Bei der Verhüttung von Erzen werden überregional ähnliche Ausgangsstoffe eingesetzt, da auch Erzlagerstätten überregional ähnliche Zusammensetzungen haben. Sie bewegen sich in den eben genannten Stoffsystemen. Bei der Erhitzung in einem Schmelzofen bilden sich deshalb automatisch derartige eisenreiche „eutektische" Schmelzen (HAUPTMANN 2003). Sie wurden meist aus dem Ofen abgestochen und repräsentieren die im archäologischen Kontext bekannten Fließschlacken. Zusätzlich können sich aber auch, bedingt durch zu kurze Feuerungszeiten, zu knapp bemessenen Ofentemperaturen oder zu hohe Gehalte an schwer schmelzbaren Bestandteilen Schlacken bilden, die nicht vollständig verflüssigt werden. Sie enthalten hohe Restgehalte an Metall, werden deshalb mechanisch aufbereitet und wieder eingeschmolzen. Archäologisch sind sie schwer fassbar.

## *Phasendiagramme: Schlackenbildung bei steigenden Temperaturen*

In den 1980er Jahren erweiterte sich durch archäologische Grabungen der Fundbestand an Schlacken aus den Anfangsstufen der Metallurgie, d. h. aus der Zeit des 4./3. Jahrtausends v. Chr. Es sind dies Produkte der Verhüttung von Erzen, die oft innerhalb von Siedlungen in kleinen Reaktionsgefäßen durchgeführt wurde. Solche Schlacken sind auch an bronzezeitlichen Schmelzplätzen am Mitterberg im Salzburger Land oder im Trentino (METTEN 2003) gefunden worden. Sie sind charakterisiert durch einen hohen Anteil heller, unaufgeschmolzener Bestandteile, vor allem Quarzeinschlüsse, hoch feuerfester akzessorischer Minerale und Gesteinsbruchstücke (HAUPTMANN et al. 1993, YALÇIN et al. 1992), die in eine dunkle Schlackenmatrix eingebettet sind. Das verleiht ihnen das Aussehen einer Brekzie.

Diese Schlacken sind in der Literatur ungeschickt als „Free Silica Slags" bezeichnet worden (KEESMANN 1993). Ihre Einschlüsse wurden als absichtlich zugegebene Flussmittel interpretiert (TYLECOTE 1987). Dies würde aber *a priori* ein ungewöhnliches, überraschendes Know How gerade in den Anfangsstufen der Metallurgie voraussetzen. Zwangloser lässt sich die Entstehung dieser Schlacken interpretieren, wenn man die sukzessive Erhitzung der einzelnen Chargenbestandteile in einem Reaktionsgefäß verfolgt. Das bedeutet im Gegensatz zu dem eben geschilderten

Konzept zunächst eine Betrachtungsweise eines Phasendiagramms „von unten": Die Bildung einer Schmelze setzt mit steigenden Temperaturen im Zwischenkornbereich an der Stelle ein, wo ideale Zusammensetzungen für leicht schmelzbare, „eutektische" Schmelzen vorhanden sind. Diese sind in der Regel reich an Fayalit ($Fe_2SiO_4$), Pyroxen und/oder Hercynit ($Fe_2AlO_4$). Enthält die Charge mehr schwer schmelzbare Bestandteile, z. B. Quarz, Feldspat oder auch Eisen(hydr)oxide, die dieser „eutektischen" Zusammensetzung entsprechen, müssen Feuerungstemperaturen und -zeit erhöht werden. Andernfalls bleiben diese Bestandteile als unaufgeschmolzene Einschlüsse erhalten, wie das öfter zu beobachten ist. Es ist einsichtig, dass eine nur partielle Verflüssigung von Schlacken die Trennung von Metall oder Kupferstein behindert.

## *Temperatur und Oxidationsgrad*

Naturgemäß enthalten archäometallurgische Schlacken aufgrund ihrer Ausgangsmaterialien hohe Eisen- bzw. Eisenoxidgehalte. Damit ist bei gleichbleibender chemischer Zusammensetzung ihr mineralogischer Phasenbestand in hohem Maße von zwei Parametern abhängig, nämlich von Feuerungstemperatur und Zusammensetzung der Gasatmosphäre. Neben dem erwünschten Metall oder den produzierten Sulfidphasen (Kupferstein) kristallisieren unterschiedliche Phasen mit zwei- und dreiwertigem Eisen.

Temperatur und Gasatmosphäre sind Funktion der Verbrennung von Holzkohle nach den Gleichungen

I  $\quad C + O_2 \leftrightarrow CO_2$ sowie
II $\quad CO_2 + C \leftrightarrow 2\,CO$

Je nach Sauerstoffzufuhr über Düsen, Blasrohre oder freier Windzufuhr in das Holzkohle-Beschickungsbett wird die Charge in unterschiedlichem Maße reduziert. Nicht nur die zugegebene Menge an Holzkohle, sondern auch die Konstruktion des Reaktionsgefäßes hat entscheidenden Einfluss auf die Qualität des Produkts. Das erklärt, warum in den kleinen Tiegeln, möglicherweise auch in kleinen Schmelzöfen der Kupfersteinzeit oder der Frühbronzezeit nicht genügend stark reduzierende Bedingungen erzeugt werden konnten, wie sie etwa in Schachtöfen in der Spätbronze- oder Eisenzeit erreicht wurden (▶ **Abb. 2.29, siehe Farbtafeln**).

In Schlacken aus den Anfängen der Metallurgie macht man tatsächlich die Beobachtung, dass sie hohe Metall-Restgehalte aufweisen. Das liegt darin begründet, dass auch Metalle wie Cu, Sn, Pb, Zn u. a. nicht immer aus ihren Oxiden zum Metall reduziert wurden. Es ist bekannt, dass solche Schlacken weit über 10 Gew.% ihres Wertträgers in Form von Oxiden (Cuprit, $Cu_2O$, Delafossit $CuFe_2O_4$) oder Silikaten (Bleisilikate) enthalten können (BACHMANN 1982b, HAUPTMANN et al. 1988, HAUPTMANN et al. 2003). Aufgrund dieser enormen Metallverluste sind sie in späteren Epochen immer wieder aufbereitet und eingeschmolzen worden.

Wird unter stärker reduzierenden Bedingungen geschmolzen, wie z. B. beim Rennfeuerverfahren zur Erzeugung von Eisen, treten in Schlacken vor allem Verbindungen mit zweiwertigem Eisen auf. Eine der am meisten verbreiteten Schlackenphasen ist Fayalit, der mit Wüstit („FeO") und mit wechselnden Mengen an Pyroxen (z.B. Hedenbergit, $CaFeSi_2O_6$) und Glas kristallisiert (▶ **Abb. 2.30, siehe Farbtafeln**). Bei rascher Abkühlung der Schlackenschmelze kristallisiert Fayalit in langen, dünnen, skelettförmigen Nadeln, die ein so genanntes Spinifex-Gefüge bilden.

Die Verhüttung von Buntmetallerzen erfordert keine so streng reduzierenden Bedingungen. Bronze- und eisenzeitliche sowie mittelalterliche Schlacken sind deshalb eher gekennzeichnet durch die Phasenassoziationen von Fayalit bzw. eisenreichem Olivin und Magnetit ($Fe^{II,III}_3O_4$). Wüstit, der mikroskopisch nicht immer leicht von Magnetit zu unterscheiden ist, tritt hier so gut wie nicht mehr auf.

Die Einwirkung von Sauerstoff auf Schlackenschmelzen ist während der Erstarrung außerhalb des Schmelzofens, nach dem Abstich, besonders stark und führt zur Bildung von Oxidationsrinden aus verschiedenen Fe-Oxiden (Magnetit, Hämatit, Iscorit, $Fe^{2+}_5Fe^{3+}_2(SiO_{10})$. Solche Krusten sind ein wichtiges Kriterium, um die Entstehungsbedingungen von so genannten Plattenschlacken zu interpretieren. Dieser Schlackentyp tritt besonders häufig an bronzezeitlichen Hüttenplätzen der Kupfermetallurgie in den Alpen auf, findet sich aber auch an mittelalterlich/neuzeitlichen Schmelzplätzen der Blei-Silbermetallurgie im Harz. Er zeigt an seiner Oberfläche zusätzlich typische Milchhautrunzeln. Überlegungen, ob er sich nicht innerhalb eines Schmelzofens, im Bereich der Schlackenbildung vor den Düsen gebildet haben könnte (KLAPPAUF 2000), konnten nicht bestätigt werden.

## Metallobjekte

### Chemische Analysen

In der modernen Metallurgie ist man bestrebt, mit aufwändigen technischen Methoden möglichst reine Metalle herzustellen und selbst kleinste Verunreinigungen zu entfernen. Die Archäometallurgie setzt auf den gegenteiligen Effekt: interessant sind gerade die im Metall verbliebenen Verunreinigungen, die für Provenienzstudien herangezogen werden oder dazu dienen, Legierungstechniken zu entschlüsseln. Für eine Charakterisierung von Metallartefakten nach ihrem Neben- und Spurenelementmuster sind dieselben Elemente von Bedeutung, die schon bei den Erzen genannt wurden.

Die Ermittlung eines geochemischen Fingerabdrucks eines Artefakts kann nach den Erfahrungen der letzten Jahrzehnte mit ca. 50 mg an Probensubstanz durchgeführt werden, die im allgemeinen mittels eines etwa 1,5 mm dicken Bohrers aus dem Artefakt entnommen wird. Diese Menge gibt einen sehr guten Überblick über die Gesamtzusammensetzung des Metalls bzw. der Legierung. Bei erkennbar heterogenem Aufbau können Objekte auch an mehreren Stellen beprobt werden. Für die chemische Analyse können dieselben Messverfahren eingesetzt werden, die bereits für die geochemische Kennzeichnung von Erzen genannt wurden.

Zerstörungsfreie (Oberflächen-)Analysen von Metallartefakten können mittels der Röntgenfluoreszenzspektrometrie durchgeführt werden, wobei aber, instrumentell bedingt, meist nur Elemente gemessen werden können, die mindestens in Konzentrationen im unteren 1/10tel-Prozentbereich vorliegen. Zudem kann die tatsächliche Zusammensetzung des Metallkorpus durch Segregation bestimmter Elemente bei der Abkühlung verfälscht werden. Insgesamt ermöglicht das zwar eine gute Identifikation von Legierungstypen, ist aber als Datenbasis für Provenienzstudien ungeeignet.

Gelegentlich sind in der Literatur Analysen zu finden, die mit der Teilchen-induzierten Röntgenemission (Particle-Induced X-ray Emission = PIXE) durchgeführt werden (PIXE-Analysen). Dieses Verfahren ist zwar zerstörungsfrei, schnell, sehr sensitiv und analysiert eine große Zahl von Elementen, gibt aber nur punktuelle, keine Durchschnittszusammensetzungen an. Es kommt deshalb eher in den Bereichen zum Einsatz, wo zerstörungsfreie Analytik Vorbedingung ist, wie z. B. bei der Untersuchung von Kunstwerken (DENKER et al. 2005).

Die erste überregionale Systematisierung chalkolithischer und bronzezeitlicher Kupferobjekte wurde in den 1960er/1970er Jahren von JUNGHANS et al. (1968, 1974) in dem Projekt „Studien zu den Anfängen der Metallurgie" („SAM") durchgeführt. Der in ▶ **Abb. 2.31** gezeigte „Stuttgarter Stammbaum", der auf der Auswertung von rund 22.000 Analysen beruht, macht deutlich, in welche Gruppen die in ganz Europa beprobten Kupferobjekte nach den Elementen Arsen, Antimon, Bismut, Nickel und Silber eingeteilt wurden. Ziel der Autoren war, über die Analysen chemisch und archäologisch signifikante Kupfergruppen zu ermitteln, die in hohem Maße zeitliche, räumliche und kulturelle Gruppierungen widerspiegeln können (KRAUSE 2003). Sie hatten in ihrer Studie bewusst auf eine Gegenüberstellung der Artefakte mit Erzen verzichtet. Die Studie wurde von KRAUSE (2003) fortgesetzt, der eine Re-Evaluierung des „SAM"-Projekts vornahm, die computergestützte Auswertung modernisierte und den Stand der Analysen auf 26.500 erhöhte.

Eine weitergehende Klassifizierung chemischer Elemente für archäometallurgische Fragestellungen wurde von PERNICKA (1995) vorgenommen. Er teilt sie in solche ein, die eher für eine Interpretation technologischer Fragestellungen geeignet sind, und solche, die für Provenienzstudien genutzt werden können. Basis der Systematisierung ist die Bereitschaft verschiedener Elemente Oxide zu bilden bzw. umgekehrt, bei

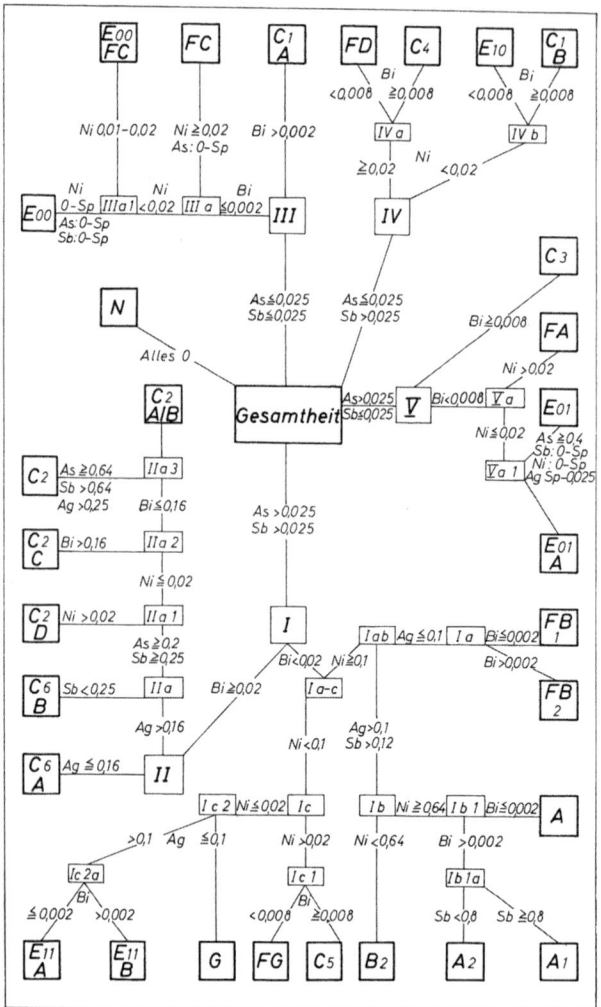

**Abb. 2.31.** Das als „Stuttgarter Stammbaum" bekannte Klassifikationsschema (prä-)historischer Kupferartefakte nach Junghans et al. (1968). Für die Einteilung in die verschiedenen Gruppen wurden die Elemente Arsen, Antimon, Nickel und Silber herangezogen.

der Verhüttung aus ihren Oxiden freigesetzt und im Metall angereichert zu werden. Oxide, die in alter Zeit nicht reduziert werden konnten und somit verschlackt wurden, sind z. B. Al, Ca, Si, Mn, Ba, Ti, Mo, Cr und W (▶ Abb. 2.32). Sie sind somit mit Metall nicht mischbar. Werden sie in Analysen genannt, so kann man davon ausgehen, dass hier nichtmetallische Einschlüsse vorliegen, die aufgrund einer ungenügenden Separation von der Schlacke im Metall inkorporiert wurden. Diese Elemente sind Grundlage für die Interpretation von Schlacken. Nicht alle Elemente/Oxide lassen sich daher eindeutig zuordnen und sind für beide Fragestellungen nutzbar. Unsicherheiten bestehen auch in der Definition bewusst hergestellter Legierungen. Das drückt sich z. B. in der Zuordnung der Elemente Sn, Zn und Pb aus.

## Metallographie

Handwerkliche Techniken alter Metallurgen bei der Herstellung von Metallobjekten lassen sich anhand von Gefügeanalysen feststellen. Hierzu bedarf es allerdings in der Regel einer größeren

| Technologie | Beides | Herkunftsanalyse |
|---|---|---|
| Al, Ca, Cr, Fe, Ge, Mn, Mo, P, Si, W | As, Cd, Co, Hg, In, P, Se, Sb, Te, Tl | Ag, Au, Bi, Co, Ir, Ni, Os, P, Pd, Rh, Ru, Sb |
| Sn $\geq$ 1 % Zn > 5 % Pb > 5 % | | Sn $\leq$ 1 % Zn < 5 % Pb < 5 % |

**Abb. 2.32.** Klassifikation einiger Elemente nach ihrer Aussagemöglichkeit zur Herstellungstechnik und als Herkunftsindikatoren. Sie basiert im wesentlichen auf der unterschiedlichen Reduzierbarkeit der Elemente aus ihren Oxiden. Die Angaben für Sn, Zn und Pb bedeuten eine ungefähre Grenze für bewusst hergestellte Legierungen. Nach PERNICKA (1995).

Materialentnahme, die zur Herstellung eines Anschliffs mit einer Fläche von einigen mm² ausreicht. Dieser wird unter dem Licht- oder Rasterelektronemikroskop auf seinen Phasenbestand (Einschlüsse von Sulfidmineralen, Korrosionsphänomene) und vor allem auf sein Gefüge hin metallographisch analysiert. Geeignete Metalle für derartige Untersuchungen sind vor allem Eisen, Kupfer sowie Gold und ihre Legierungen, nicht dagegen Blei und Zinn aufgrund ihrer sehr niedrigen Schmelzpunkte. Für die mikroskopische Untersuchung von Anschliffen werden diese meistens geätzt, um Korngröße und -gefüge, Zwillingsbildungen, Dendriten und Deformationslamellen zu erkennen. Die Zusammensetzung von Ätzmitteln werden je nach Materialzusammensetzung und erwünschter Gefügedarstellung aus verschiedenen Chemikalien gemischt. Eine sehr gute Übersicht metallographischer Untersuchungen an (prä-)historischen Metallobjekten mit entsprechenden Ätzlösungen findet sich bei SCOTT (1991).

Sehr aufschlussreiche metallographische Untersuchungen wurden an frühneolithischen Kupferobjekten aus Çayönü Tepesi und aus Aşıklı Höyük durchgeführt (MADDIN et al. 1999, YALÇIN & PERNICKA 1999). In Kombination mit chemischen Analysen konnte ihre Herstellung aus gediegenem Kupfer nachgewiesen werden. Die Objekte wurden wechselweise in kaltem und warmem Zustand gehämmert und zwischenzeitlich getempert, um durch Rekristallisation eine Versprödung des Materials mit nachfolgender Rissbildung zu vermeiden (▶ Abb. 2.24).

Besonders informativ ist die Metallographie von Eisen- und Stahlobjekten, die in alter Zeit ausschließlich aus Fe-C-Legierungen bestehen. Hier lässt sich die Wärmebehandlung des Materials besonders detailliert nachvollziehen. Die Gefüge von Fe-C-Legierungen sind in zahlreichen Arbeiten ausführlich beschrieben (siehe HORSTMANN 1985). Durch metallographische Untersuchungen konnte nicht nur die Existenz von Stahl z. B. in eisenzeitlichen und römischen Luppen und damit die primäre Produktion von Stahl beim Rennfeuerprozess nachgewiesen werden (STRAUBE 1996, GASSMANN et al. 2005), sondern auch geradezu minutiös die sehr diffizile Wärmebehandlung von Stahl (BUCHWALD 2005) (▶ **Abb. 2.33, siehe Farbtafeln**).

Neben der konventionellen Gefügeanalyse anhand von Dünnschliffen kann diese auch zerstörungsfrei mittels nicht-invasiver Neutronen-Diffraktometrie analysiert werden. Hiermit kann zerstörungsfrei die polykristalline Orientierung von Materialien dargestellt werden. ARTIOLI et al. (2003) haben mit dieser sehr aufwändigen Methode neben einigen anderen neolithischen Kupferobjekten aus dem alpinen Raum auch die Axt der Gletschermumie vom Hauslabjoch („Ötzi") untersucht.

## Isotopenanalyse

Gleichsam als eine verfeinerte Methode der chemischen Spurenelementanalyse kann die Isotopenanalyse aufgefasst werden. In der Archäometallur-

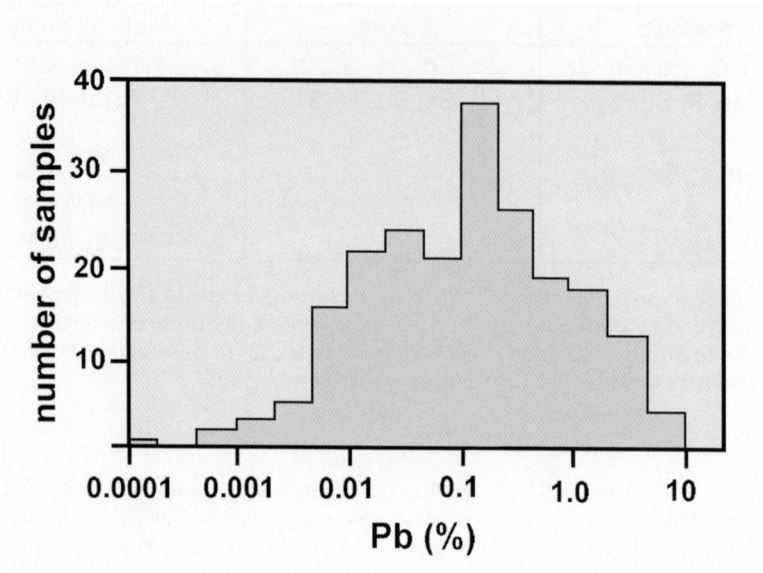

**Abb. 2.34.** Es hat sich erwiesen, dass in chalkolithischen und bronzezeitlichen Kupfer- und Bronzeartefakten ausreichende Konzentrationen an Pb vorhanden sind, um Bleiisotopenanalysen an ihnen durchzuführen. Aus: Wagner et al. (1989)

gie ist hier an erster Stelle die Bleiisotopenanalyse zu nennen. Es hat sich erwiesen, dass nicht nur Blei- oder bleihaltige Silberobjekte hierfür geeignet sind, sondern dass auch in chalkolithischen und bronzezeitlichen Kupfer- und Bronzeartefakten, die den größten Teil der Metallartefakte ausmachen, stets ausreichende Konzentrationen an Pb vorhanden sind (Wagner et al. 1989; ▶ **Abb. 2.34**). Zurzeit werden auch Messungen an Cu-, Sn- und Os-Isotopen durchgeführt, um deren Nutzen in der Archäometallurgie zu erfassen (Klein et al. 2004, Gale et al. 2002, Junk & Pernicka 2003).

Bleiisotopenmessungen wurden bis in die jüngste Vergangenheit mit Thermionen-Massenspektrometern durchgeführt; heute stehen Massenspektrometer mit induktiv gekoppelter Plasmaionisation mit vergleichbarer Genauigkeit zur Verfügung, mit denen zudem noch Spurenelemente im Ultrabereich gemessen werden können.

Gegenüber der Analyse von Spurenelementen hat die Isotopenanalyse des Bleis – die grundsätzlich als Datierungsmethode in den Geowissenschaften entwickelt worden ist, um das geologische Alter von Erzlagerstätten und Gesteinen zu bestimmen – den unschätzbaren Vorteil, dass die Zusammensetzung der vier Isotope $^{204}$Pb, $^{206}$Pb, $^{207}$Pb und $^{208}$Pb auf dem Weg vom Erz zum Metall nicht fraktioniert wird. D. h., sie wird durch keinen metallurgischen Prozesse verändert, sei es durch Rösten, durch reduzierendes oder oxidierendes Schmelzen oder nochmaliges Einschmelzen, so dass sich die isotopische Zusammensetzung des verhütteten Erzes verlässlich im Metall widerspiegelt (Begemann et al. 1989).

Für eine erfolgreiche Interpretation von Isotopenanalysen sind eine Reihe von Voraussetzungen erforderlich. Von Bedeutung ist vor allem, dass während der Gewinnungsprozesse keine anderen Materialien zugesetzt werden, wie z. B. Flussmittel bei der Verhüttung, und keine Metalle aus anderen Quellen, etwa im Rahmen von Recyclingsprozessen oder durch das Zusammenschmelzen von Metallen aus verschiedenen Rohstoffquellen.

In der Archäometallurgie hat sich die Bleiisotopenanalyse in den letzten 30 Jahren zu einer der wichtigsten Methoden für erfolgreiche Provenienzstudien entwickelt. Dank der revolutionären instrumentell-analytischen Entwicklung in der Massenspektrometrie gehören Isotopenanalysen heute nicht nur in der Archäometallurgie zum analytischen Standardrepertoire. Die inzwischen publizierten Datenmengen (GALE & STOS-GALE 2000, KLEIN et al. 2004) haben aber gezeigt, dass viele Erzlagerstätten erhebliche isotopische Variationsbreiten besitzen, so dass zu ihrer exakten Charakterisierung Messungen von ausreichend großen Probenmengen erforderlich sind (▶ **Abb. 2.35, siehe Farbtafeln**). Deshalb treten oftmals Überschneidungen einzelner Erzlagerstätten auf, oder regional völlig unterschiedliche Erzquellen haben dieselbe Signatur, weil ihre Genese geologisch vergleichbar ist. Der noch bestehende Forschungsbedarf an metallurgischen Techniken, das fehlende Wissen um frühe Organisationsformen der Metallgewinnung und Lücken in der Kenntnis von Erzlagerstätten haben der Methode Kritik eingebracht.

Dennoch ist die Bleiisotopenanalytik die z. Zt. erfolgreichste Methode, um die Provenienz von Metallartefakten zu erforschen. Als ein besonders interessantes Beispiel seien die Herkunftsstudien von spätbronzezeitlichen Ochsenhaut- und plankonvexen Kupferbarren im Mittelmeerraum genannt. Sie gelten als eines der wichtigsten Projekte, anhand derer die Methodik entwickelt und zahlreiche Probleme gelöst werden konnten. Das Projekt wird seit rund 25 Jahren von dem Team um Gale und Stos-Gale in Oxford durchgeführt (GALE & STOS-GALE 2000). Ziel war und ist es, die Rohstoffquellen der über verschiedene Fundorte im östlichen Mittelmeerraum, Südeuropa, Kleinasien verteilten Barren zu ermitteln. Es wurden weit über tausend Isotopenanalysen nicht nur von Barren, sondern auch von Erzen und Schlacken von verschiedenen Lokalitäten angefertigt. Da z. T. erhebliche Überschneidungen von verschiedenen Erzlagerstätten im östlichen Mittelmeerraum festgestellt wurden, führte man zusätzlich Geländearbeiten durch, um Spuren alten Bergbaus zu dokumentieren. Außerdem wurden möglichst viele Lagerstätten auch durch Spurenelemente charakterisiert. Zypern war hier neben einigen wenigen unbekannten Rohstoffquellen nachweislich der weitaus dominante Lieferant des Kupfers. Gale und Stos-Gale gelang es sogar, auf der Insel einzelne Lagerstätten ausfindig zu machen, so z. B. die von Apliki, der viele Kupferbarren aus der Zeit nach 1250 v. Chr. zuzuordnen sind.

## Schlussbetrachtung

Der naturwissenschaftlichen Untersuchung von Metallen, ihrer Gewinnung durch Bergbau und Metallurgie sowie ihrer Verbreitung durch Tausch und Handel in alter Zeit kommt in der Archäologie erhebliche Bedeutung zu. Metalle sind im täglichen Leben als Handwerkszeug und Schmuck verwendet worden, sie haben in Form von Waffen in der (Macht-)Politik überragende Bedeutung besessen. Der Werkstoff Metall hat über die Zeiten hinweg kulturschaffende Kraft. Die Erforschung alter Technologien und der Frage nach der Herkunft von Metallobjekten sind zwei Hauptanliegen, zu deren Lösung die hier besprochenen Materialien in interdisziplinärem Ansatz mit naturwissenschaftlichen *und* archäologischen Methoden untersucht werden müssen. Die Übertragung moderner Technologie-Konzepte auf den archäologischen Befund der frühen Metallurgie bietet nicht genügend Erklärungsmöglichkeiten. Der wissenschaftliche Ansatz muss deshalb analytische Detailuntersuchungen im Methodenbündel sowie ggf. experimentelle Arbeiten mit einbeziehen.

Überraschende Ergebnisse haben trotz aller Kritik die Bleiisotopen- und die Spurenelementanalysen bei Provenienzstudien von Metallartefakten erbracht. Das Bild früher Handelsbeziehungen ist nicht nur wesentlich komplexer geworden, sondern es konnten auch ältere Modelle korrigiert worden, und die räumlich-geographischen Dimensionen des (prä-)historischen Handels haben globale Ausmaße erreicht. Dennoch lassen sich hier vermutlich durch eine bessere mineralogisch-geochemische Kenntnis von Erzlagerstätten, ihres bergmännischen Abbaus sowie sozialer Organisationsformen im Berg- und Hüttenwesen in der Zukunft noch deutliche Fortschritte erzielen. Erheblicher Forschungsbedarf besteht auch in der Rekonstruktion metallurgischer Techniken, die insbesondere durch die Untersuchung von Schlacken und anderen Abfallprodukten ermöglicht wird. Hier gibt es deutliche Berührungspunkte zwischen reiner Technikgeschichte und Kulturwissenschaften.

## Literatur

Artioli, G., Dugnani, M., Hansen, T., Lutterotti, L., Pedrotti, A. & Sperl, G., 2003
Bachmann, H.-G, 1980, 1982a, 1982b
Bartelheim, M., Eckstein, K., Huijsmans, M., Krauss, R. & Pernicka, E., 2002
Begemann, F., Schmitt-Strecker, S. & Pernicka, E, 1989
Buchwald, V. F., 2005
Denker, A., Hahn, O., Merchel, S., Radtke, M., Kanngiesser, B.,Malzer, W., Röhrs, S., Reiche, I. & Stege, H., 2005
Eschenlohr, L. & Serneels, V., 1991
Gale, N. H. & Stos-Gale, A. Z., 2000, 2002, 2006.
Gassmann, G., Yalçin, Ü. & Hauptmann, A., 2005
Goldenberg, G. & Steuer, H., 2004
Hauptmann, A., 2000, 2003
Hauptmann, A., Pernicka, E. & Wagner, G. A., 1988
Hauptmann, A., Pernicka, E., Lutz, J. & Yalcin, Ü., 1993
Hauptmann, A., Rehren, Th. & Schmitt-Strecker, S., 2003
Hess, K., Hauptmann, A., Wright, H. & Whallon, R., 1998
Horstmann, D., 1985
Ivanov, S. I., 1978
Ixer, R. A., 1999
Junghans, S., Sangmeister, E. & Schröder, M., 1968
Junk, S.A. & Pernicka, E., 2003
Keesmann, I., 1989, 1993
Klappauf, L., 2000
Klein, S., Lahaye, Y., Brey, G. P. & Von Kaenel, H.-M., 2004
Krause, R., 2003
Kronz, A., 1997
Kronz, A. & Keesmann, I., 2003
Maddin, R., Muhly, J.D. & Stech, T. , 1999
Modarressi-Tehrani, D., 2004
Metten, B., 2003
Pernicka, E., 1984, 1995
Pernicka, E., Rehren, T. & Schmitt-Strecker, S., 1998
Prange, M., 2001
Prange, M. & Ambert, P., 2005
Ramdohr, P., 1975
Rehren T., 2000
Rothenberg, B., 1990
Schifer, T., 1999
Scott, D., 1991
Straube, H., 1996
Tylecote, R.F., 1987
Verein Deutscher Eisenhüttenleute, 1995
Wagner, G. A., Begemann, F., Eibner, C., Lutz, J., Öztunali, Ö., Pernicka, E. & Schmitt-Strecker, S., 1989
Weisgerber, G. & Pernicka, E., 1995
Yalçin, Ü., 2000, 2006
Yalçin, Ü., Hauptmann, H., Hauptmann, A. & Pernicka, E., 1992
Yalçin, Ü. & Pernicka, E., 1999

# 3 Numerische Datierungsmethoden in der Archäologie

## Einführung

Günther A. Wagner und Andreas Hauptmann

Jede historische Wissenschaft benötigt eine Chronologie, die vergangene Ereignisse nach ihrer zeitlichen Abfolge ordnet. Erst dadurch lassen sich die Ereignisse untereinander in Beziehung setzen und kausale Zusammenhänge erkennen sowie Dauer und Geschwindigkeit von Vorgängen nachvollziehen. Dies gilt insbesondere auch für die Wissenschaften, die sich mit schriftlosen Zeiträumen befassen, also die geologischen und prähistorisch-archäologischen Disziplinen. Ihre Entwicklung war maßgeblich von den Fortschritten geprägt, durch welche die Altersvorstellungen über vergangene Epochen verbessert werden konnten.

Prähistorische Zeiträume in Form von Jahren zu messen und zu präzisieren ist eine recht junge Errungenschaft. Nur um ein Beispiel zu nennen: noch in einem 1913 erschienen Geologielehrbuch von Paul Wagner (WAGNER 1913) findet sich die verzagte Feststellung: „Alle Bemühungen, geologische Bildungen nach Jahren ... zu berechnen, sind fruchtlos." Für prähistorische Begebenheiten hätte dieser Satz damals nicht viel anders gelautet. Bemühungen, prähistorische Zeit nach Jahren zu bestimmen, werden als ‚Archäochronometrie' bezeichnet.

Der erste fundierte Ansatz, zeitliche Ordnung in die Erdgeschichte zu bringen, geht auf Nicolaus Stenonis oder auch latinisiert Steno (STENONIS 1669) zurück, der 1669 das stratigraphische Grundgesetz aufstellte, aufgrund dessen in einer ungestörten Schichtenfolge das Alter von unten nach oben abnimmt. Anhand charakteristischer Merkmale lassen sich einzelne Schichten an unterschiedlichen Orten wiedererkennen und somit über größere Entfernungen miteinander korrelieren. Auf diese Weise vernetzt die Stratigraphie Schichtabfolgen räumlich und zeitlich (▶ **Abb. 3.1, siehe Farbtafeln**). Das Grundgerüst dieses ‚stratigraphischen Prinzips' steckt auch in Christian Jürgensen Thomsens (THOMSEN 1837) Gliederung der Epochen nach der Steinzeit, der Bronzezeit und der Eisenzeit. Die zunächst in der Geologie für Gesteinsschichten aufgestellte stratigraphische Methode wurde im 19. Jh. von der Archäologie übernommen und wird immer noch mit großem Erfolg eingesetzt. Es erlaubt aber nur relative Altersaussagen, also ob zwei Schichten gleich alt sind oder die eine jünger als die andere ist. Hier fehlt jede Möglichkeit, irgendwelche Aussagen über die zeitliche Dauer, die zur Bildung dieser Schichten geführt hat, zu treffen.

Erst die Chronometrie vermag dem Stratigraphie-Gerüst eine numerische Altersskala zuzuordnen, so dass aus der Verquickung beider eine Chronologie wird, also auf eine Formel gebracht: Stratigraphie + Chronometrie = Chronologie. Letztlich ist es also das Bestreben der Archäochronometrie, prähistorische Abläufe und Ereignisse nicht nur im Rahmen einer relativen Zeitbestimmung anzugeben, sondern möglichst exakt nach Jahren zu fixieren. Dabei ist zu berücksichtigen, dass die Ansprüche an die Datierung stark wechselnde Zeitintervalle umfassen können, die von einer Genauigkeit kultureller Schwankungen und Entwicklungen innerhalb einiger Jahren oder Jahrzehnten in den Epochen der Zeitenwende bis zurück zur Entwicklung der Hominiden vor einigen Millionen Jahren reicht. Die verschiedenen Methoden der Altersbestimmungen, die für diese Zeiträume von Bedeutung sind, haben WAGNER (1995) und WAGNER (1998) zusammengefasst.

Für numerische Altersangaben benötigt man „Uhren", worunter im prähistorischen Kontext natürliche Prozesse verstanden werden sollen, die gerichtet sowie gleichmäßig mit bekannter Geschwindigkeit ablaufen und messbare Veränderungen hinterlassen. Als eine solche Uhr hat man im 19. Jh. zunächst vergeblich die Schichtmächtigkeit zu benutzen versucht. Als erfolgreiche Methoden jahreszeitlicher biologischer und geologischer Schwankungen entwickelte sich hier aber die Dendrochronologie (ECKSTEIN et al. 1983, BARTHOLIN et al. 1992, DEAN et al. 1996), deren Grundlagen im Beitrag von Dieter Eckstein und Sigrid Wrobel zusammengefasst sind. Hier sei aber auch auf die Warvenchronologie hingewiesen, bei der Jahresschichtungen von Sedimenten gezählt werden und auf die erst jüngst entwickelte Datierung von Eisbohrkernen, deren intensive chemische und isotopische Untersuchung auch eine Fülle neuer Daten zur Klimageschichte und Umweltveränderung in prähistorischer Zeit beigetragen haben.

Es sollte der Entdeckung der Radioaktivität 1896 durch Henri Becquerel vorbehalten bleiben, die entscheidende physikalische Grundlage für zuverlässige Uhren der Erd- und Kulturgeschichte zu schaffen. Von den eben genannten (und einigen anderen) Datierungsmethoden abgesehen, beruhen fast alle solchen archäochronometrischen Methoden auf der natürlichen Radioaktivität, womit man die Anzahl der radioaktiven Zerfälle eines instabilen Atomkerns, z. B. des Kohlenstoff-14-Isotops, in einem definierten Zeitintervall (Halbwertszeit) bezeichnet. Als Eigenschaft des Atomkerns ist sie weder durch chemische Bindungszustände noch durch Zustandsparameter wie Temperatur und Druck beeinflussbar, d. h. eine radioaktive Uhr läuft immer gleichmäßig. Und es ist genau diese Eigenschaft, welche die Radioaktivität vor allen anderen physikalischen, chemischen, biologischen und geologischen Prozessen zur Verwendung als Chronometer auszeichnet.

Das hat man sich, wie im Beitrag von Bernd Kromer erläutert wird, bei der Radiokohlenstoffmethode zunutze gemacht. Obwohl dieses Datierungsverfahren durch die z. Zt. zur Verfügung stehenden Kalibrationskurven, die ca. 10.000 Jahre zurückreichen, und die relativ niedrige Halbwertszeit zeitlich begrenzt ist, ist es diejenige Methode, die in der Archäologie mit Abstand am häufigsten verwendet wurde und wird. Bis in die jüngste Vergangenheit waren es deshalb in allererster Linie kohlenstoffhaltige Materialien wie z. B. Hölzer, Holzkohlen oder Knochen, die in der Archäologie zur Datierung verwendet wurden. An der Methode wird kontinuierlich weitergearbeitet, um ihre Präzision zu erhöhen. Das betrifft die Schwankungen des Radiokohlenstoffs im globalen Kohlenstoffkreislauf (SIEGENTHALER et al. 1980) ebenso wie die Herabsetzung der Probenmengen. Im Vergleich zu den Mengen, die für die konventionellen Radiokohlenstoffmessungen benötigt werden, sind diejenigen für die Beschleuniger-Massenspektrometrie um zwei bis drei Dimensionen kleiner. Hierdurch und mittels des durch die Dendrochronologie ermöglichten „wiggle matching" hat die Radiokohlenstoffmethode in den letzten Jahren eine enorme Genauigkeit und Präzision erlangt.

Die von Günther A. Wagner geschilderten Methoden der Lumineszenzdatierung haben bezüglich des Materials und der Anwendungsmöglichkeiten einen anderen Einsatzbereich. In der Archäologie wohl bekannt ist die Thermolumineszenz-Datierung, die vornehmlich für keramische Materialien eingesetzt wurde. Weiterentwicklungen dieser Methode eröffnen einen ganz neuen Blickwinkel. Denn dadurch, dass Sedimente und Kolluvien datiert werden können, ist es möglich, die Geschichte des Quartärs besser zu verstehen. Damit ist eine bessere Übersicht insbesondere über die Periode des Holozäns nach der letzten Eiszeit möglich. Geoarchäologische Prozesse, vor allem die Bodenerosion, können datiert werden, wodurch die enorme Einwirkung des Menschen auf die Umwelt fassbar wird.

## Literatur

Bartholin, T., Berglund, B. E., Eckstein, D. & Schweingruber, F. H. (Hrsg.), 1992

Dean, J. S., Meko, D. M. & Swetnam, T. W. (Hrsg.), 1996

Eckstein, D., Wrobel, S. & Aniol, R. W. (Hrsg.), 1983

Siegenthaler, T., Heimann, M. & Oeschger, H., 1980

Stenonis, N., 1669

Thomsen, Chr., 1837

Wagner, G. A., 1995, 1998

Wagner, P., 1913

# Radiokohlenstoffdatierung

Bernd Kromer

## 1. Einleitung

Die $^{14}$C Datierung beruht auf dem radioaktiven Isotop des Kohlenstoffs, das durch die Höhenstrahlung in der unteren Stratosphäre und oberen Troposphäre (der untersten Schicht der Atmosphäre, 0–12 km Höhe) gebildet wird (MASARIK & BEER 1999). Ihre Verbreitung und vielfältige Anwendung verdankt die Methode den einfachen Randbedingungen, der Omnipräsenz von Kohlenstoff in biotischen und abiotischen Systemen und einer hochentwickelten Isotopen-Messtechnik. Zu einer Routinetechnik entwickelt zwischen 1950 und 1990 (TAYLOR et al. 1992), gibt es heute eine weite Spanne der Anwendungen in den Altertumswissenschaften, den Erdwissenschaften, der Klimaforschung, der Atmosphärenphysik bis hin zur Biomedizin. Dieser Beitrag behandelt die Grundlagen und praktischen Aspekte der $^{14}$C Datierung in den Vorgeschichts- und Erdwissenschaften.

## 2. Grundlagen

### 2.1 Kohlenstoff-Kreislauf

Nach der Bildung ist $^{14}$C Teil des globalen Kohlenstoffkreislaufs, der daher am Anfang einer Betrachtung von $^{14}$C Anwendungen stehen muss. In der Atmosphäre liegt der Hauptteil von Kohlenstoff als (gasförmiges) $CO_2$ vor, das im Gleichgewicht mit den weiteren Kohlenstoffreservoiren steht, nämlich der Biosphäre, der Ozeandeckschicht (die obersten 30–100 Meter der Ozeane) und dem Ozean-Tiefenwasser. Ein weiteres Kohlenstoffreservoir sind die terrestrischen Karbonate (z.B. Mollusken, Höhlensinter) und der im Grundwasser gelöste Kohlenstoff.

Die Atmosphäre einer Hemisphäre ist in guter Näherung für $^{14}$C vollständig gemischt, d.h. zu einem Zeitpunkt herrscht in einer Hemisphäre eine homogene $^{14}CO_2$ Konzentration. Dieser Sachverhalt schafft ideale Ausgangsbedingungen für die Datierung terrestrischer organischer Systeme: Die Photosynthese sorgt dafür, dass zu Lebzeiten einer Pflanze $^{14}$C mit dem atmosphärischen Reservoir von $^{14}CO_2$ ausgetauscht wird. Nach dem Absterben des Organismus erlischt der Austausch, und in abgeschlossenen Systemen verringert sich der $^{14}$C Gehalt nur noch durch radioaktiven Zerfall. Das Alter einer Probe berechnet sich dann nach dem Zerfallsgesetz aus der heutigen $^{14}$C Aktivität, der Anfangsaktivität und der radioaktiven Halbwertszeit (5730 ± 40 Jahre). Im Fall von Archiven/Systemen, die ihren Kohlenstoff nicht direkt aus dem $CO_2$ der Atmosphäre beziehen, hat die $^{14}$C-Ausgangsaktivität oft nicht die beschriebene einfache Randbedingung, und es sind Korrekturen erforderlich, die meist als Reservoiralter ausgedrückt werden (s. Abschnitt 3.4).

## 2.2 Datierungskontext

In allen Fällen der $^{14}$C-Datierung gilt, dass mit $^{14}$C der Zeitpunkt des Abschlusses gegen Aufnahme von $^{14}$C aus der Umgebung datiert wird. Bei Pflanzen ist dieser Zeitpunkt die Bildung von Zellulose, z.B. in einem Baumring, bei Knochen das Ende der juvenilen Phase eines Individuums. Bei der Anwendung interessiert oft ein späterer Kontext, z.B. das Fälldatum eines Baums oder das Datum eines Brandereignisses, aus dem uns Holzkohle erhalten geblieben ist. Die Differenz zwischen dem durch $^{14}$C definierten Alter und dem archäologischen Kontext ist mit $^{14}$C nicht zu bestimmen, sondern ausschließlich durch externe Information des Ausgräbers.

Als Beispiel kann die Datierung einer Holzkohleprobe dienen : Falls die Position des Ringabschnitts im Baum bestimmt werden kann, aus dem die Holzkohle kam, kann die systematische Unsicherheit über das Zeitintervall zwischen dem Wuchszeitraum des Ringabschnitts ($^{14}$C Alter) und dem Fälldatum des Baums eliminiert werden. Ähnlich kann eine botanische Untersuchung u. U. Hinweise über die typische Ringzahl einer Spezies oder die typische Nutzung geben, aus denen die Unsicherheit weiter eingeengt werden kann.

## 2.3 Messtechnik

Es gibt zwei Techniken zur Bestimmung des $^{14}$C-Gehalts einer Probe : In der *radiometrischen* Technik wird das $^{14}$C/$^{12}$C-Verhältnis durch Messung des $^{14}$C Zerfalls in empfindlichen Detektoren (Low-Level-Messtechnik (KROMER & MÜNNICH 1992)) bestimmt. Eine wesentlich höhere Empfindlichkeit wird aber erreicht, wenn die $^{14}$C Atome in einer Probe direkt (und nicht ihr seltener Zerfall) gemessen werden. Hierfür ist seit 1980 die Beschleuniger-Massenspektrometrie (*AMS*, accelerator mass spectrometry) entwickelt worden. Für den Anwender unterscheiden sich die beiden Methoden nur durch die erforderliche Probenmenge (einige Gramm Kohlenstoff bei der Radiometrie, einige Milligramm bei AMS) und derzeit noch Im Preis einer Analyse. Es ist zu erwarten, dass auf längere Sicht die AMS-Technik wegen der geringen Probenmenge und des höheren Probendurchsatzes dominieren wird.

## 2.4 Statistischer Messfehler, Messgenauigkeit

Ein Hauptkriterium jeder Datierungsmethode ist die Messgenauigkeit. Wie bei allen Isotopenmessungen hängt auch bei $^{14}$C die Aussagesicherheit vom Umfang der Stichprobe ab, d.h. von der Gesamtzahl der bei der Messung detektierten $^{14}$C Atome. Je mehr Atome beobachtet worden sind (d.h. je jünger die Probe ist, je länger die Messzeit oder je größer die Probenmenge gewählt wird), desto sicherer wird das Ergebnis, wobei die Abweichung vom ‚wahren' Wert einer Normalverteilung genügt, deren Breite mit ‚σ' (Sigma) bezeichnet wird. Ein Datierungsergebnis wird daher mit einem Vertrauensintervall ± 1 σ, z. B. 2650±20 BP (before present, d.h. vor AD 1950), mitgeteilt. Dieses Datum ist so zu lesen, dass bei einer (hypothetischen) 100-fachen Wiederholung der Messung 68 Resultate im Bereich von ± 1 σ (2630–2670 BP) liegen werden, und 95 Resultate im Intervall ± 2 σ (2610–2690 BP). Auch wenn es in der $^{14}$C Datierung vereinbart ist, alle Ergebnisse mit dem ± 1 σ Bereich mitzuteilen, gibt es viele Fragestellungen, in denen Anwender auf die geringere Irrtumswahrscheinlichkeit des 2 σ-Kriteriums Wert legen werden.

## 2.5 Laborvergleiche

Angesichts der Vielzahl der $^{14}$C-Labors stellt sich die Frage nach der Vergleichbarkeit der $^{14}$C-Analysen aus verschiedenen Laboratorien, der in umfangreichen Interkalibrationsprogrammen über jetzt mehrere Jahrzehnte nachgegangen worden ist. Es zeigt sich, dass die ursprünglich z.T. beträchtlichen Streuungen der Ergebnisse in der Datierung von Testproben in den neueren Vergleichsrunden erheblich reduziert werden konnten (BRYANT et al. 2001, SCOTT et al. 1998), und dass die Datierungsresultate der Mehrzahl der Labors im Rahmen der angegebenen Fehler vergleichbar sind.

## 2.6 Probenvorbehandlung, Materialien

In den meisten Anwendungen der $^{14}$C Datierung in den Erdwissenschaften und der Vorgeschichte benutzt man kohlenstoffhaltige Materialien, die gegen Austausch von jüngerem oder älterem Kohlenstoff geschützt sind, oder deren nachträgliche Kontamination gut erkannt und abgetrennt werden kann. Beispiele hierfür sind Holz, Holzkohle, Knochen oder Torf.

Für diese Probenklassen gibt es erprobte Dekontaminations- und Aufbereitungsschritte, die in jedem $^{14}$C Labor routinemäßig angewendet werden (z.B. Extraktion von Harzen bei Nadelhölzern, Zellulose-Präparation, Extraktion löslicher Huminsäuren aus Holzkohle und Torfen, Extraktion von Kollagen aus Knochen). In der AMS-Technik ist wegen der geringen benötigten Probenmenge eine wesentlich selektivere Präparation möglich (z.B. Isolieren spezifischer Aminosäuren aus Knochen, Datierung terrestrischer Makroreste in limnischen Sedimenten), und der Bereich von Materialen ist erheblich erweitert (z.B. Datierung von Pollen). Dieser Bereich ist noch in ständiger Entwicklung.

## 2.7 Altersreichweite

Die jüngsten Alter, die mit $^{14}$C-Einzelproben ermittelt werden können, liegen bei ca. 1630 AD. Im jüngeren Bereich verhindern Schwankungen der $^{14}$C-Aktivität (s.u.) und die Abnahme von $^{14}$C in der Atmosphäre durch die anthropogene Verbrennung fossiler Brennstoffe eine eindeutige Alterszuordnung, die aber in Serienmessungen zeitlich geordneter Sequenzen und nach 1955 AD (wegen der $^{14}$C Produktion in den Wasserstoffbombentests) wieder erreicht werden kann.

Die $^{14}$C Höchstalter sind stark materialabhängig, weil die erfolgreiche Abtrennung jüngerer Kohlenstoff-Kontaminationen nicht in gleicher Weise für alle Materialien zu leisten ist. Holzkohle und Holz sind hier die robustesten Materialien, mit denen noch $^{14}$C-Alter im Bereich von 50.000 bis 55.000 Jahren ermittelt werden können. Bei Knochen hängt die Altersgrenze stark von der Kollagen-Erhaltung ab; mit aufwendiger Präparation können $^{14}$C-Knochendaten auch älter als 30.000 Jahre zuverlässig sein (Hedges & Van Klinken 1992, van Klinken & Hedges 1998, Higham et al. 2006).

## 3. Kalibration von $^{14}$C Altern

Trotz der oben beschriebenen einfachen Ausgangsbedingungen der $^{14}$C Datierung gibt es eine wichtige Komplikation in der Bestimmung von absoluten Altern mit $^{14}$C : Die Datierung beruht auf der Auswertung der radioaktiven Zerfallsgleichung, in die der $^{14}$C Gehalt zum Zeitpunkt des Abschlusses der Probe gegen Kohlenstoffaustausch eingeht. Zunächst hat man angenommen, dass der $^{14}$C-Gehalt der Atmosphäre in der Vergangenheit konstant und gleich dem heutigen war, und mit dieser Annahme sogenannte ‚konventionelle $^{14}$C-Alter' berechnet.

Tatsächlich ist diese Annahme nicht erfüllt. Für das atmosphärische Kohlenstoffreservoir bestimmt sich die $^{14}$C Aktivität aus der Bilanz zwischen

- $^{14}$C Produktion durch die Höhenstrahlung,
- dem Gasaustausch Atmosphäre Ozean
- und der inneren Mischung im Ozean.

Das Ozeanreservoir geht deswegen in die Betrachtung ein, weil wegen der langen Verweildauer von $^{14}$C in diesem Reservoir (bis zu 1600 Jahren) die $^{14}$C Aktivität in der Deckschicht des Ozeans und, noch stärker, im Tiefenwasser durch Zerfall abgenommen hat. Änderungen in den drei genannten Prozessen führen zu zeitlichen Änderungen der $^{14}$C Aktivität der Atmosphäre, und damit zu Abweichungen der $^{14}$C-Uhr gegenüber Kalenderaltern. Daher müssen alle $^{14}$C Alter und Altersfehler, wie sie aus der Lösung der Zerfallsgleichung bestimmt werden, *kalibriert*, d.h. in Kalenderalter und dem $^{14}$C-Fehler zugeordnete Konfidenzbereiche transformiert werden.

Die $^{14}$C Aktivität in einem Kohlenstoffreservoir kann durch $^{14}$C Analysen an absolut datiertem Material für die Vergangenheit rekonstruiert werden. Für die Atmosphäre stehen dendrochronologisch datierte Baumringserien (Becker 1992, Spurk et al. 1998) sowie jahresgeschichtete Sedimente von Binnenseen (limnische Warven) (Kitagawa & van der Plicht 1998) zur Verfügung. In der Ozean-Deckschicht gibt es U/Th-datierte Korallen (Bard et al. 1998, Fairbanks et al. 2005) und Foraminiferen aus marinen Warven (Hughen et al. 2000, Hughen et al. 2006).

Aus diesen Datenreihen sind in internationaler Kollaboration Kalibrationsdatensätze erstellt worden. Der derzeit gültige Datensatz ist INTCAL04 (REIMER et al. 2004).

## 3.1 Praktische Ausführung der Kalibration eines $^{14}$C Alters

Die Kalibration eines $^{14}$C Alters geschieht in aller Regel durch das $^{14}$C Labor, das die Analyse ausführt. Trotzdem kann auch ein Anwender in die Lage kommen, ein $^{14}$C-Alter, z.B. aus der Literatur, nachträglich zu kalibrieren, weil die Kalibrationsdatensätze mehrfach verbessert und in die Vergangenheit verlängert worden sind. Aus diesem Grund besteht seit Jahrzehnten unter den $^{14}$C-Labors die Vereinbarung, nicht nur das kalibrierte Kalenderalter, sondern auch das $^{14}$C-Alter aus der Lösung der Zerfallsgleichung („konventionelles $^{14}$C Alter") als Zwischenprodukt mitzuteilen, auch wenn dieses nicht als Kalenderalter missverstanden werden darf.

Für die Kalibration stehen mehrere Computer- oder Internet-gestützte Verfahren bereit, die über http://www.radiocarbon.org/Info/index.html (Eintrag ‚Computer Programs') erreicht werden können. Für die folgenden Beispiele wird das Programm ‚OxCal' (http://www.rlaha.ox.ac.uk/orau/index.htm) verwendet. Da alle Programme den international vereinbarten Datensatz INTCAL04 verwenden und die Rechenmethoden vergleichbar sind, treten mit anderen Programmen nur Unterschiede im Rundungsbereich auf.

Generell gilt, dass alle $^{14}$C-Alter vor ca. 700 BC jünger als die ‚wahren' (kalibrierten) Alter sind, weil vor dieser Zeit das Erdmagnetfeld geringer als heute war, entsprechend also auch die Abschirmung gegen die Höhenstrahlung geringer, und damit die $^{14}$C-Produktion höher war.

Weiter ist häufig bei der Kalibration eines $^{14}$C Datums zu beobachten, dass sich das Fehlerintervall des $^{14}$C-Alters bei der Kalibration aufweitet, d.h. dass der schließlich interessierende Altersfehler auf der Kalenderachse zunimmt. Dies liegt daran, dass zusätzlich zum Effekt des Erdmagnetfelds die $^{14}$C-Produktion wegen Schwankungen der Sonnenaktivität im Bereich von 0.5 bis 1.5% variiert hat. Dies führt zu Mehrdeutigkeiten in der Zuordnung von $^{14}$C-Altern zu Kalenderaltern, weil für ein gemessenes $^{14}$C-Alter mehrere Passungen auf der Kalenderachse existieren (s. folgende Beispiele).

## Kalibration eines Einzeldatums

An zwei Beispielen sollen die Auswirkungen der kurzfristigen $^{14}$C Schwankungen auf das Kalibrationsergebnis gezeigt werden. In den Diagrammen wird immer auf der Ordinate das konventionelle $^{14}$C-Alter und die Gauss'sche Verteilung des statistischen Fehlers gezeigt. OxCal transformiert die Fehlerverteilung mit Hilfe der Kalibrationskurve, die das Bild von links oben nach rechts unten durchzieht, in die zugehörige Verteilung auf der Kalenderachse, die wegen des nicht monotonen Verlaufs keine Gauss-Verteilung mehr sein wird.

Im ersten Beispiel (▶ **Abb. 3.2**) liegt das $^{14}$C Alter im Bereich eines steilen Abfalls der $^{14}$C-Alter im Vergleich zu den Kalenderaltern. Daher ist das Ergebnis in engen Grenzen definiert, und die 1-σ und 2-σ Konfidenzintervalle sind sogar noch enger als das die $^{14}$C-Intervalle.

Im zweiten Beispiel trifft das $^{14}$C-Alter auf einen scheinbaren Stillstand der $^{14}$C-Alter, der über 300 Kalenderjahre anhält (▶ **Abb. 3.3**). Dieses $^{14}$C-Altersplateau führt trotz hoher Messgenauigkeit ($^{14}$C-Fehler ± 20 Jahre) zu einem sehr breiten Intervall des kalibrierten Alters von 340 Jahren. In diesem Bereich treten zwar kürzere Intervalle auf, in denen keine Passung des $^{14}$C-Alters zu Kalenderaltern besteht, doch hilft diese Information nur in Ausnahmefällen weiter.

## Kalibration mit Zusatzinformation

Einige Kalibrationsprogramme, z.B. OxCal, erlauben die Kalibration eines Datums oder der Datenserie unter Einbeziehung von externer Zusatzinformation, z.B. aus stratigraphischer Abfolge oder Abschätzungen von Lücken zwischen Daten. Damit lässt sich oft der Fehler einer $^{14}$C-Altersbestimmung erheblich reduzieren. Ein recht komplexes, illustratives Beispiel ist in (MANNING et al. 2002) zu finden.

## 3.2 Wiggle-Matching

Die oben beschriebene Aufweitung des $^{14}$C-Altersfehlers bei der Kalibration, hervorgerufen durch die Altersinversionen („Wiggles") der Kalibrationskurve, tritt nicht auf, wenn man eine *relativ-chronologisch geordnete* Serie von $^{14}$C-Altern einsetzen kann, wenn man also die Zeitabstände

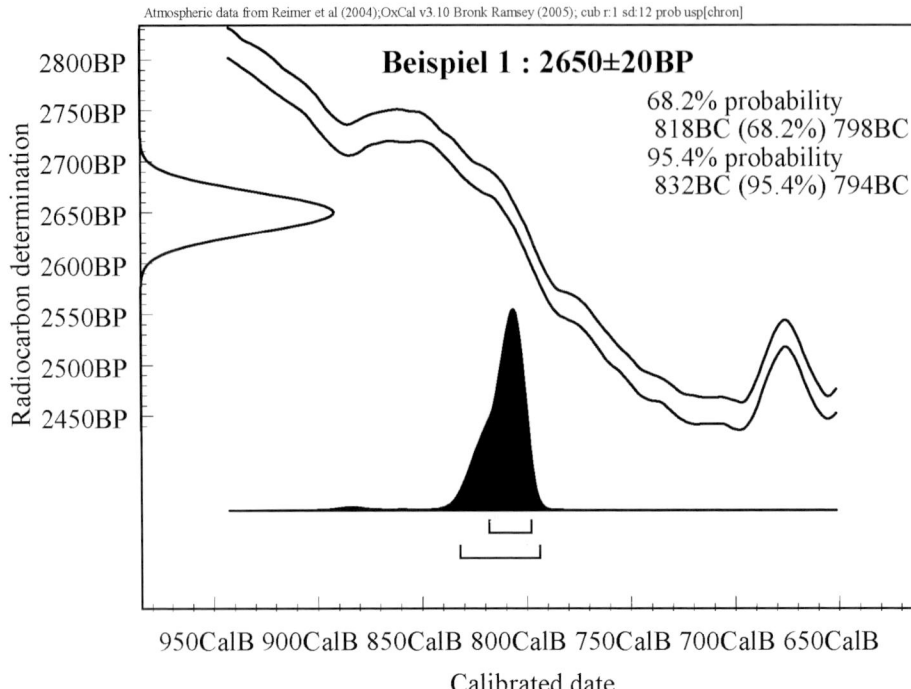

**Abb. 3.2.** Kalibration eines $^{14}$C-Datums, das in einen Abschnitt mit ‚günstigem' Verlauf der Kalibrationskurve (d. h. ohne Altersinversionen und Alters-Plateaus) fällt.

zwischen den einzelnen Proben kennt. Ein ideales Beispiel ist die Datierung einer schwimmenden Jahrringchronologie, von der man zwar die absolute Lage nicht kennt, aber den relativen Abstand von z.B. dekadischen Ringabschnitten jahrgenau angeben kann.

Wenn man an dieser Serie eine Sequenz von Daten misst, z.B. die erste und die letzte Dekade, sowie, falls erforderlich, einige Dekaden im Inneren der Serie, werden diese Daten die Schwankungen (Wiggles) der Kalibrationskurve nachzeichnen, so dass die schwimmende Sequenz anhand der Muster der $^{14}$C-Schwankungen in die Kalibrationskurve eingepasst werden kann. Diese Prozedur wird ‚Wiggle-Matching' genannt.

Das Vorgehen soll an einem Beispiel aus dem Heidelberger $^{14}$C-Labor demonstriert werden, bei dem schon mit zwei Daten eine beträchtliche Verbesserung der Datierungssicherheit erreicht werden konnte. Aus der Baumringserie ‚Fidenza'
(Einsenderin Dr. Nicoletta Martinelli, Verona) wurden die Ringe 58–79 und 96–108 gemessen.

In ▶ **Abb. 3.4a** sind die Ergebnisse der beiden Messungen (Ringe 58-79 : 1185±14 $^{14}$C BP, Ringe 96-108 : 1091±13 $^{14}$C BP) in den unteren beiden Paneelen gezeigt, die beide trotz der hohen $^{14}$C-Genauigkeit von ±13 bzw. ±14 Jahren mehr als ein Jahrhundert Unsicherheit in den Kalenderaltern ergeben. Wenn man aber zusätzlich fordert, dass der bekannte Abstand der beiden Proben von 35 Ringen bei der Kalibration berücksichtigt wird, kommt jeweils nur ein kleiner Bereich der Wahrscheinlichkeitsverteilungen in Frage (schwarze Fläche in ▶ **Abb. 3.4b**, und das kombinierte Ergebnis hat einen 1-σ-Fehler von lediglich 15 Jahren (oberstes Paneel von ▶ **Abb. 3.4a** und ▶ **Abb. 3.4c**).

Wiggle-matching ist ein leistungsfähiges Werkzeug auch in solchen Fällen, in denen die relative Abfolge in einer Sequenz nur annähernd,

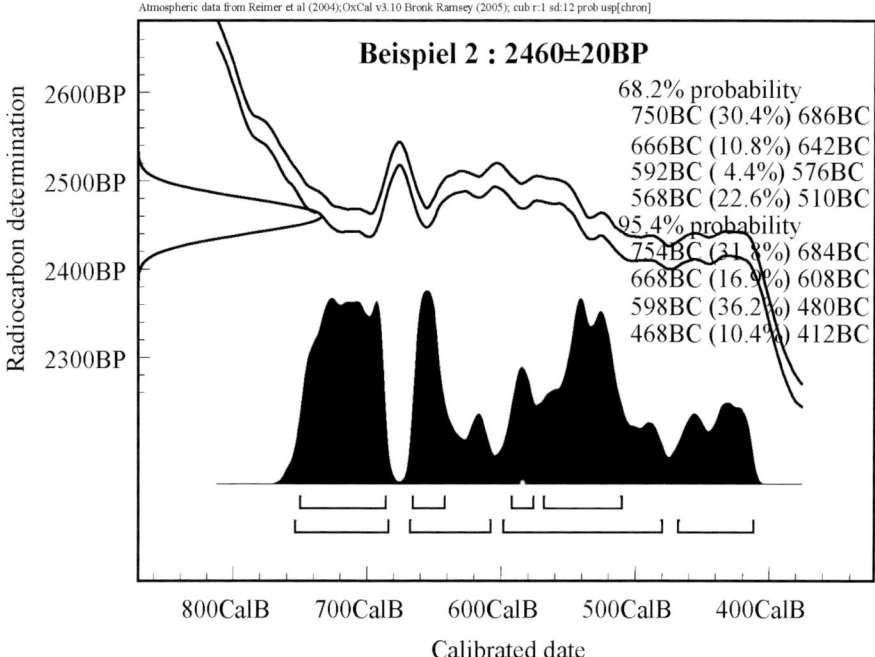

**Abb. 3.3.** Kalibration eines ¹⁴C-Alters im Bereich des Hallstadt-¹⁴C-Altersplateaus. Trotz hoher ¹⁴C-Ausgangsgenauigkeit von ±20 Jahren ist das kalibrierte Alter nicht besser als in einem Intervall von 340 Jahren festzulegen.

nicht jahrgenau wie bei Baumringchronologien, bekannt ist. Beispiele dieses sogenannten archäologischen Wiggle-matching finden sich in (RAMSEY et al. 2001; KILIAN et al. 2000).

### 3.3. ¹³C-Korrektur

Bei der ¹⁴C-Datierung geht man davon aus, dass ein Unterschied im ¹⁴C-Gehalt einer Probe gegenüber dem ¹⁴C-Gehalt des Ausgangsreservoirs (in der Regel der Atmosphäre) ausschließlich durch radioaktiven Zerfall zustande gekommen ist, und rechnet aus diesem Unterschied das ¹⁴C Alter aus. Nun werden aber bei der Photosynthese in Pflanzen die Kohlenstoffisotope ¹²C, ¹³C und ¹⁴C in unterschiedlichem Maß aufgenommen, wobei das leichteste Isotop ¹²C gegenüber den schwereren bevorzugt wird; dieser Prozess wird Isotopentrennung genannt. Die so erzeugte Abreicherung von ¹⁴C gegenüber ¹²C (um ca. 3%) würde ein Alter vortäuschen. Glücklicherweise kann man die Isotopentrennung in ihrer Auswirkung auf den ¹³C-Gehalt messen, und hieraus aufgrund physikalischer Gesetzmäßigkeiten auf ¹⁴C extrapolieren.

Diese Korrektur wird routinemäßig von fast allen Labors durchgeführt und sie ist in den mitgeteilten ¹⁴C-Altern schon berücksichtigt. Meist wird auch der $\delta^{13}$C-Wert angegeben, weil er u.U. Rückschlüsse auf Abweichungen von ‚normalen', speziesabhängigen Fraktionierungsprozessen erlaubt.

### 3.4 Marine Kalibration

In Abschnitt 2.1 wurde schon darauf hingewiesen, dass marine Fauna oder Flora ihren Kohlenstoff, und damit ¹⁴C nicht direkt aus der Atmosphäre beziehen, sondern aus der Deckschicht des Ozeans, deren ¹⁴C-Gehalt zwischen dem der Atmosphäre und der Tiefsee liegt. In der Deckschicht der Tro-

## 3 Numerische Datierungsmethoden

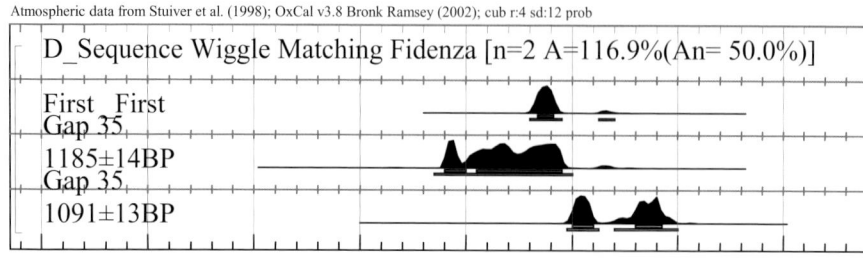

**Abb. 3.4.a.** Kalibration der Ringabschnitte 58-79 und 96-108 der Serie ‚Fidenza'. Die unteren beiden Paneele zeigen die Kalibrationsintervalle, wenn die Daten als Einzeldaten interpretiert werden, während in der obersten Verteilung zusätzlich ausgenutzt wurde, dass zwischen beiden Proben ein bekannter Abstand von 35 Ringen besteht.

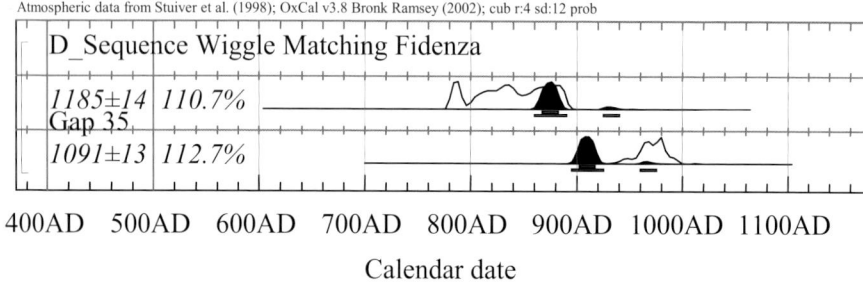

**Abb. 3.4.b.** Wahrscheinlichkeitsverteilung der beiden $^{14}$C Alter der Fidenza-Serie von Figur 3a, wenn zusätzlich der bekannte Abstand von 35 Ringen zwischen den beiden datierten Ringabschnitten in die Wahrscheinlichkeitsrechnung eingeht (ausgefüllte schwarze Flächen).

pen und mittleren Breiten beträgt der $^{14}$C-Unterschied zur Atmosphäre ca. 5%, d.h. lebende marine Organismen weisen ein scheinbares $^{14}$C-Alter von ca. 400 Jahren auf. Man bezeichnet dieses Startalter als ‚Reservoir-Alter' (marine reservoir age) und die zugehörige Korrektur ‚Reservoirkorrektur', kurz R.

Im Unterschied zur wohl-durchmischten Atmosphäre treten durch unterschiedliche Mischung mit dem Tiefenwasser und durch Zuflüsse vom Land *lokale* Unterschiede im $^{14}$C-Gehalt der marinen Deckschicht auf, die zu Abweichungen beim lokalen Reservoiralter bis zu einigen Jahrhunderten führen. Diese Unterschiede zum Mittelwert von 400 Jahren werden mit dem Kürzel ΔR bezeichnet.

Man kann das lokale Reservoiralter unter günstigen Umständen durch Vergleich von terrestrischen und marinen Proben bestimmen, wenn gesichert ist, dass die Proben zur gleichen Zeit gelebt haben. Unter www.calib.org existiert eine umfangreiche Datenbank von ΔR-Werten, die auch in die oben aufgeführten Kalibrationsprogramme eingegeben werden können, wenn man ein marines Alter kalibrieren will.

## 4. Anwendungsbeispiele

Derzeit gibt es nach der Liste von www.radiocarbon.org weltweit ca. 150 $^{14}$C-Labors, die zwischen einigen hundert und mehreren tausend $^{14}$C-

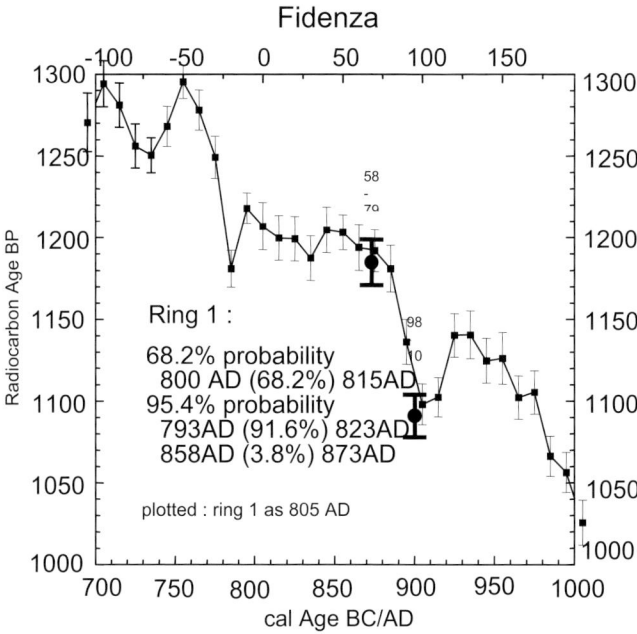

**Abb. 3.4.c.** Einpassung der Serie ‚Fidenza' in die Kalibrationskurve nach dem Resultat des Wiggle-Matching mit OxCal aus Abb. 3.4 a, b. Der 1-σ-Bereich der Einpassung lässt sich mit einem Konfidenzintervall von nur 15 Jahren festlegen.

Analysen pro Jahr ausführen. Angesichts dieser Zahl und mit Blick auf das breite Spektrum der Anwendungen kann in diesem Beitrag nur schlaglichtartig auf einige Beispiele in der Ur- und Frühgeschichte eingegangen werden.

## 4.1 Neolithikum und Bronzezeit in Mitteleuropa

$^{14}$C-Datierungen haben eine große Rolle bei der Entwicklung eines absoluten Zeitgerüsts für die europäische Ur- und Frühgeschichte gespielt. Mit $^{14}$C-Wiggle-matching sind schwimmende Baumring-Chronologien aus der Schweiz und Süddeutschland absolut datiert worden, bevor sie dann mit den autonomen Techniken der Dendrochronologie jahrgenau festgelegt werden konnten (BECKER 1985). Diese Daten haben eine erhebliche Verschiebung des mitteleuropäischen Jungneolithikums ins 4. Jahrtausend ergeben. Auch in der Diskussion der Zeitstellung der europäischen Frühbronzezeit im Verhältnis zum östlichen Mittelmeerraum, insbesondere in der Frage einer autonomen Metallurgie-Entwicklung, waren $^{14}$C-Datierungen entscheidend.

## 4.2 Zeitgerüst der Spätbronzezeit im östlichen Mittelmeer

Ein immer noch aktuelles Thema ist die Datierung einzelner Phasen der Spätbronzezeit in der Ägäis (MANNING 1999, 1995) und der damit verbundenen Frage der Datierung des Santorini-Ausbruchs in dieser Zeit. In der archäologischen Sicht gibt es drei Chronologien, wobei die ‚tiefe', an Ägypten orientierte Zeitskala den Ausbruch in das ausgehende 16. Jh. legt. Auf der Basis von $^{14}$C-Datierungen ist ein Ausbruch im 17. Jh. wahrscheinlicher, doch lässt sich der spätere Zeitpunkt in der Summe aller $^{14}$C-Daten wegen des komplexen Verlaufs der Kalibrationskurve in diesem Zeitraum nicht sicher ausschließen.

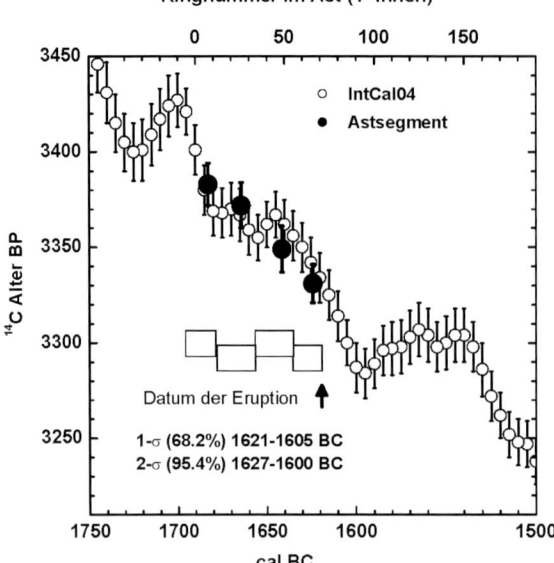

**Abb. 3.5.** $^{14}$C wiggle-matching eines Astsegments eines Olivenbaums, der durch die Vulkaneruption auf Santorini begraben wurde, an die Kalibrationskurve INTCAL04.

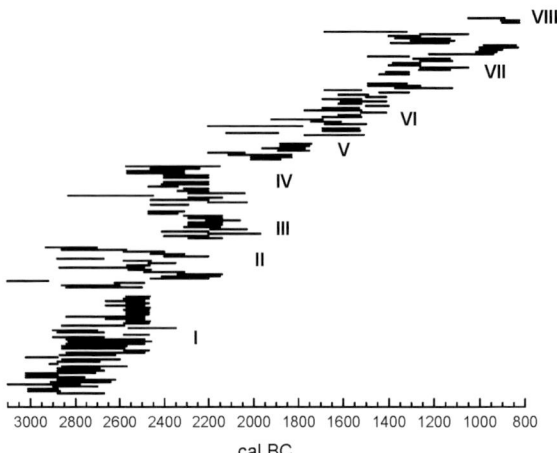

**Abb. 3.6.** Gesamtschau der 159 $^{14}$C Daten des Heidelberg $^{14}$C-Labors für das Troia-Projekt (KROMER et al. 2002). Wegen des ‚Altholz-Effekts' gibt es zahlreiche Ausreißer zu älteren Daten (s. Text).

In jüngster Zeit hat sich die Aussagesicherheit für ein Datum im Bereich 1630–1600 cal BC erheblich erhöht, weil ein Ast eines von der Eruption begrabenen Olivenbaums mit hochgenauem $^{14}$C-Wiggle-matching datiert werden konnte (FRIEDRICH et al. 2006) und auch der strittige Punkt einer potentiellen regionalen $^{14}$C-Verschiebung im östlichen Mittelmeer auf weniger als eine Dekade eingegrenzt werden konnte (KROMER et al. 2001) (▶ **Abb. 3.5a**).

## 4.3 Datierung der Siedlungsabfolge in Troia

Das Heidelberger $^{14}$C-Labor hat mit 159 $^{14}$C-Daten, meist an Holzkohle, die verschiedenen

Siedlungsphasen von Troia datiert (KROMER et al. 2002; KORFMANN & KROMER 1993). Dieses Projekt zeigt exemplarisch Möglichkeiten und Grenzen von Seriendaten mit Holzkohle (▶ **Abb. 3.6**) : Wie im Abschnitt 2.2 ausgeführt, gibt es bei Holzkohleproben immer die Möglichkeit, dass die Probe aus der Mitte eines mächtigen, vielringigen Stamms stammt, und daher u.U. ein bis mehrere hundert Jahre älter ist als der Kontext, dem die Probe archäologisch zugeordnet wird. Demnach sind in einer Probenserie aus Brandhorizonten immer Ausreißer zu älteren Daten hin zu erwarten, die man für die Datierung der Schicht ignorieren muss. Dies gilt z.B. für die Proben aus dem Megaron von Troia II (MANNING 1997). Andererseits schafft erst eine große Datenbasis die statistische Grundlage, auf der solche Ausreißer erkannt werden können.

## 5. Ressourcen

Die $^{14}$C-Datierung ist eine breit angewendete, ausgereifte Routinemethode, so dass der Überblick über das Gebiet nicht leicht fällt. In den Anfangszeiten der $^{14}$C-Datierung wurden die Analysen der einzelnen Labors noch in Datenlisten in der Zeitschrift ‚Radiocarbon' publiziert, während heute, u.a. wegen der hohen Datenmenge, die Ergebnisse zumeist nur noch in Beiträgen in den Journalen der vielen Disziplinen, die von $^{14}$C-Analysen Gebrauch machen, zu finden sind. Die Zeitschrift ‚Radiocarbon' ist zum Forum der Entwicklung der Technik und der Diskussion neuer Anwendungsfelder geworden. Insbesondere die Tagungsbände (Proceedings) der Internationalen $^{14}$C-Tagungen im Drei-Jahresabstand spiegeln diese Aspekte wider.

Die Web-Seite von ‚Radiocarbon', www.radiocarbon.org, kann als Schaltstelle für weitere Informationen und Nachfragen angesehen werden. Insbesondere findet man hier die Adressen aller aktiven $^{14}$C-Labors.

## 6. Literatur

Bard, E., Arnold, M., Hamelin, B., Tisnerat-Laborde, N. & Cabioch, G., 1998
Becker, B. 1985, 1992
Bryant, C., Carmi, I., Cook, G. T., Gulliksen, S., Harkness, D. D., Heinemeier, J., McGee, E., Naysmith, P., Possnert, G., Scott, E. M., Van Der Plicht, J. & Van Strydonck, M., 2001
Fairbanks, R., Richard, G., Mortlock, A., Chiu, T.-C., Cao, L., Kaplan, A., Guilderson, T. P., Fairbanks, T. W. & Bloom, A. L., 2005
Friedrich, W. L., Kromer, B., Friedrich, M., Heinemeier, J., Pfeiffer, T. & Talamo, S., 2006
Hedges, R. E. M. & Klinken, G. J. van, 1992
Higham, T., Ramsey, C. B., Karavanic, I., Smith, F. H. & Trinkaus, E., 2006
Hughen, K. A., Southon, J. R., Lehman, S. J. & Overpeck, J. T., 2000
Hughen, K. A., Southon, J., Lehman, S., Bertrand, C. & Turnbull, J., 2006
Kilian, M. R., van Geel, B. & van der Plicht, H., 2000.
Kitagawa, H. & van der Plicht, J., 1998
Korfmann, M. & Kromer, B., 1993
Kromer, B., Korfmann, M. & Jablonka, P., 2002.
Kromer, B., Manning, S. W., Kuniholm, P. I., Newton, M. W., Spurk, M. & Levin, I., 2001.
Kromer, Bernd & Münnich, K.-O. 1992.
Manning, S. W., 1995, 1997, 1999
Manning, S. W., Ramsey, C. B., Doumas, C., Marketou, T., Cadogan, G. & Pearson, C. A., 2002
Masarik, J. & Beer, J., 1999
Ramsey, C. B., van der Plicht, J. & Weninger, B., 2001
Reimer, P. J., Baillie, M. G. L., Bard, E., Bayliss, A., Beck, J. W., Bertrand, C. J. H., Blackwell, P. G., Buck, C. E., Burr, G. S., Cutler, K. B., Damon, P. E., Edwards, R. L., Fairbanks, R. G., Friedrich, M., Guilderson, T. P., Hogg, A. G., Hughen, K. A., Kromer, B., McCormac, G., Manning, S. W., Ramsey, C. B., Reimer, R. W., Remmele, S., Southon, J. R., Stuiver, M., Talamo, S., Taylor, F. W., van der Plicht, J. & Weyhenmeyer, C. E., 2004
Scott, E. M., Harkness, D. D. & Cook, G. T., 1998
Spurk, M., Friedrich, M., Hofmann, J., Remmele, S., Frenzel, B., Leuschner, H. H. & Kromer, B., 1998
Taylor, R. E., Long, A. & Kra, R. S. (eds.), 1992
van Klinken, G. J. & Hedges, R. E. M., 1998

# Dendrochronologie

Dieter Eckstein und Sigrid Wrobel

## Zusammenfassung

Die Dendrochronologie ist im Prinzip eine einfache und leicht verständliche Methode zur jahrgenauen Altersbestimmung von hölzernen archäologischen Funden. Darüber hinaus kann sie auch Angaben zur Holzherkunft und -qualität sowie zur Waldbewirtschaftung in archäologischer Zeit liefern. Sie dient der Archäologie auch indirekt durch den Aufbau von langen Jahrringchronologien, mit deren Hilfe die Radiokarbondatierung geeicht wird. Die methodische Leichtigkeit der Dendrochronologie birgt aber das Risiko von Überschätzung und Missbrauch durch Laienanwender. Hier werden biologische Grundlagen des natürlichen Kalenders im Baum veranschaulicht, der technische Ablauf des Verfahrens skizziert und die Aussagemöglichkeiten in ihrer Vielfalt anhand von praktischen Beispielen kurz illustriert.

## Einleitung und kurze Forschungsgeschichte

Dendrochronologie kann die jahrgenaue Datierung archäologischer Hölzer erreichen und ist somit in der Lage, dunkle Vorgeschichte mit Kalenderjahren zu erhellen. So kann ein Fundplatz mit gut erhaltenen Resten von Holzbauten inmitten einer sonst „holzleeren" Siedlungskammer jahrgenau chronologisch stratifizierbar sein, während das Umland weiterhin vorgeschichtlich bleibt.

Als Begründer der Dendrochronologie gilt der amerikanische Astronom Andrew E. Douglass (1867–1962). Die Idee dazu ist sehr viel älter, mehrere Naturbeobachter, u. a. auch Leonardo da Vinci (1452–1519) beschrieben einen Zusammenhang zwischen der Witterung eines Jahres und der Breite des dazugehörigen Baumringes. Douglass gab dem Verfahren auch den Namen – ein Kunstwort aus den griechischen Wörtern *dendron* (Baum), *chronos* (Zeit) und *logos* (Lehre). Der Durchbruch gelang Douglass 1929, als er Konstruktionshölzer prähistorischer Indianer-Siedlungen in New Mexico/USA dendrochronologisch auf ‚1285' n. Chr. datierte (ROBINSON 1976). Die Verbreitung der Dendrochronologie setzte mit dem Siegeszug des Computers in den 1960er Jahren ein. Während noch 1965 weltweit vielleicht nur fünf Labore existierten, hat sich die Dendrochronologie heute bis in alle Winkel dieser Erde ausgebreitet, seit rund 20 Jahren sogar in die Waldregionen der Tropen und Subtropen (WORBES 2002), wo bis dahin die Auffassung vorherrschte, hier sei Dendrochronologie prinzipiell unmöglich.

Für Europa war der Forstbotaniker Bruno Huber (1899–1969) maßgebend, der, wohl inspiriert durch Douglass, zunächst in Tharandt bei Dresden in den 30er und 40er Jahren des 20. Jhs. und später in München die biologischen Grundlagen der Dendrochronologie für die klimatischen Bedingungen in Mitteleuropa systematisch untersuchte und daraus eine angepasste Mess- und Datierungstechnik ableitete (HUBER 1941; zur Forschungsgeschichte siehe auch ECKSTEIN & WROBEL (1983)). Seine ersten, noch relativen Datierungen, z. B. der bronzezeitlichen Wasserburg Buchau, gehören wie die ersten Datierungen von Douglass in den Bereich der Archäologie.

Die Dendrochronologie liefert neben chronologischen Informationen auch Aussagen über die Herkunft von Hölzern, über die zeitliche Abfolge von Konstruktionstechniken im Hausbau, über verfügbare Holzqualitäten für Bauzwecke sowie über die Walddynamik in der Umgebung einer Siedlung. Zu diesen nicht-chronologischen Informationen gehören auch Aussagen über das Klima, wenn auch die Erwartungen der mitteleuropäischen Archäologen in dieser Hinsicht oft unerfüllt bleiben.

Hier stehen die Alters- und die Herkunftsbestimmung von Holz im Vordergrund, wobei deutlich werden soll, dass die Dendrochronologie immer auch die kritische Beteiligung der Archäologen und anderer historischer Disziplinen benötigt.

## Methodik

### Biologische Grundlagen und dendrochronologisches Konzept

Die Dendrochronologie arbeitet mit lebenden Bäumen und mit Bäumen, die in früherer Zeit gelebt haben und vom Menschen genutzt wurden. Zu ihrem Verständnis ist ein Grundwissen über das Baumwachstum erforderlich.

Nach der Vegetationsruhe im Winter beginnen Bäume mit der Bildung einer neuen Holzschicht, die den vorhandenen Holzkörper von den Ast- bis zu den Wurzelspitzen mantelartig überzieht, so dass sie Zeit ihres Lebens zunehmend dicker werden. Am Querschnitt eines Baumstammes, z. B. an Stubben oder Balkenenden, sind diese Zuwachsschichten als kreisförmige Jahr- oder Baumringe sichtbar (▶ **Abb. 3.7**). Sie bestehen bei Nadelbäu-

**Abb. 3.7.** Querschnitt durch den Stamm einer Eiche. Sehr deutlich zu sehen sind die kreisförmigen Jahr- oder Baumringe. Durchmesser: ca. 35 cm.

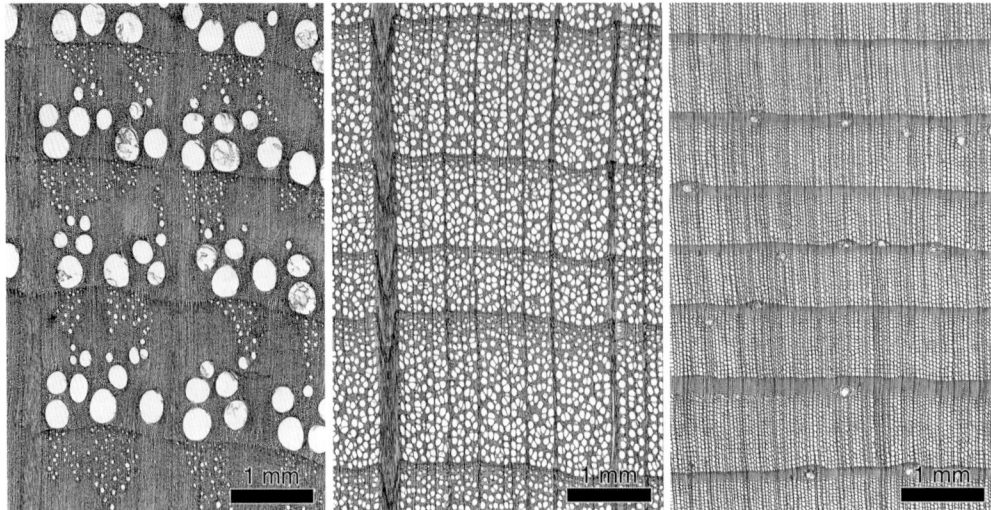

**Abb. 3.8.** Mikroskopische Querschnitte von verschiedenen Holzarten. Buche (Mitte), Eiche (links), Kiefer (rechts).

men aus dem helleren Frühholz mit weitlumigen, dünnwandigen Zellen zur Wasserleitung und dem dunkleren Spätholz mit englumigen, dickwandigen Zellen zur Festigung (▶ **Abb. 3.8**, rechts). Laubbäume bilden entweder eine gleichmäßig aufgebaute Holzschicht mit oft schwer erkennbaren Jahrringgrenzen (▶ **Abb. 3.8**, Mitte) oder entwickeln im Frühjahr weite Wasserleitungsbahnen, die bereits mit bloßem Auge wahrnehmbar sind (▶ **Abb. 3.8**, links).

Die Breite eines Jahrringes wird durch Umweltbedingungen wie Witterungselemente (Wärme, Feuchtigkeit), menschliche Einflüsse (forstliche Maßnahmen) oder natürliche Ereignisse (Überschwemmungen, Feuer) geprägt. Bei anhaltend ungünstigen Lebensbedingungen tendiert die Jahrringbreite gegen null, in Extremfällen kann die Jahrringbildung teilweise oder vollständig unterbleiben. Eichen stellen eine Ausnahme dar, sie bilden in jedem Jahr einen Jahrring. Beim Aussetzen der Jahrringbildung verläuft die Jahrringfolge gegenüber der kalendarischen Zeitachse um ein Jahr oder länger phasenverschoben. Es ist schwierig, derartige fehlende Jahrringe zu finden, jahrgenau zu lokalisieren und damit die richtige Jahrringfolge zu erarbeiten. Ähnlich problematisch sind so genannte Scheinjahrringe. In diesen Fällen werden innerhalb eines Jahres zwei oder mehr Zonen im Holz gebildet, die echten Jahrringen ähnlich sind.

Für Altersbestimmungen geeignete Jahrringfolgen (sog. Jahrringmuster) erfordern einen Holzzuwachs, der weniger von den individuellen Lebensbedingungen als von der Witterung geprägt wird. So zeigen gleichzeitig gebildete Jahrringfolgen einen augenfällig ähnlichen Verlauf, nicht nur innerhalb desselben Waldes, sondern auch bei größerer Entfernung der Standorte. Beispielsweise ist der in dem europaweit sehr trockenen Sommer 1976 gebildete Jahrring in nahezu allen Bäumen Mitteleuropas schmal.

Diese biologische Gegebenheit ist entscheidend für die dendrochronologische Altersbestimmung eines Holzes. Ähnliche Jahrringmuster von Hölzern erlauben den Rückschluss, dass die Bäume, denen sie entstammen, zur gleichen Zeit gelebt haben. Ist eines der Jahrringmuster datiert, dann ist auch die Entstehungszeit des anderen Musters bestimmbar (= absolute Datierung) (▶ **Abb. 3.9**). Für die Altersbestimmung von Holz ist daher stets eine datierte Vergleichsjahrringfolge für die in Frage stehende Baumart, Region und Zeit erforderlich. Eine derartige Datierungsgrundlage (Jahrringkalender oder Standardchronologie)

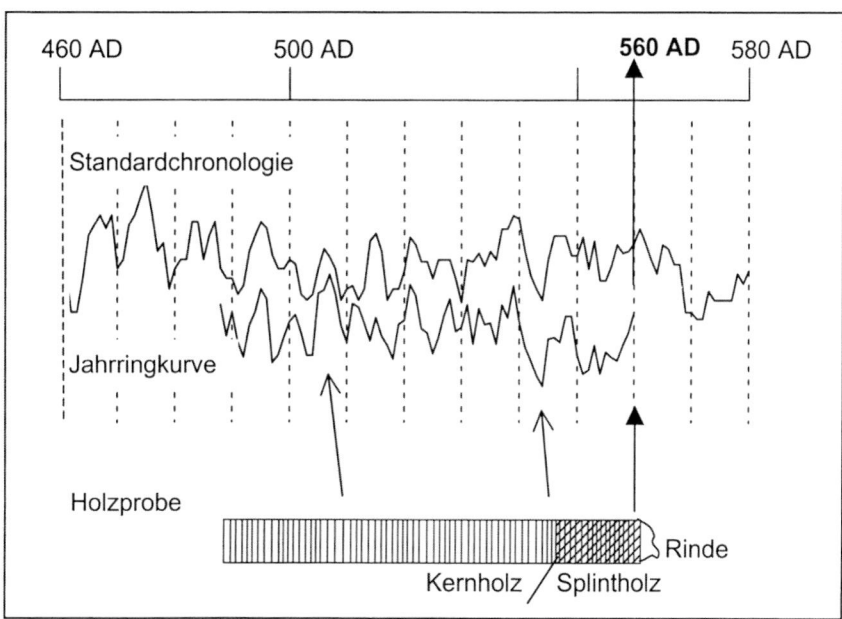

**Abb. 3.9.** Von der Holzprobe zur Jahrringkurve und zu ihrer Datierung mit Hilfe einer Standardchronologie.

geht von den Jahrringfolgen lebender Bäume aus, denn nur die können zu Beginn jahrgenau fixiert werden. Diese Jahrringfolgen werden mit den Jahrringfolgen verbauten Holzes über die Zeitspanne gemeinsamen Lebens verzahnt und darüber hinaus jahrgenau in die Vergangenheit verlängert (▶ **Abb. 3.10**). Durch die Überlappung mit den Jahresringen zunehmend älteren Holzes wird schrittweise ein „endloser Baum" konstruiert.

*Der Kalender im Holz*

Das wichtigste Werkzeug für eine dendrochronologische Datierung ist der Jahrringkalender. Normalerweise sollte für ein zu datierendes Holzstück ein Kalender derselben Holzart benutzt werden. In Deutschland bestehen mehrhundertjährige Chronologien für Eiche, Buche, Tanne, Fichte, Kiefer und Lärche in ihren jeweiligen Verbreitungsgebieten. Für Eiche liegt darüber hinaus eine überregionale Chronologie von > 10 000 Jahren vor (BECKER 1993, FRIEDRICH et al. 1999).

An der heutigen Waldverbreitung ist die natürliche Baumartenverteilung nach der letzten Vereisung kaum mehr erkennbar. Sie kann aber für das Holzartenspektrum einer archäologischen Grabung entscheidend sein, da sie für die Auswahl von technologisch geeigneten Hölzern mit hoher natürlicher Dauerhaftigkeit für Haus-, Wege-, Schiff-, Brunnen- und Substruktionsbauten wichtig war. Dies erklärt auch die Tatsache, dass das Chronologien-Netzwerk in Mittel- und Westeuropa für Eichenholz, in Nordeuropa für Kiefernholz räumlich am dichtesten und zeitlich am weitesten in die Vergangenheit ausgearbeitet werden konnte. Im Grunde ist eine Chronologie zur Vergangenheit hin immer offen, ihre erreichbare zeitliche Tiefe hängt nur von der Verfügbarkeit von geeigneten Holzfunden ab. Für die archäologisch bedeutsamen Hölzer Esche, Ulme, Erle und Hasel wird es niemals gelingen, ausreichend lange Chronologien aufzubauen. Es ist jedoch nicht ausgeschlossen, aber auch nicht vorhersehbar, derartige Hölzer dendrochronologisch z. B. über eine Eichenchronologie datieren zu können.

## 3 Numerische Datierungsmethoden

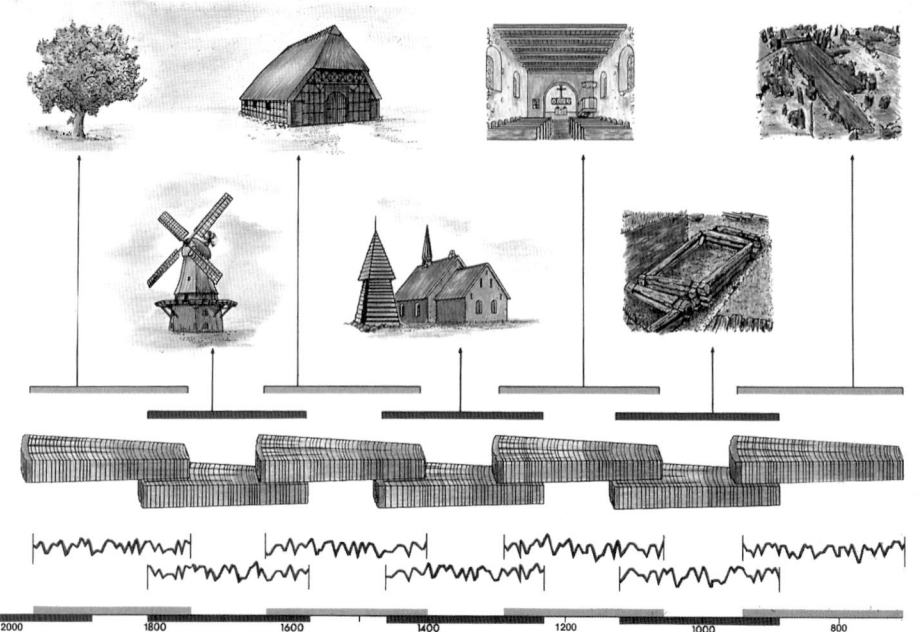

**Abb. 3.10.** Schematische Darstellung des sog. Überbrückungsverfahrens zum Aufbau einer Jahrringchronologie.

### Replikation: innere Sicherheit und richtige Datierung

Die Dendrochronologie arbeitet weitgehend empirisch. So steht erst am Ende einer Analyse fest, ob eine Altersbestimmung erfolgreich ist, ob z. B. ein konkretes Buchen- oder Eschenholz mit einer Eichenchronologie datierbar ist oder wieweit die geografische Gültigkeit einer bestimmten Regionalchronologie reicht. Hier kommt als Schwierigkeit dazu, dass zwei Jahrringfolgen nie exakt übereinstimmen, sondern sich nur bis zu einem gewissen Grad ähneln. Diese Ähnlichkeit wird durch zwei Parameter quantifiziert, den Gleichläufigkeitswert W (ECKSTEIN & BAUCH 1969) und den t-Wert (BAILLIE & PILCHER 1973). Dennoch ist es nicht möglich, die Ähnlichkeit zwischen zwei tatsächlich zeitgleichen Jahrringmustern von einer hohen Zufallsähnlichkeit zu trennen. Trotz allem ist die Dendrochronologie eine zuverlässige Datierungsmethode, da beim Aufbau von Jahrringchronologien und bei ihrer Anwendung für Datierungen stets das Prinzip der Replikation angewandt wird. Falls z. B. zwei beliebige Jahrringmuster A und B einander ähnlich sind und eine dritte Jahrringfolge C gefunden wird, die mit A ähnlich ist, dann muß C an derselben Position auch mit B ähnlich sein (BAILLIE 1983); alle weiteren Jahrringmuster, die mit A ähnlich sind, müssen auch mit B und C ähnlich sein, usw. Auf diesen wiederholten Übereinstimmungen und wechselseitigen Kontrollen beim Aufbau einer Chronologie und möglichst auch bei jeder Datierung beruht die Zuverlässigkeit der dendrochronologischen Methode.

Die mit Computerunterstützung ermittelte Lage höchster Ähnlichkeit zwischen zwei Jahrringfolgen wird visuell überprüft; es können auch mehrere gleich gute Deckungslagen vorkommen. Die Entscheidung trifft der Dendrochronologe aufgrund seiner Erfahrung. Hierdurch hat die Methode eine subjektive Komponente. Eine Fehlentscheidung ist nicht auszuschließen.

Falls eine Zuordnung in den Jahrringkalender nicht gelingt, ist auch eine nur ungefähre Datierung mit der Genauigkeit eines Jahrzehnts oder

Jahrhunderts nicht möglich. Mit Hilfe der Statistik ergibt sich zwar immer eine „beste" Ähnlichkeit, sie darf aber ohne fachkundige visuelle Überprüfung auch dann nicht als dendrochronologische Datierung akzeptiert werden, wenn sie in den archäologisch plausiblen oder gar gewünschten Zeitraum fällt. Die Nicht-Datierbarkeit einer Probe kann z. B. daran liegen, dass Holz von außerhalb der räumlichen oder zeitlichen Reichweite des Jahrringkalenders stammt. Durch zusätzliche Probenentnahmen aus demselben konstruktiven Zusammenhang ist es oft aber möglich, solche zunächst undatierbaren Hölzer zeitlich einzuordnen. Dendrochronologische Datierungen in Prozenten statistischer Sicherheit anzugeben, gibt zwar eine hohe Objektivität vor, ist aber für den Archäologen wertlos, da derartige Datierungen beliebig „wegerklärbar" sind.

## Wie viele Jahrringe sind erforderlich?

Für eine erfolgreiche Datierung ist die Anzahl der in einem Holz enthaltenen Jahrringe ein wichtiges Merkmal, wobei es keine definierte Schwelle für eine Mindestjahrringanzahl gibt. Allgemein gilt, dass das Jahrringmuster eines Baumes, der zeitlebens intensiv vom Umgebungsklima geprägt wurde, eine höhere Ähnlichkeit mit dem regionalen Jahrringkalender hat als von einem Baum, der einen vom regionalen Durchschnitt abweichenden Wachstumsverlauf aufweist (z. B. Standort an einem Wasserlauf, Schädigung durch Blitzschlag oder Insektenbefall). Dies ist aber meist auch für den Dendrochronologen nicht durch bloßen Augenschein erkennbar.

Die Wahrscheinlichkeit für eine erfolgreiche Datierung nimmt mit ansteigender Jahrringanzahl zu. Zum besseren Verständnis hilft hier der Vergleich mit dem Schlüssel-Schloss-Prinzip (= Jahrringmuster – Jahrringkalender): ein einfacher Schlüssel (= wenige Jahrringe) passt in mehrere Schlösser, ein komplizierter Sicherheitsschlüssel (= viele Jahrringe) ist einmalig. Dennoch ist manchmal eine 200 Jahre lange Jahrringfolge undatierbar, eine andere, nur 30 Jahre umfassende dagegen datierbar. Das wird aus folgendem Beispiel deutlich: Von der Grabung des mittelalterlichen Hafens in Schleswig waren nur ca. 50 % der Eichenhölzer (n = 796) datierbar. Trennt man aber die Hölzer in solche mit > 50 und in solche mit < 50 Jahrringen, dann sind aus dem ersten Kollektiv 62 % und aus dem zweiten nur 30 % der Hölzer datierbar. Rechnet man nicht in Anzahl datierter Holzproben, sondern in Anzahl datierter Baustrukturen, beträgt die Datierungsquote hier sogar 83 %. Liegen keine Hölzer mit mehr als 50 Jahrringen vor, dann sollten so viele Holzproben wie möglich von jeweils einer erkennbar zusammengehörigen Konstruktion geborgen werden. Im Einzelfall hängt die Datierungsquote immer von der Stärke des von allen Bäumen gespeicherten, aber unsichtbaren Klimasignals ab.

## *Jahrgenau, aber nur bei Rinde*

In der Dendrochronologie wird zwischen der Datierung der Jahrringfolge eines Holzes und der Datierung des Fällungsjahres des Baumes unterschieden. Erstere ist stets jahrgenau, d. h. alle in einem Holz vorhandenen Jahrringe werden den Kalenderjahren ihres Wachstums eindeutig zugeordnet. Erst danach wird die für Archäologen relevante Datierung des Fällungsjahres möglich. Sie führt zu einer jahrgenauen oder aber zu einer nur statistisch abschätzbaren Angabe, und zwar in Abhängigkeit von der Vollständigkeit der Holzprobe. Bei Eichenholz sind drei Stufen abnehmender Datierungsschärfe unterscheidbar (▶ Abb. 3.11):

- Der jüngste im Leben eines Baumes gebildete Jahrring liegt unmittelbar unter der Rinde. Falls der Probe nur die Rinde fehlt, wird die Außenkante „Waldkante" genannt. Bei Rinden- und bei Waldkantenproben ist der jüngste Jahrring noch erhalten, und falls die zeitliche Einordnung der gesamten Jahrringfolge gelingt, ist die letzte Vegetationsperiode im Leben des Baumes jahrgenau bestimmbar. Die Fällung erfolgte im Winterhalbjahr zwischen Oktober desselben und April des darauffolgenden Jahres, z. B. ‚574/75'. Falls dieser letzte Jahrring noch nicht vollständig gebildet worden ist, kann die Fällzeit sogar auf wenige Sommermonate des Kalenderjahres eingeengt werden.
- Falls an einer Holzprobe Rinde und Teile des äußeren hellen Holzmantels (Splintholz) in-

# 3 Numerische Datierungsmethoden

| Probenqualität | Letzter Jahrring | Schätzung | Fällungszeit |
|---|---|---|---|
| vollständig | 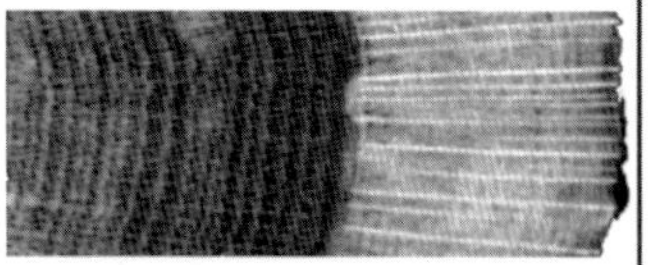 574 | --- | Winter 574/75 |
| mit Splintrest | 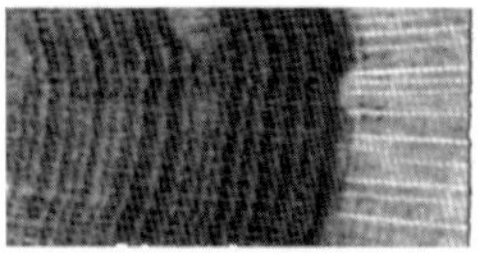 561 Splintrest: 9 Jahrringe | 552 + 16 | um 568 (+14/-6) |
| nur Kernholz | 537 | 537 + 16 | um oder nach 553 |

**Abb. 3.11.** Stufen unterschiedlicher Datierungsschärfe bei Eichenholz.

folge originaler Bearbeitungsmaßnahmen oder durch spätere Abnutzung oder Verwitterung fehlen, muss der ursprüngliche Splintumfang geschätzt werden. Die Anzahl der Splintjahrringe bei Eiche hängt u. a. von der geographischen Lage des Wuchsortes, vom Baumalter und von der durchschnittlichen Breite der Jahrringe ab. Daher existieren in der Literatur unterschiedliche Angaben zum Splintumfang. In ▶ **Abb. 3.11** wird die Splintstatistik für Norddeutschland benutzt, die Datierung lautet dann z. B. ‚um 568'.

- Weist eine Eichenholzprobe keinen Splint mehr auf, kann durch die Datierung der Jahrringfolge nur ein *terminus post quem* für die Fällung erreicht werden. Die am lebenden Baum in jeden Fall vorhanden gewesenen Splintholzjahre werden dem letzten Kernholzjahrring hinzugefügt. Ungewiss bleibt, wie viele Kernholzjahrringe bei der Bearbeitung verloren gingen. Die Datierung lautet dann z. B. ‚um oder nach 553'. Bei derartigen Bestimmungen kann versucht werden, durch nicht-dendrochronologische Verfahren einen *terminus ante quem* zu finden.

Obwohl Kiefer ebenso wie Eiche obligatorisch einen Farbkern von erhöhter Dauerhaftigkeit bildet, streut die Anzahl der Splintjahrringe innerhalb eines Baumes sehr stark, so dass es noch keine abgesicherte Splintstatistik gibt. Für Kiefer und alle anderen „Nicht-Eichenhölzer" sind daher nur zwei Datierungsgenauigkeiten zu unterscheiden:

- jahrgenau, z. B. ‚Winter 1430/31' oder
- *terminus post quem*, z. B. ‚nach 1420'.

Für eine dendrochronologisch-archäologische Analyse ist die zeitliche Einordnung von Einzelproben ein erster Schritt; angestrebt wird in der Regel die Datierung eines „Holzkomplexes", d. h. einer Gruppe von Hölzern, die ein und derselben Konstruktion angehören. Hölzer ohne Waldkante aus demselben Komplex werden diesem Kollektiv zugerechnet, wenn ihre Kern-Splintgrenzen (bei Eiche) nicht mehr als 20 Jahre auseinanderliegen. Enthält der Komplex keine Proben mit Waldkanten, so wird das Kollektiv allein nach dem Kriterium der Kern-Splintgrenzen-Streuung gebildet. In solchen Fällen können mehrere Kollektive möglich sein, deren Berechtigung vom Archäologen geprüft werden muss. Für ein so definiertes

Kollektiv wird formal aus dem Median der Kern-Splintgrenzen ein Fälljahr extrapoliert. Dabei muss allerdings beachtet werden, dass mehrere Fällungskampagnen binnen weniger Jahre tatsächlich möglich, dendrochronologisch jedoch nicht trennbar sind.

### Ist Fälljahr gleich Baujahr?

Bei der Beantwortung dieser Frage sind die Holztrocknungszeit, Zweitverwendung von Holz und Reparaturmaßnahmen zu berücksichtigen. Eine Lagerung zum Zwecke der Holztrocknung gab es nicht, vielmehr wurde das Holz „waldfrisch" verbaut. Dagegen ist eine Zweitverwendung von Holz stets in Betracht zu ziehen, da sie, bei Nicht-Erkennen, eine Frühdatierung der Konstruktion zur Folge hätte. Als Merkmal für eine Wiederverwendung von Holz sind z. B. funktionslos gewordene Details gut brauchbar. Am sichersten ist aber die Entnahme von über die gesamte Konstruktion verteilten Proben. Derselbe Ansatz gewährleistet auch, Reparaturhölzer zu erkennen und somit deren Datierung nicht fälschlich als repräsentativ für das Objekt anzunehmen, was dessen Spätdatierung bedeuten würde.

## Anwendungsbeispiele

Siedlungen wurden oft an Flüssen, Seen oder Meeresbuchten angelegt – d. h. an Plätzen mit hohem Grundwasserspiegel. Deshalb sind häufig hölzerne Konstruktionen gut konserviert, unter Umständen über viele Jahrtausende. Unter diesen sauerstofffreien Lagerungsbedingungen können lediglich anaerobe Bakterien das Holz angreifen.

Die folgenden Beispiele verdeutlichen die zeitliche Tiefe und das Anwendungsspektrum der Dendrochronologie. Eine vollständige oder gar „gerechte" Literaturübersicht wird nicht angestrebt.

### Stein- und bronzezeitliche Pfahlbausiedlungen

Die Ufer- und Moorsiedlungen der Stein- und Bronzezeit an Seen beiderseits der Alpen werden teilweise bereits seit Mitte des 19. Jhs. archäologisch untersucht und erbrachten eine Fülle von Funden, wie Haushalts- und Arbeitsgeräte, Waffen, Schmuck und Kleidungsstücke, die über Jahrtausende unter Wasser oder im hoch anstehenden Grundwasser konserviert worden sind.

Ende der 1930er Jahre machte Bruno Huber (HUBER & HOLDHEIDE 1942) die ersten Jahrringuntersuchungen an einem Palisadensystem der bronzezeitlichen Wasserburg Buchau. Drei Jahrzehnte später gelang es ihm, drei neolithische Siedlungen dendrochronologisch relativ zueinander zu datieren. Erst zwanzig Jahre danach stand eine durchgehende süddeutsche Eichenchronologie für eine absolute Datierung zur Verfügung (BECKER 1985).

Die zeitliche Aufschlüsselung großflächiger und holzreicher Pfahlfelder erfordert sowohl eine systematische Holzartenbestimmung als auch eine vollständige Jahrringanalyse aller Pfähle (BILLAMBOZ 1997). Bei der Datierung entsteht ein Siedlungsmodell mit jährlicher zeitlicher Auflösung. Bei der Grabung der jungsteinzeitlichen Siedlung Hornstaad-Hörnle IA auf der Halbinsel Höri im Bodensee-Untersee (BILLAMBOZ 1990) fanden von Beginn an im Jahre 1983 naturwissenschaftliche Begleituntersuchungen von Dendrochronologen, Pedologen, Sedimentologen, Osteologen, Zoologen und Botanikern statt. Den dendrochronologischen Daten zufolge war dieser Platz von ‚3917–3905' v. Chr. besiedelt. Neben Eichenhölzern wurden hier auch Esche, Erle, Buche und Hasel bearbeitet und datiert. Durch typische Jahrringmuster, die wohl durch lokale anthropogene Einflüsse auf das Baumwachstum entstanden sind, gelang es, eine zeitliche Verbindung zwischen den verschiedenen Holzarten herzustellen (▶ **Abb. 3.12**). Somit können unter günstigen, aber nicht vorhersehbaren Bedingungen auch Esche, Buche, Hasel und Erle mit Hilfe der Eichenchronologie datiert werden. Über 300 Jahre später, d. h. von ‚3586–3507' v. Chr. bestand hier eine weitere Pfahlbausiedlung, Hornstaad-Hörnle IB, die dendrochronologisch in fünf Hauptbauphasen unterteilt werden konnte. Insgesamt wurden aus diesen beiden Siedlungen nahezu 2.000 Hölzer verschiedener Baumarten untersucht. Neben den Kalenderjahren, die die Siedlungsdynamik beschreiben, war es möglich, auch Aussagen über Bauholzqua-

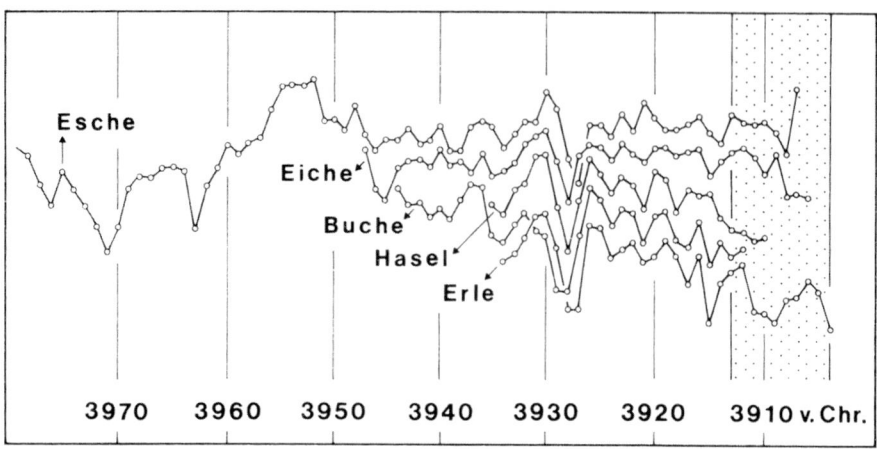

**Abb. 3.12.** Hornstaad-Hörnle IA: Jahrringfolgen verschiedener Holzarten in zeitgerechter Lage; die erfasste Schlagperiode ist durch Rasterung gekennzeichnet (aus: BILLAMBOZ 1990).

lität und Walddynamik aus den Proben zu „lesen" (BILLAMBOZ 1990).

Südlich der Alpen wurde Holz von drei Pfahlbausiedlungen im Laibacher Moor (Zentral-Slowenien) bearbeitet (CUFAR et al. 1997). Neben Eichen traten in hohem Maße auch Eschen (20–70 %) auf. Bislang konnten drei relativ datierte („schwimmende") Eichen- und zwei relativ datierte Eschenchronologien aufgebaut werden. Hier ist eine Absolutdatierung mit den nördlich der Alpen vorhandenen und ausreichend langen Eichen-Jahrringkalendern noch nicht gelungen, weil vermutlich das Klimasignal in den Bäumen südlich und nördlich der Alpen zu verschieden ist. Wahrscheinlich muss erst eine eigene, in der Jetztzeit beginnende Eichenchronologie aufgebaut werden. Einige der dendrochronologisch relativ datierten Hölzer wurden mit der Radiokarbonmethode in die Zeit zwischen 3500 und 3000 v. Chr. datiert, womit die archäologische Zeitstellung bestätigt worden ist. Diese Datierung gibt lediglich einen Zeitrahmen vor, die jahrgenaue Einbindung muss dendrochronologisch gefunden werden.

### Eisenzeitliche Siedlung

In den 1930er Jahren wurden bei einer Grabung auf einer Halbinsel im Biskupiner See (Zentral-Polen) große Mengen gut erhaltener Holzkonstruktionen gefunden (▶ **Abb. 3.13**). Der Platz war von der Jungsteinzeit bis zum frühen Mittelalter besiedelt. Archäologisch wurden die eisenzeitlichen Funde ursprünglich in die Zeit von 550–400 v. Chr. datiert, jedoch auch eine ältere Zeit war vertretbar. Radiokarbondatierungen erbrachten einen Zeitrahmen von 880–770 v. Chr. Anfang der 1990er Jahre wurden insgesamt 71 Eichenhölzer geborgen.

Ihre dendrochronologische Analyse brachte folgende Ergebnisse (WAZNY 1994):
- Die Bewohner Biskupins nutzten bevorzugt Eichenbäume mit einem Durchmesser von maximal 25 cm und einem Alter < 100 Jahre.
- Der Wachstumsverlauf der Bäume unterlag erheblichen langwelligen Schwankungen, ein deutlicher Hinweis auf exogene Einflüsse.
- Fast die Hälfte der Proben enthielt Rindenreste, so dass die Fällung jahrgenau ermittelbar war.

Von diesen Hölzern waren 61 zunächst relativ datierbar. Sie wurden in einem engen Zeitraum von 25 Jahren gefällt. Aus diesem Kollektiv wurde eine 166-jährige Jahrring-Mittelkurve aus 24 untereinander sehr ähnlichen Jahrringfolgen gebildet und mit benachbarten absolut datierten Eichenchronologien verglichen. Aufgrund der hohen Ähnlichkeit dieser „fließenden" oder „schwimmenden" Biskupin-Chronologie mit der niedersächsischen

**Abb. 3.13.** Biskupin, Polen: Blick auf die in der nordöstlichen Grabung im Jahre 1937 freigelegten Holzkonstruktionen (aus: Wazny 2003).

Chronologie (Leuschner 1988) konnten die 61 relativ datierten Hölzer in die Zeit zwischen ‚747' und ‚722' v. Chr., überwiegend aber in das ‚Winterhalbjahr 738/737' v. Chr. eingeordnet werden; sie stammen aus dem Ringwall und von Hausfundamenten. Die Dendrochronologie hat somit die ursprüngliche archäologische Zeitannahme widerlegt, die ältere Einordnung bestätigt und die Radiokarbondatierung präzisiert.

Die 166-jährige Biskupiner Eichenchronologie reicht von ‚887–722' v. Chr. und enthält drei deutliche Depressionsphasen des Wachstums, nämlich ‚857–844' v. Chr., ‚792–782' v. Chr. und ‚745–722' v. Chr. Diese Wachstumsanomalien sind überregional und z. B. auch in den niedersächsischen Moorgebieten (Leuschner 1992) zu beobachten. Sie können als Indikator für ein zunehmend feuchteres und kühleres Klima interpretiert werden.

Was bedeutet es, dass dieses Holz mit der niedersächsischen Chronologie datierbar ist? Hieraus die Holzherkunft in Niedersachsen zu vermuten, wäre zu weit gegangen. Vielmehr sind wohl durch den statistischen Prozess der Mittelwertbildung in den Chronologien von Niedersachsen und Biskupin die jeweiligen lokalen Jahrringmuster zugunsten eines regionalen, wenn nicht sogar überregionalen Jahrringmusters weitgehend verloren gegangen.

### Römischer Fernhandelsweg

Die alpenquerende Straße Claudia Augusta führte von der Po-Mündung bis zur Donau nördlich von Augsburg. Meilensteine aus der Zeit des Straßenbaus unter Kaiser Claudius datieren auf die Jahre 46/47 n. Chr. Baugeschichte und Nutzungshäufigkeit dieser Straße waren unbekannt. Im Leermoser Moor (Tirol) ist ein ca. 1,5 km langer Abschnitt dieses Weges als Knüppelweg (Prügelweg) konserviert, der Anfang der 1990er Jahre ausgegraben wurde (▶ **Abb. 3.14**). Die vermuteten Zeitstellungen schwankten zwischen prähistorisch über römerzeitlich bis neuzeitlich. Ziel der dendrochronologischen Untersuchung (Nicolussi 1998) war daher, die zeitliche Abfolge der Baumaßnahmen in diesem Straßenabschnitt aufzudecken. Als auswertbare Holzarten traten Fichte (ca. 55 %),

**Abb. 3.14.** Via Claudia Augusta, Österreich: Grabung I/5; die V-förmig verlegten Querhölzer der Basislage; Fällungsjahre bis ‚45/46' AD (aus: Nicolussi 1998).

Tanne (ca. 25 %) und Buche (9 %) auf, die eine Geschichte eines 328 Jahre umfassenden Straßenbaus nachzeichneten. Das Wegefundament bestand überwiegend aus Bäumen, die im ‚Winter 45/46' n. Chr. gefällt wurden. In den folgenden 100 Jahren wurde die Straße häufiger repariert. Danach wurde wahrscheinlich die Brennerroute als Alternative genutzt. Nach ‚270' n. Chr. wurde der Knüppelweg in verminderter Breite neu errichtet. Die letzten Reparaturen fanden ‚373/374' n. Chr. statt.

Wichtig ist hier, dass die römerzeitlichen mitteleuropäischen Tannenchronologien, die in Trier von M. Neyses-Eiden und in Stuttgart-Hohenheim von B. Becker und M. Friedrich aufgebaut wurden, die Absolutdatierung einer 333 Jahre langen, zunächst „fließenden" (d. h. relativen) Chronologie der Tannenhölzer ermöglichte.

Sogar die Jahrringmuster von Fichte und Buche sind hier dem Tannenmuster so ähnlich, dass auch deren Datierung gelungen ist. Die hohe Ähnlichkeit der Jahrringmuster verschiedener Baumarten in diesem konkreten, nicht verallgemeinerbaren Fall wird auf ungünstige Witterungsbedingungen zurückgeführt, die auf Bäume derselben und verschiedener Art einen vereinheitlichenden Stress ausüben. In Gebieten, wo Bäume unter optimalen Wachstumsbedingungen leben, darf man diesen Effekt nicht erwarten.

## Frühmittelalterliche Schiffe

Seit der Mitte des 19. Jhs. hat sich in Nordeuropa das Fachgebiet der Schiffsarchäologie entwickelt. Bedeutende Funde in Fjorden und Mooren umfassen gesunkene Schiffe wie auch als Grab oder Opfergabe dienende Schiffe aus der Zeit von 200–1400 n. Chr. Zwei Beispiele erläutern die Besonderheit von Schiffen in der Dendrochronologie.

Das sogenannte Haithabu-Wrack 1 wurde 1979 im Haddebyer Noor bei Schleswig an der Uferlinie der wikingerzeitlichen Siedlung Haithabu geborgen (Crumlin-Pedersen 1997; ▶ **Abb. 3.15**). Archäologen gehen von einem „Feuerschiff" aus, das bei einem Angriff auf Haithabu in Brand gesetzt und zur Abwehr genutzt wurde, durch ungünstigen Wind aber wieder zurück in den Hafen getrieben wurde und dort sank.

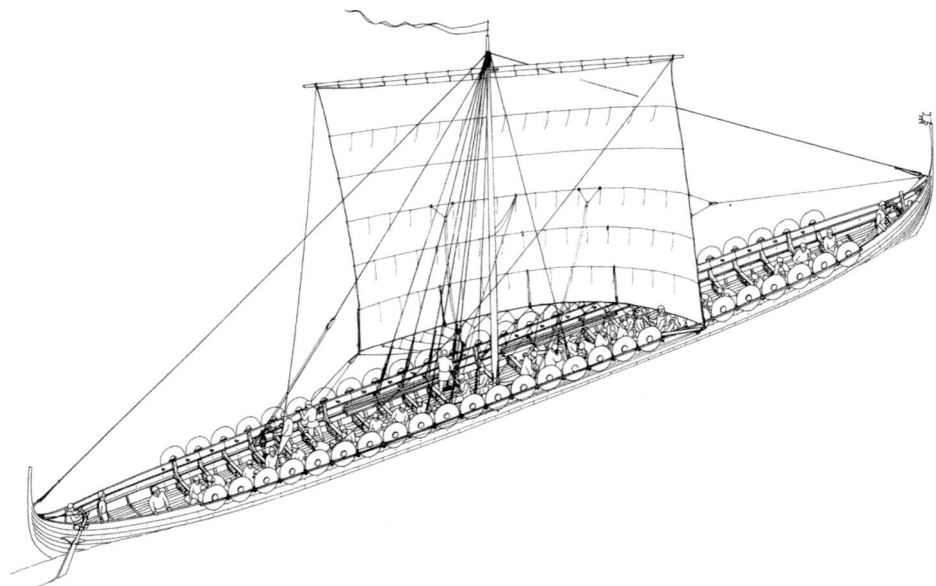

**Abb. 3.15.** Haithabu: Wrack 1; Rekonstruktionszeichnung (aus: Crumlin-Pedersen 1997). Es handelt sich um ein außergewöhnliches, „königliches" Kriegsschiff von 31 m Länge und nur 2,7 m Breite aus Eichenholz.

Die dendrochronologische Datierung von zwei splintführenden Planken ergab für die Eichen den Fällungszeitraum: ‚um 982' n. Chr. Acht weitere, splintlose Planken fügten sich widerspruchslos in diesen Zeitrahmen ein. Des Weiteren wurden zwei Planken datiert, deren abweichende Zeitstellung sehr deutlich die Notwendigkeit belegt, ein Kollektiv zu beproben. Der *terminus post quem* spiegelt nämlich mit ‚um oder nach 917' n. Chr. eine deutlich frühere Zeitstellung vor.

Gerade bei Schiffen, die weit von ihrem Ursprungsort entfernt untergegangen sein können, stellt sich zur Rekonstruktion von Heimathafen und Fahrtroute die Frage nach der Herkunft des Holzes. Sie wird empirisch gelöst: die Jahrringfolgen werden mit allen verfügbaren regionalen Standardchronologien verglichen, wobei diejenige mit der höchsten Ähnlichkeit das Herkunftsgebiet aufzeigen wird. So wurde z. B. die Jahrringchronologie vom Haithabu-Wrack 1 mit sechs Regionalchronologien verglichen (▶ **Abb. 3.16**). Der höchste Ähnlichkeitswert t ergab sich mit der Chronologie der Haithabu-Siedlung (t = 6,8), der mit der dänischen Chronologie lag immerhin bei 5,1 und zeigt ebenfalls deutliche Ähnlichkeiten. Mit zunehmender Entfernung von Haithabu sinkt der Ähnlichkeitswert im Vergleich mit der polnischen (4,3), englischen (3,8), niedersächsischen (2,6) und süddeutschen (2,1) Chronologie. Das bedeutet, dass der Heimathafen des Luxusschiffes offenbar Haithabu war. Wann das Schiff versenkt wurde, ist unbekannt; Gebrauchspuren am Schiff weisen allerdings auf eine mehrere Jahre dauernde, intensive Nutzung hin.

1962 wurden im Roskilde Fjord bei Skuldelev (Dänemark) fünf wikingerzeitliche Schiffe ausgegraben. Sie hatten ausgedient, waren mit Steinen gefüllt und wohl in der Mitte des 11. Jhs. versenkt worden, um eine der Fahrrinnen zu der Handelsstadt Roskilde zu versperren. Das sogenannte Skuldelev 2-Kriegsschiff war ein Eichen-Langboot. Die Datierung mit skandinavischen Eichen-Standardchronologien gelang zunächst nicht, aber der Vergleich mit der Dublin-Chronologie ergab ein Baujahr ‚1042' n. Chr. und eine Reparatur ‚um 1070' n. Chr. (BONDE 1998). Ursprungsbau-

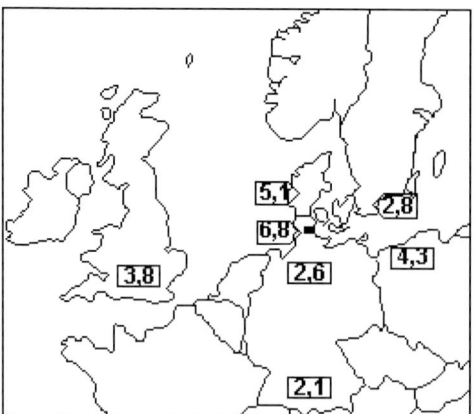

**Abb. 3.16.** Haithabu: Wrack 1; ähnlichkeitsweisende t-Werte der Schiffschronologie mit europäischen Standardchronologien.

holz und Reparaturholz waren irischer Herkunft. Man kann also davon ausgehen, dass das Schiff in Irland gebaut, dort ca. 30 Jahre später repariert wurde und dann nach Dänemark segelte, wo es im Roskilde Fjord als Sperrwerk endete.

*Hochmittelalterliche Stadt*

Lübeck ist die im Jahre 1143 von Adolf von Schauenburg gegründete älteste deutsche Stadt an der Ostseeküste. Heinrich der Löwe hat sie 1157 zerstört und ein Jahr später wieder aufgebaut. Lübeck war über lange Zeit einziger deutscher Ostsee-Handelsort, Konkurrent war allenfalls das damals dänische Schleswig, dessen wirtschaftliche Macht allerdings in dieser Zeit zu sinken begann. Das „moderne" Lübeck war somit prägend für den gesamten handelsorientierten Ostseeraum. Zunächst war Lübeck eine „Eichenholz-Stadt", die aber schon ca. 60 Jahre später zu einer gotischen Backstein-Stadt wurde.

Die frühen hölzernen Bauten haben sich nicht bis heute im aufgehenden Bereich erhalten können, aber mit Hilfe intensiver archäologischer Grabungen während der letzten 25 Jahre ist vieles zu den Strukturen, Haustypen, Kloaken und Brunnen bekannt geworden (GLÄSER 2001). In dieser Zeit sind unter den tausenden von Hölzern die Überreste von ca. 40 Holzgebäuden ergraben worden, von denen rund die Hälfte dendrochronologisch auswertbares und datierbares Material lieferte. So zeigt sich die frühe, nur gut ein halbes Jahrhundert andauernde Entwicklung der Stadt in einem feinchronologischen Gerüst, das mit archäologischen Datierungsmethoden (Stratigraphie, Keramiktypologie) so nicht zu erhalten gewesen wäre.

Aus der kurzen Zeitspanne zwischen der ersten Siedlungsphase ab 1143 n. Chr. und dem Wiederaufbau ab 1158 n. Chr. sind lediglich zwei Kastenbrunnen nachzuweisen. Der eine, von ‚1155' n. Chr., liegt im Norden im Bereich der damaligen Burg, ein zweiter von ‚1152' n. Chr. im Zentrum. Somit ist die frühere Annahme der historischen Forschung, die erste Siedlung habe sich nur im Norden befunden, nicht mehr haltbar. Dieser zweite Brunnen liegt im „Kaufleuteviertel" unweit des Hafens an der Untertrave, dessen älteste Kaianlage dendrochronologisch auf ‚um 1157' n. Chr. (+14/-2 Jahre) datiert ist. Die Streuung der Datierung verhindert aber eine konkrete Zuweisung des Kaibaues in die Zeit entweder von Adolf oder Heinrich.

Von den Häuserresten konnten bislang vier Blockbauten, 14 Pfostenbauten und 17 Ständerbauten nachgewiesen werden, deren zeitliche Entwicklung im Prinzip in dieser Reihenfolge verläuft. Blockhäuser sind nur noch selten zu erfassen, da sie meist nicht in die Erde eingegraben wurden und daher nicht konserviert sind. Die vier erhaltenen Bauten, Nebengebäude im hinteren Grundstücksteil, datieren dendrochronologisch in die Zeit von ‚1170' n. Chr. bis ‚um oder nach 1223' n. Chr. Der Blockbau in der Grabung HL70-Fischstraße wurde aus 30–50 Jahre alten Eichen, die i. d. R. noch Rindenreste aufweisen, errichtet. Sie wurden im ‚Winter 1170/71' n. Chr. gefällt (▶ **Abb. 3.17**). Zur Datierung war eine hohe Probenzahl sowie eine ausgereifte Chronologie erforderlich.

Obgleich Pfostenhäuser archäologisch gut nachzuweisen sind, bestehen ihre Hinterlassenschaften häufig nur aus „leeren" Pfostenlöchern oder humosen Verfärbungen im Boden. In der Grabung HL70-Fischstraße konnte lediglich ein einziger Eichenpfosten eines Gebäudes in die Zeit ‚um 1159' n. Chr. (+12/-0 Jahre) und somit in die Zeit der Wiedererrichtung Lübecks durch Heinrich datiert werden. Ein anderer Bau der ersten Periode

**Abb. 3.17.** Hansestadt Lübeck: Blockbau in der Grabung HL70-Fischstraße (Foto: Hansestadt Lübeck: Bereich Archäologie) und die zeitgerechte Einordnung der Jahrringfolgen von zehn Stämmen.

wurde aus Erlenpfosten errichtet und war für eine dendrochronologische Datierung ungeeignet.

In den 1170er/80er Jahren treten als typische Lübecker Holzhäuser des hohen Mittelalters die ersten Ständerbauten mit quadratischen Grundrissen auf. Zwei Häuser mit größerem rechteckigen Grundriss wurden dendrochronologisch in die Zeit ‚um 1236' n. Chr. bzw. ‚um oder nach 1257' n. Chr. datiert. Sie lagen in den Randgebieten der Halbinsel, während im Zentrum zu dieser Zeit schon Backsteinhäuser standen. In derselben Zeit entstanden auch Ständerbauten mit Fachwerk und steinernen Gefachen. Die Stadtentwicklung verlief mit der Errichtung von Holzhäusern mit einer Grundfläche von 16 m$^2$ aus der Zeit der ersten Siedler bis zu der großer Steinhäuser mit einer

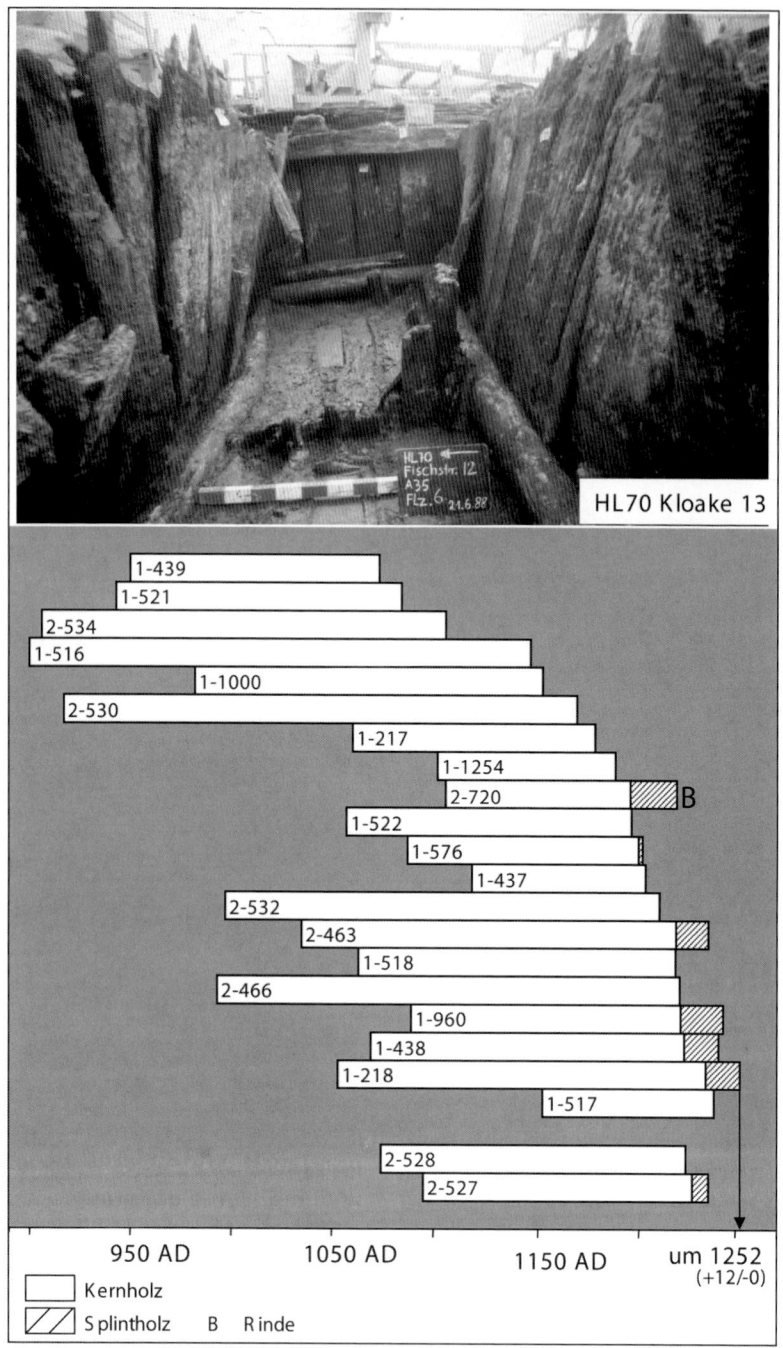

**Abb. 3.18.** Hansestadt Lübeck: Kloake in der Grabung HL70-Fischstraße (Foto: Hansestadt Lübeck: Bereich Archäologie) und die zeitgerechte Einordnung der Jahrringfolgen von 22 zweitverwendeten Hölzern.

Grundfläche von 300 m² innerhalb von 60 Jahren wahrhaft rasant.

Bei den dendrochronologischen Untersuchungen in Lübeck gab es neben den problemlos zu datierenden und zu interpretierenden Befunden zwei bemerkenswerte Auffälligkeiten. Das war zum einen die Zweitverwendung vieler alter Eichenhölzer in Neubauten, die mit dem Wert und der Dauerhaftigkeit des Holzes zu begründen ist. Sogar Hölzer aus der slawischen Zeit, allerdings nie *in situ*, die die ersten deutschen Siedler offenbar vorfanden, wurden in deren Konstruktionen erneut verwendet. Auch die Kloake 13 (HL70-Fischstr.) besteht aus derartigem Material (▶ **Abb. 3.18**). Hier wurden zwei Bohlen – es sind die jüngsten aller untersuchten Kloakenhölzer – durch Spantenabdrücke sogar als ehemalige Schiffshölzer identifizierbar. Insgesamt muss die Kloake deutlich nach dem dendrochronologischen Datum ‚um 1242' n. Chr. errichtet worden sein.

Zum anderen gab es etliche Hölzer aus der Frühzeit Lübecks, insbesondere aus der Grabung HL90-„Handwerkerviertel", die durchaus jahrringreich und engringig waren, dennoch aber keine Datierung erbrachten. Hier stellte sich die Frage, wann und wo diese Eichen gewachsen waren. Der weitaus größte Anteil der untersuchten Hölzer in Lübeck war einheimischer Natur. Importe konnten in einigen Fällen nachgewiesen werden, nämlich bei der Aussteifung einer Baugrube im Burgklosterbereich (‚1348' n. Chr.), wo importiertes Bauholz aus Polen bzw. dem Baltikum identifiziert werden konnte, sowie unter den hohen Daubenfässern, wo bei vieren eine westdeutsche Herkunft des Holzes nachweisbar war, was bei Transportbehältern auch nicht sehr erstaunt.

## Von der Grabung zur Datierung – Praktische Hinweise

Die dendrochronologische Datierungsarbeit beginnt auf der Grabung. Sie beruht – wo auch immer sie erfolgt – auf denselben Grundlagen. Unterschiede ergeben sich nur aus dem konkret vorliegenden Holz, d. h. der Holzart, ihrem Erhaltungszustand und der Anzahl der Jahrringe. Auf einer Grabung sollte vom Archäologen zwischen Eiche, anderem Laubholz und Nadelholz unterschieden werden können; feinere Unterscheidungen erfolgen im Labor. Um den Erhaltungszustand des Holzes nicht zu verändern, gilt der Grundsatz, trockene Hölzer trocken und feuchte Hölzer feucht zu halten. Am besten werden die feuchten Hölzer in Plastikfolie eingeschweißt und kühl gehalten. Wenn eine Lagerung über mehrere Monate vorhersehbar ist, muss eine Gefrierlagerung erfolgen. Es sollte darauf geachtet werden, dass die Fundzettel an der Probe diese Lagerzeiten lesbar überdauern. Eine sorgfältige Funddokumentation ist selbstverständlich. Neben Fund- und Befundnummern haben sich fortlaufende Nummerierungen für „dendrochronologische" Hölzer bewährt; sie verhindern, dass bei mehrmaligen Probenlieferungen von derselben Grabungsstelle Proben-Nummern doppelt vergeben werden. In der Regel werden von dem Holz 5–10 cm dicke Abschnitte gesägt, wobei auf Splint und Rinde zu achten ist; zudem sollte immer an der dicksten Stelle gesägt werden, da hier die meisten Jahrringe zu erwarten sind. Sind beide Kriterien nicht mit einem einzigen Abschnitt erfüllbar, müssen zwei Proben von einem Fund genommen werden. Wenn Funde für Ausstellungszwecke verwendet werden sollen, können Jahrringfolgen mit der Lupe zerstörungsfrei (und zeitaufwendig) am Holz gemessen werden. Sind die Querschnittsflächen nicht zugänglich, wie z. B. bei einem Schiffs-Kielschwein, muss gebohrt bzw. gesägt werden. Die abgesägte Scheibe bleibt ungeteilt und kann später wieder eingesetzt und gegebenenfalls museumspädagogisch aufbereitet werden. Die Jahrringmessung sollte in allen Fällen vor einer eventuellen Konservierung stattfinden, da sonst Zellstrukturen verklebt und somit schlecht identifizierbar sind. Bei jahrringarmen Hölzern müssen möglichst viele Proben genommen werden, um die Datierungschancen zu erhöhen.

## Schlussbemerkung

Der vorliegende Beitrag soll dazu anregen, mit Dendrochronologen interaktiv zusammenzuarbeiten, ohne sie hinsichtlich des vermuteten, erwarteten oder gar gewünschten Datums für ein Untersuchungsobjekt steuern zu wollen. Im Idealfall ist das dendrochronologische Datum gänzlich unabhängig von jeglicher archäologischer Vordatierung. Es muss auch akzeptiert werden, dass Hölzer vorläufig oder endgültig undatierbar sind, obwohl sie bisweilen chronologische „Schlüsselfunde" darstellen und bis zur Feststellung ihrer Undatierbarkeit ein sehr viel größerer Arbeitsaufwand erforderlich ist als für manche datierbaren Hölzer.

## Literatur

Baillie, M. G. L., 1983
Baillie, M. G. L. & Pilcher, J. R., 1973
Becker, B., 1985, 1993.
Billamboz, A., 1990, 1997
Bonde, N., 1998
Crumlin-Pedersen, O., 1997
Cufar, K., Levanic, T., Veluscek, A. & Kromer, B., 1997
Eckstein, D. & Bauch, J., 1969
Eckstein, D. & Wrobel, S., 1983
Friedrich, M., Kromer, B., Spurk, M., Hofmann, J. & Kaiser, K.F., 1999
Gläser, M., 2001
Huber, B., 1941
Huber, B. & Holdheide, W., 1942
Leuschner, H. H., 1988, 1992
Nicolussi, K., 1998
Robinson, W. J., 1976
Wazny, T., 1994
Worbes, M., 2002

# Archäochronometrie: Lumineszenzdatierung

Günther A. Wagner

## Zusammenfassung

Als physikalische Altersbestimmungsmethode ist die Lumineszenzdatierung aus dem Spektrum der archäochronometrischen Verfahren nicht mehr wegzudenken. Sie blickt mittlerweile auf eine fünfzigjährige Geschichte zurück. Die Lumineszenzdatierung deckt einen weiten Altersbereich von einigen hundert bis zu hunderttausend Jahren ab. Sie ist vor allem auf Objekte mit den häufig vorkommenden Mineralen Quarz und Feldspat anwendbar. Beim Lumineszenzphänomen, das ein kaltes Leuchten darstellt und durch Strahlenschädigung angeregt wird, trennt man zwischen Thermolumineszenz (TL) und Optisch Stimulierter Lumineszenz (OSL). Diese beiden eng verwandten Leuchterscheinungen unterscheiden sich in der Art, in der die Lichtemission ausgelöst wird, nämlich thermisch bei der TL und optisch bei der OSL. Auf beiden Erscheinungen beruhen jeweils verschiedene Datierungstechniken. Ursprünglich als TL-Datierung ganz auf archäologische Keramikmaterialien ausgerichtet, stehen seit Mitte der Achtziger Jahre OSL-Datierungen quartärgeologischer und archäologischer Sedimente im Vordergrund des Interesses. Im vorliegenden Beitrag werden die Grundlagen der Lumineszenzdatierung erläutert sowie Grenzen und Möglichkeiten der archäologischen Anwendungen skizziert.

## Einführung

Fast alle zuverlässigen archäochronometrischen Methoden beruhen auf der natürlichen Radioaktivität, d. h. auf dem Zerfall instabiler Kernarten und der dabei freiwerdenden Teilchen und Strahlungen. Die Zerfallsgeschwindigkeit einer Kernart ist durch die Halbwertszeit definiert. Als kernphysikalisches Phänomen ist die Zerfallsgeschwindigkeit nicht von außen beeinflussbar, so dass radiometrische ‚Uhren' stets gleichmäßig laufen, was sie im Vergleich zu anderen Datierungsansätzen besonders auszeichnet.

Die wichtigsten radioaktiven Kernarten, die in der Archäochronometrie benutzt werden, sind das Kohlenstoff-Isotop $^{14}$C, das Kalium-Isotop $^{40}$K, die Uran-Isotope $^{234}$U, $^{235}$U, $^{238}$U und die Thorium-Isotope $^{230}$Th, $^{232}$Th. Diese unterscheiden sich untereinander nicht nur durch ihre Halbwertszeit, sondern auch durch Art des Zerfalls: Alpha-Zerfall bei $^{234}$U, $^{235}$U, $^{238}$U, $^{230}$Th sowie $^{232}$Th, Beta-Zerfall bei $^{14}$C, Elektroneneinfang bei $^{40}$K und spontane Kernspaltung bei $^{238}$U. Aus diesen radioaktiven Muttersubstanzen entstehen radiogene Tochtersubstanzen, wie z.B. das Argonisotop $^{40}$Ar aus $^{40}$K. Als veränderliche Größen für den Fortgang des Zerfalls werden entweder die noch übrig gebliebene Menge der Muttersubstanz, die entstandene Menge der Tochtersubstanz oder die Intensität der akkumulierten Strahlenschädigung gemessen.

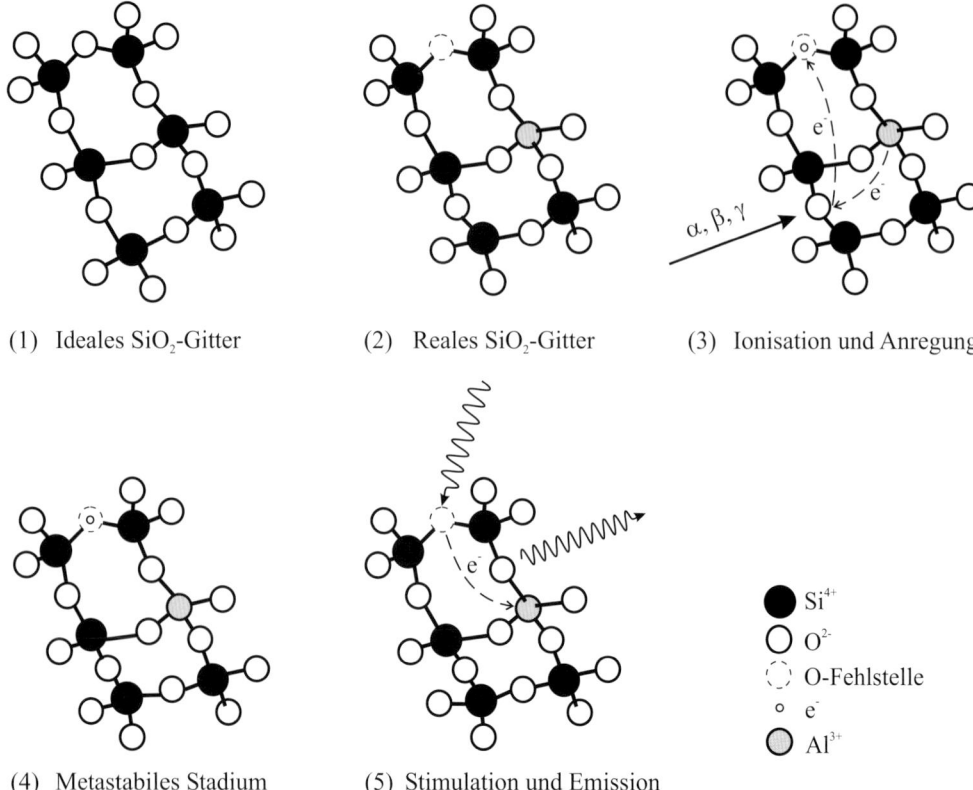

**Abb. 3.20.** Entstehung der Lumineszenz am Beispiel eines schematischen SiO$_2$-Gitters: (1) ideales Gitter, nicht empfänglich für Lumineszenz, (2) reales Gitter mit Sauerstoff-Leerstelle und Aluminium-Fremdatom, (3) Anregung durch ionisierende Strahlung, (4) metastabiler Zustand, (5) grüne Stimulation mit blauer Emission.

Aufgrund der verschiedenen radioaktiven Kernarten und Messparameter ergibt sich eine breite Palette von archäochronometrischen Methoden. Ein weiterer Aspekt dabei ist der Ursprung der radioaktiven Muttersubstanzen: man unterscheidet primordiale Kernarten (noch von der Elementsynthese herrührende, z.B. $^{238}$U) von kosmogenen (durch kosmische Strahlung ständig nachproduzierte, z.B. $^{14}$C) und von radiogenen (in den Uran- und Thorium-Zerfallsketten entstandene, z.B. $^{230}$Th) Kernarten. Als bedeutende archäochronometrische Methoden sind aus der Gruppe der kosmogenen Kernarten Radiokohlenstoff, aus der Gruppe der Uranreihen $^{230}$Th/$^{234}$U, aus der Gruppe der Partikelspuren die Kernspaltspuren, aus der Gruppe der Strahlendosimetrie die Lumineszenz und aus der Gruppe der Edelgase $^{39}$Ar/$^{40}$Ar zu erwähnen (▶ **Abb. 3.19, siehe Farbtafeln**). Die einzelnen Methoden sind jeweils für gewisse Materiale, Zeiträume und Fragestellungen geeignet wie anderenortes eingehender ausgeführt (WAGNER 1995, 1998). Aufgabe dieses Beitrags ist, die Lumineszenzverfahren näher zu umreißen.

Um ein archäologisch relevantes Ereignis zu datieren, ist es notwendig, dass die „Uhr" zum Zeitpunkt des zu datierenden Ereignisses zu laufen beginnt, so dass man heute die inzwischen verflossene Zeit, das ist das Alter, ablesen kann; in anderen Worten, sie muss wie eine „Stoppuhr" sein. Diese Problematik bezeichnet man als

‚Nullstellung' des Datierungssystems. In der Datierungspraxis bedeutet dies, dass zum Zeitpunkt, der datiert werden soll, keine Tochtersubstanz oder kein Strahlenschaden – je nachdem welchen Parameter man benutzt – vorhanden sind. Dies ist keineswegs immer der Fall und muss kritisch geprüft werden, denn eine unerkannte Residualmenge ergäbe einen zu hohen Alterswert. Weiterhin muss das Datierungssystem geschlossen bleiben, d.h. es darf keine Tochtersubstanz entweichen oder kein bereits akkumulierter Strahlenschaden ausheilen, denn sonst zeigt die Uhr ein zu geringes Alter an. Nicht selten sind – trotz präziser Messungen – Unstimmigkeiten bei der chronometrischen Anwendung auf eines dieser beiden Probleme zurückzuführen.

## Physikalische Grundlagen der Lumineszenz-Datierung

Lumineszenz ist das kalte Leuchten elektrisch nicht leitender Festkörper. In der Datierungspraxis sind dies vor allem Quarz und Feldspat. Die weite Verbreitung dieser Minerale in vielen Gesteinen und daraus gefertigten Artefakten, also auch keramischer Objekte, ist eine gute Voraussetzung für eine breite Anwendung der Lumineszenzdatierung. Beim Phänomen der Lumineszenz sind zwei aufeinander folgende Schritte zu unterscheiden (▶ **Abb. 3.20**): die Anregung und die Stimulation.

Unter Anregung versteht man den allmählichen, zeitabhängigen Aufbau des latenten Lumineszenzsignals, also sozusagen das ‚Ticken der Uhr'. Die allgegenwärtige ionisierende Strahlung, die von der natürlichen Radioaktivität und zum geringeren Teil von der kosmischen Strahlung herrührt, vermag in den Mineralen Ladungsträger, das sind Elektronen und die von ihnen zurückgelassenen sog. positiven Löcher, freizusetzen. Ein Teil dieser Ladungsträger kann von Kristalldefekten eingefangen und gespeichert werden. Im Falle des Quarzes bilden vor allem fehlende Sauerstoff-Atome, sog. Leerstellen, oder Aluminium-Atome, die als Fremdatome an Stelle eines Siliziumatoms im Kristallgitter eingebaut sind, solche Kristalldefekte. Da die Zahl der so gespeicherten Ladungsträger mit der Zeit anwächst, ist sie ein Maß für das Alter. Letztlich wird durch diesen Prozess Energie, die von der ionisierenden Strahlung stammt, im Kristallgitter gespeichert.

Bei der Stimulation werden diese gespeicherten Ladungsträger aus ihren Fallen befreit, so dass sie mit positiven Löchern rekombinieren können. Dabei wird die gespeicherte Energie als kalte Leuchterscheinung, eben die Lumineszenz, freigesetzt. Die Stimulation geschieht entweder thermisch durch Erwärmen oder optisch durch Belichten des Minerals. Je nach Art der Stimulation spricht man von Thermolumineszenz (TL) oder von Optisch Stimulierter Lumineszenz (OSL), wobei wieder nach Wellenlänge der Stimulation blaue, grüne und infrarote OSL, abgekürzt mit den Symbolen BLSL, GRSL und IRSL, unterschieden werden. Die Lumineszenz ist umso stärker, je größer die gespeicherte Energie und damit je älter die Probe ist. Anschaulich ausgedrückt, entspricht die Stimulation dem ‚Ablesen der Uhr'.

Das Ziel der Lumineszenzmessung ist die Energiedosis, das ist die pro Masse gespeicherte Energie. Sie hat die Einheit Gray (1 Gray = 1 Joule/kg). Die im Laufe der archäologischen Geschichte einer Probe akkumulierte Energiedosis bezeichnet man als ‚Archäodosis'. Um die Energiedosis in einen Alterswert umzusetzen, muss ein weiterer Parameter bekannt sein, die Dosisleistung (Gray/Jahr). Denn die Energiedosis hängt nicht nur von der Dauer sondern auch von der Stärke der ionisierenden Strahlung ab. Aus dem Quotienten Archäodosis/Dosisleistung ergibt sich dann die Bestrahlungsdauer, also das Alter (in Jahren).

Die Nullstellung des Lumineszenz-Systems zum Zeitpunkt des Datierungsereignisses kann durch Erhitzen oder durch Bleichen der Minerale erfolgen (▶ **Abb. 3.21**). Beide Mechanismen haben unmittelbare archäologische Relevanz. Bei der *Erhitzung* reichen Temperaturen von etwa 400 °C während einer Stunde dazu aus. Eine kürzere Ausheizdauer erfordert etwas höhere Temperaturen, jedenfalls ist ab 500 °C das Lumineszenzsignal vollständig beseitigt. Damit werden hinreichend gebrannte Objekte wie Gefäßkeramik, Ziegel, Feuerstellen, Steine, Brandhorizonte, Öfen und Schlacken datierbar. Das *Ausbleichen* des Lumineszenzsignals in Quarz und Feldspat geschieht unter Tageslichtbedingungen innerhalb weniger Minuten. Bei der Um- und Ablagerung werden die Mineralkörner dem Licht ausgesetzt.

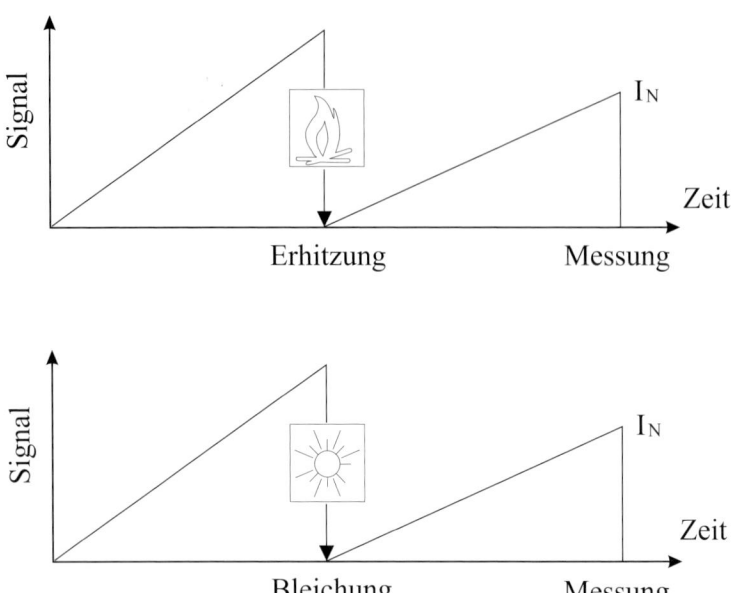

**Abb. 3.21.** Nullstellung des Lumineszenz-Systems zum Zeitpunkt des Datierungsereignisses durch Erhitzen oder Bleichen.

Auf diese Weise lassen sich Sedimente und insbesondere auch Archäosedimente datieren – das sind Sedimente, die durch direkte oder indirekte Mitwirkung des Menschen entstanden sind. Ehemals belichtete und abgedunkelte Gesteinsoberflächen bieten die Möglichkeit, das Alter der Errichtung oder der Zerstörung von Steingebäuden zu bestimmen.

Bezüglich der Frage, welcher Altersbereich mit Lumineszenzdatierung abgedeckt werden kann, ist zu bemerken, dass nach wenigen hundert Jahren meist bereits ein gut messbares Signal aufgebaut ist. Die obere Altersgrenze wird durch die beiden Erscheinungen der Sättigung und des Ausheilens beschränkt. Die Sättigung wird erreicht, wenn alle verfügbaren Fallen im Kristallgitter mit Ladungsträgern aufgefüllt sind, so dass sich keine weitere Lumineszenz aufbauen kann, was spätestens nach einigen Millionen Jahren eintritt. Hingegen beschränkt das Ausheilen der Lumineszenz die Obergrenze meist auf ca. 100.000 Jahre, denn in Zeiträumen von einigen $10^5$ Jahren vermögen Ladungsträger ihre Fallen bei normalen Temperaturen zu verlassen. Diese Probleme verlangen in der Laborpraxis routinemäßige Überprüfung. Jedenfalls kann davon ausgegangen werden, dass mittels Lumineszenz ein sehr langer Altersbereich vom Mittel-Paläolithikum bis ins Mittelalter abgedeckt werden kann.

Am Beginn der Lumineszenzmessung steht die Probenaufbereitung, die im Wesentlichen Korngrößen- und Mineral-Trennung umfasst. Bei der Korngröße werden aus dosimetrischen Gründen die Feinkornfraktion zwischen 4 und 11 µm und die Grobkornfraktion zwischen 100 und 200 µm bevorzugt. Die Feinkornfraktion ist polymineralisch zusammengesetzt. Bei der Grobkornfraktion ist man bestrebt, möglichst reine Quarz- oder Feldspatseparate zu gewinnen. Die eigentliche Lumineszenzmessung wird an sog. Aliquots, das sind Teilproben dieser Fraktionen, von wenigen Milligramm Gewicht ausgeführt. Zur Bestimmung der Archäodosis wird zunächst das natürliche Lumineszenzsignal gemessen. Bei der TL wird dazu die Probe bis auf 500 °C erhitzt ('thermisch stimuliert') und gleichzeitig unter Verwendung bestimmter Filter die Lichtemission (Lumineszenz) aufgezeichnet. Das Ergebnis ist eine sog.

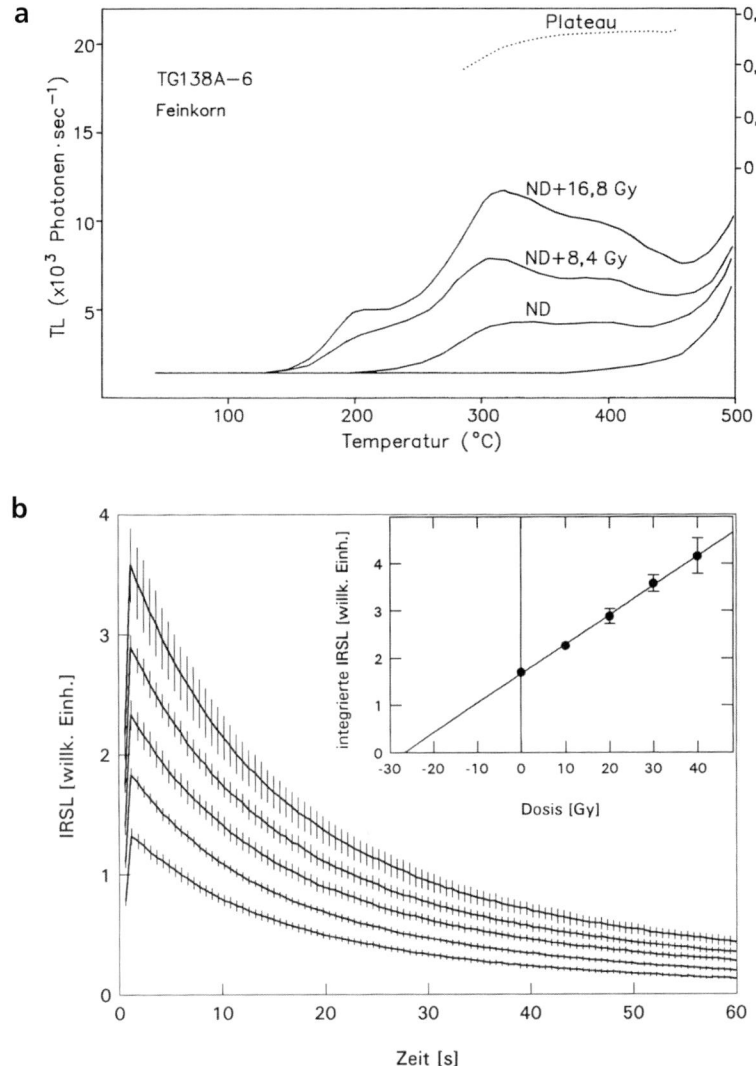

**Abb. 3.22.** (a) Thermolumineszenz(TL)-Leuchtkurven der Feinkornfraktion einer Keramik vom römerzeitlichen (70 AD ± 140 a) Kupferverhüttungsplatz Yuvalar/Troas. ND = natürliche Dosis, ND+x Gy = additive Leuchtkurven, der Plateautest zeigt die Stabilität des natürlichen TL-Signals an. (b) IRSL-Ausleuchtkurven einer Kalifeldspatfraktion aus einem frühholozänen Dünensand von Walldorf. Die unterste Kurve ist das natürliche Signal und diejenigen darüber sind verschiedene additive Signale. Rechts oben das IRSL-Wachstum als Funktion der additiven Dosis (aus WAGNER 1995).

TL-Leuchtkurve (▶ **Abb. 3.22a**). Dagegen wird bei der OSL die Probe beleuchtet („optisch stimuliert"), wobei für Quarz entweder blaues oder grünes Licht und für Feldspäte sowie polymineralische Proben Infrarot verwendet werden. Während des Ausleuchtens wird die Lichtemission der

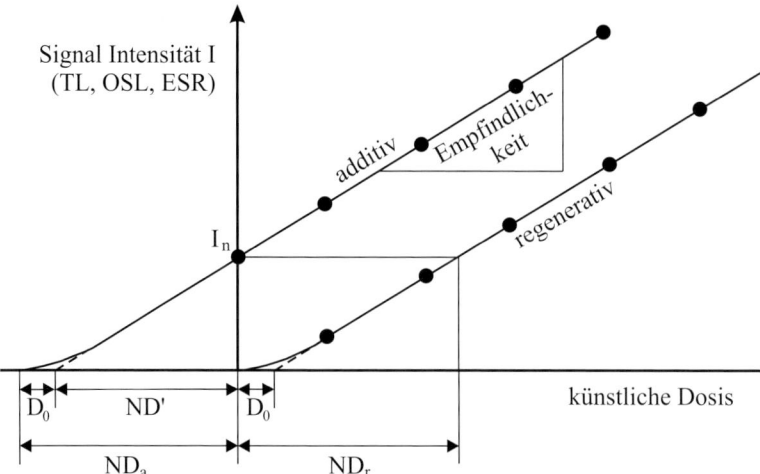

**Abb. 3.23.** Die Archäodosis ND kann entweder durch additives – also zusätzlich zum natürlichen Signal $I_n$ – oder regeneratives – nach vollständigem Ausheizen bzw. Bleichen des vorherigen Lumineszenz-Signals – Bestrahlen mit bekannter, künstlicher Dosis bestimmt werden. Im ersten Fall wird $ND_a$ durch Extrapolieren und im zweiten Fall wird $ND_r$ durch Interpolieren ermittelt, $D_o$ = Supralinearitätskorrektur (aus WAGNER 1995).

Probe aufgezeichnet, wobei selbstverständlich die Wellenlänge der Emission signifikant anders – und zwar kürzer – sein muss als diejenige der Stimulation. Das Ergebnis ist eine OSL-Ausleuchtkurve (▶ **Abb. 3.22b**).

Da jede Probe eine andere Lumineszenz-Empfindlichkeit besitzt, d.h. gleiche Energiedosis ergibt unterschiedliche Lumineszenz-Intensität, wird die Probe mit verschiedenen, bekannten Dosen bestrahlt, und nach jedem Schritt die Lumineszenz gemessen. Die Lumineszenz-Messung kann entweder additiv, also zusätzlich zur natürlichen Dosis, oder regenerativ, nach vollständigem Ausheizen bzw. Bleichen des vorherigen Lumineszenz-Signals, durchgeführt werden (▶ **Abb. 3.23**). Als Archäodosis wird derjenige Wert der künstlichen Dosis genommen, der ein Lumineszenz-Signal induziert, das dem natürlichen äquivalent ist. Aus diesen Prozeduren folgt, dass für das additive Verfahren viele Teilproben ('Multi-Aliquot') nötig sind, in der Praxis etwa 50. Das regenerative Verfahren kann im Prinzip an einer einzigen Teilprobe ('Single-Aliquot') ausgeführt werden, in der Praxis aber etwa 10 aus Gründen der Reproduzierbarkeit. Wegen Empfindlichkeitsänderungen ist dabei nach jedem Mess-Schritt eine Normierungsbestrahlung erforderlich. Aus dieser verwirrenden Anzahl von möglichen Kombinationen der einzelnen Verfahrensschritte hat sich in den letzten Jahren als Favorit die SAR-Technik entfaltet, was für 'Single-Aliquot-Regenerativ' steht. Sie zeichnet sich durch relativ hohe Präzision (wenige Prozent) für den Wert der Archäodosis aus.

Wie bereits erwähnt, ist neben der Archäodosis die Dosisleistung die zweite Bestimmungsgröße zur Altersbestimmung. Gegenüber der ersten wird sie häufig vernachlässigt, was bedauerlich ist, weil dadurch unnötig große Unsicherheiten in das Altersergebnis eingeschleppt werden. In der Natur baut sich die Dosisleistung je nach Art der Strahlung aus verschiedenen Komponenten auf: Alpha-, Beta-, Gamma- und kosmische Strahlung. Der Alpha-Anteil stammt aus den Uran- und Thorium-Zerfallsreihen, die Beta- und Gamma-Anteile sowohl aus dem Kaliumzerfall als auch aus den Uran- und Thorium-Zerfallsreihen. Schließlich ist je nach topographischer Höhe ein mehr oder weniger geringer Anteil der kosmischen Strahlung zu berücksichtigen.

Zwei wichtige Eigenschaften sind für das Verständnis der Dosisleistung wichtig. Erstens sind die Reichweiten der verschiedenen Strahlungen sehr unterschiedlich, nämlich ca. 10 μm für Alpha-, ca. 2 mm für Beta-, ca. 30 cm für Gamma-Strahlung. Mithin kann je nach Probengröße ein beträchtlicher Teil der Gamma-Dosisleistung aus dem umgebenden Sediment stammen. Zweites erzeugt eine Alpha-Dosis generell ein kleineres Lumineszenz-Signal als ein gleicher Dosiswert der Beta- oder Gamma-Komponenten. Das entsprechende Sensitivitätsverhältnis wird als a- oder k-Faktor bezeichnet und muss bei jeder Datierung experimentell ermittelt werden. Die Bestimmung der Dosisleistung kann über die analytische Bestimmung der Ausgangselemente Uran, Thorium und Kalium etwa mittels Neutronenaktivierungs-Analyse und Atomabsorptions-Spektrometrie erfolgen. Für den Beitrag aus den Uran- und Thorium-Zerfallsreihen empfiehlt sich Gamma-Spektrometrie, da damit auch störende Einflüsse durch radioaktives Ungleichgewicht erkannt werden. Daneben finden auch Alpha- und Beta-Zählungen Anwendung. Aus den Gehalten der einzelnen Elemente werden die Dosisleistungsbeiträge berechnet.

Ein wichtiger Aspekt bei der Dosisleistungs-Berechnung ist die natürliche Feuchte sowohl in der Probe als auch in deren Umgebung. Das Porenvolumen in Keramik beträgt meist zwischen 10 und 20 % und liegt in Sedimenten meist noch deutlich darüber. Ist das Porenvolumen ganz oder teilweise mit Wasser gefüllt, reduziert sich die Dosisleistung durch die absorbierende Wirkung des Wassers. Deswegen muss die natürliche Feuchte bestimmt werden. Offensichtlich braucht die heutige Feuchte nicht repräsentativ für die gesamte Bodenlagerungsdauer zu sein, wobei vor allem an langjährige oder saisonale Niederschlagsvariationen sowie an Veränderungen des Grundwasserspiegels zu denken ist. Um solche Einflüsse zu berücksichtigen, sind gute Kenntnisse der Gelände- und Fund-Situation hilfreich.

Aufgrund der aufgeführten Komplikationen darf es kaum überraschen, dass Lumineszenzdatierungen mit einer beträchtlichen Unsicherheit behaftet sind. Werden alle Fehlerquellen realistisch abgeschätzt, ergeben sich zum jetzigen methodologischen Entwicklungsstand für das Lumineszenzalter Genauigkeiten um ± 6 bis 10 %, oft auch noch schlechter. Allerdings bedarf es keiner weiteren Kalibrationen, und die Alter sind chronologisch direkt verwendbar. Um optimale Altersergebnisse zu erzielen, ist jedem potentiellen Interessenten zu empfehlen, sich vor der Probennahme mit dem Lumineszenzlabor in Verbindung setzen. Dies ist schon wegen der *in situ* Dosisleistungsmessung erforderlich.

## Anwendungen

### Gebrannter Feuerstein

Der Altersbereich des letzten Glazials, vor allem jenseits von 15.000 a, gilt generell als schwer datierbar. Zwar reicht die Radiokohlenstoffdatierung bis ca. 45.000 Jahre zurück, ist aber wegen fehlender Dendro-Kalibrationskurven in jenem Altersbereich noch mit großen Unsicherheiten behaftet. Die Lumineszenz-Methoden helfen, diese Datierungslücke zu füllen, wobei sich neben den glazialen Lössablagerungen als archäologisches Material Feuersteingeräte anbieten, vorausgesetzt, dass letztere während ihrer Herstellung oder Nutzung hinreichend erhitzt wurden. Als makroskopische Erhitzungskriterien lassen sich Rotverfärbung, Craquelierung und näpfchenartige Aussprünge verwenden. Darüber hinaus kann auch die Intensität und Form der TL-Leuchtkurve dafür benutzt werden. An einigen Fundplätzen ist ein beträchtlicher Teil der Feuersteinartefakte erhitzt worden, so auch in der Geißenklösterle-Höhle im Achtal bei Blaubeuren. Die Stratigraphie der Höhlensedimente erstreckt sich vom Mittel-Paläolithikum (mit einem mittlerem Elektronenspinresonanz-Alter (ESR) von 43.300 ± 4.000 a für Zahnschmelz) über das Jung-Paläolithikum bis ins Mesolithikum, und insbesondere ist der Übergang vom Mittel- ins Jung-Paläolithikum mit Frühem Aurignacien gut belegt, für welches sechs gebrannte Feuersteinartefakte das mittlere TL-Alter von 40.200 ± 1.500 a ergeben (RICHTER et al. 2000a). Dies ist in Mittel- und Westeuropa der bisher früheste Nachweis des Jung-Paläolithikums, und damit implizit auch des Auftretens des mit dieser Kultur in Zusammenhang gebrachten anatomisch modernen Menschen *Homo sapiens*. Paläoökologisch wird das Frühe

Aurignacien mit dem Hengelo-Interstadial, eine klimatisch begünstigte Phase innerhalb der letzten Eiszeit, korreliert. Das Radiokohlenstoffalter von mehreren Knochen aus derselben Schicht ist mit 38.400 ± 850 a zwar systematisch jünger, was aber wegen fehlender Kalibrationsmöglichkeit plausibel ist.

Die Sesselfelsgrotte an der unteren Altmühl besitzt aufgrund ihrer langen, vom Mittel- bis ins Jung-Paläolithikum reichenden Schichtenabfolge eine Schlüsselrolle für die zeitliche Stellung der Micoquien (Keilmesser) Kultur in Mitteleuropa. Um zur Chronologie dieses Platzes mittels Lumineszenz einen Beitrag zu leisten, wurden – vom Liegenden zu Hangenden – sieben gebrannte Feuersteine aus der Mousterien-Schicht M, ebenfalls sieben gebrannte Feuersteine aus der Micoquien/Mousterien-Schicht G und zwei Lösse aus der sterilen Schicht D beprobt (RICHTER et al. 2000b). Feuerstein wurde mit TL und Löss mit IRSL datiert. Das Alter von 73.200 ± 11.700 a für Schicht M impliziert kaltzeitliche Bedingungen nach dem Eem-Interglazial. Das Alter von 56.000 ± 1.600 a für Schicht G stellt das Micoquien an den Beginn des Oerel-Interstadials. Der Löss wurde vor 16.300 ± 1.500 a gegen Ende das letzten Glazials eingeweht, bevor die Sesselfelsgrotte vom jungpaläolithischen Menschen wieder aufgesucht wurde. Die Altersdaten ergänzen die stratigraphische und paläoökologische Situation dieses Fundplatzes.

## *Keramik*

Gefäßkeramik und Ziegel waren die ersten archäologischen Objekte, an denen die TL erfolgreich getestet wurde (GRÖGLER et al. 1958, 1960). An diesen Materialien wurden die wesentlichen methodologischen Konzepte, wie die Feinkorn- und Grobkorn-Techniken, entwickelt (AITKEN 1985). Keramik bietet wegen ihrer Quarz- und Feldspat-Anteile sowie wegen der definierten Nullsetzung der Lumineszenzuhr während des Brennvorgangs beste Voraussetzungen zur Thermolumineszenz-Datierung. Darüber hinaus ist sie häufigstes archäologisches Fundmaterial, das zudem typologisch klassifiziert und datiert werden kann. So nimmt es nicht Wunder, dass zahllose Anwendungen von den frühesten gebrannten Tonobjekten bis hin zu mittelalterlichen und neuzeitlichen Objekten existieren. Chronologische Beiträge, wie die TL-Datierung eines jungbandkeramischen Kontexts der Aldenhovener Platte mit 5050 v. Chr. ± 600 a (WAGNER & LORENZ 1997) werden heutzutage angesichts der höheren Zeitauflösung durch dendrokalibrierte $^{14}$C-Daten selten erbracht. Allerdings kann in Regionen mit weniger gut etablierten Chronologien, wie etwa in Mittelamerika (WAGNER & WAGNER 1992, 1997), chronologisch ausgerichtete TL-Datierung von Keramik noch recht nützlich sein. Zu erwähnen ist auch der verbreitete Einsatz der TL-Altersabschätzung zum Echtheitstest keramischer Objekte.

An einem Siedlungsplatz in Mengen/Breisgau tauchten handgeformte Gefäße aus vorgeschichtlicher und frühalamannischer Zeit auf, die sich bezüglich ihrer Formen und Oberflächenbearbeitung kaum unterscheiden ließen. Es stellte sich die Frage, ob mittels TL-Datierung ein Unterscheidungskriterium gefunden werden kann. Insgesamt wurden 14 Gefäßscherben aus sieben Gruben mittels Feinkorn- und Quarzeinschluss-Technik bearbeitet (WAGNER & WAGNER 1999). Die in ▶ **Abb. 3.24** dargestellten TL-Alter, für jede Probe gemittelt aus Feinkorn- und Quarzeinschluss-Altern, lassen klar drei verschiedene Altersgruppen erkennen: eine endneolitisch/frühbronzezeitliche um 1820 v. Chr. ± 345 a, eine späthallstatt-/frühlatène-zeitliche um 390 v. Chr. ± 215 a und eine frühalamannische um 590 n. Chr. ± 135 a. Diese Gruppen stimmen mit der unabhängigen Einteilung aufgrund unterschiedlicher Materialeigenschaften wie Härte und Magerungsbestandteilen völlig überein.

Öfen, die zur Metallverhüttung oder zum Kalkbrennen dienten, sind archäologisch meist nur schwer datierbar. Sie sind oft unter Verwendung von Ton errichtet worden, der im Innenraum häufig verziegelt ist, so dass die Thermolumineszenz eingesetzt werden kann. Beispiele sind die Eisenverhüttungsplätze bei Metzingen und Frickenhausen in der Schwäbischen Alb. Als dafür geeignete, gebrannte Materialien wurden verziegelte Ofenreste (Boden, Wand, Lehmbrocken) und Winddüsen in Betracht gezogen. An den ausgewählten Plätzen wurde die Umgebungsdosisleistung mittels tragbarer Natriumjodid-Gamma-Spektrometer gemessen. Wegen unzureichender Grobkorneinschlüsse konnte nur die Feinkornfraktion

# Archäochronometrie: Lumineszenzdatierung

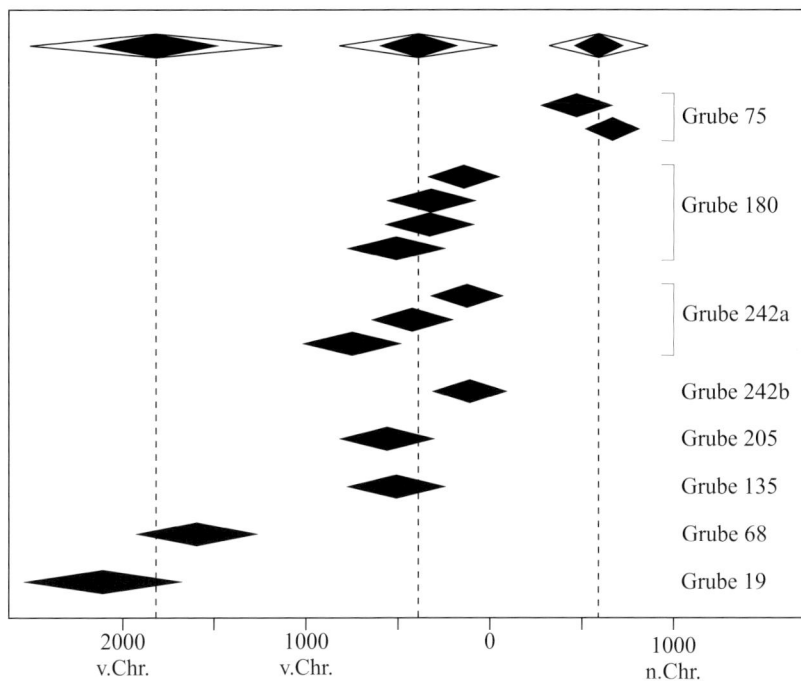

**Abb. 3.24.** Alamannischer Siedlungsplatz Mengen/Breisgau. Die Thermolumineszenz-Alter der 14 Gefäßscherben aus sieben Gruben sind mit ihren 1σ-Fehlern (schwarze Raute) sowie der drei Fundzusammenhänge (endneolitisch/frühbronzezeitlich 1820 v. Chr. ± 345 a, späthallstatt-/frühlatènezeitlich 390 v.Chr. ± 215 a, frühalamannisch 590 n. Chr. ± 135 a) mit 1σ- (innere schwarze Raute) und 2σ-Fehlern (weiße Raute) dargestellt (WAGNER & WAGNER 1999).

abgetrennt werden. Aufgrund der TL-Analysen zeigte sich, dass einige Materialien während des Verhüttungsbetriebs nicht ausreichend erhitzt waren und daher verworfen werden mussten. Die erhaltenen TL-Daten erstrecken sich von 510 n. Chr. ± 120 a bis 1290 n. Chr. ± 90 a und belegen damit intensive mittelalterliche Eisenverhüttung über mehrere Jahrhunderte an der mittleren Schwäbischen Alb (WAGNER & WAGNER 1995, WAGNER et al. 2003).

Obwohl keramische Materialien fast ausschließlich mit TL datiert wurden – nach dem Motto ‚thermische Stimulation für erhitzte und optische Stimulation für gebleichte Objekte' – hat es auch vielversprechende Ansätze zu Datierung mit blauer Stimulation gegeben. Dadurch lässt sich die Lumineszenz der Quarzkomponente stimulieren. Das Ziel dieser Untersuchungen ist, durch Anwendung der Single-Aliquot-Technik die erforderliche Materialmenge stark zu reduzieren, um auch kleine Keramikfragmente, wie sie bei archäologischen Prospektion anfallen, verwenden zu können. An römischen Ziegelbruchstücken (spätes 1. Jh. n.Chr.) und an mittelalterlichen Ziegelfragmenten (Wende 13./14. Jh. n. Chr.) des Heidelberger Schlosses wurden mit dem archäologischen Befund übereinstimmende BLSL-Alter ermittelt (BUSSE 2002). Die sich in Entwicklung befindliche In-situ-Einzelkorn-Technik, bei der die Mineralkörner in ihrem mineralogischen Verband belassen werden (GREILICH et al. 2002), hat das Potential, die Genauigkeit der OSL-Datierung von Keramik zu erhöhen.

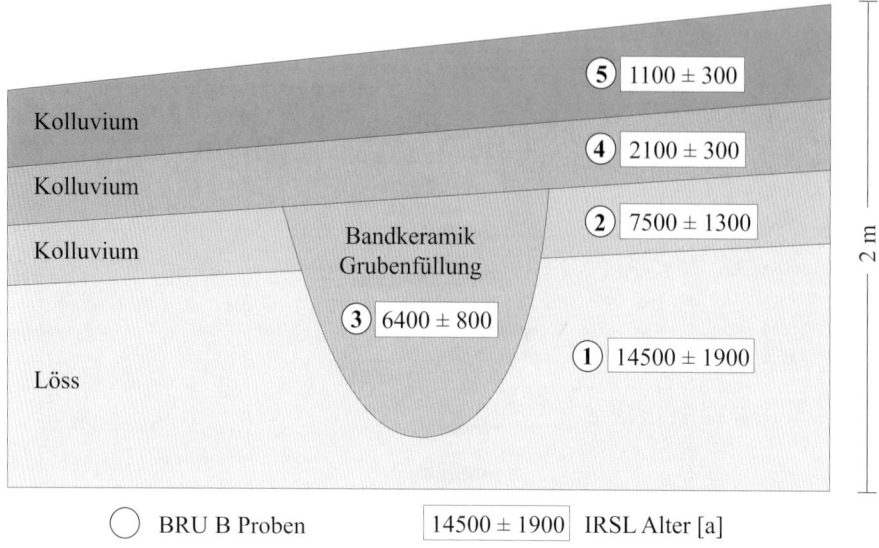

**Abb. 3.25.** Bruchsal-Aue. Schematischer Profilschnitt durch bandkeramische Grubenfüllung, Löss und mehrere Kolluvien mit IRSL-Altern in Jahren (LANG & WAGNER 1996).

*Archäosedimente*

Durch Lumineszenzdatierung von Kolluvien hat sich die Möglichkeit eröffnet, anthropogene Eingriffe in die Umwelt seit Einführung der Landwirtschaft im frühen Holozän zu quantifizieren. Die schluffigen Kolluvien werden im unteren Teil von flachen Hängen abgelagert. Als Ergebnis der produzierenden Landnutzung beziehen sie ihr Material aus der Bodenerosion im oberen Hangbereich. Solange Vegetation den Hang bedeckt, ist er vor Erosion geschützt. Die durch Rodung und Überweidung entblößten Hänge sind der Bodenerosion ausgesetzt. Dieser Prozess kann innerhalb weniger Jahrzehnte zur Zerstörung des fruchtbaren Bodenhorizonts (1–2 m in Mitteleuropa) führen, die den Niedergang und sogar die Aufgabe der Landwirtschaft zur Folge hat. Erst die Wiederbewaldung erneuert die Bodenbildung und stabilisiert das Geosystem, und die ‚Mensch-Umwelt-Spirale' kann wieder von vorn beginnen (BORK et al. 1998). Kolluvien archivieren solche Zyklen. Sie dürfen zu Recht als Archäosedimente, auch wenn ihre Bildung vom Menschen nicht beabsichtigt war sondern nur ungewollt ausgelöst wurde, bezeichnet werden, was auch durch das Vorkommen von Keramikfragmenten gerechtfertigt ist.

An verschiedenen Plätzen im südwestdeutschen Lösshügelland wurden in Verbindung mit Grabungen des Landesdenkmalamts Baden-Württemberg Kolluvien beprobt. Wegen der Schluffigkeit kommt für die Datierung nur die Feinkornfraktion, deren Feldspatkomponente sich mit Infrarot stimulieren lässt, in Frage. Bleichexperimente haben gezeigt, dass selbst unter trüben Tageslichtverhältnissen das IRSL-Signal der Kolluvien innerhalb von Minuten gelöscht wird (LANG & WAGNER 1996). Dies ist eine gute Voraussetzung für die Nullstellung der Lumineszenzuhr bei der Um- und Ablagerung des kolluvialen Materials. Es wurden sowohl Multi- als auch Single-Aliquot-Datierungstechniken eingesetzt. Es zeigte sich, dass die südwestdeutschen Kolluvien generell gut für die Lumineszenzdatierung geeignet sind und Altersgenauigkeiten von ± 8 % erzielt werden können. Die früheste Kolluvienbildung wurde für die bandkeramische Zeit in Bruchsal-Aue nachgewiesen (▶ **Abb. 3.25**). Weitere deutliche Signale der Kolluvienablagerung in Südwestdeutschland wurden für das Endneolithikum, die Eisenzeit und insbesondere die römische Periode, sowie das Früh- und Spätmittelalter gefunden (LANG et al. 2000, KADEREIT et al. 2001). Es scheint durchaus plausibel, aus diesem Auf und Ab der Kolluvienbildung im Sinne der Borkschen ‚Mensch-Umwelt-Spirale' auf eine zyklische Landnutzung als Ursache zu schließen. Intensive Landnutzung führte zur Verschlechterung der Bodenfruchtbarkeit und zur Aufgabe der Scholle. In diesem Zusammenhang sei darauf hingewiesen, dass sich die Völkerwanderungszeit durch einen starken Rückgang der Kolluvienbildung auszeichnet, was auf geringe landwirtschaftliche Nutzung und intensive Wiederbewaldung in dieser Zeit weist. Die extrem mächtigen Kolluvien des 14. Jh. n. Chr. reflektieren nicht nur die spätmittelalterliche Überbevölkerung sondern vor allem auch die historisch überlieferten klimatischen Katastrophen in jenem Jahrhundert.

Da für die Lumineszenzdatierung von Sedimenten immer eine hinreichende Belichtung bei der Um- und Ablagerung Voraussetzung ist, eignen sich die verschiedenen Sedimenttypen unterschiedlich gut dafür. Die äolischen (windabgelagerten) Sedimente wie Dünensand und Löss wurden meistens vollständig gebleicht, so dass der Ablagerungszeitpunkt und damit auch in ihnen eingebettete archäologische Reste datiert werden können. Problematischer sind die fluvialen Ablagerungen fließender Wässer und die limnischen Sedimente in Süßwasserseen. In solchen Fällen können die einzelnen Körner derselben Sedimentprobe unterschiedliche Bleichungsgrade besitzen, so dass sie oft noch ein OSL-Residualsignal tragen und daher nur eine obere Altersgrenze angegeben werden kann. Es werden z. Zt. große experimentelle Anstrengungen unternommen, durch Einzelkorndatierung die gutgebleichten Körner zu identifizieren.

Ebenfalls in Entwicklung befindet sich die Datierung belichteter Gesteinsoberflächen. Solange Quarz- oder Feldspat-haltige Gesteinsoberflächen dem Tageslicht ausgesetzt sind, besitzen sie kein latentes Lumineszenzsignal. Die Bleichung reicht in diesen Mineralen bis in ca. 2–4 mm Tiefe. Werden sie dann durch Vergrabung oder Verbauung abgedunkelt, baut sich das Signal allmählich auf, so dass der Zeitpunkt der letzten Belichtung bestimmbar wird. Dieses Phänomen birgt ein großes Datierungspotential für die Errichtung und Zerstörung von Gebäuden. Die Lumineszenzmessung an solchen Gesteinsoberflächen stellt hohe experimentelle Anforderungen, darunter die ortsaufgelöste Erfassung einzelner Photonen sowie der Dosisleistung (GREILICH et al. 2002).

## Ausblick

Die Thermolumineszenz-Datierung blickt mittlerweile auf eine vierzigjährige Geschichte zurück. Ursprünglich war sie ganz auf die Datierung archäologischer Keramik ausgerichtet mit dem Ziel, das Chronologiegerüst zu verfeinern, hat aber auf diesem Gebiet wegen der immer höheren Anforderungen an die Altersgenauigkeit an Bedeutung zugunsten der dendrokalibrierten Radiokohlenstoff-Datierung verloren. Die Einführung der Optisch Stimulierten Lumineszenz (OSL) Mitte der Achtziger Jahre hat starke Impulse zur methodologischen Weiterentwicklung und zu neuen Anwendungsfeldern ausgelöst, insbesondere für die Datierung quartärgeologischer und archäologischer Sedimente. Mit OSL datiert man die Bildung der Ablagerungen direkt, was ein großer Vorteil gegenüber anderen Datierungsverfahren ist, die eingebettete Objekte und damit häufig nur ein *terminus post quem* bestimmen. In diesem Zusammenhang ist die Lumineszenzdatierung ein unentbehrliches Werkzeug bei der geoarchäologischen Landschaftsrekonstruktion geworden. Neuere Entwicklungen geben zu der begründeten Hoffnung Anlass, nicht nur weitere archäologische Materialien und Fragestellungen bearbeiten sondern auch erhöhte Altersgenauigkeiten erzielen zu können.

## Literatur

Aitken, M. J., 1985
Bork, H.-R., Bork, H., Dalchow, C., Faust, B., Piorr, H.-P. & Schatz, T., 1998
Busse, C., 2002
Greilich, S., Glasmacher, U. A. & Wagner, G. A., 2002
Grögler, N., Houtermans, F. G. & Staufer, H., 1958, 1960
Kadereit, A., Lang, A. & Wagner, G. A., 2001
Lang, A. & Wagner, G. A., 1996

Lang, A., Kadereit, K., Behrends, R. B. & Wagner G. A., 1999

Richter, D., Waiblinger, J., Rink, W. J. & Wagner, G. A., 2000a

Richter, D., Mauz, B., Böhner, U., Weissmüller, W., Wagner, G. A., Freund, G., Rink, W. J. & Richter, J., 2000b

Wagner, G. A., 2007

Wagner, G. A. & Lorenz, I. B., 1997

Wagner, G. A. & Wagner, I., 1995

Wagner, G. A., Wagner I. B. & Wiggenhorn, H., 2003

Wagner, I. B. & Wagner, G. A., 1992, 1997, 1999

# 4 Geoarchäologie

## Einführung

Bernt Schröder und Andreas Hauptmann

Geowissenschaftliche Methoden werden in der prähistorischen, archäologischen und geschichtswissenschaftlichen Forschung zunehmend herangezogen, nicht nur im Rahmen archäometrischer Ergänzung, sondern auch als unverzichtbare Möglichkeit, Informationen zu Gegebenheiten und Veränderungen der frühen Umwelt zu erhalten. Das Spektrum dieser Teildisziplinen umfasst Bodenkunde, Geobotanik, Geochemie, Geomorphologie/Physische Geographie, Bereiche der Humangeographie, Geologie/Sedimentologie, Geoökologie, Mineralogie und in neuerer Zeit besonders die Angewandte Geophysik sowie Methoden der Archäochronometrie. Die Geschichtswissenschaften liefern für diese interdisziplinäre Kooperation über die Skala historischer Überlieferung hinaus das Zeitgerüst und die prähistorischen und archäologischen Befunde.

In der Geoarchäologie geht es einerseits darum, langsame und großskalige Prozesse im Ablauf der Veränderungen in der Umwelt, andererseits auch punktuelle katastrophale Einschnitte in kulturelle Abläufe zu erfassen.

Erstere betrifft die mit steigender Weltbevölkerung massiven Eingriffe des Menschen in den Haushalt der Natur, die in weiten Gebieten der Erde land- und forstwirtschaftliche, gewerbliche und industrielle Tätigkeiten umfassen. Um die Auswirkungen auf das globale Klimasystem und die daraus resultierenden zukünftigen Gefahren richtig einschätzen zu können, werden prähistorische, archäologische und historische Daten erforscht und debattiert (SCHÖNWIESE 1997). Dabei reichen die Wurzeln unserer zunehmend in das Bewusstsein gerückten Umweltkrise im Mittelmeerraum bis in die griechisch-römische Antike, ja sogar in die Bronzezeit zurück, als überregional erstmals ein deutlicher Bevölkerungszuwachs nachweisbar ist und die Gewinnung von Rohstoffen durch Bergbau sowie die Verhüttung von Erzen mit enormem Holzverbrauch und Schadstoffeinträgen ihren Niederschlag in der Umwelt findet (WEEBER 1990). Neuerdings eröffnen Forschungen Einblicke sogar bis in das Neolithikum (BINTLIFF 1991, THÜRY 1995), das in Vorderasien durch den Beginn der Landwirtschaft vor etwa 9.500 Jahren, in Mitteleuropa ab etwa 7.000 gekennzeichnet ist. Erzabbau und Verhüttung beginnen in diesen Regionen vor 6.000 bzw. 4.500–4.000 Jahren.

Die Berührungen von Landschaft, Kultur und Umweltentwicklung bzw. -beeinflussung besonders im Mediterran-Raum werden zunehmend in Lehrbüchern aufgegriffen (ATKINS et al. 1998, GOUDIE 2001, HERZ & GARRISON 1998, RAPP & HILL 1998) und auf Symposien und Workshops vorgestellt (BAUMHAUER & SCHÜTT 2002, DRIVER & CHAPMAN 1996). Das trifft z. B. für den Einfluss der natürlichen holozänen Klimaentwicklung auf die Umwelt zu. Im jüngeren Holozän wird diese in Mitteleuropa wie im Mediterran-Raum (BOTTEMA et al. 1990) deutlich vom Einfluss durch den siedelnden Menschen übertönt. Für die Umweltmedien Luft, Wasser und Boden ist der Bezug zur natürlichen Klimaentwicklung im Holozän und der im Wirkungsgefüge gekoppelten natürlichen Vegetationsentwicklung in den generellen Zügen bekannt. Daraus resultiert auch eine Chronologie des Holozän (vgl. ▶ Abb. 4.1).

Im Zusammenspiel der Faktoren für klimawichtige Prozesse und damit die Entwicklung von Wasserhaushalt und Boden sind für die zu

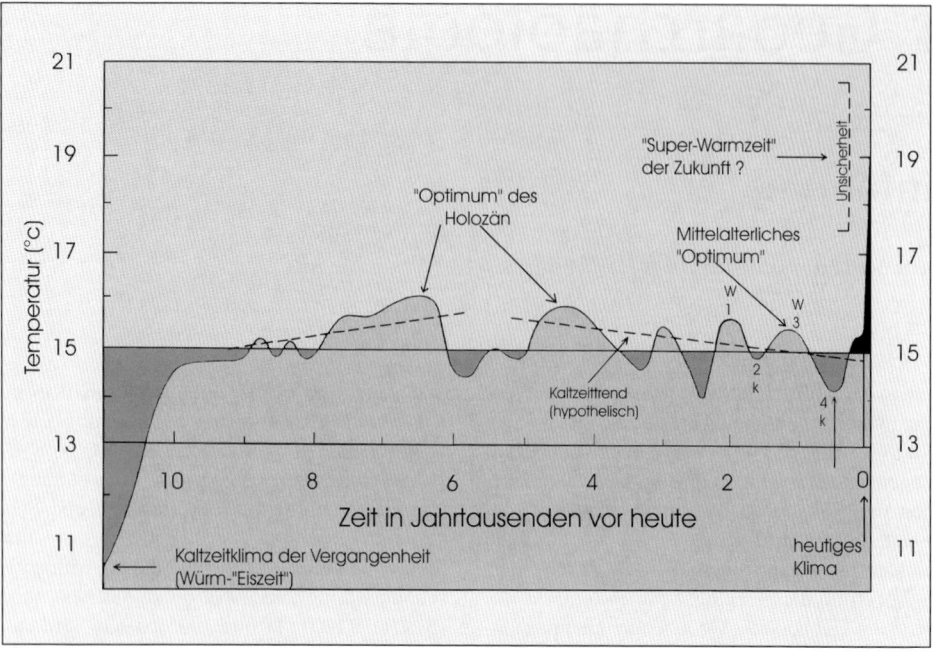

**Abb. 4.1.** Natürlicher Klimagang im Holozän und Chronologie (aus: Schönwiese 1997). Die beiden frühen Optima im Holozän fallen im Umfeld der Ägäis etwa zusammen mit Chalkolithikum bzw. Bronzezeit (vgl. Beitrag Schröder, Abb. 8).

verschiedenen Zeiten erfolgten Rodungen und andere Änderungen der natürlichen Vegetation in verschiedenen Kontinenten bis heute fast nur Abschätzungen möglich (Frenzel in BAW 2000). Die Gunst der physisch-geographischen und geoarchäologischen Situation in der frühen Hochkulturregion des Mittelmeerraumes nebst des Schwarzen Meeres bietet allerdings für einige besonders gut untersuchte Teilgebiete sehr gute „Archiv-Situationen", die quantifizierende Abschätzungen ermöglichen und diese vielfach unüberwindbaren Schwierigkeiten teilweise zu umgehen helfen (Bay et al. 2001, Autoren der Antike in Reale & Dirmeyer 2000).

Schlagartig einsetzende Naturkatastrophen sind z. B. Vulkanausbrüche, Erdbeben und damit verbundene Tsunamis, in speziellen Fällen auch jahreszeitlich einsetzende drastische Klimaschwankungen oder Meteoriteneinschläge; sie können verheerende ökologische Folgen haben. Die verursachten Phänome spielen von je-

her eine bedeutende Rolle, werden im archäologischen Kontext aber gelegentlich missverstanden oder ganz kontrovers diskutiert. Sie haben meist geologische Ursachen und sind durch geowissenschaftliche Untersuchungen interpretierbar. Hier gibt es eine ganze Reihe von Ereignissen, die z. B. in einem Kolloquiumsband zur Historischen Geographie des Altertums zusammengefasst wurden (Olshausen & Sonnabend 1998). „Pompejanische Effekte", die ausgezeichnete Konservierungszustände des archäologischen Kontexts bewirken können, sind für den Ausgräber stets höchst willkommene Ereignisse aus der Vergangenheit.

Eine gutes Beispiel interdisziplinärer Forschung ist der minoische Vulkanausbruch von Thera/Santorin. Die These von der Zerstörung der minoischen Kultur durch einen gigantischen Vulkanausbruch („Big Bang"), der nicht nur ein riesiges Vulkangebäude gesprengt, sondern auch zur Bildung der heutigen Caldera geführt und gewaltige Ascheregen und Flutwellen verursacht haben soll, konnte durch geologische Untersuchungen entkräftet werden (DRUITT & FRANCAVIGLIA 1992). Ebenso konnte die Datierung des Ausbruchs durch mehrere, miteinander koordinierte naturwissenschaftliche Verfahren wie Dendrochronologie, Radiokarbondatierung und Analysen von vulkanischer Asche aus Eiskernbohrungen in Grönland präzisiert werden, was seinerseits wiederum Implikationen auf die Chronologie der ägäischen Bronzezeit hat (FRIEDRICH 1994).

Als Beispiel geoarchäologischer Forschungen sei hier von SCHRÖDER ein Beispiel aus der östlichen Ägäis dargestellt, in dem, von den Ausgrabungen der Ruhr-Universität Bochum in Milet ausgehend, die Rekonstruktion der mediterranen Landschaft und Umwelt, besonders im Deltagebiet des Menderes behandelt wird.

## Literatur

Atkins, P., Simmons, I. & Roberts, B., 1998
Baumhauer, R. & Schütt, B. (Hrsg.), 2002
BAW (Bayerische Akademie Der Wissenschaften, Hrsg.), 2000
Bintliff, J., 1991
Bottema, S., Entjes-Nieborg, G. & Van Zeist, W. (Hrsg.), 1990
Driver, T. S. & Chapman, G. P. (Eds.), 1996
Druitt, T.H. & Francaviglia, V., 1992
Friedrich, W., 1994
Goudie, A., 2001
Herz, N. & Garrison, E. G., 1998
Olshausen, E. & Sonnabend, H. (Hrsg.), 1998
Rapp, G. Jr. & Hill, C. L., 1998
Schönwiese, C.-D., 1997
Thüry, G. E., 1995
Weeber, K.-W., 1990

# Mediterrane Umwelt- und Landschaftsrekonstruktion: Geoarchäologie im Schwerpunktgebiet der Ägäis

Bernt Schröder

## Zusammenfassung

Die interdisziplinäre, archäometrische Kooperation und Kombination von Geowissenschaften und Geschichtswissenschaften lässt vielerorts in den frühen Hochkulturregionen des Mittelmeeres wertvolle Daten für anthropogen induzierten Stofftransport im Übergang von Naturlandschaft zu Kulturlandschaft erwarten. Nachhaltig betroffen ist davon die in Jahrtausenden gebildete „dünne Haut" der Böden. Entscheidend dafür ist der Eingriff in die Vegetationsdecke durch den Menschen. Der in Einzelfällen abschätzbare Abtrag der ehemaligen Bodenprofile seit (prä-)historischer Zeit kann in Einzugsgebieten zwischen einigen Dezimetern bis 1 m liegen. Das Material des Bodenabtrages wandert in den Delta-Vorbau der Flüsse, in die Aufschüttung ihrer Flussebenen bzw. in Landschaftsbecken sowie in Ablagerungen am Fuße des Hänge (Kolluvien, Schuttfächer). Diese Ablagerungen sind die Depots und Archive, um daraus Langzeitprozesse der Bodenzerstörung zu rekonstruieren. Gekoppelt mit der Vegetations- und Bodenzerstörung sind massive Eingriffe in den bisher nur schwierig erfassbaren „Paläo-Wasserhaushalt" feststellbar. Dieser Umstand erschwert die Beurteilung von Problemen der Wasserversorgung – vor allem zu Zeiten des „Spitzenbedarfs" – in der Antike. Die anthropogen induzierten Schadenswellen des Stofftransportes lassen – je nach Besiedlung – für das Umfeld der Ägäis regional heterochrone Verläufe erkennen.

Das Klima scheint im jüngeren Holozän gegenüber den anthropogen induzierten Schüben des Stofftransportes eine eher nachgeordnete Rolle zu spielen.

## Einführung

Die Mittelmeer-Region wird über wesentliche Gebietsanteile gegenwärtig wie wohl auch in der Antike von dem Klimatyp der „winterfeuchten Subtropen" charakterisiert. Dieses mediterrane Klima – derzeit weltweit in fünf Gebieten realisiert – ist durch anhaltende sommerliche Trockenheit und Konzentration der Niederschläge auf das Winterhalbjahr ausgezeichnet. Damit verbunden ist ein empfindliches Ökosystem im Zusammenspiel von Klima, Böden, Wasserhaushalt, Flora und Fauna (▶ Abb. 4.2). Die heutige mediterrane Landschaft ist gegenüber ihrem ursprünglichen Aussehen in vielerorts mehr als 5.000 Jahre währenden Prozessabläufen durch den Menschen nachhaltig verändert worden. Die uns so selbstverständlich erscheinende Macchia-Vegetation des Mittelmeerraumes ist wahrscheinlich ein Degradationsprodukt der ursprünglichen Vegetationsdecke durch menschlichen Eingriff in die Wälder (vgl. z. B. Lieferungen von Zedernholz zu minoischer Zeit nach Ägypten; CHANIOTIS 1996). Diese Ansicht ist neuerdings nicht unumstritten (GROVE & RACKHAM 2001, ALLEN 2003).

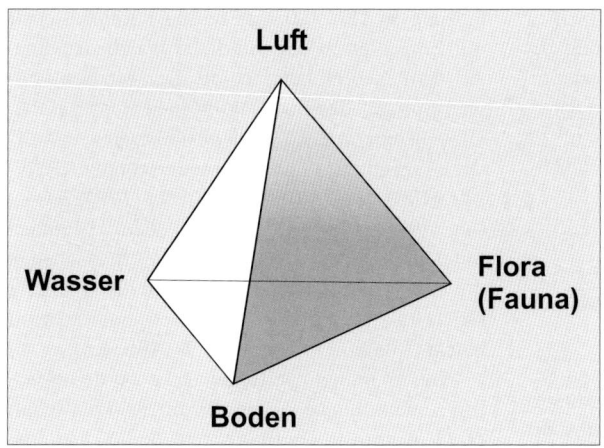

Abb. 4.2. Zusammenhang der Umweltmedien.

Die für den Bodenabtrag in Mitteleuropa für die letzten 1200 Jahre gut belegte „Mensch-Umwelt-Spirale" für den anthropogen induzierten Anteil (BORK et al. 1998: 197) hat im fragilen Ökosystem des Mediterran-Raumes infolge früher Sesshaftigkeit vermutlich ähnlich intensiv und vor allem länger als in Mitteleuropa wirken können. Im Mittelmeerraum ist die Wechselwirkung von Umwelt und Besiedlung als „cultural ecology" früh erkannt und betont worden (BUTZER 1971, 1975).

Einige Gunstregionen des Mittelmeers (und ihrer Peripherie) waren schon vor über 5000 Jahren, seit dem Neolithikum, im Vergleich zu Mitteleuropa dicht besiedelt. Gut untersuchte Siedlungsplätze liefern z. T. wichtige chronologische Bezugspunkte, um z. B. Bodenerosion oder Probleme der Wasserversorgung zu quantifizieren und die Wechselwirkungen zwischen Mensch und Umwelt zu rekonstruieren. Für den Gang von Klima und Vegetation – beide elementar wichtig für die Entwicklung von Böden und den Wasserhaushalt – werden Pollenprofile benötigt. Sie sind im Ägäis-Raum Rarität (BOTTEMA et al. 1990). Sie liefern ein zuverlässiges Bild der natürlichen und anthropogenen Vegetationsgeschichte, beginnend mit den ersten Auflichtungen der natürlichen Vegetationsdecke durch frühe Bauernkulturen (BEHRE in BAW 2000).

Das Umfeld der Ägäis wurde als Beispielsgebiet akzentuiert, weil hier – durch die orographische Kammerung paläo"geographisch" mit bedingt – besonders viele Lokalitäten für chronologische Bezugspunkte und besonders an ihrem Westrand wegweisende Untersuchungen vorliegen (Literatur in BAY 1999). Eine wichtige Rolle im Bukett der Geowissenschaften kommt dabei der Bodenkunde, der Geoökologie und einer kombinierten geomorphologischen/geologisch-sedimentologischen Bearbeitung der Schichtenfolgen in den „Archiven" zu, so etwa in der Paläoküstenforschung (BRÜCKNER 2003, MÜLLENHOFF 2005) oder in Beckenlandschaften (FUCHS 2001). Neben dem wissenschaftlich reizvollen archäometrischen Aspekt selbst sind von der verbesserten quantifizierenden Erfassung der Wechselwirkung Mensch und Umwelt wichtige Erkenntnisse für die (nach menschlicher Lebenserwartung und Überlieferung) meist „schleichenden Prozesse" der Bodenzerstörung und deren Auswirkungen auf den Wasserhaushalt zu erwarten. Der langsame Ablauf der Bodenzerstörung wird in menschlichen Erwartungszeiträumen kaum wahrgenommen. Dabei ist er in seinen Folgen nahezu irreversibel. Der Zeitbedarf für die Entwicklung von Böden liegt günstigstenfalls bei einigen Hundert Jahren, meist bei einigen Tausend Jahren. Bodenzerstörung kann im Extremfall in deutlich weniger als Hundert Jahren ablaufen (SEMMEL 2000, BECKEDAHL 2002, MCNEILL 2003).

Das bekannteste Beispiel einer planwirtschaftlich initiierten ökologischen Katastrophe ist das Gebiet des Aralsees (Létolle & Mainguet 1996). Was sich durch Überbeanspruchung der Grundwasservorräte für bewässerte Intensivkulturen in manchen Beckenlandschaften und Küstenhöfen des Mittelmeeres binnen Jahrzehnten im 20. Jh. ereignet hat, ist nicht selten nur eine kleinmaßstäbige Ausgabe davon.

## Thematische Teilaspekte

### Natürliche Variabilität des Klimas

Die ▶ **Abb. 4.1** bei Schröder & Hauptmann (dieser Band) zeigt eine generalisierte Kurve des Klimaganges seit dem Ende der letzten Eiszeit, d. h. seit dem Ende des Paläolithikums. Der Beginn agrarischer Nutzung in Mitteleuropa fällt in das erste Klimaoptimum des Holozäns. Mit dem mittelalterlichen Klimaoptimum hängt die Möglichkeit zur Besiedlung Grönlands zusammen. Die „Kleine Eiszeit" bedingt deren Aufgabe. Sie wirkt sich auch im Mittelmeer-Raum aus. So betrifft sie nachhaltig die Ernteerträge und verursacht verheerende Wettersituationen für Kreta und beeinflusst maßgeblich den dortigen Machtwechsel zwischen Venezianern und Türken (Grove 1996).

Die heute methodisch möglichen Aussagen für die natürliche Variabilität des Klimas stammen vor allem aus Pollenspektren und jahreszeitlich geschichteten Seesedimenten und deren physikalischen und chemischen Daten.

### Beginn des menschlichen Einflusses und „Archive"

Der Einfluss des Menschen auf die natürliche Vegetation äußert sich in Entnahme von Nutzpflanzen (z. B. Brenn- und Baustoffe), von Waldweide und Rodung für agrarische Nutzflächen. Das beeinflusst den Wasserhaushalt und die Abflussspitzen der Flusssysteme. In Mitteleuropa ist gut belegt, welch enger Zusammenhang zwischen den jungen Ablagerungen unter den ebenen Talsohlen (Auenlehm) und dem Gang der Besiedelungsdichte besteht (Bork et al. 1998, Frenzel u. a. in BAW 2000).

Viele Landschaftskammern der Mediterran-Region wurden durch die Gunst ihrer Naturraumpotenziale (▶ **Abb. 4.2**) von Menschen früh besiedelt mit Eingriffen in die natürliche Waldbedeckung. Ab dem Neolithikum wurde die „Mensch-Umwelt-Spirale" des Bodenabtrages in Gang gesetzt. Umweltzerstörungen in der Antike sind des öfteren akzentuiert herausgestellt worden (Runnels 1995, van Andel & Jameson 1994, Zangger 1995, 1998). „Schadenswellen" beginnen mit dem ersten massiven Eingriff des Menschen in die Landschaft und sind im Umfeld der Ägäis für Griechenland und West-Anatolien eindrucksvoll belegt (Literatur in Bay 1999, ▶ **Abb. 4.3**).

Die ursprüngliche Bodendecke wurde im Gefolge menschlichen Eingriffs in die Landschaft durch Abtrags-, Transport- und Sedimentationsprozesse verlagert und verursacht geomorphologische Reliefveränderungen. Nur im Nahbereich verlagert finden sich Umlagerungsprodukte der Bodenerosion von intensiv bewirtschafteten Hängen am Hangfuß zusammengeschwemmt. Sie erreichen als „Kolluvium" oder als Schuttfächer am Fuße steiler Hänge mehrere Meter Mächtigkeit (vgl. Daten in Bay 1999). Über mittlere und größere Distanz gelangen die Abtragungsprodukte der Bodenerosion in Beckenlandschaften (▶ **Abb. 4.4**) und vor allem in großem Umfang in den Delta- und Talebenen der Flusssysteme zum Absatz (Bay 1999, Fuchs 2001). Der nacheiszeitliche Ausgangszustand kompletter Bodenprofile ist nirgends mehr erhalten.

Ein Spezifikum des Mittelmeers als einem gezeitenschwachen Randmeer ist es, dass etwa 90 % der Flussfrachten in Delta- und Flussebenen abgefangen werden und nur rund 10 % im Meer dispergieren (Poulos et al. 1996). Sofern es also gelingt, Stadien des Vorbaues von Delta- und Flussebenen in ihren zeitlichen Dimensionen zu volumetrieren, sind Kalkulationen für den zugehörigen Bodenabtrag in den entsprechenden Einzugsgebieten möglich. Gleiches gilt natürlich für kleinere Einzugsgebiete an Hängen mit Kolluvien am Hangfuß und Sedimente in Beckenlandschaften (vgl. Bay 1999, Fuchs 2001). Die Datierung kann unter geeigneten Umständen über Artefaktmaterial erfolgen (z. B. Keramik-Stratigraphie bei Bay 1999 ab Mitte des 4. Jahrtausend v. Chr.) oder erfordert den Einsatz von Methoden der Archäochronometrie (Wagner 1998).

**Abb. 4.3.** Stadien der Landschaftsdegradation (Inbar 2001). Stadium A entspricht etwa Position 1 in ▶ **Abb. 4.5**, Stadium C etwa dem von Position 3.

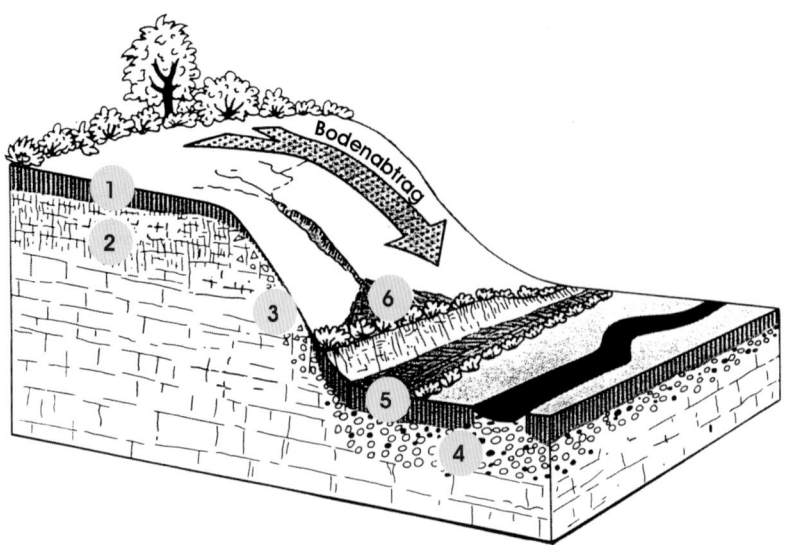

**Abb. 4.4.** „Archiv-Situationen" des Bodenabtrages (modifiziert nach Diercke Wörterbuch Ökologie). 1 Bodenbildung; 2 Verwitterungszone; 3 Hangschutt; 4 Flussschotter; 5 Ablagerungen aus Bodenabtrag (Hangfuß, Senken, Talböden); 6 Schuttfächer am Fuß von Erosionsrinnen.

## Quantifizierung des menschlichen Einflusses

Die Wirkung des Eingriffes durch den Menschen in eine natürliche Landschaft ist in historischer Zeit in Einzelfällen gut dokumentierbar, so etwa im Kolonialzeitalter für die spät besiedelten ozeanischen Inselkomplexe. In etwas weiter zurückliegender Zeit ist das komplexe Wirkungsgefüge schwieriger zu ermitteln (Mieth et al. 2003, Mieth & Bork 2005 für die Osterinseln). Im Industriezeitalter genügen hierfür bereits einige Jahrzehnte (McNeill 2003; vgl. als Extremfall die Chronologie für den Aralsee, Létolle & Mainguet 1996).

Eine Quantifizierung der Umweltbeeinträchtigungen für die vor- und frühgeschichtliche Zeit mit geringer Bevölkerungsdichte steckt selbst in Hochkulturgebieten noch in den Anfängen (z. B. Rackham & Moody 1996, Renfrew 1996 für Kreta). Für die Zeit des Neolithikums und der Metallzeiten stellt sich für die einzelnen Siedlungsregionen die Frage nach der gleichzeitigen Zahl der Siedlungen und der beeinflussten Fläche. Mehr als ethnographische Anhaltspunkte und Analogieschlüsse gibt es dazu nicht (Egger 1987, Harris 1995, Diamond 1999, Computer-Simulationen Dörner 1993), zudem stammen sie vorwiegend aus anderen Klima- und Vegetationszonen.

Dafür einige Vergleichswerte aus der Literatur, die z. T. stark variieren:

Für die Zeit der Linearbandkeramik in Mitteleuropa wird in einer Kalkulation pro Person ein Flächenbedarf zwischen 0,5–1,5 ha Agrarfläche angenommen, zudem Siedlungsgrößen von etwa 60 Personen, 10 Familien und 150 ha (= 1,5 km$^2$) Nutzfläche pro Dorf (Frenzel in BAW 2000). Für die Ostkolonisation in Schlesien im 13. Jh. werden 3–4 ha pro Person, in tropischen/subtropischen Regionen etwa 1 ha pro Familie (5–7 Personen, Egger 1987) gerechnet. Für den hügeligen Anteil der Milesischen Halbinsel in W-Anatolien ergäbe sich bei intakten Böden eine „agrarische Tragfähigkeit" von max. 18000 Einwohnern. Zum Vergleich dafür bietet sich eine Umrechnung mit Daten vom (hydro-)geologisch ähnlichen Maltesischen Archipel an (Geojournal 1997, Bendix et al. 2002). Das ergibt auch einen Orientierungswert für mögliche Einwohnerzahlen im archaischen Milet ohne „Fernversorgung" mit Nahrungsmitteln.

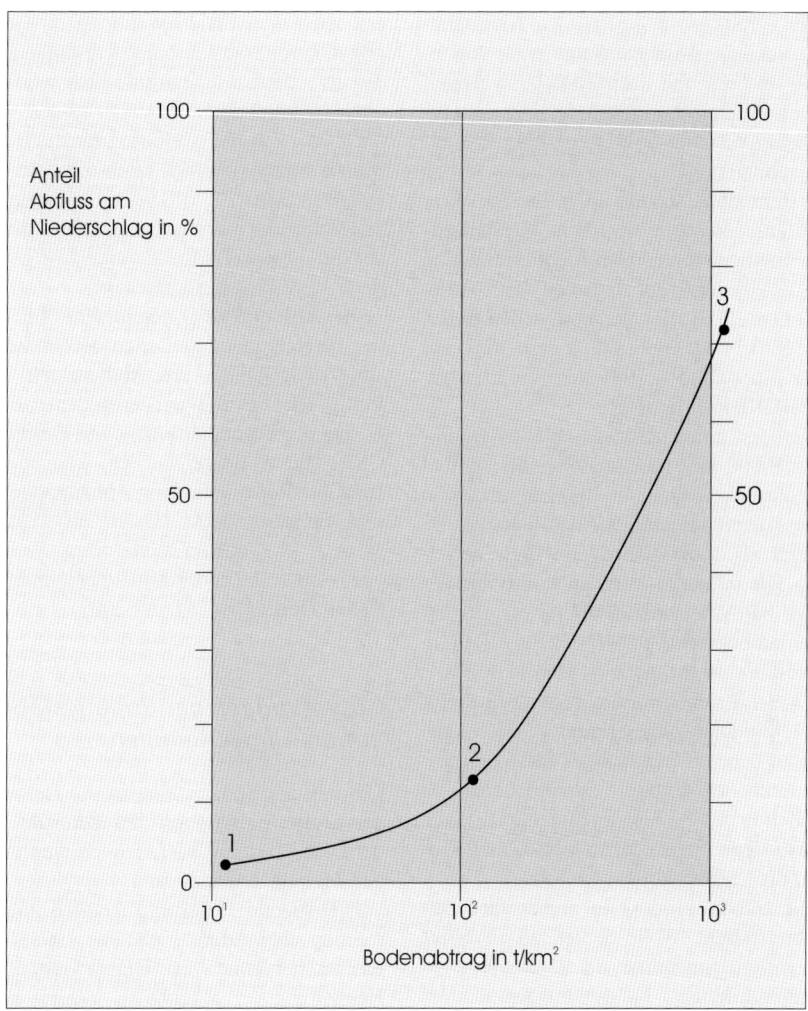

**Abb. 4.5.** Zusammenhänge zwischen Deckungsgrad der Vegetation (1–3), Abflussanteil an der Niederschlägen und damit exponentiell gekoppeltem Bodenabtrag (Werte aus den USA; Goudie 1997). Qualität der Vegetationsdecke: 1 gut (~ 0,04 mm/a); 2 mittelmäßig (~ 0,4 mm/a); 3 schlecht (~ 4 mm/a). Die Werte für Südafrika bzw. die Mittelmeer-Region sind ähnlich (Lit. in Beckedahl 2002, Allen 2003).

Der aus der Siedlungstätigkeit resultierende Bodenabtrag variiert – gleiches Klima vorausgesetzt – je nach Landnutzung. Verlässliche Werte als Mittel aus langen Zeiträumen sind selten.

Für Mitteleuropa haben Bork et al. (1998) 3000 Bodenprofile ausgewertet und damit die Bodenerosion in Deutschland seit dem Mittelalter bilanziert. Landwirtschaftlich genutzte Böden (im Langzeitmittel ein Viertel der Flächen) haben im Profil in 1200 Jahren 30–50 cm Verlust durch Bodenabtrag erfahren. Nach historischen Quellen und Profildokumentationen trugen z. T. katastrophale Niederschlags- bzw. Flut- und Erosionsereignisse im 14. Jh. lokal bis zu 40 % dazu bei.

Sie betrafen bereits erosionsgefährdete Agrarlandschaft. Bei intakter Waldbedeckung wäre von einem völlig anderen und unspektakulären Ablauf der lang anhaltenden Starkregenereignisse auszugehen. Zudem wäre der mittlere Abtrag fast auf die Hälfte reduziert.

Diese Befunde lassen erwarten, dass der Eingriff des Menschen in die natürliche Vegetationsdecke der ökologisch sensiblen Mediterranregion ähnliche Auswirkungen gehabt haben dürfte (Literatur in ALLEN 2003). Historische Quellen stehen hierzu leider nicht oder nur sehr eingeschränkt zur Verfügung (SONNABEND 1996, GROVE 1996 für Kreta in der „Kleinen Eiszeit").

„Wilderness" im Sinne der aktuellen Definition mit ≥ 10000 km$^2$ geschlossener Fläche und < 5 Einwohner pro Quadratkilometer dürfte in den frühen Ackerbauregionen Anatoliens vor etwas weniger als 10000 Jahren ein Ende gefunden haben. Die in den Profilen im Kolluvium der Unterhänge bei Milet dokumentierte erste Schadenswelle landwirtschaftlicher Nutzung fällt in das Chalkolithikum (Mitte des 4. Jahrtausends v. Chr.). Es scheint sich – wie bis in jüngste Zeit – um Trockenfeldbau ohne Hangterrassierungen gehandelt zu haben. Gegenteiliges lässt sich bislang nicht erkennen. Frühes Schluchtenreißen ist ab dieser Zeit in den Profilen dokumentiert – auch das ein Anzeichen intensiven anthropogenen Einflusses auf die Landschaft (BAY 1999).

Die als Handelsprodukt in archaischer Zeit berühmte milesische Wolle deutet auf intensive Schafhaltung im Umland der Stadt und Weidegebiete fortgeschrittener Landschaftsdegradation. Andererseits deuten Pollenspektren aus dem Löwenhafen von Milet für römische Zeit noch auf nahegelegene Eichenbestände (WILLE 1995). Das heutige Landschaftsbild des Umfeldes von Milet hat erst im 20. Jh. seinen Charakter bekommen. Das südlich angrenzende, verkarstete Kalkstein-Plateau, auf dem Didyma in „Oasen-Position" mit erschließbarem Grundwasser liegt, bot noch nach dem Ersten Weltkrieg Baumbestände für einen mehrere Tage wütenden Waldbrand zwischen Bafa-See und (Yeronda) Yenihisar (PHILIPPSON 1936). Dieser Wald war noch im 19. Jh. die Basis für die dort saisonal betriebene Köhlerei. Das heutige Vegetationsbild der Hänge im Umfeld der dörflichen Siedlungen ist in erheblichem Umfang erst nach dem Ersten Weltkrieg im Gefolge des „Bevölkerungsaustausches" entstanden. Das Bild der etwa 50 km langen und über weite Strecken über 10 km breiten Mäander-Ebene wurde erst nach dem Zweiten Weltkrieg für die Baumwoll-Monokulturen geprägt (zum Zustand um 1900 vgl. WIEGAND 1933). Die Verhinderung der Bodenversalzung durch aufsteigenden Lösungsinhalt der Grundwässer erfordert eine sehr genau austarierte Bewässerungswirtschaft.

▶ **Abb. 4.5** zeigt vereinfachte Literaturdaten für die Relationen zwischen den Prozentanteilen von Niederschlags- zu Abflussraten und deren Einfluss auf die Mengen der Bodenerosion je nach Dichte der Vegetationsdecke auf Farmland in den USA. Die Werte zeigen den exponentiellen Anstieg des Bodenabtrags in Abhängigkeit von dessen Vegetationsdecke (Daten aus GOUDIE 1997, THOMAS & GOUDIE 2000). Diese Werte sind in gewissem Rahmen für Situationen im Mediterran-Raum übertragbar (ALLEN 2003).

## *Auswirkungen der Rodungstätigkeit auf die Umweltmedien*

Die bei der Brandrodung in die Luft abgegebenen Stoffe, Emissionen oder Aerosole, haben mit dem Einsetzen der Metallzeiten durch Stoffe aus der Metallgewinnung und vermehrtes Verheizen von Holz und Holzkohle deutlich zugenommen („Smog über Attika", WEEBER 1994). Kalköfen, das Aschebrennen zur Glasgewinnung und zur Herstellung von Bleiche in späterer Zeit trugen ebenfalls dazu bei. Ihr Anteil ist kaum abschätzbar (BEHRE in BAW 2000, S. 109). Der Stoffeintrag aus Verhüttungsvorgängen der griechisch-römischen Zeit spiegelt sich in den Blei- und Kupfergehalten in den Schichten von Bohrkernen im grönländischen Inlandeis wie in den Jahresschichten schwedischer Seeablagerung wider. Ebenso tun das die hohen Bleigehalte aus der mittelalterlichen Bleierz-Verarbeitung in den Regenwasser-Mooren des Harzes (FRENZEL in BAW 2000).

Das regionale Geländeklima wird – zumindest in Mitteleuropa deutlich – in seinen Sommer- und Wintertemperaturen durch die Rodungen der natürlichen Vegetation betroffen. Besonders gilt das aber für den Wasserhaushalt durch

- die reduzierte Verdunstung aus der Vegetationsdecke (= reduzierte Transpiration),
- die Verringerung der Einsickerung von Niederschlagswasser für die Grundwasserneubildung,
- die Reduktion im Rückhaltevermögen durch Vegetationsdecke und Böden und vor allem
- den erhöhten Oberflächenabfluss und die Zunahme der Abflussspitzen in die Flusssysteme und damit
- erhöhter Umlagerung von Material aus den Böden in sich auffüllenden Senken (= Kolluvium) und die bei Hochwässern überschwemmten und aufwachsenden Talebenen (Alluvium).

In Mitteleuropa wurde in den letzten Jahren zunehmend deutlich, dass sich um ca. 5000 v. Chr. mit der Zunahme der Besiedlung im Neolithikum verstärkt Auenlehme in den Hochwasser-gefluteten Talebenen ablagerten. Das Material dieser Ablagerungen stammt aus der obersten dünnen Haut des Gesteinsuntergrundes, der Bodenschicht (AKG 2000, 2002, ANDRES 2000, BAW 2000, SCHÜTT et al. 2002).

Die ursprünglichen Böden unserer Klima-/Vegetationszone, die in nicht-erodierter Position eine maximale Dicke von einigen Dezimetern erreichen, bildeten sich vielfach in 2000–3000 Jahre während Umsetzungsprozessen zwischen natürlichem Gesteinsuntergrund, klimaabhängigen physikalischen und chemischen Umsetzungsprozessen (abhängig von Wasser und Temperatur), Bodenorganismen und Vegetationsdecke (SEMMEL 2000). Die ursprüngliche Bodendecke des Mediterran-Raumes konnte sich klimatisch ungestörter als in unseren Breiten auch die letzte Glazialzeit hindurch entwickeln (Profilmächtigkeiten vgl. z. B. ABU JU`UB 2002).

In klimatisch sensiblen Bereichen der Erde können vom Menschen mitgeprägte „Gleichgewichtszustände" der Bodenentwicklung durch administrative Fehlentscheidungen binnen Jahrzehnten zu langzeitlich irreparablen Schäden führen. Beispiele dafür lieferten die planwirtschaftliche Ausdehnung der Landwirtschaft in Hochlagen im Iran, der angeordnete Getreide-Anbau in Tibet nach der chinesischen Okkupation oder die Ausdehnung der Brandrodung in Hochlagen in Chile nach dem Sturz der Allende-Regierung.

Dass die Kulturlandgewinnung durch den Menschen die gebirgigen Hochlagen im Einzugsgebiet des Mäander einbezogen hat, kann eigentlich nur im Vergleich gemutmaßt werden. Vermutlich reichten Gebiete agrarischen Nutzlandes bereits im Neolithikum weit flussaufwärts und über die östliche Wasserscheide hinüber. Damit sind große Teile des Einzugsgebietes auch potenzielle Liefergebiete für Material aus dem Bodenabtrag in die vorrückende Delta-Ebene. Die Pollenspektren deuten auch im Oberlauf des Mäander auf intensivere agrarische Landnutzung mindestens seit der „BO-Phase", d. h. der Mitte des 2. Jahrtausends v. Chr. (Lit. in BAY 1999).

## Bodenabtrag und seine Dokumentation

### Becken und Senken

Im stärker reliefierten Mediterran-Raum können Senkengebiete und Becken innerhalb der Landschaftskammern als Sedimentfang für benachbarten Bodenabtrag fungieren (▶ **Abb. 4.6**). Instruktive Beispiele dafür sind z. B. das Phlious-Becken im Nordost-Peloponnes mit Sedimentmächtigkeiten von ≥ 5 m (FUCHS 2001) oder die Messara-Ebene auf Kreta mit z. T. um 10 m (FYTROLAKIS et al. 2004, FYTROLAKIS & SCHRÖDER, unpubl.). Bedeutsam für die Dokumentation von Bodenerosion und Hangabtrag sind auch die Schuttfächer der Beckenränder (BAY 1999, FUCHS 2001).

### Kolluvien des Hangfußes

Aus der landwirtschaftlichen Nutzung der Hänge durch den siedelnden Menschen resultieren erhöhte Raten des Bodenabtrages durch den Oberflächenabfluss. Die Schwelle der natürlichen Regenerationsfähigkeit wird hier weit überschritten. Im Nahbereich zusammengeschwemmtes Material kann am Hangfuß in Meterdicke akkumuliert und unter geeigneten Aufschlussbedingungen aus dem eingeschlossenen Fundgut datiert werden (vgl. Keramik-Datierungen in den 50 Brunnenprofilen bei BAY 1999). Andernfalls sind archäochronometrische Methoden zur Datierung der Stratigraphie (und evtl. mögliche Volumetrie nach „Zeitscheiben") nötig (FUCHS 2001).

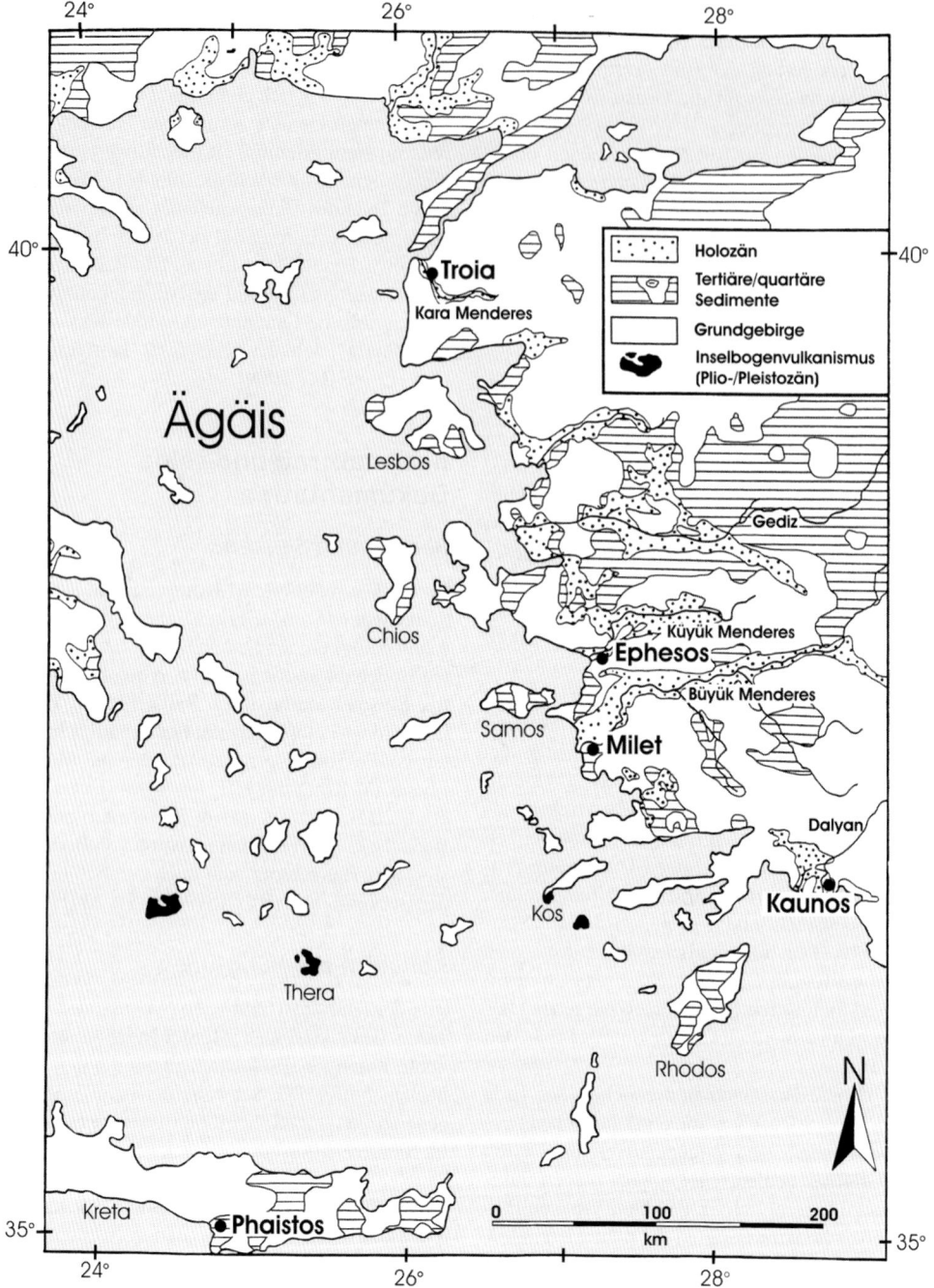

**Abb. 4.6.** Geographischer Überblick zu Ägäis und Westanatolien mit holozänen Aufschüttungsebenen. Kaunos, Ephesos, Troia in W-Anatolien und die Messara-Ebene bei Phaistos auf Kreta bieten genügend Daten für Bilanzierungen des Bodenabtrages.

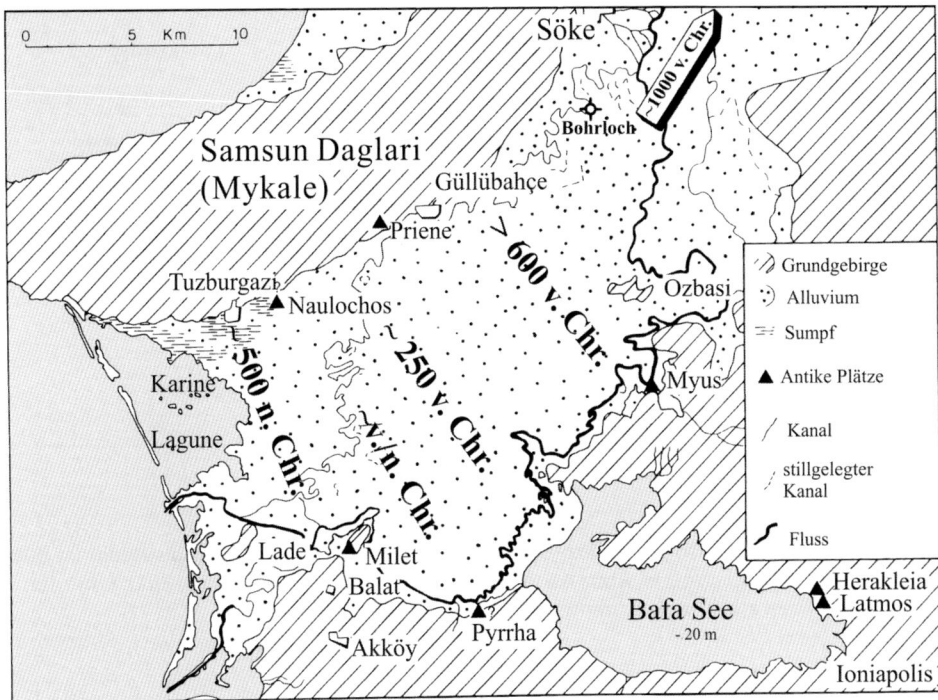

**Abb. 4.7.** Stadien des Delta-Wachstums im Umfeld der antiken Metropole Milet (Profil vgl. ▶ **Abb. 4.8**), initiiert durch Bodenabtrag im Einzugsgebiet des Mäander (aktuellere Daten in MÜLLENHOFF 2005). Der Bafa-See ist ein stark verbracktes Restgewässer des „Latmischen Golfes" in einem nicht verlandeten Seitental.

## Deltavorbau und Talebenen

Der nacheiszeitliche Anstieg des Meeresspiegels flutete heute vom Meer eingenommene Buchträume, wie z. B. bei Klazomenai westlich von Izmir, und zu Golfen umgewandelte Talzüge, wie etwa den Latmischen Golf im Unterlauf des Mäander. Als mit dem Eingriff des Menschen in die Landschaft eine erhöhte Fracht der Flüsse aus der Bodenerosion einsetzte, begann an ihren Mündungen der Delta-Vorbau (▶ **Abb. 4.7**). Im gezeitenschwachen Mittelmeer bleiben etwa 90 % der mechanischen Fracht mit Erreichen des Meeres im Flussdelta gefangen (POULOS et al. 1996). Weiterer Sedimentnachschub lässt das Delta meerwärts wachsen bzw. führt zur Aufschüttung einer landeinwärts ansteigenden Talebene (vgl. z. B. Profile von der Küste landeinwärts für den Mäander, ▶ **Abb. 4.8**). Die landwärtige Reichweite mariner Fauna im Untergrund der Talebenen markiert die maximale Reichweite der Meeresbucht, bevor sie von Deltavorbau und darüber folgender Aufschüttung der Talebene meerwärts zur heutigen Position zurückgedrängt wurde (BAY 1999, BAY et al. 2001).

Über die Datierung von Stadien der Verlandung und deren volumetrischer Erfassung sind annähernde Rückrechnungen auf den durchschnittlichen Abtrag in den Liefergebieten möglich (BAY 1999). Für das Einzugsgebiet des Mäander, das etwa dem der Weser entspricht, wie für einen kleinen, verlandeten Buchtraum bei Klazomenai ergeben sich Werte von 20–50 cm Bodenabtrag seit prähistorischer bis archaischer Zeit und für Klazomenai nochmals 100 cm bis zur Gegenwart (BAY et al. 2001). Mit dieser Vorgehensweise las-

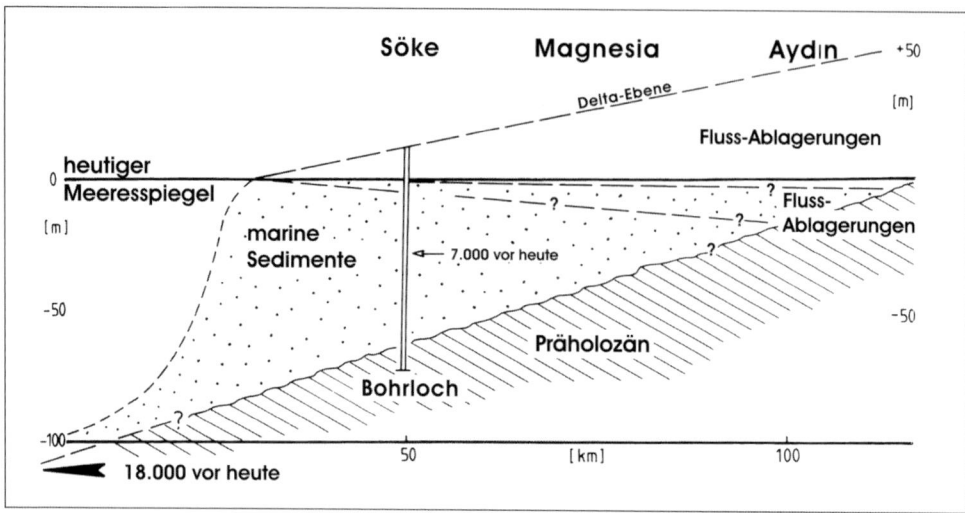

**Abb. 4.8.** Schematisches Profil vom Pro-Delta bei Milet 60 km landeinwärts bis Aydin im Büyük-Menderes-Tal (zur Lage vgl. ▶ **Abb. 4.6** und **4.7**). Zur Lage der Küstenlinie und Konturen der verschütteten Meeresbucht des Latmischen Golfes vgl. Bay (1999).

sen sich für etliche gut untersuchte, frühe Siedlungsregionen rund um das Mittelmeer, z. T. auch am Schwarzen Meer und für das Euphrat-Tigris-Delta, Bilanzierungen für den Bodenabtrag aus der Beeinflussung zwischen Mensch und Umwelt ermitteln.

Sedimente des Deltavorschubs und der Talebenen sind vielerorts die bedeutendsten Depots für eine Quantifizierung von Etappen des Bodenabtrags in den Einzugsgebieten (▶ **Abb. 4.9**).

## Umweltmedium und „Engpass-Rohstoff" Wasser

Zu unterscheiden sind die Zusammenhänge von jährlichem Niederschlag (klimaabhängiger Gesamtniederschlag und saisonale Verteilung) zu Verdunstung/Abfluss/Versickerung (alle drei stark von der Vegetation anhängig). Menschlicher Eingriff in die natürliche Vegetation der Landschaft führt generell zu Beeinträchtigungen der Grundwasserneubildung durch Erhöhung des Abflusses und Verminderung der Versickerung.

Schon weit vor der Antike waren komplizierte Bewässerungssysteme entwickelt worden (Garbrecht 1991, 1995). Ihr menschlicher Eingriff beschränkte sich auf Modifikation im Abflussverhalten der Oberflächenwässer. Ab der Mitte des 1. Jahrtausends v. Chr. entstanden dann zunehmend Wasserversorgungsanlagen für Trinkwasserversorgung aus der Zuleitung von Grundwasser für die wachsende Bevölkerung städtischer Siedlungen (Lit. in Tuttahs 1998).

Die beste Übersichtsarbeit für alle Gesichtspunkte der Wasserwirtschaft einer antiken Stadt existiert für Milet (Tuttahs 1998). Allerdings werden für die Grundwasserneubildung der Region Zahlenwerte aus dem gemäßigt-humiden Mitteleuropa verwendet. Der Versorgungsengpass in römischer Zeit wird über ein „anderes Klima" zu erklären versucht. Das ist allerdings durch Vegetationsanzeiger (Pollendiagramme) nicht belegt. Bei 600 mm Jahresniederschlag wird fast die Hälfte davon als Grundwasserneubildung angesetzt. Damit kommt man für den „Spitzenbedarf" in römischer Zeit immer noch in den Bereich kritischer Mangelsituation. Noch „prekärer" wird die Situation dadurch, dass rezente Vergleichswerte

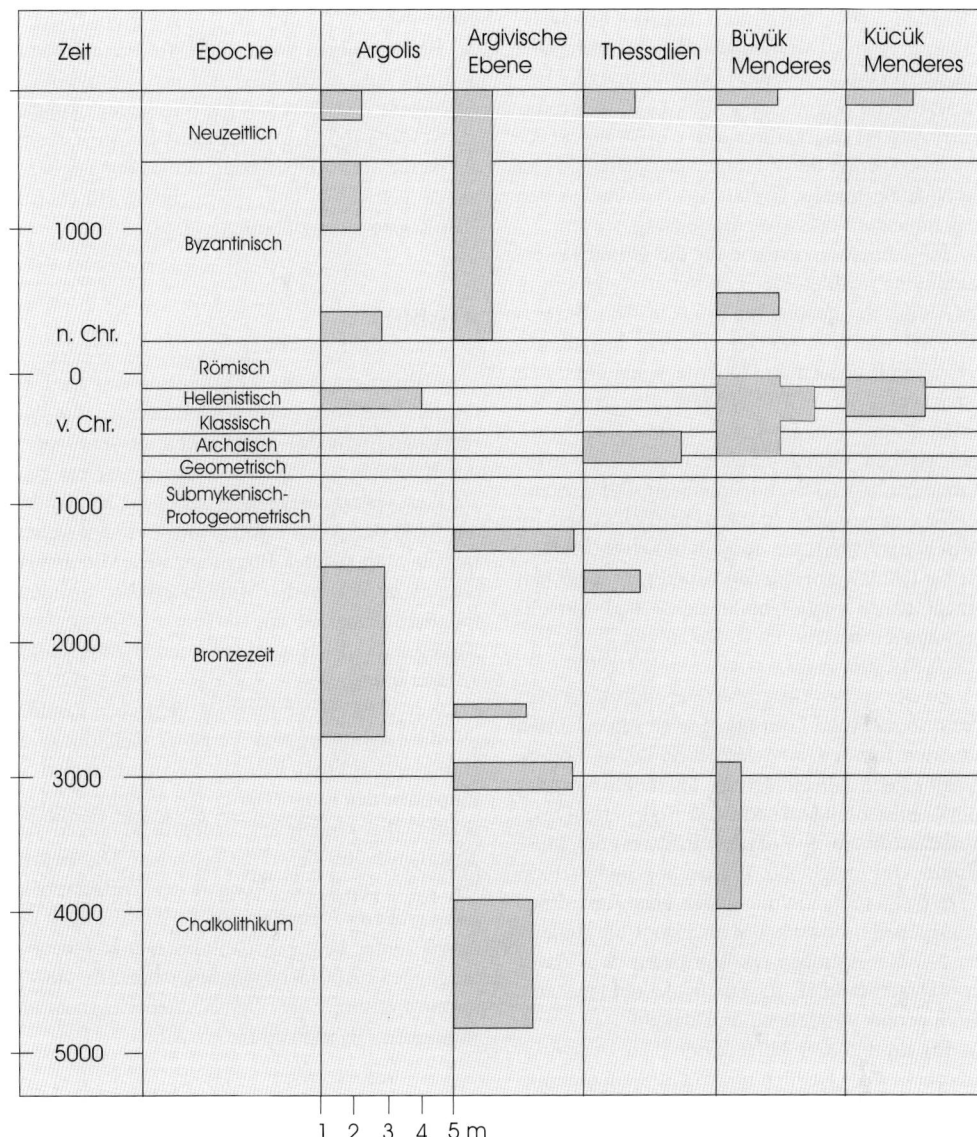

**Abb. 4.9.** Zeitlicher Überblick zu anthropogen induziertem Bodenabtrag und mittleren Sedimentmächtigkeiten der Ablagerungsräume (vgl. Maßstab unten) in früh besiedelten Landschaftskammern am Rande der Ägäis (VAN ANDEL et al. 1990, ergänzt in BAY 1999).

aus der Hydrogeologie aus vergleichbaren klimatischen, geologischen und hydrogeologischen Situationen sehr viel kleinere Neubildungsraten in Prozentanteilen des Jahresniederschlages ergeben (z. B. ABU JU`UB 2002 für die Höhen der West Bank, Geojournal 1997, BENDIX et al. 2002 für Malta). Damit vergrößert sich das Wasserversorgungsproblem.

Anfänglich können noch fossile Grundwasservorräte genutzt worden sein. Das ist mehr eine Ausrede für unzureichende Erklärungsmöglichkeiten als durch Fakten belegbar. Die Größe der römischen Wasserversorgungssysteme in Milet und der Zuleitungsbedarf der Versorgungssysteme lässt an die Nutzung fossiler Grundwasservorräte aus den Zeiträumen vor intensiver Besiedlung denken.

Tatsächlich tappen wir für die Grundwasserneubildung mediterraner Landschaftskammern in der Antike weitgehend im Dunkeln. Das Zusammenspiel von Klima, schon fühlbar degradierter Böden und Vegetation, Oberflächenabfluss und Versickerung ist im Umfeld fast aller namhaften antiken Stätten mangelhaft bekannt. Die hydrogeologischen Grundvoraussetzungen für zuverlässige Aussagen sind unzureichend. Der Zustand der Vegetationsdecke zu römischer Zeit könnte im Umfeld der Mittelmeer-Region massiven Einfluss auf die Klimawerte und den Grundwasserhaushalt gehabt haben (vgl. Überlegungen und Modell-Rechnungen bei REALE & DIRMEYER 2000, REALE & SHUKLA 2000).

Zu der in der Gegenwart gegenüber der Antike offensichtlich grundsätzlich verschlechterten Situation in der Grundwasserneubildung kommt in den letzten Jahrzehnten die überhöhte Nutzung für Wohnsiedlungen und industrialisierte Landwirtschaft hinzu. Sie hat das Bild von der Mitte des 20. Jhs. nochmals drastisch geändert bzw. verzerrt. Die Situation lässt sich über Karten und Aussagen von Einwohnern höchstens für die letzten 2–3 Generationen rekonstruieren. Was davor an Wassererschließungsmöglichkeiten bestand, bleibt bereits weitgehend im Dunkeln.

Im Umfeld von Milet lassen sich zwar noch Eindrücke über Quellen und Wasserläufen unmittelbar nach der Vertreibung der Griechen sammeln. Die ehemals „großstädtische" Wasserversorgung von Milet aus römischer Zeit ist bei den Einwohnern völlig in Vergessenheit geraten. Wasserführende Teilbereiche wurden noch bis zur Gegenwart von Einwohnern genutzt, ohne eine Vorstellung von der ursprünglichen Funktion zu haben.

Sind unsere Möglichkeiten zur Quantifizierung von Bodenabtrag schon sehr begrenzt und noch immer in den Anfangsgründen, so gilt das noch ausgeprägter für die Quantifizierung des Umweltmediums Wasser. Wir kennen für die Vergangenheit zu wenig von Klimawerten, Zustand der Böden und der Vegetation. Wir wissen eigentlich nur, dass es „anders" war und offensichtlich ein höherer Wasserbedarf gedeckt werden konnte, als es heute möglich ist. Hier ist für die Zukunft auf verbesserte interdisziplinäre Lösungsansätze archäometrischer und geschichtswissenschaftlicher Kooperation zu hoffen.

## Ausblick

Eine Bilanzierung des Stofftransportes in die Deltas und Talebenen – den wichtigsten geomorphologischen Archiven – zur Berechnung der Etappen des Bodenabtrags für größere Liefergebiete ganzer Flusssysteme ist bislang nur in wenigen Fällen am Rand der Ägäis erfolgt. Sie sind aber sicherlich auch an anderen Lokalitäten des Mittelmeerraumes, z. B. für die Mittelmeerküste Spaniens möglich. Dabei ist die stärkere Einbindung von Kollegen aus der Bodenkunde und Hydrogeologie zu wünschen.

Nur unter Gewinnung ökologischer Parameter für Gegenwart und Vergangenheit dürfte es gelingen (vor allem über die Vegetationsentwicklung unter den Eingriffsarten des siedelnden Menschen), die komplexen Beeinträchtigungen des Naturhaushaltes besser zu verstehen. Das betrifft vor allem auch das Problem der Wasserversorgung größerer Ansiedlungen, deren Lösung in der Antike unter heutigen ökologischen Rahmenbedingungen nicht mehr möglich wäre. Die „mediterraneanization" hat offensichtlich viel mehr anthropogene als klimatische Ursachen.

## Literatur

Abu Ju`Ub, G., 2002
AKG (= Arbeitskreis Geomorphologie) (Hrsg.), 2000, 2002
Allen, H. D., 2003
Andres, W., 2000
BAW (Bayerische Akademie Der Wissenschaften) (Hrsg.), 2000
Bay, B., 1999
Bay, B., Krause, A., Rogalla, U., Schröder, B. & Yalçin, Ü., 2001

Beckedahl, H. R., 2002
Bendix, J., Bendix, A. & Reudenbach, C., 2002
Bork, H.-R., Bork, H., Dalchow, C., Faust, D., Piorr, H.-P. & Schatz, Th., 1998
Bottema, S., Entjes-Nieborg, G. & Van Zeist, W. (Hrsg.), 1990
Brückner, H., 2003
Butzer, K., 1971, 1975
Chaniotis, A., 1996
Diamond, J., 1999
Egger, K., 1987
Fuchs, M., 2001
Fytrolakis, N., Peterek, A. & Schröder, B., 2004
Garbrecht, G., 1991, 1995
Geojournal, 1997
Goudie, A. (Ed.), 1997
Grove, J., 1996
Grove, A. T. & Rackham, O., 2001
Harris, M., 1995
Inbar, M., 2001
Létolle, R. & Mainguet, M., 1996
McNeill, J.R., 2003
Mieth, A., Bork, H.-R., Markgraf, W., Feeser, I. & Dierssen K., 2003
Philippson, A., 1936
Poulos, S. E., Collins, M. & Evans, G., 1996
Rackham, O. & Moody, J., 1996
Reale, O. & Dirmeyer, P., 2000
Reale, O. & Shukla, J., 2000
Renfrew, C., 1996
Runnels, C. N., 1995
Schütt, B., Löhr, H. & Baumhauer, R., 2002
Semmel, A., 2000
Sonnabend, H., 1996
Thomas, D. S. G. & Goudie, A., 2000
Tuttahs, G., 1998
Van Andel, T. H. & Jameson, M. H., 1994
Van Andel, T. H., Zangger, E. & Demitrack, A., 1990
Weeber, K.-W., 1990
Wiegand, T., 1933
Wille, M., 1995
Zangger, E. 1995, 1998

# 5 Prospektionsmethoden in der Archäologie

## Einführung

Andreas Hauptmann

Eine der herausragenden Aufgaben archäologischer Forschung ist die Lokalisierung und die Dokumentation von Siedlungen und anderen Überresten, die der Mensch an seinen Aufenthaltsorten hinterlassen hat. Oftmals sind das architektonische Reste, die an der Oberfläche in unterschiedlichen Ausmaßen erhalten sind, oder Siedlungs- und Grabhügel. Da man heute zunehmend daran interessiert ist festzustellen, in welchem Ausmaß der Mensch die umgebende Landschaft in Besitz genommen hat, gehört auch die Erforschung des so genannten Hinterlandes eines Grabungsortes dazu. Dies bedeutet zunächst, weit verstreute, spärlich in der Landschaft verteilte Artefakte aufzusuchen, die der Mensch hinterlassen hat.

Dies zu erforschen bezeichnet man als Prospektion, die der eigentlichen Ausgrabung vorausgeht. Der Begriff stammt aus der angewandten Geophysik, wo er als Bezeichnung für die Lokalisierung von Erz- und Erdöllagerstätten verwendet wird. Auf die Archäologie übertragen, macht sich die Prospektion zum Prinzip, anthropogene Einwirkungen auf die physikalischen und chemischen Eigenschaften der natürlichen Bodenschichten zu orten, die durch Siedlungstätigkeiten, durch die Anlage von Gräbern, durch Feuer und durch Bauwerke aus Holz, Ziegel oder Stein gestört werden.

Die archäologische Prospektion sollte sich nicht auf eine einzelne Methode beschränken, sondern sich aus dem Kanon der zur Verfügung stehenden Verfahren alle diejenigen heraussuchen, die dazu dienen können, Informationen über eine archäologische Fundstelle zu gewinnen. Prospektion sollte bei jeder Form archäologischer Feldforschung den ersten Schritt darstellen. Sie ist eine zerstörungsfreie, also nicht in den Boden eingreifende Methode.

Die Prospektion umfasst eine Reihe unterschiedlicher Techniken. Das sind zunächst Flurbegehungen (Surveys), auf die alle anderen Methoden der Prospektion zurückgreifen. Die genaue Kenntnis des zu untersuchenden Geländes ist in allen Fällen unabdingbar. Surveys, bei denen eine Datenerhebung des Geländes durch Probenahme von Oberflächenartefakten vorgenommen wird, kann verschiedene Ziele verfolgen und unterschiedliche Strategien einsetzen. Sie können auf chronologische Einordnungen, auf den Charakter einzelner Ortslagen, auf Bodennutzung oder auf die Vorbereitung von Grabungen abheben (VIEWEGER 2003). Wie in der Geoarchäologie können sie gegebenenfalls durch Bohrungen oder durch einzelne Sondagen unterstützt werden.

Im Allgemeinen sind aber zur Sicherung und Bewahrung von Bodendenkmalen möglichst genaue und zerstörungsfreie Prospektionsmethoden gefordert, die in kurzer Zeit große Flächen erkunden können. Hier setzt man die Luftbildprospektion bzw. die Luftbildarchäologie ein, mit der in großräumigen Dimensionen Fernerkundungen ohne direkten Kontakt mit dem zu untersuchenden Objekt durchgeführt werden (SCOLLAR et al. 1990). Ausgangspunkt sind Flugzeuge. Seit nicht allzu langer Zeit stehen auch Satellitenbilder zur Verfügung (MEHRER & WESCOTT 2006). In jedem

Fall setzt sie Geländekenntnisse voraus, wie sie beim Survey erworben werden.

Bei der Luftbildarchäologie werden durch verschiedene landschaftliche Merkmale ober- und unterirdische Bodendenkmäler nicht nur im Gelände aufgespürt. Sie können dann auch in Verbindung mit geophysikalischen Prospektionsmethoden vermessen werden (MOMMSEN 1986). D. h. dass häufig erst der kombinierte methodische Ansatz der Luftbildarchäologie mit anderen archäologischen Feldmethoden wie Geländebegehung, Ausgrabung oder geophysikalische Messungen zum beabsichtigten Ziel führt.

Die Anwendung geophysikalischer Prospektionsmethoden in der Archäologie ist wahrscheinlich das Gebiet, das am besten die interdisziplinäre Zusammenarbeit dieses Faches mit der Technik verkörpert. Sie wird zur großräumigen und zerstörungsfreien Beurteilung und Erfassung von Bodendenkmalen eingesetzt.

In den Geowissenschaften werden geophysikalische Prospektionsmethoden vor allem zur Erkundung und Vermessung geologischer Strukturen der Erdkruste eingesetzt. Erste Versuche, geophysikalische Methoden für archäologische Fragestellungen zu nutzen, gehen in das vorletzte Jahrhundert zurück. Aber erst um 1950 setzt eine dynamischere Entwicklung in Europa ein, obgleich hier noch keine systematischen Arbeiten einsetzen und von einer Etablierung in Archäologie keine Rede sein kann. Eine intensive Neuorientierung der Geophysik erfolgt erst um 1980 mit der Revolution des Computerwesens, die schnell neue instrumentelle Techniken erlaubt. Vor allem ist es eine wirtschaftlich initiierte Neuorientierung der Geophysik selbst, die der der Archäologie direkt zugute kommt. Es zeigte sich nun eine problemorientierte Entwicklung hin zur Erfassung kleinräumiger Strukturen wie z. B. der Untergrund von Mülldeponien, die Stabilität von Sondermüllablagerungen, Untergrundtests in der Ingenieurgeologie, d. h. klein maßstäbliche Untersuchungen, die unmittelbar auf die historischen Probleme übertragbar sind (KNÖDEL et al. 1997).

Heute ersetzen geophysikalische Prospektionsmethoden nicht nur die früher üblichen Such- und Sondagegrabungen. Ihr Einsatz wird besonders verstärkt durch den ständig steigenden Landverbrauch durch den Bau von Straßen, Autobahn- und Eisenbahntrassen, durch die Erschließung von Industriearealen und großflächigen Siedlungserweiterungen. Die moderne Bautätigkeit macht vor archäologischen Fundstellen nicht halt und zerstört unwiderruflich in nur wenigen Jahrzehnten große Teile unseres kulturellen Erbes, das Jahrtausende mehr oder weniger unbeschadet im Erdboden überstanden hat.

Geophysikalische Prospektionsmethoden erfahren verstärkten Einsatz durch die Zunahme von weitflächigen Surveys in der Siedlungsarchäologie, d. h. dem flächendeckenden Absuchen und Kartieren (bekannter) archäologischer Fundstellen in größerem Bereich, der oftmals mit hochauflösenden Detailstudien, mit klassischen Ausgrabungen kombiniert wird. Der Zweck des Einsatzes geophysikalischer Prospektionsmethoden in der Archäologie ist also einerseits die Suche nach unbekannten sowie andererseits die Ausmessung bekannter Fundstellen (NEUBAUER 2001/2002).

Geophysikalische Prospektionsmethoden wie z. B. Geomagnetik, Geoelektrik, Georadar oder Seismik beruhen auf physikalischen Eigenschaften archäologischer Strukturen, die sie in denen des umgebenden Untergrundes verursachen. Dabei nutzt man physikalische Eigenschaften wie das Erdmagnetfeld, elektrische Leitfähigkeiten des Bodens, das Schwerefeld der Erde, thermische Eigenschaften, Ausbreitungsgeschwindigkeiten von Erschütterungswellen oder akustischen Signalen, elektromagnetische Phänomene oder die natürliche radioaktive Strahlung. Durch Messung dieser Eigenschaften lassen sich Abweichungen feststellen, die Rückschlüsse auf im Boden enthaltene, natürliche oder durch menschliche Einflüsse entstandene Störungen oder Einschlüsse ermöglichen.

Als weitere, in der Archäologie verbreitete Prospektionsmethode sei auf die Analyse von Bodenproben hingewiesen, die jedoch vergleichsweise zeitintensiv und aufwändig ist. Hiermit kann die ehemalige Nutzung von Böden durch Ackerbau durch die rasterartige Vermessung von Säurewerten nachgewiesen werden (pH-Wert-Methode). Sie beruht auf einer Verarmung des Bodens an Nährsalzen. Die zweite Methode ist die Phosphatanalyse, die auf der Anreicherung dieses Elements in alten Siedlungen durch fehlende Kanalisation und Müllbeseitigung beruht.

Im Verlauf archäologischer Prospektionsaktivitäten, sei es durch die Luftbildarchäologie, sei es durch die Anwendung geophysikalischer Methoden, entstehen innerhalb kürzester Zeit enorme Datenmengen, die in jüngster Zeit mit Hilfe archäologischer Informationssystems für die Forschung und Denkmalpflege nutzbar gemacht werden. Hier haben sich in den letzten Jahren in der Archäologie zunehmend Geographische Informationssysteme (GIS) etabliert, die eine beliebige Kombination von geographisch eingemessenen Daten unter allen möglichen Aspekten erlaubt und über eine computergestützte Kartierung von Fundstätten hinausgeht (MEHRER & WESCOTT 2006). Solche Datenbanken sind z. T. schon international im Internet verfügbar.

Die folgenden zwei Beiträge widmen sich den heute am häufigsten angewandten Methoden der archäologischen Prospektion, nämlich der Luftbildarchäologie und der Geophysik, die in der Archäologie sehr oft in Kombination eingesetzt werden (BECKER 1996). Im Beitrag von Baoqan Song werden Technik und Anwendung der Luftbildarchäologie behandelt. Uwe Casten und Wolfgang Neubauer stellen geophysikalische Prospektionsmethoden vor.

## Literatur

Becker, H. (Hrsg.), 1996
Knödel et al., 1997
Mehrer, M. W. & Wescott, K. L. (Hrsg.), 2006
Mommsen, H., 1986
Neubauer, W., 2001/2002
Scollar, I. et al., 1990
Vieweger, D., 2003

# Luftbildarchäologie – Methoden und Anwendungen

Baoquan Song

## Zusammenfassung

Luftbildarchäologie wird als archäologische Prospektionsmethode in Feldforschung und Bodendenkmalpflege angewandt. Dabei wurden verschiedene Methoden entwickelt: Luftbildinterpretation, Flugprospektion und Luftbildmessung. Einzeln oder in Kombination machen sie es möglich, Geländearbeit schnell, effektiv und auf finanziell vertretbarer Basis durchzuführen. Die Stärke der Luftbildarchäologie liegt in der Erkundung von Bodendenkmälern, die anhand von Erkennungsmerkmalen aufgespürt, untersucht und vermessen werden. Oberirdisch erhaltene Bodendenkmäler können als Schatten-, Flut- oder Schneemerkmale erscheinen, unterirdisch erhaltene als Boden-, Feucht-, Frost- oder Bewuchsmerkmale. Basierend auf den am Boden gewonnenen Fachkenntnissen und Gelände-Erfahrungen werden Merkmale zuerst funktional bestimmt (identifiziert) und dann zeitlich und kulturell eingeordnet (klassifiziert). Ergebnisse der Luftbildarchäologie werden heute mit Hilfe archäologischer Informationssysteme nutzbar gemacht.

## Einleitung

Archäologische Prospektion bedeutet sowohl die Erkundung neuer als auch die Untersuchung bereits bekannter (prä-)historischer Fundstätten bzw. Bodendenkmäler, ohne diese auszugraben. Da Prospektionsmethoden im Gegensatz zu Ausgrabungen meistens berührungslos und somit zerstörungsfrei arbeiten, spielen sie in der archäologischen Forschung und vor allem in der Bodendenkmalpflege eine immer bedeutendere Rolle. Luftbildarchäologie gilt als eine der wichtigsten Methoden der archäologischen Prospektion. Die Aussage von Crawford, dass die Luftbildmethode für die Archäologie das leiste, was die Erfindung des Teleskops für die Astronomie bedeutet (CRAWFORD 1938, 9), ist bis heute gültig.

Der Ursprung der Luftbildarchäologie geht auf den Ersten Weltkrieg zurück, als Luftbildtechnik zum ersten Mal gezielt von Europäern bei archäologischer Geländearbeit eingesetzt wurde (CRAWFORD 1954, DEUEL 1972). Luftbildarchäologie wurde in den 1920er Jahren von dem englischen Archäologen O. G. S. Crawford und seinem französischen Kollegen A. Poidebard als wissenschaftliche Methode beschrieben und in Großbritannien und Syrien angewandt (CRAWFORD & KEILLER 1928, POIDEBARD 1934). Im folgenden Jahrzehnt wurden Erfahrungen in zahlreichen Ländern gesammelt (z. B. LUFTBILD UND VORGESCHICHTE 1938, CASTELL 1938, ALLEN 1984, SCHMIDT 1940). Nach dem Zweiten Weltkrieg fand die Luftbildarchäologie in westeuropäischen Ländern breite Anwendung, wurde technisch weiter entwickelt und konnte große Erfolge verbuchen (RILEY 1946, BRADFORD 1957, AGACHE

1964, SCOLLAR 1965, AGACHE & BRÉART 1975). In Ländern wie Großbritannien oder Deutschland, in denen die Luftbildarchäologie schließlich institutionalisiert wurde, konnte eine kontinuierliche und integrierte Anwendung gewährleistet werden (CHRISTLEIN & BRAASCH 1982, RILEY 1987, 15, PLANCK et al. 1994, ZICKGRAF 1999, 21–26). Die politische Wende am Ende der 1980er Jahre eröffnete neue Einsatzmöglichkeiten in den ehemaligen Ostblockländern (KUNOW 1995, OEXLE 1997, SCHWARZ 2003). Heute kann sich die Luftbildarchäologie neuester Technologie wie der Fernerkundung, der Computertechnik und der Satellitennavigation bedienen.

Ziel der Luftbildarchäologie ist, Spuren anthropogener Bodeneingriffe wie z. B. Bautätigkeit, Landwirtschaft oder Rohstoffgewinnung aufzuspüren, großräumig Bodendenkmäler in ihrem naturräumlichen Kontext zu erfassen und somit kurzfristig (prä-)historische Kulturlandschaften in ihrer Gesamtheit sichtbar zu machen. Dies entspricht im Grunde der wesentlichen Zielsetzung der Feldarchäologie.

## Möglichkeiten und Grenzen der Luftbildarchäologie

Um naturräumliche, d. h. geographische, geologische, klimatische u. a. Lebensbedingungen und ihre Auswirkungen auf die ur- und frühgeschichtlichen Besiedlungsphasen einer Kulturlandschaft zu erfassen, bedient man sich geeigneter Satelliten- und Luftbilder sowie entsprechend geowissenschaftlichen Kartenmaterials (Luftbild-, Satellitenbild- und Karteninterpretation).

Schwieriger sind systematische Lokalisierung und eingehende Untersuchung von Bodendenkmälern. Hier liegt der Schwerpunkt der Luftbildarchäologie, bei der Luftbildinterpretation, Flugprospektion, Luftbildmessung, Analyse von Fernerkundungsdaten etc. eingesetzt werden. Für die methodische Entwicklung bzw. Anwendung sind Faktoren wie Naturraum und Landnutzung, Bodendenkmal (Typ und Erhaltungszustand), archäologische und denkmalpflegerische Fragestellung (Zielsetzung und Aufgaben), technologische Fortschritte der Luftbildforschung (Flugzeug und Kamera) ausschlaggebend. Ab den 1960er Jahren sind zunehmend Fernerkundung (Plattform und Sensorsystem), politische Rahmenbedingungen (Zugang zum Bild- und Kartenmaterial und zur Befliegung) und nicht zuletzt finanzielle Aspekte in den Vordergrund gerückt.

Flugprospektion hat in der Archäologie in den Ländern der Europäischen Union zunehmend an Bedeutung gewonnen. Im Jahr 2006 ist es dem Verfasser in Zusammenarbeit mit dem Deutschen Archäologischen Institut gelungen, Prospektionsflüge in Ostgeorgien und im Südiran durchzuführen.

Bei der Flugprospektion arbeitet man im sichtbaren Lichtbereich. Die Erkundung geschieht mit Hilfe der so genannten Merkmale, also über direkt oder indirekt von Bodendenkmälern verursachten Spuren. Allerdings sind solche Merkmale in der Regel nur von kurzer Dauer und die Umstände, die zur Ausprägung der Merkmale führen, sehr komplex. Die Luftbildarchäologen bemühen sich daher, zum richtigen Zeitpunkt am richtigen Ort zu sein. Trotzdem sind die Spuren in der Regel fragmentarisch und selten vollständig. Bisher versucht man, dieses Problem durch wiederholte Befliegungen unter unterschiedlichen Bedingungen und/oder durch Heranziehen von anderen Prospektionsmethoden wie z. B. geophysikalischen Messungen am Boden zu lösen (BECKER 1996).

Theoretisch kann die Fernerkundung, die in Multispektral-, Thermal- und Radarbereichen („radiowave detection and ranging") arbeitet, die durch Merkmale entdeckten Bodendenkmäler besser orten und durchleuchten. Der kommerziellen Satellitenfernerkundung sind bislang von der geometrischen und radiometrischen Auflösung her Grenzen gesetzt. Der Satellit SPOT mit der höchsten Auflösung im panchromatischen Kanal hat die Bodenauflösung von 10 m, in multispektralen Bereichen nur 20 m. Die meisten Bodendenkmäler können deswegen kaum oder gar nicht identifiziert werden, denn um z. B. Pfostenlöcher neolithischer Langhäuser erkennen zu können, braucht man eine Bodenauflösung im Zentimeterbereich. Hier wartet man also auf Verbesserung der Bodenauflösung in Multispektral- und Thermalbändern. Die Fernerkundung könnte auch durch den Einsatz von aktiven Radar-Systemen mit verbesserter Bodenauflösung für die Archäologie attraktiver werden.

Der zurzeit höchstauflösende kommerzielle Satellit ist QuickBird2 (gestartet am 18.10.2001). Seine Bilder haben im panchromatischen Bereich (0,4–0,955 µm) eine räumliche Auflösung von 0,62 m bei Nadir und im multispektralen (Blau = 0,45–0,52 µm, Grün = 0,52–0,60 µm, Rot = 0,63–0,69 µm, nahes Infrarot = 0,76–0,90 µm) eine räumliche Auflösung von 2,4 m bei Nadir. Auch wenn solche Daten für die Erkundung mancher Bodendenkmäler geeignet erscheinen, sind sie derzeit für die systematische Prospektion in ausgedehnten Regionen von den Beschaffungs- und Auswertungskosten her noch kaum bezahlbar (Die Beschaffungskosten für QuickBird2-Daten betragen derzeit ca. 20 €/km$^2$).

Die Luftbildarchäologie kann, selbst wenn sie mit der modernsten Fernerkundungstechnologie ausgestattet ist, keine Lösung für alle feldarchäologischen Probleme liefern. Die Ansprache der Merkmale, die Spuren einer Fundstelle funktional sowie zeitlich und kulturell zu bestimmen, die Luftbildinterpretation bzw. Datenanalyse, d. h. die Interpretation von archäologisch relevanten Informationen (die in meist nicht speziell für die Archäologie erstellten Luftbildern und Fernerkundungsdaten vorhanden sind) setzen am Boden gesammelte Fachkenntnisse und feldarchäologische Erfahrungen voraus. Luftbildbefunde lassen sich nicht immer durch Lage, Größe und Form identifizieren und klassifizieren. Der kombinierte Einsatz mit feldarchäologischen Methoden wie z. B. Feldbegehung, Bohrung, Sondierung oder Ausgrabung macht es oft erst möglich, Luftbildbefunde zeitlich und kulturell exakt einzuordnen. Luftbildarchäologie kann alle hier genannten Methoden nicht ersetzen, sie kann sie aber rationeller und effektiver machen.

## Physikalische und methodische Grundlagen

Die Luftbildarchäologie ist ein Anwendungsgebiet der Fernerkundung. Die grundsätzliche Verfügbarkeit, die maßstäbliche Flexibilität und die digitale Verarbeitung der Fernerkundungsdaten haben sich in den letzten Jahren rasant verbessert. Diese Entwicklung lässt vermehrte Einsatzmöglichkeiten in der Archäologie erwarten. Hier sollen die physikalischen Grundlagen der Fernerkundung kurz erläutert werden.

Die Fernerkundung bezieht sich auf verschiedene Techniken und Methoden zur Aufnahme und Auswertung von Informationen über der Erdoberfläche aus einer bestimmten Entfernung, ohne diese unmittelbar berühren zu müssen. In der Archäologie ist nur die abbildende Fernerkundung von Bedeutung, d. h. Informationen über Objekte werden direkt oder indirekt in Bildform aufgenommen, verarbeitet, analysiert und benutzt, wie z. B. Luft- und Satellitenbilder. Solche Bilder ent-

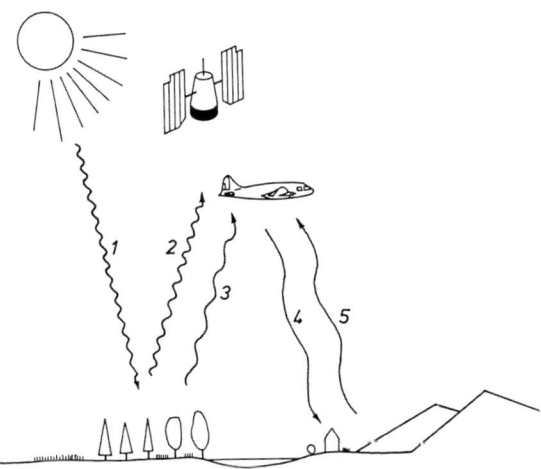

**Abb. 5.1.** Fernerkundungssysteme (Kraus & Schneider 1988).

halten Informationen über geometrische (Lage, Größe und Form) und physikalische (radiometrische) Eigenschaften betroffener Objekte.

In der Fernerkundung erfolgt die Übertragung der Information eines untersuchten Objektes auf der Erdoberfläche zum Sensor im Luft- bzw. Raumfahrzeug durch elektromagnetische Strahlung. Es gibt drei Möglichkeiten, um Informationen über entfernte Objekte zu gewinnen (▶ **Abb. 5.1**):

1. Reflexion von Sonnenstrahlung (1). Die reflektierte Strahlung (2) trägt Informationen über Objekte auf der Erdoberfläche zu einem Sensor (Fotokamera, Scanner) in einem Flugkörper (Plattform). Hier wird die Strahlung vom Sensor erfasst und aufgenommen.
2. Strahlungsemission von Objekten auf der Erdoberfläche (3), welche Informationen über Objekte zum Fernerkundungssensor trägt.
3. Strahlung (4) wird aus einer im Flugkörper neben dem Sensor eingebauten Strahlungsquelle zur Erdoberfläche gesendet. Diese wird teilweise reflektiert (5) und trägt Informationen über die reflektierende Oberfläche zum Sensor.

Fernerkundungssysteme, die nach dem 1. und 2. Fall mit der natürlichen elektromagnetischen Strahlung arbeiten, wie z. B. fotografische, multispektrale oder thermale Infrarot-Aufnahme- bzw. Aufzeichnungstechniken, werden passive Fernerkundungssysteme genannt. Im 3. Fall, wo die zur Erkundung dienende Strahlung – Radar- oder Lidarstrahlung („light detection and ranging") – künstlich erzeugt wird, spricht man von aktiven Fernerkundungssystemen (Kraus & Schneider 1988, 10).

Für die Luftbildarchäologie von Bedeutung ist, dass die Fernerkundung auch solche elektromagnetische Strahlung als Bilder aufzeichnet, die für das menschliche Auge nicht sichtbar ist. Dadurch wird die visuelle Wahrnehmung erheblich vergrößert. Sichtbares Licht ist ein Ausschnitt aus dem Spektrum elektromagnetischer Strahlungen, die in der Physik als eine Form der Energieausbreitung beschrieben wird. Diese sind senkrecht zu ihrer Ausbreitungsrichtung, d. h. transversal schwingende elektrische und magnetische Felder, die sich mit Lichtgeschwindigkeit ausbreiten (▶ **Abb. 5.2**). Je nach Wellenlänge haben die Strahlungen verschiedene Eigenschaften und werden unterschiedlich bezeichnet. Das elektromagnetische Spektrum ist in ▶ **Abb. 5.3** dargestellt. Man teilt dieses in verschiedene Bereiche ein, die ohne scharfe Grenzen ineinander übergehen und sich teilweise überlappen. Das sichtbare Licht liegt in einem relativ kleinen Ausschnitt mit einer Wellenlänge zwischen etwa 0,4 bis 0,7 µm. Mit zunehmend kürzerer Wellenlänge schließen sich das nahe, dann das allgemeine Ultraviolett an, weiter die Röntgenstrahlen, die Gammastrahlen und schließlich die extrem kurzwellige kosmische Strahlung. Auf der langwelligen Seite folgt auf das sichtbare Licht die Infrarot-Strahlung, die Mikrowellen (etwa 1 mm bis 1 m) und die Radiowellen (ab 1 m). Die Infrarot-Strahlung wird wiederum untergliedert in das nahe Infrarot (0,7 bis etwa 1 µm), das mittlere Infrarot (etwa 1 bis 7 µm) und das ferne Infrarot (ab etwa 7 µm), das auch als Thermalstrahlung bezeichnet wird.

Die Fernerkundung benutzt, bedingt durch atmosphärische Einflüsse, nicht alle oben beschriebenen Wellenlängenbereiche, sondern nur den Teil

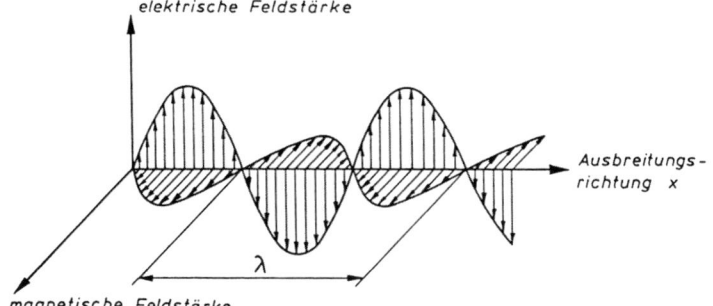

Abb. 5.2. Elektromagnetische Welle zu einem bestimmten Zeitpunkt (Kraus & Schneider 1988).

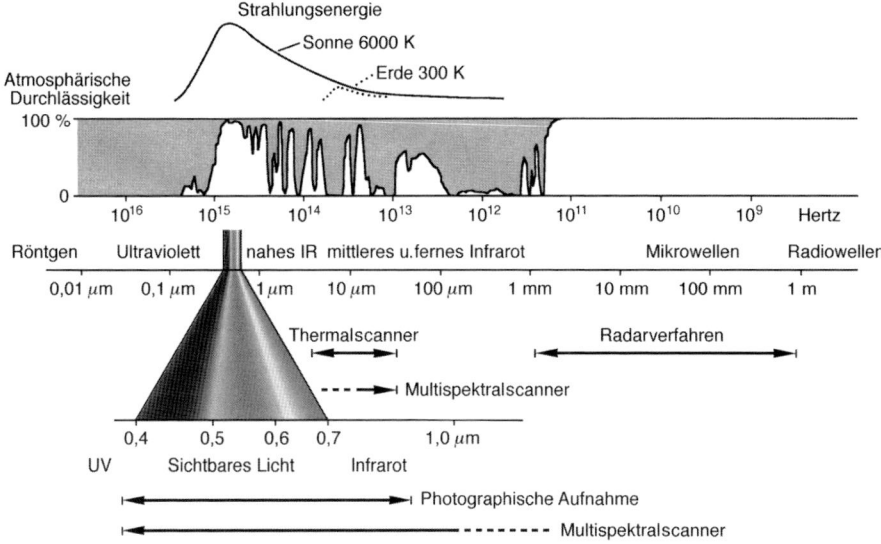

**Abb. 5.3.** Das elektromagnetische Spektrum und die in der Fernerkundung benutzten Bänder (ALBERTZ 2001).

des Spektrums zwischen dem nahen Ultraviolett und dem Infrarot (fotografische, multispektrale und thermale Bänder) sowie den Mikrowellenbereich (MOMMSEN 1986, 18–21; ALBERTZ 2001, 10 ff.).

Methodische Grundlagen der Luftbildarchäologie sind:

1. Vorzüge der Vogelperspektive und die damit verbundene grundrissmäßige Abbildung der Erdoberfläche.
2. Dauerhaftigkeit anthropogener Bodenveränderungen der Vergangenheit.

Aus der Luft beobachtet man die Erdoberfläche aus größerem Abstand und steilerem Winkel als vom Boden aus. Die Vogelperspektive ermöglicht dem Luftbildarchäologen somit Einblicke in archäologische Kulturlandschaften, die dem am Boden arbeitenden Archäologen entgehen. Crawford vergleicht das mit dem Blickwinkel einer Katze, die aus geringer Höhe ein Teppichmuster betrachtet. Erst für den Menschen aus seiner größeren Blickhöhe fügen sich die für die Katze unverständlichen Linien zum Teppichmuster zusammen (CRAWFORD 1938, 16). Die Praxis zeigt, dass diese simple Erkenntnis keineswegs immer geläufig ist. Die Vogelperspektive gewährt die notwendige Übersicht, um „Chaos in Ordnung" zu verwandeln. Archäologische Spuren werden dadurch leichter erkennbar und interpretierbar, selbst wenn sie teilweise nur fragmentarisch erscheinen (▶ **Abb. 5.4, siehe Farbtafeln**).

Unabdingbare Voraussetzung für die Luftbildarchäologie – wie für die Archäologie überhaupt – ist die Tatsache, dass jede anthropogene Veränderung natürlicher Bodenschichten an der Erdoberfläche irreversibel ist, gleich, ob es sich um Pfostenlöcher oder Gräben unterschiedlicher Zeitstellung handelt, die längst wieder zusedimentiert sind, die betroffenen Bodenschichten werden niemals mehr die gleichen sein wie vorher. Anthropogene Bodenstörungen unterscheiden sich physikalisch wie chemisch von ihrer Umgebung und können Tausende von Jahren überdauern. Zu Recht sagte Carl Schuchhardt, „Nichts ist eben dauerhafter als ein ordentliches Loch". Auch wenn solche Bodenveränderungen nicht immer durch das menschliche Auge wahrgenommen werden können, so sind sie dennoch existent und heben sich von ihrer Umwelt ab. Daraus resultierende direkte oder indirekte Spuren an der Erdoberfläche werden in der Luftbildarchäologie als „Merkmale" bezeichnet

Für die Luftbildarchäologie sind Vogelperspektive und „Merkmale" zwei voneinander abhängende Faktoren, welche gemeinsam die methodische Grundlage darstellen. Ohne die eine kommt die andere nicht zur Geltung. Die Kombination beider macht die Luftbildarchäologie zu der Methode, die in vielerlei Hinsicht Vorteile gegenüber anderen Feldmethoden hat.

## Methoden

Die Luftbildarchäologie ist ein spezielles Anwendungsgebiet der Luftbildtechnik. Fliegerei und Fotografie bilden die technische Grundlage. Luftbildarchäologische Methoden erfahren zwar infolge flug- und fototechnischer Fortschritte durchaus innovative Modifikationen, werden aber im wesentlichen durch die Anpassung an spezifische archäologische Verhältnisse und an Zielsetzungen der archäologischen und denkmalpflegerischen Anwendungen gekennzeichnet. Daher gibt es nicht *die* Methode der Luftbildarchäologie *sensu stricto*, sondern eine Vielfalt von Methoden. Die Grundzüge ähneln sich: Aufnahme bzw. Beschaffung von Luftbildern, Auswertung, Nutzanwendung in Forschung oder Denkmalpflege. Zu unterscheiden sind Flugprospektion und Luftbildauswertung. Letztere beinhaltet die thematische (Luftbildinterpretation) und die geometrische (Luftbildmessung/Photogrammetrie) Auswertung. Die Analyse von Fernerkundungsdaten erfolgt bisher nur sporadisch und hat nur experimentellen Charakter.

Die Wahl geeigneter Methoden und deren Erfolge hängen wesentlich von der betroffenen Landschaft und der Landnutzung ab, wenn man zunächst einmal vom archäologischen Forschungsstand und von speziellen Zielsetzungen absieht. Sie haben einerseits Einfluss darauf, in welchem Zustand Bodendenkmäler bis heute erhalten bleiben. Andererseits sind die naturräumlichen Verhältnisse als entscheidende Faktoren für die Luftbildarchäologie je nach Landschaft unterschiedlich. Deswegen unterscheidet man fruchtbare und unfruchtbare bzw. kultivierte und nicht kultivierte Landschaften. Fast überall auf der Welt werden fruchtbare Gebiete mit den besten naturräumlichen Bedingungen für den Getreideanbau schon seit vorgeschichtlichen Zeiten von Menschen bevorzugt besiedelt. Die Archäologie konzentriert sich auf solche Regionen. In heute wenig besiedelten Regionen gab es entweder von jeher ungünstige Lebensbedingungen für den Menschen, wie z. B. in Wüsten- und Gebirgslandschaften. Oder aber die naturräumlichen Verhältnisse jener Regionen haben sich im Laufe der Zeit für Besiedlungen stark verschlechtert.

Wichtig ist hier der letzte Fall. In Gebieten, wo bis heute Landwirtschaft betrieben wird, sind Bodendenkmäler meist beschädigt oder gar völlig eingeebnet. Schnelle Mechanisierung in der Landwirtschaft mit Tiefscharpflug beschleunigt noch deren Zerstörung. Demgegenüber sind zahlreiche Bodendenkmäler oft dort an der Erdoberfläche erhalten geblieben, wo sich der Boden nicht für Ackerbau eignete oder bereits lange nicht mehr landwirtschaftlich genutzt wurde. Veränderungen der Lebensbedingungen, Rückgang der Bevölkerungszahl und Wandel der Siedlungsform haben im Laufe der Jahrtausende dazu geführt, dass unzählige Ortschaften verlassen wurden, so dass sie heute z. T. verfallen sind. Ruinen werden in unseren Breitengraden von Vegetation überwachsen, in Wüsten und Steppen überdeckt sie Treibsand. Die meisten solcher Fundplätze sind oberirdisch mehr oder weniger gut zu erkennen. Dies zeigen Beispiele aus Algerien, Syrien und anderen Mittelmeerländern (POIDEBARD 1934, BARADEZ 1949, BRADFORD 1957). In kultivierten Gebieten sind Bodendenkmäler heute meist von Boden überdeckt und finden sich in einer Tiefe von wenigen Zentimetern bis zu mehreren Metern. Sie wurden durch Erosion, Überschwemmung oder Landwirtschaft zerstört und eingeebnet (CHRISTLEIN & BRAASCH 1982, BRAASCH 1983, PLANK et al. 1994, SCHWARZ 2003, BRAASCH 2005).

Fundstellen werden vereinfacht in ober- und unterirdische Bodendenkmäler eingeteilt. Oberirdische Bodendenkmäler sind Bauwerke und Anlagen, die das natürliche Bodenrelief verändert haben, und dort bis heute wahrnehmbar sind (Städte- und Siedlungsruinen, Ackerfluren, Grabanlagen, Gräben und Wälle von Befestigungsanlagen, Straßen mit Dämmen und Gräben, Burghügel usw.). Diese Kategorie ist heute überwiegend dort anzutreffen, wo kein Ackerbau betrieben wird, z. B. in Wald- oder Weidegebieten. In heute landwirtschaftlich aktiven Regionen sind oberirdische Bodendenkmäler nur noch in verschwindend kleiner Zahl vorhanden. Sie sind in der Regel weitgehend abgetragen und vom Boden aus nur noch unvollständig oder gar nicht mehr zu erkennen. Sind sie schließlich ganz verschüttet oder an der Erdoberfläche völlig eingeebnet, dann spricht man von unterirdischen Bodendenkmälern. Dazu zählen u.a. Gräben, Grabgruben, Pfostenlöcher von Holzbauten sowie Fundamentmauerwerk.

Die Luftbildinterpretation eignet sich in erster Linie zur Erschließung oberirdischer Bodendenkmäler, während die Flugprospektion zur Erfassung stark beschädigter oberirdischer und zum Aufspüren unterirdischer Bodendenkmäler entwickelt wurde. Die Luftbildmessung wird selten allein, sondern meistens mit der Luftbildinterpretation oder Flugprospektion zusammen für die Messung und Kartierung der entdeckten Bodendenkmäler benutzt.

## Merkmale

Die Luftbildarchäologie bedient sich zunächst solcher Erkennungsmerkmale, die im Bereich des sichtbaren Lichts zu beobachten sind, wobei Merkmale von ober- und unterirdischen Bodendenkmälern verschieden sind und sich scharfe Trennungslinien nicht immer ziehen lassen. Solange ein oberirdisches Bodendenkmal noch geringfügiges Bodenrelief aufweist, können Sonnenstrahlen mit ihrer Licht- und Schattenverteilung (Schattenmerkmale), Verlagerung von Schnee durch Windwirkung (Schneemerkmale) oder eine teilweise Überschwemmung (Flutmerkmale) die Unebenheit der Erdoberfläche hervorheben. Handelt es sich um unterirdische Bodendenkmäler, so können die in das Erdreich eingetieften Spuren durch heraus gepflügte Anteile der andersfarbigen Einfüllung als Bodenverfärbung (Bodenmerkmale) sichtbar werden. Auch durch Veränderungen in der Vegetation (Bewuchsmerkmale) und extreme Bodenfeuchtigkeit (Feuchtmerkmale) oder durch Unterschiede der Bodentemperatur (Schnee- und Reifmerkmale) geben Bodendenkmäler unter günstigen Bedingungen ihre Lage, Größe und Gestalt preis (vgl. BRAASCH 1983, 2005).

*Schattenmerkmale* spielen bei der Erkennung oberirdischer Bodendenkmäler die wichtigste Rolle. Selbst geringstes Bodenrelief, verursacht durch Überreste eines Bodendenkmals, wird im klaren Schräglicht bei tiefem Sonnenstand sichtbar (vgl. ▶ **Abb. 5.4, 5.5, siehe Farbtafeln, 5.13**). Je länger der Schattenwurf ist, umso deutlicher werden die Schattenmerkmale und somit die betroffenen Bodendenkmäler leichter erkennbar. Die Schattenlänge vom Bodenobjekt hängt von der Objekthöhe, dem Einfallswinkel des Lichtes (bester Schattenwurf bei schrägem Lichteinfall) und der Bodenneigung ab. Der Schattenwurf ist folglich durch Höhe, geometrische Gestalt und topographische Lage des Objektes sowie durch den Einfallswinkel des Lichtes bedingt. Ist das zu erforschende Bodendenkmal nicht geradlinig aufgebaut, sondern in sich gekrümmt, wird eine optische Auswertung erschwert (▶ **Abb. 5.4, siehe Farbtafeln**). Solche Fundstätten erfordern mehrere Anflüge und Luftbildaufnahmen zu verschiedenen Jahres- und Tageszeiten, um optimale Ausleuchtungen in einzelnen Abschnitten zu erzielen. Die Anwendung von Stereobildern bietet eine deutliche Verbesserung für die Erfassung schwächerer Details, wenn Schatten nicht klar hervortreten oder Licht aus der falschen Richtung kommt.

Eine ähnliche Rolle wie die Verteilung von Licht und Schatten kann Hochwasser spielen, bei dem nur noch kleinere Erhebungen über die Wasseroberfläche hinausragen. Man nennt sie *Flutmerkmale*. Sie tauchen nicht nur bei Überschwemmungen in Talniederungen und Flussauen auf, sondern auch auf verhältnismäßig ebenen, höher gelegenen Ackerflächen, wenn sich dort über noch gefrorenem Boden plötzlich Tauwasser sammelt, das nicht versickern oder abfließen kann.

*Schnee- und Reifmerkmale* begegnen uns sowohl bei oberirdischen Bodendenkmälern durch ihre unregelmäßige Oberfläche, als auch bei unterirdischen Bodendenkmälern, verursacht durch unterschiedliche Bodentemperaturen. Schnee lagert sich oftmals in Verwehungen am Fuß und im Windschatten von Erhebungen, Gräben und Mulden ab und markiert so klar Oberflächenstrukturen eines Fundplatzes. Ähnliche Bilder erzeugen Sonnenstrahlen bei Tauwetter, wenn dünne Schneebedeckungen oder Rauhreif auf den ihnen zugewandten Flächen abschmelzen, im Schatten von Wällen und in Senken aber erhalten bleiben.

**Abb. 5.7.** Ausschnitt des Stereobildpaares von Grabanlagen der Ost-Zhou-Zeit (770–221 v. Chr.) in Linzi, Provinz Shandong, China. Das Stereomodell bietet die Möglichkeit, die Formen, Beziehungen und die topographische Lage der Gräber verschiedener Typen genau zu studieren (Messbilder vom Vermessungsamt der Provinz Shandong, 1974, ca. 1 : 14.000; bearbeitet vom Verf.).

Unterirdische Bodendenkmäler rufen durch Temperaturunterschiede Schneemerkmale hervor. Wenn die im feuchteren Material z. B. einer Grabenfüllung stärker gespeicherte Bodenwärme Schnee oder Raureif schneller abtauen lässt, wird diese gegenüber dem ungestörten Boden negativ markiert. Der umgekehrte Fall tritt ein, wenn höhere Wärmerückstrahlung eines dicht unter der Oberfläche liegenden Mauerzuges zu einer stärkeren Auskühlung der bedeckenden Bodenschicht führt oder höhere Bodenfeuchte in einer Grabenfüllung nach längerem, tiefgreifendem Frost vereist ist und bei Tauwetter Schnee und Eis länger erhalten bleiben.

*Bodenmerkmale* beruhen auf einem anthropogenen Eingriff in eine lange physikalisch-chemische Bodenentwicklung, die sich über längere Zeiträume durch Pflanzenbewuchs, Verwitterung, Humusbildung und Verlagerung von Humusmaterialien im Rhythmus klimatischer Einflüsse bilden. Einfachste Beispiele sind Siedlungsspuren oder Erdwerke. Pfostenlöcher, Baugruben oder Gräben werden relativ schnell mit Fremdmaterial gefüllt, das in vegetationslosen Zeiten oder Gebieten als augenfälliger Farbflecken auftritt (▶ **Abb. 5.5, 5.6, siehe Farbtafeln**). Auch die Umkehr natürlicher Schichtenfolgen durch anthropogen verursachte Erosion, wie die Bildung von Kolluvien (siehe Beitrag SCHRÖDER) ergibt einen Kontrast zum ungestörten Boden.

Flachgründige und feinporige Ackerböden wie z. B. Löss oder Lehm, die frisch eingesät und gewalzt sind, lassen nach der Schneeschmelze oder nach kräftigem Regen die unter der Oberfläche liegenden archäologischen Überreste kurzzeitig als *Feuchtemerkmale* sichtbar werden. Ursache hierfür ist das unterschiedliche Wasserspeichervermögen von Boden und Bodendenkmälern, das vom strukturellen Aufbau des Speichermediums abhängt. Da Wasser durch die Oberflächenspannung auf Körnern und im Zwischenkornbereich gehalten wird, kann umso mehr Wasser gespeichert werden, je größer die innere Oberfläche bzw. der Porenraum ist. Störungen in der Korngrößenverteilung bewirken Änderungen des Wasserspeichervermögens. In und über archäologischen Störungen wird u. U. mehr Wasser gespeichert als in deren Umgebung (▶ **Abb. 5.6, siehe Farbtafeln**).

In Bereichen intensiven Ackerbaus sind *Bewuchsmerkmale* zahlenmäßig am häufigsten zu beobachten, denn dieselben Störungen, die zur Bildung von Boden- und Feuchtmerkmalen führen, haben auch Einfluss auf das Pflanzenwachstum (▶ **Abb. 5.8–12, siehe Farbtafeln**). Dieses wird durch geringste, für das menschliche Auge kaum sichtbare Bodenstörungen bereits empfindlich beeinflusst. Ursachen sind Veränderungen des Wasser- und Nährstoffhaushaltes im Erdreich durch Einschwemmungen von feinkörnigem Bodenmaterial; auch frühere mechanische Auflockerung des Bodens kann Wurzelbildung und damit Pflanzenwachstum fördern (positive Bewuchsmerkmale), andererseits können massive Architekturreste aus Stein dieses hemmen (negative Bewuchsmerkmale).

Die negativen Bewuchsmerkmale werden bei ausreichender Trockenheit unabhängig von der örtlichen Bodenart überall dort sichtbar, wo feste unterirdische Hindernisse das Wurzelwachstum bereits früh bremsen und ihm den Zugang zu tieferer Feuchte und zu weiteren Nährstoffen verwehren. Selbst wenn es nach der anfänglichen Trockenheit wieder kräftig regnet, bleiben gewöhnlich die einmal nachhaltig im Wachstum behinderten Pflanzen in Größe und Farbe kümmerlich und fahl (▶ **Abb. 5.9, 5.10, siehe Farbtafeln**).

Positive Merkmale kommen in der gemäßigten Klimazone Mitteleuropas über flachgründigen Böden (maximale Tiefe 0,6 m) und wasserdurchlässigem Untergrund vor. Sie werden durch unterschiedliche Reaktionen einzelner Pflanzenarten, Stärke der Humusschicht sowie durch Form und Tiefe archäologischer Störungen bestimmt. Wenn archäologische Bodendenkmäler bis unter die Humusdecke reichen, kommt es durch die nachfolgende Verfüllung mit Oberflächenmaterial in tieferen Schichten zu differenzierten physikalischen Verhältnissen, die vor allem das Speichervermögen für Feuchte und Nährstoffe betreffen. Noch wichtiger als das Wasserspeichervermögen des Bodens ist für das Wurzelwerk der Pflanze die aktuelle Verfügbarkeit des Wassers. Getreide entwickelt z. B. kurz vor der Ährenschiebe den größten Wasserbedarf. Zu diesem Zeitpunkt treten positive Bewuchsmerkmale meist in Sandböden auf, während sie in Lehm oder tiefgründigem Lössboden nur zögernd oder gar nicht erscheinen. Durch das Getreidewachstum bedingt, ist die Mehrzahl der Bewuchsmerkmale in Mitteleuropa vom Mai bis Juli anzutreffen. Bewuchsmerkmale sind aber auch in den Wintersaaten und in der Zwischenfrucht von Ende März bis in den Dezember hinein vereinzelt zu finden (▶ **Abb. 5.8–12, siehe Farbtafeln**).

## Luftbildinterpretation

Einer in den 1950er Jahren durchgeführten Schätzung zufolge wurde bereits damals mehr als die Hälfte der Erdoberfläche mindestens einmal aus der Luft fotografiert. Seitdem werden Luftbilder in großer Zahl für Militär- und Vermessungsbehörden, Interessenkreise des Bergbaus, der Industrie, der Forstwirtschaft, für Umweltschutzorganisationen und viele andere Institutionen angefertigt, benutzt und archiviert. Der archäologische Informationsgehalt von Luftbildern ist in einer Zeit, in der sich die Landschaften mit noch nie da gewesener Schnelligkeit verändern, außerordentlich wertvoll. Sie sind oft einmalige Dokumente über Denkmalsbestände zum Zeitpunkt des Bildflugs. Die Luftbildinterpretation entwickelt sich hier zu einer erfolgreichen Methode, mit der alte Denkmalbestände rekonstruiert werden können.

Generell erfolgt die Bildinterpretation in zwei Schritten: Erkennen und Erforschen des Bildbefundes, d.h. Identifikation von Bodendenkmälern anhand verschiedener Merkmale, danach funktionale, zeitliche und kulturelle Klassifikation anhand ihrer Lage, Größe und Form. Spezielle Fach- und Geländekenntnisse sind hier wichtig.

Nach der Aufnahmetechnik unterscheidet man Schräg- und Senkrechtbilder. Schrägbilder zeigen Objekte aus einer uns gewohnten Perspektive und können daher Bildobjekte anschaulich darstellen.

Sie eignen sich allerdings nicht für Vermessungszwecke. Senkrechtbilder wirken wie Karten und dienen auch primär zur Kartenherstellung. Sie stellen Objekte aus einer uns ungewohnten, nämlich senkrechten Perspektive dar.

Schrägbilder werden in der Regel mit einer in der Hand gehaltenen Kamera durch ein geöffnetes Flugzeugfenster oder -tür aufgenommen. Die Geländefläche wird trapezförmig abgebildet, der Bildmaßstab nimmt vom Vordergrund zum Hintergrund stark ab. Derartige Bilder dienen überwiegend der Dokumentation spezieller Beobachtungen aus niedriger Flughöhe (Militäraufklärung, Vegetations-, Tierherdenüberwachung). Solche Fremdbilder sind aufgrund ihrer speziellen Zielsetzung für archäologische Auswertungen meistens nicht geeignet und ermöglichen allenfalls einen ersten Überblick.

Bei der archäologischen Flugprospektion werden ebenfalls Schrägbilder angefertigt. Bei deren Interpretation geht es einerseits darum, die auf mehreren unter unterschiedlichen Bedingungen entstandenen Luftbildern dokumentierten Fragmente so zusammenzufügen, dass ein mehr oder weniger komplettes Bild vom betroffenen Bodendenkmal rekonstruiert wird, anderseits um die Klassifizierung des Bildbefundes.

Für die Archäologie von Bedeutung sind dagegen flächendeckende Senkrecht-Luftbilder. Sie werden mit einer am Flugzeugboden befestigten Reihenmesskammer, die senkrecht zum Boden ausgerichtet ist, erstellt. Mit dieser Luftbildkamera werden großformatige Reihenbilder für Vermessungszwecke (Messbilder) aufgenommen. Das Format der Messbilder liegt zwischen 18 x 18 cm (= 7 x 7 Zoll) und 23 x 23 cm (= 9 x 9 Zoll). Der Bildmaßstab eines Messbildes ist über die ganze Bildfläche etwa gleich. Die Aufnahme erfolgt systematisch und in sich überlappenden Parallelstreifen. Die Überlappung in Flugrichtung wird als Längsüberdeckung bezeichnet, die zu ca. 60 % erfolgt. Damit werden alle Geländepunkte in (Stereo-)Bildpaaren festgehalten und ermöglichen so eine stereoskopische Bildauswertung. Eine Überlappung zwischen Parallelstreifen wird Querübereckung genannt. Sie beträgt in der Regel 20 %.

Messbilder werden zur Erstellung großmaßstäbiger topographischer Karten benutzt. Da diese ständig aktualisiert werden müssen, werden Messbilder in regelmäßigen Abständen, meist in einem Zyklus von fünf Jahren, systematisch aufgenommen. Für die Archäologie stellt das ein enormes Informationspotential dar.

Bei der Auswertung unterirdischer Bodendenkmäler, die z. B. durch Boden- oder Bewuchsmerkmale erkennbar sind, reicht die Auswertung von Einzelbildern (Einzelbildverfahren) mit einer Lupe aus. Oberirdische Bodendenkmäler hingegen erfordern die stereoskopische Bildauswertung. Hierfür eingesetzte Stereoskope geben ein dreidimensionales Modell von Geländeflächen wieder, das etwa 50 % mehr an Informationen bietet. Zugleich ist die Rate der Fehlinterpretation mit dem Stereoverfahren erheblich geringer.

Die Art der Vorgehensweise der Luftbildinterpretation ist individuell zu gestalten. Sie hängt von Zielsetzung, Forschungsstand, Größe und geographischer Lage des Arbeitsgebietes, Art und Erhaltungszustand der Bodendenkmäler, und nicht zuletzt von den Erfahrungen und Fachkenntnissen des Interpretierenden ab. Prinzipiell gelten folgende Ansätze: Vorauswertung, Interpretation, Geländearbeit mit Hilfe der Luftbilder, Darstellung und Nutzung der Ergebnisse.

Die Auswahl geeigneter Luftbilder stellt die Basis weiterer Arbeiten dar. Kriterien sind Bildarten (panchromatische Schwarzweißbilder, Infrarot-Schwarzweiß- und Infrarotfalschfarbbilder, Farbbilder usw.), Aufnahmedatum und Bildmaßstab. Einzelne Bildarten heben Eigenschaften des Geländeobjektes in unterschiedlicher Art und Weise hervor. Bilder im Maßstab von 1 : 50.000 bis 1 : 20.000 sind geeignet, um landschaftliche Grundzüge, geologische Strukturen, Vegetation sowie ausgedehnte oberirdischer Bodendenkmäler wie z. B. Stadtanlage, Straßensysteme usw. zu bearbeiten. 1 : 10.000 ist wohl der kleinste Maßstab, um Informationen über die kleineren Bodendenkmäler wie Siedlungen oder Gräberfelder zu bekommen. Sind überwiegend unterirdische Bodendenkmäler in landwirtschaftlich genutzten Gebieten zu erwarten, empfiehlt es sich, das Aufnahmedatum der Bilder zu überprüfen. Bewuchsmerkmale sollten z. B. in Mitteleuropa zwischen Juni und September aufgezeichnet werden.

Grundlegend informativ ist die Auswertung archäologischer Fachliteratur sowie topographischer und thematischer Karten vor Beginn der Luftbildbearbeitung bzw. der späteren Geländearbeit. Hierbei sollte man sich mit allen Befunden vertraut machen. Es sollte ein Interpretationsschlüssel, also eine systematische Zusammenstellung von charakteristischen Merkmalen der in Luftbildern zu interpretierenden Objekte, erstellt werden. Dabei kann es sich um eine Sammlung von erläuterten Bildbeispielen handeln, die eine ähnliche Funktion haben soll wie die Legende einer Karte. Daraus wird bei der Bildinterpretation durch unmittelbaren visuellen Vergleich dasjenige ausgewählt, das dem fraglichen Objekt am nächsten kommt. Evtl. müssen vor der Interpretation Geländearbeiten durchgeführt werden (ALBERTZ 2001, 145).

Die Luftbildinterpretation soll die Kenntnis über bekannte Fundstellen erweitern und Hinweise auf unbekannte Fundstellen liefern. Dabei werden Bodendenkmäler bzw. mutmaßliche Fundstellen erkannt und anschließend in ihren Einzelheiten studiert und mit vorhandenen Informationen, wie Publikationen und Karten, verglichen und analysiert, um sie schließlich nicht nur funktional, sondern auch zeitlich und kulturell anzusprechen. Ein effektives Hilfsmittel ist die stereoskopische Interpretation, um Zusammenhänge zwischen Oberflächenformen des Geländes und Bodendenkmälern herauszuarbeiten. Die Ergebnisse der Interpretation können auf transparenten Deckblättern skizziert werden. Evtl. erforderliche Geländearbeit kann nun gezielt geplant werden. Ergebnisse werden kartographisch erfasst. Fehlen entsprechende Kartenunterlagen, kann man photogrammetrisch vorgehen.

## Flugprospektion

Bei der Bearbeitung von Messbildern ist zu beachten, dass sie in der Regel mit Zielsetzungen aufgenommen wurden, die von denen der Archäologie abweichen. Oft sind diejenigen Wetterbedingungen, unter denen sich von unterirdischen Bodendenkmälern verursachte flüchtige Merkmale im Bewuchs oder im gepflügten Boden zeigen, gerade für den Bildflug ungeeignet, wie z. B. bei dunstiger Hochsommerwetterlage während der Getreidereife oder an regenreichen Tagen im Winter, an denen die farbigen Bodenmerkmale besonders gut zu erkennen sind. Daher kann eine Flugprospektion unter Umständen, bei denen die Luftbildinterpretation an ihre methodische Grenze stößt, mit Informationen weiter helfen.

Die Flugprospektion bezieht sich auf die spezielle Befliegung archäologischer Kulturlandschaft mit dem Ziel, Bodendenkmäler aufzuspüren, zu untersuchen und zu dokumentieren. Sie ist flexibel, bietet vielfältige Möglichkeiten, und ist darum den Senkrechtbildern aus großer Flughöhe in vieler Hinsicht überlegen. Als eine wirkungsvolle Methode für großräumige Prospektion kann sie entweder bei Forschungsprojekten Anwendung finden oder in den Denkmalschutzbehörden etabliert werden, wo sie in der Regel zur Erfassung und Überwachung von Denkmalbeständen kontinuierlich betrieben wird.

Die Beobachtung von Bodendenkmälern aus der Luft sollte von archäologisch geschultem Personal durchgeführt werden. Es empfiehlt sich, zwei- oder viersitzige Sportflugzeuge zu nutzen (Cessna 150, Cessna 172), bei denen die Tragflächen über der Kabine angeordnet sind (Hochdecker bzw. Schulterdecker) und somit bei geöffnetem Kabinenfenster freie Sicht zum Boden gewähren.

Bei der in Denkmalbehörden etablierten Flugprospektion werden Flüge normalerweise an archäologischen Objekten orientiert geplant. Flugstrecken werden ausgearbeitet, indem Informationen des meteorologischen Dienstes ausgewertet werden. Es werden die Ziele eingearbeitet, die anzufliegen sind. Freie Landschaften zwischen den festen, vorgegebenen Zielpunkten werden zur Beobachtung in Suchschleifen überflogen, die je nach Wetter, Lichtverhältnissen und jahreszeitlichen Merkmalen ausgerichtet sind. Durch die Zusammenfassung von festen Zielpunkten und bereits bekannten Fundplätzen lässt sich in der Flugplanung eine hohe Beobachtungs- und Bilderdichte und damit eine wirtschaftliche Auslastung der Flugstunden erreichen. Die Flughöhen werden generell durch das Auflösungsvermögen des bloßen Auges und die atmosphärische Sicht bestimmt und liegen normalerweise in der Prospektionsphase zwischen 300 und 1000 m.

Für die Navigation von Prospektionsflügen werden normalerweise Luftfahrtkarten (ICAO-

Karten) im Maßstab von 1 : 500.000 zur Flugkontrolle und zur Bestimmung der Flugposition benutzt. Für die Kartierung der aus der Luft entdeckten Befunde eignen sich die topographischen Karten im Maßstab 1 : 50.000. Diese Karten haben sich mit dem Aufdruck der 1-km-Quadrate des UTM-Gitters als praktisch erwiesen. Die Fundstellenvermerke auf den Arbeitskarten werden nach dem Flug in die Archivkarten gleichen Maßstabs übertragen. Die Kartierungsarbeit kann durch Speicherung von Fundstellenkoordinaten („way points") mit einem GPS-Gerät ersetzt werden. Auch die tatsächlich geflogene Flugroute kann für die spätere Nachbearbeitung und -auswertung auf diese Art und Weise aufgezeichnet werden (BRAASCH 2005, 51).

Fundstellen werden in der Regel anhand von Schrägbildern mit Klein- oder Mittelformatkameras dokumentiert. Hier empfehlen sich Digitalaufnahmen. Im Vergleich zur Luftbildfotografie der letzten Jahrzehnte sind erhebliche kameratechnische Innovationen zu verzeichnen, durch die die Aufnahmearbeiten während des Fluges erleichtert werden (zur Fotoausrüstung einschließlich der Objektive und Filter sowie der Aufnahmetechnik siehe BRAASCH 2005, 53–59).

### Das Beispiel Xanten am Niederrhein

Seit 2003 werden vom Verfasser regelmäßige Prospektionsflüge in Gebieten Nordrhein-Westfalens durchgeführt, wobei der Xantener Raum aufgrund seiner Funddichte einer der Schwerpunkte geworden ist.

Vor allem die provinzialrömische Archäologie profitiert von den Ergebnissen der Flugprospektion. Neben zahlreichen neuen Spuren in den bereits bekannten Fundstellen wie Vetera I auf dem Fürstenberg und CUT nördlich von Xanten wurden in den letzten vier Jahren mehr als 50 neue Fundstellen in einem Radius von ca. 20 km um die Stadt Xanten entdeckt und dokumentiert. Dazu gehören z. B. Legionslager, Auxiliarlager, Marschlager, Straßen, Siedlungen und Gräberfelder. Dies ergibt ein stetig deutlicher werdendes Bild vom römischen Militärwesen am niedergermanischen Limes.

Auf dem Fürstenberg südlich der Stadt Xanten befindet sich das Doppellegionslager Vetera castra I. Das komplett eingeebnete neronische Lager mit seinen Umwehrungen und Innenbebauungen ist teilweise in Form von Bewuchsmerkmalen auf dem Luftbild sichtbar (▶ **Abb. 5.8, siehe Farbtafeln**). Das bereits archäologisch untersuchte Stabsgebäude (Principia) und zahlreiche weitere Gebäude entlang der *via principalis* im Zentrum des Lagers zeigen ihre Baufundamente nur noch als positive Bewuchsmerkmale im Getreidefeld, da das Baumaterial bereits in der Antike abgebaut worden war.

Der Schwerpunkt dieser Befliegung liegt in der Untersuchung der Lagerbereiche, in denen noch keine Grabungen stattgefunden haben. Es sind deswegen wiederholte Flüge erforderlich, weil die unterirdischen Baustrukturen durch den Fruchtwechsel in einzelnen Feldern nur stückweise als Bewuchsmerkmale sichtbar werden und nur als kleine „Mosaiksteinchen" erfasst werden können. Es werden fast jedes Jahr neue Baustrukturen auf dem Fürstenberg beobachtet, die schließlich zu einem kompletten Bild zusammengesetzt werden können. Um dies zu verdeutlichen, werden in ▶ **Abb. 5.9** und **5.10** (siehe Farbtafeln) zwei Luftbildbefunde auf dem Fürstenberg gezeigt.

Der Erfolg der Luftbildarchäologie hängt von jahreszeitlichen Witterungsbedingungen ab. Allgemein gilt: je trockener der Jahrgang, desto besser ist das für die Flugprospektion. Diese Faustregel bezieht sich auf die Bewuchsmerkmale. Geduldige und wiederholte Befliegungen bringen oft erst die gewünschten Ergebnisse. Dies soll durch die zwei Beispiele in ▶ **Abb. 5.11** und ▶ **Abb. 5.12** (siehe Farbtafeln) verdeutlicht werden, in denen verschiedene Marschlager unter unterschiedlichen Witterungsbedingungen dokumentiert wurden.

## Luftbildmessung

Die geometrische Auswertung von Luftbildern ist die Domäne der Photogrammetrie. Sie ist ein physikalisches Messverfahren, das die fotografische Abbildung eines Objektes zur Bestimmung seiner Form, Größe und Lage benutzt. Sie wurde zur Erstellung großmaßstäbiger topographischer Karten entwickelt. In der Luftbildarchäologie wird sie

**Abb. 5.13.** Annäherndes Senkrechtbild der Palaststadt Yuanshangdu der mongolischen Yuan-Dynastie (1279–1368 n.Chr.), Innere Mongolei, China, mit einer in der Hand gehaltenen Mittelformatkamera (Rolleiflex 6008 intergral) aufgenommen (fotografiert 1997 vom Verf.).

primär bei der Darstellung und Dokumentation von Ergebnissen der Luftbildinterpretation und Flugprospektion benutzt. Ferner wird sie bei der Erforschung und Dokumentation bekannter und ausgedehnter Bodendenkmäler angewandt.

In der Photogrammetrie werden Einbild- und Stereobildmessung unterschieden. Einbildmessungen reichen aus, wenn sich Fundstellen auf ebenem Gelände befinden. Die Bildebenen von Einzelbildern sollen in etwa parallel zur Objektebene liegen. Für archäologische Zwecke genügen hier oft Schätzungen (▶ **Abb. 5.13**). Voraussetzung für die Entzerrung sind Passpunkte, die im Bild identifiziert werden können und deren Koordinaten in einem XY-Koordinatensystem bekannt sind.

Bei stark schwankenden Höhenunterschieden des Geländes ist eine Differentialentzerrung oder Stereobildmessung erforderlich. Für die genaue Messarbeit mit Stereobildpaaren, die so genannte strenge Stereoauswertung, gibt es technisch hoch

**Abb. 5.14.** Digital erstellter Luftbildplan der Palaststadt Yuanshangdu, Innere Mongolei, China, durch Linearentzerrung vom Luftbild der ▶ **Abb. 5.13** mit dem Programm Erdas Imagine (bearbeitet vom Verf.).

entwickelte Apparate, wie z. B. optisch-mechanische Analogauswertegeräte und computergesteuerte analytische Auswertegeräte, z. B. Planicomp P3 der Fa. Zeiss. Erläuterung über die vielfältigen Verfahren mit solchen Geräten findet man in Fachbüchern der Photogrammetrie (z. B. ALBERTZ 2001, 158–161).

## Digitale Bildauswertung

In der Luftbildarchäologie wird zunehmend die digitale Photogrammetrie angewandt, bei der Mess- und Schrägbilder aus der Flugprospektion computergestützt geometrisch entzerrt bzw. georeferenziert werden.

Die geometrische Bildentzerrung beinhaltet eine Korrektur der durch Zentralprojektion bei der Bildaufnahme entstandenen Abbildungsfehler. Man erhält Luftbilder mit den gleichen geometrischen Eigenschaften wie topographische Karten, die man mit wenig Aufwand zu Luftbildkarten weiterverarbeiten kann. Geometrisch entzerrte Luftbilder können auf ein geographisches Koordinatensystem oder eines der Landesvermessung projiziert (georeferenziert) werden. Dies kann Grundlage für ein archäologisches Informationssystem bilden.

Mit dieser Methodik können nicht nur exakte Pläne von einzelnen Bodendenkmälern hergestellt, sondern auch alle für die Denkmalbestandsaufnahme und andere Forschungszwecke relevante Informationen auf Karten mit verschiedenen Maßstäben präsentiert werden. Solch eine Datenübertragung von Luftbildern auf Karten ist in vielen Fällen bedeutsamer als die Plananfertigung einzelner Bodendenkmäler. Die Wahl von Kartenmaßstab, Darstellungsart und Genauigkeit der Kartierung wird von den jeweiligen Zielen bestimmt, denen die Karten später dienen sollen (▶ **Abb. 5.14, 5.15 – siehe Farbtafeln**).

Die Merkmale in Luftbildern sind meistens nicht die einzigen Spuren archäologischer Bodendenkmäler. Deshalb ist die kartographische Arbeit untrennbar verbunden mit anderen Methoden. Sie führt häufig zum besseren Verständnis der betroffenen Befunde in ihrer Gesamtheit. Die Gestaltung jedes Kartierungsprojektes sollte deswegen als Teil eines gesamten Arbeitskonzeptes betrachtet werden.

Um die Möglichkeit der kombinierten Anwendung archäologischer Luftbildinterpretation, Luftbildmessung und Kartographie exemplarisch zu verdeutlichen, soll als Beispiel ein Forschungsprojekt in Linzi, China, vorgestellt werden.

## Das Beispiel Linzi/China

In Kooperation mit dem Archäologischen Institut der Provinz Shandong, China, arbeitete der Lehrstuhl für Ur- und Frühgeschichte der Ruhr-Universität Bochum von 1996 bis 2000 an dem Projekt „Prospektion und Erforschung ausgedehnter Fundkomplexe in Linzi anhand der Luftbildarchäologie" (SONG 2000). Dabei wurden Luftbilder unter archäologischen und denkmalpflegerischen Aspekten ausgewertet. Darauf basierend wurde das Grundgerüst eines archäologischen Informationssystems aufgebaut. Die Ergebnisse wurden in einem Luftbildatlas publiziert (LI & PINGEL 2000) (▶ **Abb. 5.16**).

Zunächst wurden frühere Luftbilder der Region Linzi beschafft. Aus den National Archives der USA wurden 41 Luftbilder im Maßstab 1 : 10.000 aus dem Jahr 1928 und 23 im Maßstab 1 : 35.000 aus dem Jahr 1938 beschafft. Im Vermessungsamt der Provinz Shandong wurden 590 Messbilder im Maßstab 1 : 14.000 aus dem Jahr 1975, sowie 30 topographische Karten im Maßstab 1 : 10.000 erworben.

Für eine effektive und rationelle Auswertung dieser Materialien sowie zum Aufbau eines archäologisches Informationssystem der Region Linzi, wurden mit dem Programm ERDAS IMAGINE (Software für Verarbeitung von Fernerkundungsdaten, Fa. ERDAS, USA) digitale topographische Karten und Luftbildkarten erstellt. Hierzu wurden Luftbilder und Karten gescannt und in einen für das Programm lesbares Bilddateiformat konvertiert. Die gerasterten topographischen Karten wurden auf der Grundlage des geodätischen Koordinatensystems der Karten georeferenziert. Anschließend wurden die Luftbilder entzerrt und georeferenziert, d.h. sie wurden auf die digitalen topographischen Karten projiziert. Zuletzt wurden die entzerrten Luftbilder dem Blattschnitt der einzelnen topographischen Karten entsprechend zu digitalen Luftbildkarten zusammen mosaikiert und geschnitten.

**Abb. 5.16.** Archäologisches Informationssystem von Linzi, unterstützt durch ERDAS Imagine.

Die Interpretation der Luftbilder von Linzi wurde in drei Arbeitsphasen, nämlich Vorbereitung, Vorinterpretation und Interpretation vollzogen. Auf der Basis der vorhergehenden Geländebegehungen sowie durch Auswertung archäologisch relevanter Literatur und topographischer Karten wurden einige typische Fundstätten von Siedlungen und Gräbern als Interpretationsschlüssel der Luftbilder von 1928, 1938 und 1975 zusammengetragen und beschrieben. Durch die auf den früheren Luftbildern dokumentierten Befundzustände konnten wir einige grundlegende Eigenschaften verschiedener Grabtypen feststellen. Die visuelle Luftbildinterpretation wurde mit einer computergestützten Dokumentation der Interpretationsergebnisse kombiniert. Neben Stadtanlagen und Siedlungen wurden Bestattungen mit Grabhügeln aus verschiedenen Epochen prospektiert. Auf den Luftbildkarten von 1938 wurden 2742 Grabhügel bzw. Verdachtsstellen identifiziert. Auf denen von 1975 sind nur noch 445 solche Stellen erhalten geblieben. Insgesamt wurden acht Typen von Grabhügeln festgestellt, die auf zeitliche, kulturelle und soziale Unterschiede hinweisen. Mit Hilfe der Luftbilder von 1928, 1938 und 1975 wurde eine multitemporale Interpretation und vergleichende archäologische und denkmalpflegerische Fundstättenanalyse im Hinblick auf Erhaltungszustände zu verschiedenen Zeitpunkten durchgeführt. Die Veränderungen einzelner Fundstätten und die Grundtendenz der Veränderungen, die durch eine Reihe von naturräumlichen und künstlichen Faktoren verursacht worden waren, wurden bearbeitet, um für die Planung archäologischer Forschung und für denkmalpflegerische Maßnahmen eine wissenschaftliche Fundierung zu liefern.

Die Luftbildinterpretation wurde durch neuere Informationen aus Feldforschung und denkmalpflegerischer Landesaufnahme sowie durch jahrzehntelange Geländeerfahrungen kontrolliert und verifiziert. Die auf Luftbildern neu ausgemachten Fundstätten wurden am Boden untersucht und verifiziert. In einigen Teilbereichen wurden bereits eingeebnete Fundstellen durch Bohrungen und Probeentnahmen prospektiert, um evtl. unterirdisch erhaltene Überreste zu bergen. Zudem wurden auch andere archäologische Daten, z. B. aus der Landesaufnahme herangezogen und in das gewonnene Informationssystem der Region Linzi eingegeben.

Insgesamt wurden 2889 Fundstellen in Linzi verifiziert, darunter 2794 Grabanlagen und 95 Stadt- bzw. Siedlungsbefunde. Die archäologischen Geländebegehungen konnten dagegen heute nur noch 147 Gräber mit Grabhügeln belegen. 222 Gräber sind bei der Erweiterung moderner Dörfer überbaut worden; die Grabhügel der übrigen, mehr als 2300 Bestattungen sind zwar bereits eingeebnet, aber die Grabkammern der meisten Gräber dürften bis heute noch unterirdisch erhalten geblieben sein.

## Ausblick

Von den ersten vom Ballon aus aufgenommenen Luftbildern archäologischer Fundstätten bis heute sind mehr als 100 Jahre vergangen. In diesem Zeitraum hat sich die Luftbildarchäologie enorm entwickelt. Die technische und methodische Errungenschaft spiegelt sich vor allem in der Flugprospektion wieder. In Deutschland ist sie heute als ein perfekt entwickeltes Forschungsinstrument fast ein Synonym für die Luftbildarchäologie geworden. Sie zeichnet sich durch Flexibilität, Effektivität und ökonomische Sparsamkeit aus. Sie ist aus der Feldarchäologie nicht mehr wegzudenken. Dies soll uns aber nicht daran hindern, Luftbildarchäologie sowohl methodisch wie auch technisch voranzutreiben. Hierbei besteht das Entwicklungspotential, neben der noch engeren Integration der Luftbildarchäologie in die Feldarchäologie, vor allem in der verstärkten Anwendung der Fernerkundung.

Erfreulicherweise sind die rasanten Fortschritte in der Fernerkundung im Hinblick auf die neue Technologie und Verfügbarkeit der Daten in den letzten Jahren deutlich zu erkennen. Zwei Beispiele sind in diesem Zusammenhang erwähnenswert: Lidar und GoogleEarth.

Lidar ist eine dem Radar verwandte Methode zur Entfernungs- und Höhenmessung. Statt Mikrowellen wie beim Radar werden jedoch Laserstrahlen verwendet. Man benutzt dazu einen 3D-Laserscanner, der zwischen 30000 bis 100000 Lichtimpulse pro Sekunde aussendet. Wird das Licht von der Erdoberfläche reflektiert, errechnet ein Prozessor aus der Laufzeit der Impulse ein 3D-Modell des gescannten Geländes. Lidar besitzt zwei nützliche Eigenschaften. Erstens können Laserstrahlen Baumkronen und Unterholz durchdringen, so dass der Detektor beim Einsatz in der Luft Höhenmodelle des Waldbodens liefern kann. Zweitens besitzen derartige Höhenmodelle sehr hohe Auflösungen. Auch kleinstes Bodenrelief und Oberflächenstrukturen, die vom Boden aus nicht erkennbar sind (wie Grabhügel mit wenigen Dezimetern Restehöhen), werden präzise erfasst und können in 3D-Darstellungen und Reliefbildern wirkungsvoll visualisiert werden. Bei der konventionellen Luftbildarchäologie stößt man bislang in Waldgebieten auf methodische Grenzen. Aber gerade hier sind zahlreiche Bodendenkmäler, wie z. B. Grabhügel, Ringwallanlagen, Wölbäcker etc. durch den Schutz der Bäume oberirdisch erhalten. Hier öffnet sich mit dem Einsatz des Lidars ein weites Feld (SITTLER 2004, BEWLEY et al. 2005, DEVEREUX et al. 2005).

Seit 2004 steht GoogleEarth im Internet kostenfrei zur Verfügung. Hier setzt sich die gesamte Erdoberfläche aus einem ballförmigen Mosaikteppich aus Satelliten- und Luftbildmaterial zusammen. Die digitalen Bilddaten stammen aus verschiedenen Quellen. Zeigt ein Satellitenbild nur grobe Strukturen einer Ortschaft, bietet das Luftbildmaterial je nach Auflösung die Möglichkeit, einzelne Häuser, Autos, manchmal gar den Schattenwurf von Menschen zu erkennen. Die Basisauflösung der Rasterdaten beträgt weltweit meistens 15 m, die höchsten Auflösungen liegen im Bereich von 1 m bis sogar 15 cm. Solche Bilddaten verteilen sich derzeit noch in den großen Ballungsräumen vor allem in den USA und Europa. Seit dem 23. März 2006 sind Luftbilder mit hoher Auflösung für ca. 80 % der Fläche von Deutschland verfügbar. Insgesamt ist das Material nicht älter als drei Jahre. Detaillierte Straßenkarten (GoogleMaps) können dem Bildmaterial überlagert werden. Außerdem können die in GoogleEarth bereitgestellten Satelliten- und Luftbilddaten auf einem digitalen Höhenmodell der Erde dargestellt werden, so dass eine dreidimensionale Betrachtung der Topographie möglich ist. GoogleEarth steht weltweit zur Verfügung (HELLER 2006 u. 2007). Es kann für die Erkundung naturräumlicher Gegebenheiten, Lagebestimmung (mit Koordinaten oder Messwerkzeug-Tool) und Entdeckung großflächiger Bodendenkmäler überall dort benutzt werden, wo Bilddaten mit entsprechenden Auflösungen vorhanden sind.

Lidar und GoogleEarth sind nur zwei von vielen Beispielen, die zeigen, dass methodische und technische Möglichkeiten, deren Einsatz in der Archäologie vor einigen Jahren noch nicht vorstellbar war, infolge schneller Entwicklung der Fernerkundung heute verfügbar sind. Diese Technologie für die Archäologie zu erschließen, ist eine wichtige Aufgabe und zugleich ein interessantes Arbeitsfeld für Archäologen und Geowissenschaftler.

## Literatur

Agache, R., 1964
Agache, R. & Bréart, B., 1975
Albertz, J., 2001
Allen, G., 1984, 1989
Baradez, J., 1949
Becker, H. (bearb.), 1996
Bewley, R. H., Crutchley, S. P. & Shell, C. A., 2005
Braasch, O., 1983, 2005
Bradford, J. S. P., 1957
Castell, W. D. Graf zu, 1938
Christlein, R. & Braasch, O., 1982
Crawford, O. G. S., 1938, 1954
Crawford, O. G. S. & Keiller, A., 1928
Dassié, J., 1978
Deuel, L., 1972
Devereux, B. J., Amable, G. S., Crow. P. & Cliff, A. D., 2005
Doneus, M. & Neubauer, W., 1997
Edwards, D. A. & Hampton, J. N. et al., 1985
Fenster zur Urzeit, 1982
Heller, E., 2006, 2007
Hrouda, B. (Hrsg), 1978
Kraus, K., 1990
Kraus K. & Schneider, W., 1988
Kunow. J. (Hrsg.), 1995
Li, C. R. & Pingel, V. (Hrsg.), 2000
Luftbild und Vorgeschichte, 1938
Lyons, T. R. & Avery, T. E., 1977
Mommsen, H., 1986
Oexle, J., 1997
Pasquinucci, M. & Trément, F., 2000
Planck, D., Braasch, O., Oexle, J. & Schlichtherle, H., 1994
Poidebard, A., 1934
Riley, D. N., 1946, 1987
Schmidt, E. F., 1940
Scollar, I., 1965
Schwarz, R., 2003
Sittler, B., 2004
Song, B. Q., 2000
Wilson, D. R., 1982
Zickgraf, B., 1999

# Geophysikalische Erkundungsmethoden in der Archäologie

Uwe Casten

## Zusammenfassung

Archäologische Verdachtsflächen lassen sich mit geophysikalischen Erkundungsmethoden kartieren und die überwiegend oberflächennahen, anthropogenen Objekte lokalisieren. Die verschiedenen Methoden basieren auf unterschiedlichen Materialparametern des Untergrundes und nutzen die Eigenschaften sowohl natürlicher als auch künstlicher Felder aus. In der *Geomagnetik* sind *Magnetisierung* und *Suszeptibilität* die zu bestimmenden Parameter der Anomalien im natürlichen erdmagnetischen Feld, in der *Geoelektrik* wird der *spezifische elektrischer Widerstand* überwiegend mit künstlichen elektrischen Feldern bestimmt, in der *Seismik* gibt die *Ausbreitungsgeschwindigkeit* künstlich angeregter seismischer Wellen Aufschluss über Strukturen im Untergrund und bei Anwendung des *Georadar* bestimmen *spezifischer elektrischer Widerstand* sowie die *Dielektrizitätskonstante* das wellenförmige Ausbreitungsverhalten von sehr hochfrequenten, künstlichen elektromagnetischen Feldern.

Der vorliegende Beitrag vermittelt eine Auswahl an geophysikalischen Methoden, die sich bei archäologischen Untersuchungen bewährt haben. Allen Methoden ist gemeinsam, dass sie sich in Grundlagen, Datengewinnung, Datenbearbeitung und Interpretation gliedern lassen. Kenntnisse dieser Bereiche sind unerlässlich, um einen Zugang zu den Methoden zu erlangen.

## Was ist Geophysik?

Zum einen ist die Geophysik ein Teilgebiet der Geowissenschaften und zum anderen eine physikalische Wissenschaft. Im Zentrum steht die Erforschung der physikalischen Eigenschaften und Prozesse des Erdinneren sowie der natürlichen Erscheinungen hervorgerufen durch Kraftfelder, die von der Erde ausgehen. Dabei darf die Geophysik im Sinne von Physik der festen Erde nicht isoliert betrachtet werden, da es durchaus Einwirkungen auf die feste Erde von außen gibt, die sich in Form von Störungen bemerkbar machen. Das Magnetfeld der Erde ist davon in auffälliger Weise betroffen.

Die Angewandte Geophysik beschäftigt sich mit der Erkundung von nutzbaren Lagerstätten zur Rohstoffversorgung, ermittelt geeignete Deponiestandorte, untersucht die Standfestigkeit des Untergrundes für Großbauwerke und widmet sich archäologischen Fragestellungen. Hilfsmittel zur Durchführung von Messungen sind je nach Einsatzbereich unterschiedlich. Sie reichen von Satelliten über Flugzeuge, Kraftfahrzeuge, Schiffe und Bohrlochsonden bis hin zu Druckpressen im Labor. Abgesehen von geophysikalischen Helikoptermessungen und der archäologischen Luftbilderkundung (vgl. Beitrag Song, dieser Band) ist die Arbeitsweise in der Archäologie bodengebunden. Die für die Geophysik entwickelten und für archäologische Zwecke modifizierten Messgeräte müssen von Hand bewegt oder aufgestellt werden, wobei teilweise direkter Bodenkontakt erforderlich ist. Da geophysikalische Untersuchungen im Allgemeinen zerstörungsfrei durchgeführt werden, sind diese für die Archäologie von besonderem Interesse.

Die in diesem Beitrag vorgestellten geophysikalischen Erkundungsmethoden stellen eine Auswahl dar und lassen sich nach unterschiedlichen physikalischen „Feldern" einordnen in
– Potenzialfelder: Geomagnetik und Geoelektrik
– elastische Wellenfelder: Seismik
– elektrische Felder: Geoelektrik
– elektromagnetische Felder: Georadar.

Die nachfolgende Kurzdarstellung dieser Methoden soll eine Annäherung an die naturwissenschaftliche Arbeitsweise der Geophysik ermöglichen. Nur so kann erreicht werden, dass deren Einsatzmöglichkeiten in der Archäologie richtig bewertet werden.

## Geomagnetik

Geomagnetische Messungen sind sehr gut zum Kartieren von oberflächennahen Untergrundstrukturen sowie Auffinden anthropogener Objekte geeignet. Sie werden heute fast routinemäßig und generell am häufigsten in der Archäologie eingesetzt (BECKER 1996), um einerseits bei Surveys großflächige Geländeaufnahmen zu erhalten und andererseits, um vor und während archäologischer Ausgrabungen Kenntnisse über das noch zu erschließende Umfeld zu gewinnen. Hierzu gibt es zahlreiche z. T. aufsehenerregende Beispiele, wie die Kartierung der lange umstrittenen Unterstadt von Troia (JANSEN & BLINDOW 2003) oder der städtebaulichen Anlagen vom prähistorischen Uruk im heutigen Irak (WILLMANN 2002). Eine grundlegende Voraussetzung geomagnetischer Kartierung ist dabei, dass die Objekte im geomagnetischen Umgebungsfeld sekundäre Felder produzieren, die so stark sind, dass sie sich als Anomalien erfassen lassen. Die Messtechnik hat dazu leicht transportierbare Sonden entwickelt, mit denen sich große Messfortschritte bei gleichzeitig sehr hoher Auflösung erzielen lassen. Die extrem hohe Empfindlichkeit der Sonden gestattet es, nicht nur kleine metallische Objekte am Erdboden oder dicht unterhalb der Oberfläche zu detektieren, sondern auch Gegenstände, die in archäologischer Zeit in irgendeiner Art und Weise gebrannt wurden, so z. B. Töpferöfen, metallurgische Öfen oder Schlacken (KRUSE et al. 1997). Vorsicht ist allerdings geboten, wenn während der Datengewinnung mit Feldstörungen durch jüngere zivilisatorische Einrichtungen, wie z.B. elektrischen Fahrleitungen, gerechnet werden muss.

Das natürliche Geomagnetfeld mit den darin enthaltenen Anomalien ist der Empfindung des Menschen in direkter Weise nicht zugänglich. Man kann es aber sehr leicht mit Hilfe von Probemagneten sichtbar machen. Die dabei verrichtete Arbeit ergibt die physikalische Größe Potenzial. Weiterhin führt die Betrachtung dieses Potenzialfeldes nicht auf eine wirkende, punktförmige Quelle, sondern stets auf einen Dipol. Die Trennung eines Dipols in Monopole ist nicht möglich, es bleiben immer Dipole übrig. Die Physik definiert den Dipol als Grenzwert eines Polpaares, das aus einem positiven und einem negativen Pol mit den Polstärken $p^+$ und $p^-$ im sehr kleinen Abstand $2s$ besteht. Das Produkt $2s\,p$ wird mit Dipolmoment m (ein Vektor) bezeichnet. Zum Beispiel ist für eine homogen magnetisierte Kugel das Dipolmoment gleich dem Produkt von Kugelvolumen V und dem Materialparameter *Magnetisierung* M (ebenfalls ein Vektor). m wird in $A\,m^2$ und M in $A\,m^{-1}$ angegeben (A steht für Ampere).

Bei der Magnetisierung handelt es sich um die Gesamtmagnetisierung des Materials, die aus den Anteilen induzierte und remanente Magnetisierung besteht. Beide Anteile addieren sich vektoriell. Während die remanente (eingefrorene, meist thermoremanente) Magnetisierung vom momentanen Feld unabhängig ist, stellt die induzierte Magnetisierung denjenigen Anteil dar, der momentan durch das am Ort des Materials herrschende Magnetfeld induziert wird und von diesem Feld abhängig ist. Der verbindende Materialparameter ist die *Suszeptibilität*, die Fähigkeit zur Magnetisierung (eine dimensionslose Größe). Ist diese negativ, reagiert das Material diamagnetisch (Magnetisierung antiparallel dem induzierenden Feld), ist sie positiv, reagiert sie paramagnetisch (Magnetisierung parallel zum Feld). Bei ferro- bzw. ferrimagnetischem Material erfolgt eine Polarisierung bereits vorhandener magnetischer Momente derart, das ein messbares Gesamtmoment entsteht. Die Suszeptibilität ist proportional zum Gehalt an ferrimagnetischen Mineralen und ist eine Funktion des äußeren Feldes (z. B. Hysteresekurve). Der Wertebereich in Abhängigkeit vom Magnetitgehalt erstreckt sich über 4 Dekaden von $10^{-3}$ bis $10^1$ (HAHN et al. 1985). Für Sedimente variiert die induzierte und auch die remanente Magnetisierung von 0 bis 0,5 A m$^{-1}$. Das magnetische Erz Magnetit hingegen hat Werte zwischen 20 und 1000 A m$^{-1}$ (BOSUM 1981, HAHN et al. 1985).

Für quantitative Betrachtungen, wie z.B. Modellrechnungen, sind die zwei Größen Feldstärke und Feldrichtung eines magnetischen Dipols von Bedeutung (▶ **Abb. 5.17**). Die Feldstärke lässt sich aus dem Potenzial des Dipols ableiten und darstellen als:

$$B = 100 \, m / r^3 \, (4\cos^2\phi + \sin^2\phi)^{1/2}$$

Diese ist damit abhängig von der Entfernung zum Dipol und der Lage bezüglich der Dipolachse. Es ist zu beachten, dass die Feldstärke mit der Entfernung um $1/r^3$ abnimmt! Dies bedeutet unter anderem, dass die Erkundungstiefe in der Geomagnetik entsprechend gering ist. Die Feldrichtung ist durch Winkelgrößen gegeben (▶ **Abb. 5.17**), womit sich bezogen auf die Dipolachse zwei so genannte Hauptlagen ergeben: die Pollage ($\phi = 0°$) und die Äquatorlage ($\phi = 90°$). In der Pollage ist die Feldstärke doppelt so groß wie in der Äquatorlage. Im Fall der Erde liegt die Feldstärke an den magnetischen Polen im Bereich von 60000 bis 70000 nT und am magnetischen Äquator bei 25000 bis 40000 nT. nT ist die Maßeinheit von B, sie steht für Nanotesla (1 Tesla = 1 V s m$^{-2}$).

Für die Darstellung der Feldvektoren im Dipolfeld der Erde ergibt sich ein kompliziertes Bild. Da die Feldlinien vom geozentrischen, von Nord nach Süd ausgerichteten Dipol ausgehen und einen geschlossenen Verlauf haben, treten sie auf der Südhalbkugel aus und auf der Nordhalbkugel wieder ein. Der Eintrittswinkel beträgt für Deutschland etwa 68°. An den magnetischen Polen stehen die Vektoren senkrecht und am magnetischen Äquator horizontal. Weiterhin ist zu beachten, dass der Dipol gegenüber der Erdachse um 11,5° gekippt und exzentrisch angeordnet ist. Außerdem ist festzuhalten, dass es sich bei dem zentralen Dipol als Quelle des Erdmagnetismus

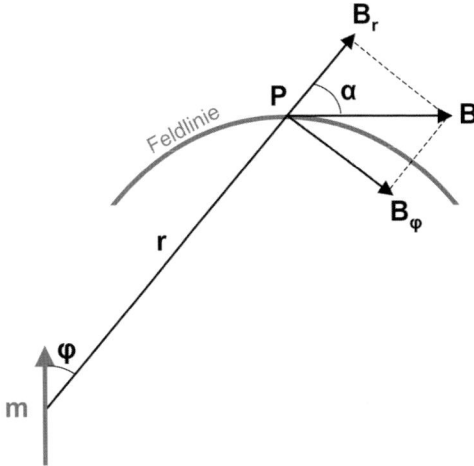

**Abb. 5.17.** Feldstärke B und Feldrichtung $\alpha$ bzw. $\phi$ eines magnetischen Dipols am Aufpunkt P auf einer Feldlinie. B erhält man aus den Komponenten $B_r$ und $B_\phi$ gemäß $B = (B_r^2 + B_\phi^2)^{1/2}$ mit $B_r = 2\,(100\,m/r^3)\cos\phi$ und $B_\phi = (100\,m/r^3)\sin\phi$. Die Feldrichtung bezüglich der Komponente $B_r$ ist gegeben durch $\tan\alpha = B_\phi / B_r = \tfrac{1}{2}\tan\phi$.

um eine Modellvorstellung handelt, die als Ersatz für das induzierende elektrische Stromsystem (Dynamo) im äußeren Erdkern dient. Das Dipolmoment der Erde beträgt 7,98 $10^{22}$ A m$^2$.

Das erdmagnetische Feld lässt sich durch seine Elemente beschreiben (▶ **Abb. 5.18**). In einem kartesischen Koordinatensystem mit der y-Richtung nach geographisch Ost und der x-Richtung nach geographisch Nord lässt sich die Totalintensität in Horizontalintensität bzw. deren Nord- und Ostkomponente, und Vertikalintensität zerlegen. Weiterhin legen die beiden Winkelgrößen Inklination (positiv nach unten) und Deklination (positiv nach Osten) die Intensitäten im Raum fest. Der Vektor der Totalintensität wird also durch mindestens drei erdmagnetische Elemente in Größe und Richtung vollständig bestimmt. Für die Epoche 1983 wurden folgende Mittelwerte am Erdmagnetischen Observatorium Wingst (bei Cuxhaven) durch Messungen festgelegt:

B = 48738 nT, H = 18084 nT, Z = 45258 nT, D = −1° 36,9′ und I = 68° 13,0′.

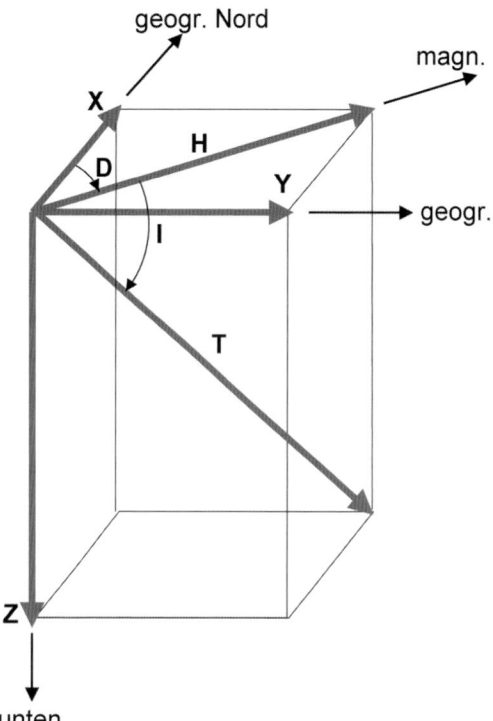

**Abb. 5.18.** Elemente des erdmagnetischen Feldes. T ist die Totalintensität (hier statt B), H die Horizontalintensität mit den Komponenten X und Y, Z die Vertikalintensität, I die Inklination und D die Deklination. Man beachte die abweichende Richtung von magnetisch Nord und geographisch Nord!

Es ist zu bemerken, dass sich das erdmagnetische Feld durch die Wanderung der Pole und eine Westdrift des Feldes ständig in Betrag und Richtung langsam ändert und deshalb international organisiert, regelmäßig neu beschrieben und als geomagnetisches Referenzfeld festgelegt wird. Weiterhin muss beachtet werden, dass unregelmäßig und plötzlich sehr kurzfristige Feldstörungen in der Größenordnung von $10^2$ bis $10^3$ nT auftreten können. Im Gegensatz zu den vorgenannten Variationen haben diese ihre Ursache außerhalb des Erdkörpers und lassen sich auf Einwirkungen der Sonne auf die Magnetosphäre der Erde zurückführen. Da diese zeitabhängigen Feldstörungen eine geomagnetische Vermessung ortsabhängiger Effekte stark beeinflussen können, sind besondere Vorkehrungen zu treffen. Die sicherste Methode ist der zusätzliche Einsatz einer registrierenden ortsfesten Messsonde (Variometer) im Untersuchungsgebiet.

Für die Durchführung von geomagnetischen Messungen stehen drei Sondentypen zur Verfügung, die gleichermaßen auch in der Archäologie Verwendung finden:

1. Fluxgate-Magnetometer bzw. Saturationskern-Magnetometer: Hiermit wird der Relativwert der Feldkomponente in Richtung von zwei parallel angeordneten, stäbchenförmigen Saturationskernen gemessen. Diese Kerne werden mittels Spulen entgegengesetzt bis in den Sättigungsbereich hinein magnetisiert. Wenn kein äußeres Feld anliegt, ist die Wirkung nach außen gleich Null. Im anderen Fall verschiebt sich die Magnetisierungssymmetrie und ist die Wirkung, die von einer Messspule aufgenommen wird, ungleich Null. Um bestimmte Elemente des Feldes zu messen, muss die Sonde entsprechend ausgerichtet werden. Die Messempfindlichkeit liegt bei 1 nT, allerdings ist eine Kalibrierung erforderlich.

2. Protonenpräzessions-Magnetometer (oder auch nur Protonen-Magnetometer): Dieses misst die Totalintensität T (bzw. B) absolut. Es basiert auf der Präzessionsbewegung von Protonen um

eine Magnetfeldlinie herum und lässt sich mit einer Messspule aufnehmen. Aus der Larmor-Beziehung für Protonen erhält man die Grundgleichung der Messung:

$$T = \omega_p \, 1/\gamma_p = 2\pi \, \nu_p \, 1/\gamma_p$$

($\omega_p$ = Winkelgeschwindigkeit der Präzessionsbewegung; $\nu_p$ = Frequenz und $\gamma_p$ = gyromagnetisches Verhältnis der Protonen).

Bei Verwendung von Wasserstoff-Protonen ergibt sich daraus:

$$T = 23.4868 \, \gamma_p \text{ in nT}$$

Die Intensitätsmessung ist damit auf eine Frequenzmessung zurückgeführt worden. Für 50000 nT ergibt sich für $\gamma_p$ etwa 2,1 kHz. Um brauchbare Signalstärken für die Frequenzmessung zu erhalten, werden die Protonen vorher polarisiert. Die Messempfindlichkeit liegt bei 0,1 nT.

3. Absorptionszellen-Magnetometer (Optically Pumped Magnetometer): Messung der Totalintensität ebenfalls als Frequenz. Als Zeeman-Effekt ist die Aufspaltung von Spektrallinien (Energieniveaus) unter der Einwirkung eines Magnetfeldes bekannt. Der Energiedifferenz entspricht die Kreisfrequenz eines äußeren Hochfrequenzfeldes und man erhält die Grundgleichung der Messung wieder aus der Larmor-Beziehung jetzt aber für Elektronen:

$$T = \omega_E \, 1/\gamma_E$$

($\gamma_E$ = gyromagnetisches Verhältnis der Elektronen).

Bei der Verwendung von Cäsium (bekannt als Cäsium-Magnetometer) gilt für die Grundgleichung:

$$T = 0{,}2857 \, \nu_E$$

und beträgt die Frequenz bei 50000 nT 175,009 kHz. Daraus lässt sich unmittelbar eine Steigerung der Messempfindlichkeit gegenüber dem Protonen-Magnetometer von 100 bis 1000 ableiten. Der Polarisierung beim Protonen-Magnetometer entspricht beim Absorptionszellen-Magnetometer das optische Pumpen (Aufladen der Energieniveaus mittels zirkular polarisiertem Licht). Die Hochfrequenzspule und eine Photozelle sind über einen automatisch arbeitenden, elektronischen Regelkreis miteinander verbunden.

Alle drei Sondentypen lassen sich einzeln einsetzen und jeweils in Gradientenanordnungen betreiben. Mit letzterer werden Störungen eliminiert und die Messempfindlichkeit verbessert.

Für alle Typen gilt jedoch, dass Abstände zu bekannten Störquellen einzuhalten sind: 100 m bei Schienen, 25 m bei einem Pkw und 30 m bei Metallzäunen in Nord/Süd-Richtung.

Moderne Messgeräte, meist mit Sonden in Gradientenanordnung, sorgen für die digitale Aufzeichnung der Messdaten und ermöglichen damit eine schnelle Bearbeitung und Visualisierung der Daten. Hierzu ist als Beispiel das Ergebnis vom prähistorischen Siedlungshügel in Pietrele, Rumänien, in ▶ **Abb. 5.19** wiedergegeben (SONG 2007). Zu berücksichtigen ist, dass die gemessene Feldstärke stets aus zwei Anteilen besteht, die sich vektoriell addieren. Dem Normalfeld ist das Anomalienfeld überlagert. Bei kleinen Anomalien wird dabei die Feldrichtung nur wenig beeinflusst und lässt sich das Anomalienfeld durch Abzug des Normalfeldes (Referenzfeld) vom gemessenen Feld leicht separieren. Ein weiterer Effekt ist der Einfluss der Messpunkthöhe bzw. der Abstand zur Quelle des Feldes (s. oben). Bei größeren Niveauänderungen müssen die Messungen entsprechend reduziert werden.

Die Inversion der Messdaten, d.h. das Erstellen eines Modells vom Untergrund bzw. vom Störkörper, der die gemessene Anomalie bewirkt, geschieht bei einfachen geometrischen Körpern, wie Kugel, Zylinder und Rechteckkörper mit Hilfe von Standardformeln (HAHN et al. 1985). Damit lässt sich die Wirkung am Messort berechnen und das Ergebnis mit der Messung vergleichen. Durch Variation der Modellparameter Magnetisierung sowie Geometrie und Neuberechnung wird eine Optimierung des Anpassungsgrades erreicht. Bei komplizierteren 3D Strukturen ist der Einsatz einer interaktiven, computergestützten Auswertung erforderlich. Ein gelungenes Beispiel archäologischer Interpretation stellt die modellierte, mittelneolithische Kreisgrabenanlage von Steinabrunn in Niederösterreich dar (▶ **Abb. 5.20, siehe Farbtafeln;** NEUBAUER 2001/2002). Die jüngere Füllung der Gräben hat Magnetisierungseigenschaften, die sich deutlich von denjenigen der

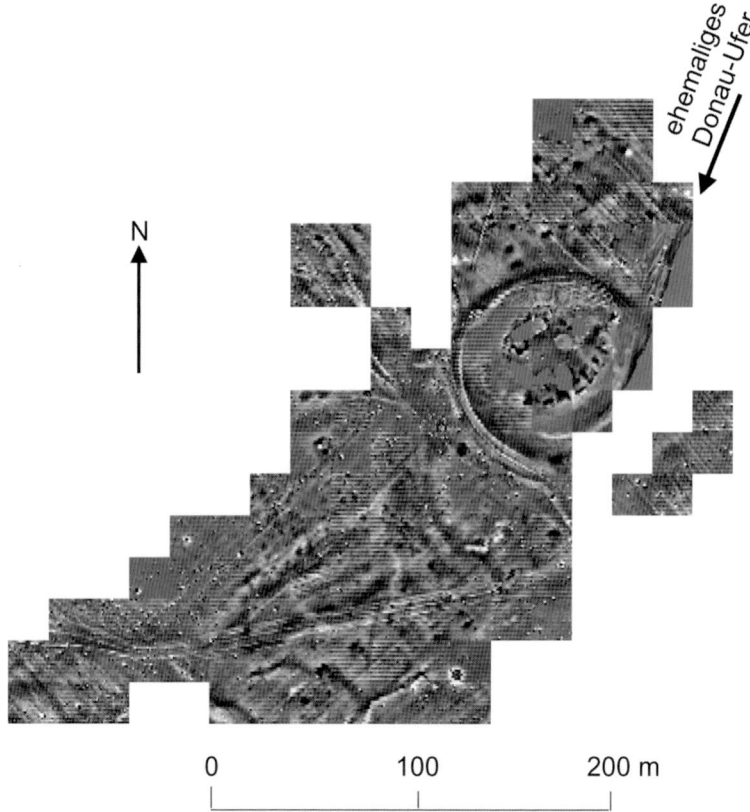

**Abb. 5.19.** Ergebnis der geomagnetischen Kartierung über der Siedlung Magura Gorgana in Pietrele, Rumänien, aus dem 5. Jahrtausend vor Chr. Deutlich sichtbar sind der Wohnhügel (Tell) mit dicht angeordneten Bauten und ringförmiger Befestigungsanlage sowie eine Siedlung mit aufgelockerter Bebauung im Südwesten. Die Siedlung lag an der Unteren Donau, deren heutiger Verlauf ca. 7 km entfernt ist. Aus: Song (2007)

Umgebung unterscheiden. Das Anomalienbild als Ergebnis der Kartierung gibt kreisförmige Gräben wieder, die sich mittels Modellrechnung dreidimensional darstellen lassen.

## Geoelektrik

Die Anwendung des geoelektrischen Gleichstromverfahrens, bei dem künstlich erzeugte elektrische Felder dem Untergrund aufgeprägt werden, ist ein relativ einfaches Verfahren, mit dem sich natürliche Untergrundstrukturen und anthropogene Objekte, die sich durch Änderung des elektrischen Widerstandes ergeben, sowohl tiefen- als auch flächenmäßig erfassen lassen. Dabei muss hervorgehoben werden, dass der Materialparameter *spezifischer elektrischer Widerstand* die größte in der Natur vorkommende Variationsbreite hat. Sie umfasst 27 Dekaden! Der spezifische Widerstand tritt in der sog. Materialgleichung als Proportionalitätsfaktor auf:

$$I = 1/\rho\,(\,F\,U\,/l\,)$$

($I$ = der durch eine zylinderförmige Gesteinsprobe fließende Strom; $F$ = Querschnittsfläche der

Probe; U = die an der Probe über eine Strecke l abgegriffene Spannung).

U / I = R ist der Widerstand in $\Omega$ und $\rho$ = R F/l der spezifische Widerstand in $\Omega$ m. Statt spezifischer Widerstand wird auch die spezifische Leitfähigkeit (in S m$^{-1}$, S für Siemens) als Kehrwert des Widerstandes verwendet.

Im oberflächennahen Bodenbereich hat die durch Feuchte beeinflusste elektrolytische Leitung einen dominierenden Anteil. Bodenfeuchte bzw. Wasser hat selbst eine große Variationsbreite, die sich aus der unterschiedlichen Konzentration von darin gelösten Salzen ergibt. Der spezifische Widerstand eines wasserhaltigen Materials wird deshalb auch mit effektivem Gesteinswiderstand $\rho_{eff}$ bezeichnet, der sich aus den bekannten empirischen Gesetzmäßigkeiten von ARCHIE (1942) ergibt:

$$\rho_{eff} = a\, \Phi^{-m}\, S_w^{-n}\, \rho_w$$

($\Phi$ = Porosität; Sw = Grad der Sättigung mit Porenwasser; $\rho_w$ = spezifischer Widerstand des Porenwassers; a, m und n = empirische Konstanten). Der spezifischer Widerstand $\rho_w$ von verschiedenen Wässern und anderen Materialien (in $\Omega$ m) ist nach WEIDELT (1997):

| | |
|---|---|
| Grundwasser | bis 100 |
| versalzene Wässer | 0,1 |
| Ton (Mittelwert) | ca. 20 |
| Lehm | ca. 50 |
| Ziegel | 500–5000 |
| Humus | 50–100 |
| Geschiebemergel | ca. 70 |
| Sande | 100–1000 |
| Sedimente | $10^{-3}$ bis $10^{+3}$ |

Ausgehend von einer punktförmigen Stromquelle in einem homogenen und isotropen Medium ohne Begrenzung verteilt sich das elektrische Potential auf konzentrisch angeordneten, kugelförmigen Äquipotentialflächen mit der Stromquelle im Zentrum. Halbiert man den Vollraum und geht davon aus, dass der Strom nicht in den leeren Raum fließen kann, verdoppelt sich das Potential bei gleichbleibender Stromstärke. Die Äquipotentialflächen sind dann Flächen von Halbkugeln. Da für den tatsächlichen Aufbau des elektrischen Feldes im Untergrund eine zweite

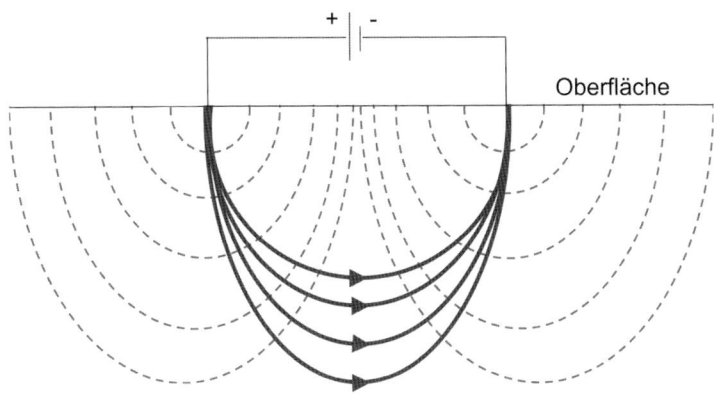

Äquipotentialflächen: - - - - - -
Stromlinien: ⎯⎯⎯

**Abb. 5.21.** Aufbau eines elektrischen Gleichstromfeldes im Untergrund bei richtungsunabhängiger Verteilung der Halbraumeigenschaften. Die Äquipotentiallinien werden zwischen den Polen zusammengedrängt und nach außen hin auseinandergezogen. Die Stromlinien schneiden die Äquipotentialflächen senkrecht.

(a) Schlumberger-Anordnung: k = π L²/ 4l

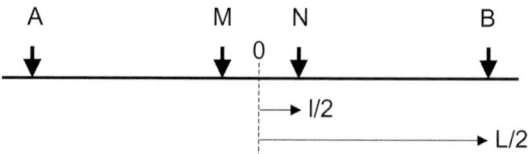

(b) Wenner-Anordnung: k = 2π l

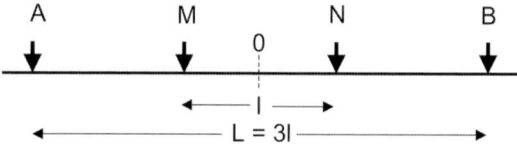

(c) Pol-Pol-Anordnung: k = 2πl

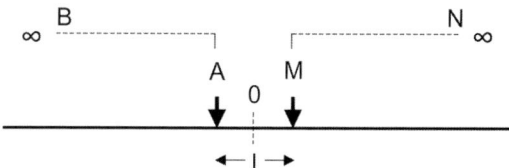

**Abb. 5.22.** 4Pol-Anordnungen mit dem jeweiligen Konfigurationsfaktor k für geoelektrische Messungen. A und B sind Stromelektroden, M und N Potential- bzw. Spannungssonden. Die gemessene Spannung ist abhängig von den Abständen und lässt sich in allgemeiner Form darstellen als U = I ρ / 2π [(1/AM − 1/BM) − (1/AN − 1/BN)]. Mit AM = BN = L/2 − l/2 und AN = BM = L/2 + l/2 (symmetrische Anordnung) wird die Spannung zu U = I ρ / 2π (4l / L² − l²). (a) für die Schlumberger-Anordnung gilt die Bedingung L ≫ l und die Näherung L² − l² = L²; (b) für die Wenner-Anordnung gilt die Bedingung L = 3l; (c) bei der Pol-Pol-Anordnung wird eine Stromelektrode und eine Spannungssonde außerhalb der Sondierungsfläche fixiert.

Stromelektrode benötigt wird, ist auch die Wirkung eines zweiten Potentials zu berücksichtigen. Die zweipolige Anordnung hat eine Stromquelle und eine Stromsenke, deren Potentiale entsprechend mit positivem und negativem Vorzeichen zu berücksichtigen sind. Das Gesamtpotential entsteht durch Superposition der Einzelpotentiale. Eine Betrachtung dieser Feldverteilung zeigt, wie die Äquipotentialflächen zwischen den beiden Polen verformt werden und die Stromlinien von der Quelle zur Senke gelangen (▶ **Abb. 5.21**).

Zum Ausmessen des aufgebauten Feldes benötigt man zwei weitere Pole, die Potentialsonden. Damit ist eine vierpolige Anordnung mit unterschiedlicher Konfigurationsmöglichkeit gegeben (▶ **Abb. 5.22**). Bezeichnet man den Abstand

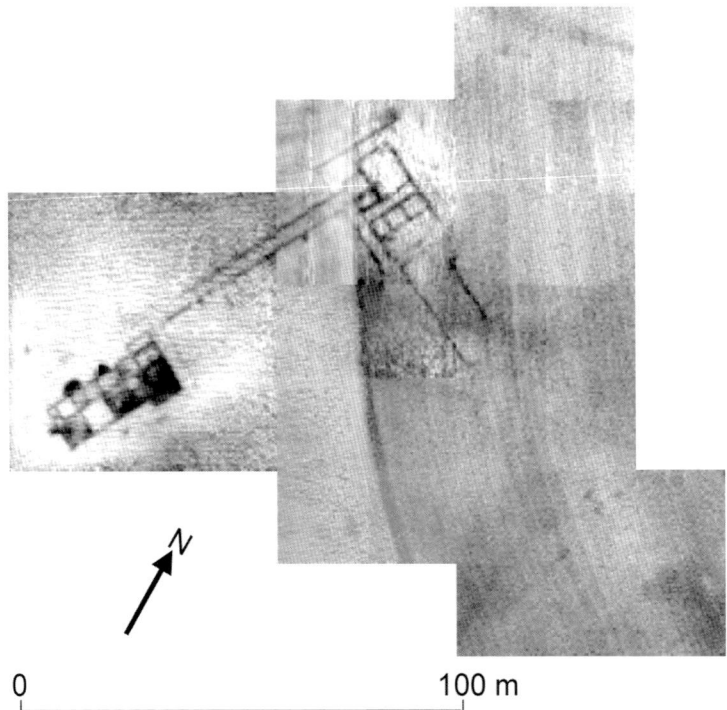

**Abb. 5.23.** Ergebnis der Widerstandskartierung mit Twin-Konfiguration (l = 0,5 m) über römischen Fundamenten in Altheim (Ober-Österreich). Aus: Neubauer (2001/2002).

zwischen den Stromelektroden mit L und denjenigen zwischen den Spannungssonden mit l gilt für den spezifischen Widerstand:

$\rho = U / I \, [(\pi \, (L^2 - l^2) \, / \, 4l]$
oder
$\rho = k \, U / I$
mit dem Konfigurationsfaktor
$k = [(\pi \, (L^2 - l^2) \, / \, 4l]$

Bei der Durchführung praktischer Messungen sind also die Spannung U in Volt, der Strom I in Ampere sowie die Entfernungen L und l in Meter zu messen. Zu beachten ist, dass die Messungen nur dann den tatsächlichen spezifischen Widerstand $\rho$ liefern, wenn der Untergrund ungeschichtet ist. In der Natur ist das jedoch nicht der Fall und es wird durch Messung der „*scheinbare spezifische Widerstand*" $\rho_S$ ermittelt.

Grundsätzlich wird nach zwei unterschiedlichen Methoden vorgegangen. Beim Sondieren ist das Ziel, die vertikale Verteilung im Untergrund zu ermitteln. Hierzu wird die Auslagenlänge schrittweise vergrößert, um größere Eindringtiefen zu erzielen. Für jede Auslagenlänge wird $\rho_S$ bestimmt und in Abhängigkeit von L/2 aufgetragen. Eine derartige Sondierungskurve gibt bereits erste Hinweise auf die Schichtmächtigkeiten und die tatsächlichen Widerstandswerte. Die Inversion der Daten erfolgt auch in der Geoelektrik auf dem Weg der Modellierung. Es wird eine Sondierungskurve aus den Modellparametern berechnet und diese dann mit der gemessenen Kurve verglichen und durch Variation der Parameter angepasst. Beim Kartieren wird der Konfigurationsfaktor konstant gehalten und die gesamte Auslage schrittweise im Gelände verschoben. Man erhält damit die Verteilung des scheinbaren Widerstandes für eine bestimmte Eindringtiefe. Zu beachten ist, dass die Eindringtiefe der elektrischen Felder stark abhängig ist von der Verteilung der Bodenfeuchte. Die Erkundungstiefe beträgt nur 0.1 L bis 0.2 L (Lange & Jacobs 1997).

In der geophysikalischen Messpraxis haben sich für das Sondieren sowohl die Schlumberger- als auch die Wenner-Anordnung (▶ Abb. 5.22a, b) bewährt, während das Kartieren vorzugsweise mit der Wenner-Anordnung betrieben wird. Für archäologische Zwecke ist eine Konfiguration mit geringen Abständen von Interesse und wegen der einschränkenden Bedingung L >> l bei der Schlumberger-Anordnung deshalb die Wenner-Anordnung vorzuziehen. Um das gleichzeitige Umsetzen aller 4 Elektroden zu vermeiden, sind weitere Anordnungen entwickelt worden. So kommt in der Archäologie die Pol-Pol-Anordnung (▶ Abb. 5.22c), auch Twin-Anordnung genannt, zum Einsatz, bei der eine Strom- und eine Spannungselektrode in größerer Entfernung stationär bleiben und die beiden anderen Elektroden als Paar mit festem Abstand zu einander (z.B. 0.25, 0.5 oder 1.0 m) von Messpunkt zu Messpunkt bewegt werden. Bei einer derartigen Anordnung, die den gleichen Konfigurationsfaktor wie die Wenner-Anordnung hat, beträgt die Erkundungstiefe 0.35 l (Roy & Apparao 1971). In ▶ Abb. 5.23 ist das Ergebnis einer Twin-Kartierung über der ehemaligen römischen „Villa Rustica" in Altheim (Ober-Österreich) wiedergegeben (Neubauer 2001/2002). Die qualitative Darstellung hebt die relativ hohen Widerstandswerte des alten Mauerwerks in dunkler Tönung hervor.

## Seismik

Gegenstand seismischer Messungen ist die Untersuchung der Ausbreitung elastischer Wellen. Diese werden an der Erdoberfläche künstlich angeregt, breiten sich im Untergrund aus und gelangen auf unterschiedliche Weise wieder zurück an die Erdoberfläche, wo sie als seismisches Signal (Seismogramm) registriert werden. Im Vordergrund steht dabei die Messung der Laufzeiten. Seismische Messungen sind in der Geophysik das dominierende Verfahren, um natürliche Strukturen im Untergrund zu ermitteln. Kleine anthropogene Objekte lassen sich damit nur schwer lokalisieren, wohl aber verdeckte größere Strukturen, wie z.B. das antike, jetzt verlandete Hafenbecken von Milet, einer griechischen Kolonie an der Westküste Kleinasiens (Woelz & Rabbel 2005) oder der so genannte Xerxes Kanal. Diese von Herodot beschriebene technische Meisterleistung ist auf den persischen König zurückzuführen, der anlässlich der Invasion nach Griechenland an der Engstelle der Chalkidike in Nord-Griechenland einen Kanal anlegen ließ. Der Kanal wurde erst vor kurzer Zeit mittels seismischer Messungen nachgewiesen und vermessen (Jones et al. 2000).

Die elastischen Wellen breiten sich als Vollraumwellen im Untergrund aus oder sind als Oberflächenwellen an die Erdoberfläche gebunden. Es gibt jeweils zwei Wellentypen, die sich nach Schwingungsrichtung der Bodenteilchen und Ausbreitungsgeschwindigkeit unterscheiden. Die am schnellsten laufende P-Welle (P von prima) transportiert Kompression (und Dilatation) in Ausbreitungsrichtung mit der Geschwindigkeit $v_p$:

$$v_p = [(k + 4\mu/3) / \rho]^{1/2}$$

Die langsamer laufende S-Welle (S von secunda) transportiert Verformung senkrecht zur Ausbreitungsrichtung mit der Geschwindigkeit $v_s$:

$$v_s = [\mu / \rho]^{1/2}$$

Das Verhältnis $v_p / v_s$ beträgt etwa 1,7

Der Materialparameter ist die *Ausbreitungsgeschwindigkeit*, die bestimmenden Größen k und μ sind elastische Module. k ist der Kompressionsmodul und μ der Schermodul, ρ ist die Dichte des Materials. Die Partikelbewegungen der beiden Oberflächenwellen sind von komplizierterer Art, ebenso deren Ausbreitungsgeschwindigkeiten. Diese sind jedoch stets geringer als $v_s$. Einige Werte für $v_p$ dienen der Einordnung (Schön 1983):

| | |
|---|---|
| Luft | 330 m/s |
| Wasser | 1500 m/s |
| Sand | 200 bis 2000 m/s |
| | (abhängig vom Feuchtegehalt) |
| Ton | 1000 bis 2200 m/s |
| Tonschiefer | 2000 bis 4500 m/s |
| Sandstein | 1000 bis 5000 m/s |

Die Eindringtiefe seismischer Wellen wird durch deren geometrische Ausbreitung und die Absorption des durchlaufenen Materials begrenzt. Letztere ist abhängig von der Wellenfrequenz bzw. der Wellenlänge. Niedrige Frequenzen haben eine größere Eindringtiefe als hohe und umgekehrt. Hingegen ist das Auflösevermögen direkt proportional der Frequenz. Der interessierende Frequenzbereich für oberflächennahe Untersuchungen liegt oberhalb von 50 Hz und kann den kHz-Bereich beinhalten. Folglich müssen sowohl die seismischen Quellen, z.B. Hammerschlag, Fallgewicht oder Vibrator, als auch die Aufnehmer – auf festem Boden Geophone, im Wasser Hydrophone – entsprechend angepasst sein. Die Aufnehmer wandeln die Bewegungsgrößen der Boden- bzw. Wasserteilchen in elektrische Signale.

Im Untergrund werden Wellen an Grenzflächen, die eine Änderung der Ausbreitungsgeschwindigkeit bedeuten, reflektiert und transmittiert. Die sich dabei ergebenden Richtungsänderungen der Wellenwege führen schließlich zum Wiederauftauchen an der Erdoberfläche. Aus den beobachteten Laufzeiten (Ankunftszeiten der Wellen am Ort der Registrierung) lassen sich bei linienhafter Anordnung von Quelle und Aufnehmern Laufzeitkurven gewinnen, die Gegenstand der Auswertungen hinsichtlich Geschwindigkeit und Tiefe sind. Die Refraktionsseismik beschäftigt sich mit Laufzeitgeraden, die die direkt gelaufene Welle und die an Grenzflächen kritisch gebrochenen Wellen darstellen (▶ **Abb. 5.24, siehe Farbtafeln**). Die Schichtmächtigkeit H lässt sich aus der Interzeptzeit $t_i$ und den Geschwindigkeiten ermitteln.

Die Reflexionsseismik beschäftigt sich mit der Registrierung und Auswertung von Laufzeithyperbeln (▶ **Abb. 5.24**), deren Krümmungsmaß von der Geschwindigkeit des durchlaufenen Untergrundes abhängt und deren $t_0$-Zeit ebenfalls die Tiefenbestimmung bei bekannter Geschwindigkeit ermöglicht. Es können unterschiedliche Anordnungen von Quellen und Geophonen gewählt werden. Dabei ist zu beachten, dass stets die geometrische Bedingung Einfallswinkel gleich Ausfallswinkel gilt und deshalb die Länge des überdeckten Reflexionshorizontes nur die halbe Auslagenlänge an der Erdoberfläche ausmacht. Weiterhin lassen sich zur Verbesserung des Signal- zu Störverhältnisses Geometrien verwenden, die zu einer mehrfachen Überdeckung von Reflektorelementen führen. Schließlich muss noch auf die Erscheinung der Diffraktion hingewiesen werden, die bei stark gestörten Grenzflächen (z.B. Stufen) oder bei kleinen isolierten Objekten auftreten können. Diffraktionen werden von einfallenden Wellen angeregt, breiten sich kugelförmig aus und produzieren in den Registrierungen an der Erdoberfläche ebenfalls Hyperbeln, deren Scheitelpunkte jedoch lagemäßig stets oberhalb der Diffraktionspunkte angeordnet sind.

Eine umfangreiche digitale Bearbeitung der registrierten Reflexionssignale und Anordnung der einzelnen seismischen Spuren entlang von Profilen führt zunächst zu einer zweidimensionalen Abbildung des Untergrundes in Form einer Zeitsektion (die seismischen Spuren sind Registrierungen als Funktion der Zeit), die bereits eine erste Abbildung vom Untergrund wiedergeben. In einem weiteren Bearbeitungsschritt wird die Zeitsektion durch den Datenbearbeitungsprozess Migration in eine tiefenrichtige Sektion gewandelt. Bei flächenhafter Vorgehensweise, die einen hohen Aufwand bei der Datengewinnung bedeutet, ist das Endergebnis ein entsprechend dreidimensionaler Block digitaler Daten, der sich sowohl in vertikale Sektionen als auch horizontale Scheiben zerlegen lässt.

Durch seismische Untersuchungen am heute ca. 10 km landeinwärts gelegenen und verlandeten Löwenhafen von Milet konnte die Struktur des ehemaligen Beckengrundes erfolgreich nachgewiesen werden (Rabbel et al. 2004). Die Umwandlung der Zeitsektionen ▶ **Abb. 5.25**) in Tiefensektionen mit den gemessenen Geschwindigkeiten erbrachte Beckentiefen bis zu 21 m. Der Verlauf des heute in ca. 6 m Tiefe liegenden Beckenrandes konnte durch das Aufzeigen linienhafter Strukturen in der geomagnetischen Kartierung bestätigt werden (▶ **Abb. 5.26, siehe Farbtafeln**).

## Georadar

Das Georadar (englisch: GPR = ground penetrating radar) ist ein elektromagnetisches Verfahren, bei welchem sehr hochfrequente pulsförmige

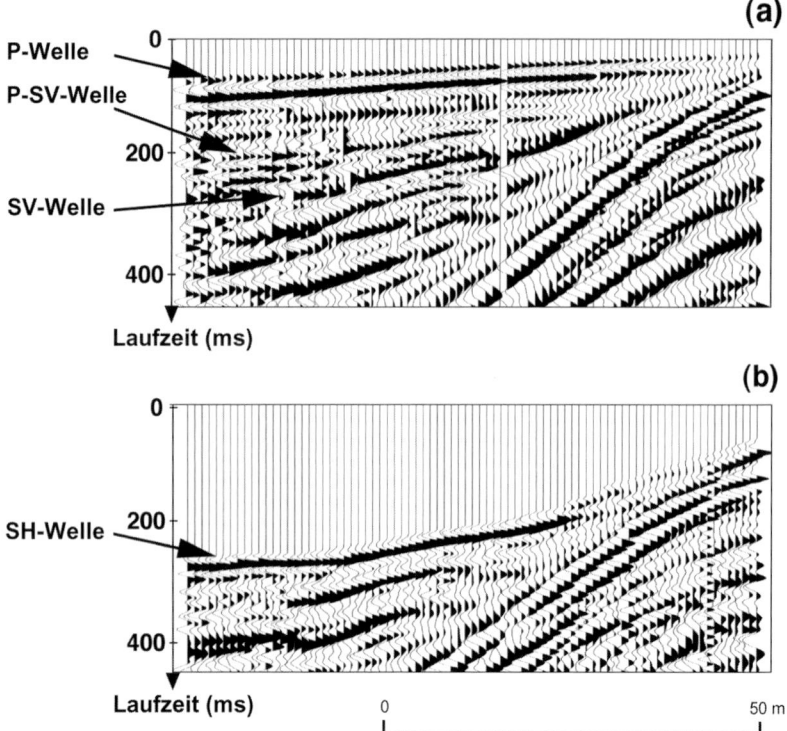

**Abb. 5.25.** Seismische Zeitsektionen (Scherwellenseismik) vom Löwenhafen in Milet mit identifizierten Wellentypen. (a) P-, SV und P-SV-Welle, (b) nur SH-Welle. SV steht für vertikal polarisierte S- und SH für horizontal polarisierte S-Welle. Modifiziert nach: Rabbel et al. (2004).

Wechselfelder im Bereich von 80 bis 1000 MHz mittels mobiler Antennen abgestrahlt und wieder empfangen werden. Bei diesen hohen Frequenzen erfolgt die Ausbreitung elektromagnetischer Felder im Untergrund wellenförmig und es lassen sich vergleichbar mit der Seismik Refraktionen, Reflexionen und Diffraktionen empfangen und digital als Radargramm registrieren, online auf einem Monitor wiedergeben und zum Zweck späterer Datenbearbeitung abspeichern. Da die Antennen leicht über dem Erdboden hinweg bewegt werden können, ist eine schnelle Arbeitsweise möglich und ist das Verfahren deshalb gut zur Kartierung oberflächennaher Strukturen sowie anthropogener Objekte geeignet.

Die Ausbreitung der sehr hochfrequenten elektromagnetischen Wellen im Untergrund wird durch zwei Materialparameter bestimmt. Diese sind der „*spezifische elektrische Widerstand*" $\rho$ (s. o.) und die „*Dielektrizitätskonstante*" $\varepsilon$, die auch als dielektrische Permittivität bezeichnet wird. Statt $\varepsilon$ wird meist $\varepsilon_r$, die relative Dielektrizitätskonstante, verwendet. Letztere ist dimensionslos und nimmt Werte zwischen 1 (für Luft) und 5 bis 40 (für Ton) an (Blindow et al. 1997). Wasser hingegen hat einen Wert von 81 und lässt einen dominierenden Einfluß erwarten.

Die sehr hohe Ausbreitungsgeschwindigkeit der Wellen im Untergrund wird in m/µs oder m/ns gemessen und ist abhängig von der relativen Dielektrizitätskonstanten:

$$v = c / \varepsilon_r^{1/2}$$

(c = Ausbreitungsgeschwindigkeit im Vakuum = 300 m/µs).

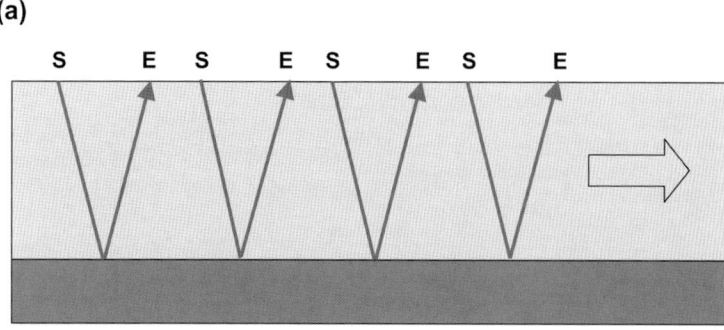

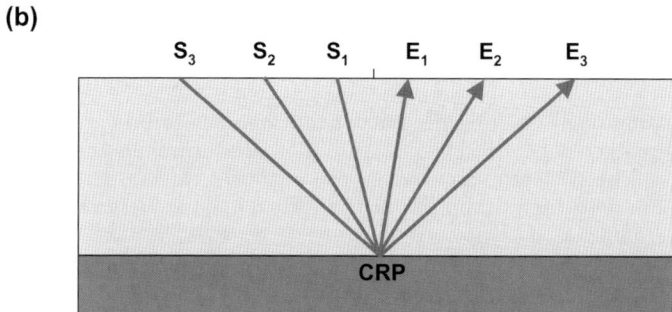

**Abb. 5.27.** Feldtechnik bei Georadarmessungen. (a) kontinuierliche einfache Überdeckung mit konstantem Abstand der Sendeantenne S und Empfangsantenne A, (b) Antennenanordnung bei 3facher Überdeckung des gemeinsamen Reflexionspunktes (englisch: CRP = common reflection point).

Die Eindringtiefe der Wellen in den Untergrund wird durch die Dämpfung α begrenzt. Diese Größe ist abhängig von der relativen Dielektrizitätskonstanten und vom spezifischen elektrischen Widerstand. Sie beträgt näherungsweise:

$$\alpha = 1640 / \rho\, \varepsilon_r^{1/2}$$

(mit $\alpha$ in dB m$^{-1}$). Die maximale Erkundungstiefe $h_{max}$ beträgt näherungsweise:

$$h_{max} = 60 \text{ dB} / 2\alpha$$

wobei der Faktor 2 im Nenner die Zweiwege-Absorption der Wellen berücksichtigt. Bei einem Untergrund mit $\rho = 90$ Ωm und $\varepsilon_r = 10$ beträgt die maximale Erkundungstiefe etwa 5 m.

Niedrige Werte für den spezifischen Widerstand führen zu einer hohen Dämpfung und verringern damit die Eindringtiefe. Bei tonhaltigen bzw. feuchten Böden ist das Georadar daher weniger wirkungsvoll. Allgemein gilt jedoch, dass die Eindringtiefe und die vertikale Auflösung von der Leistung der Sendeantenne und der Mittenfrequenz der pulsförmig abgestrahlten Welle ist.

Die gebräuchlichste Feldtechnik mit dem größten Messfortschritt ist die kontinuierliche, einfache Überdeckung des Reflektors (▶ **Abb. 5.27**a). Um die Auflösung zu verbessern, lassen sich die einzelnen Reflektorelemente auch mehrfach mit der Technik des gemeinsamen Reflexionspunktes erfassen (▶ **Abb. 5.27**b). Die Radar-

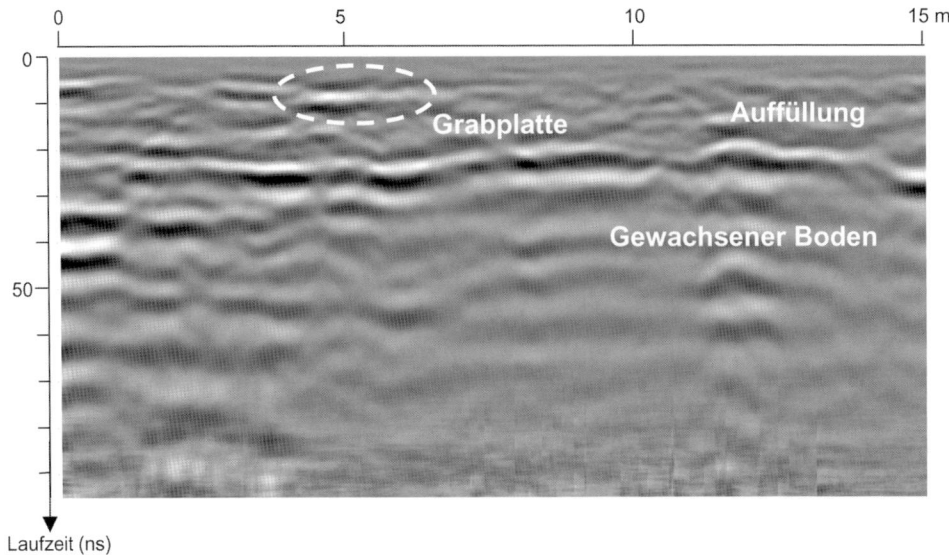

**Abb. 5.28.** Radargramm vom Gelände der mittelalterlichen Wasserburg Kemnade, Bochum. In der Zeitsektion ist deutlich der Wechsel vom natürlichen, gewachsenen Boden zur anthropogen aufgefüllten Deckschicht in Tiefen von etwa 20 ns (entspricht ca. 1 m) zu erkennen. Weiterhin konnte die Lage einer gesuchten Grabplatte aus Sandstein in einer Tiefe von 8 ns (entspricht ca. 0,5 m) erkundet werden.

gramme entlang einer Profillinie werden analog zur Seismik in Form von Zeitsektionen bereits im Feld dargestellt und ermöglichen erste Angaben zu den detektierten Objekten, wie beispielhaft in ▶ **Abb. 5.28** wiedergegeben ist. Die nachfolgenden Datenbearbeitungsschritte entsprechen denen der Seismik und dienen schließlich der Migration der Daten. Zweidimensionale Radarsektionen lassen sich ebenfalls zu dreidimensionalen Blöcken zusammenfassen. Die Visualisierung der Amplituden von einzelnen oder auch aufsummierten Tiefenscheiben erlaubt dann eine detaillierte Lokalisierung der gesuchten Objekte. Hierzu gibt ▶ **Abb. 5.29 (siehe Farbtafeln)** ein Beispiel. Es zeigt das Ergebnis der Amplitudensummation von Tiefenscheiben mit der danach möglichen archäologischen Interpretation (SEREN et al. 2005). Bei dem Untersuchungsobjekt handelt es sich um eine im 16. Jh. zerstörte byzantinische Klosteranlage in Torrenova auf Sizilien.

## Abschließende Bemerkungen

Für die Archäometrie sind eine Reihe weiterer geophysikalischer Methoden von Interesse. Zu den Potenzialverfahren gehört noch die Gravimetrie, mit der sich Anomalien im natürlichen Erdschwerefeld erfassen lassen und vergleichbar mit der Geomagnetik interpretiert werden. Vorteilhaft ist die im Vergleich zur Geomagnetik größere Eindringtiefe, ein Nachteil ist der geringere Messfortschritt. Die Hohlraumortung in der Cheops-Pyramide ist für die Gravimetrie ein bekanntes Beispiel (LAKSHMANAN & MONTLUCON 1987).

Die elektromagnetischen Methoden bieten außer dem Georadar verschiedene weitere Möglichkeiten, die sich sowohl künstlicher als auch natürlicher Wechselfelder bedienen und zur Untersuchung von Strukturen der elektrischen Leitfähigkeit (s.o.) geeignet sind (ATYA et al. 2005). Hierbei handelt es sich nicht um Felder mit wellenförmiger Ausbreitung, sondern mit diffusionsbedingtem Feldaufbau. Die Frequenzen liegen im kHz-Bereich und sind damit deutlich geringer. Während in der Geoelektrik ein elektrisches Feld im Untergrund mittels Elektroden aufgebaut wird, geschieht dieses in der Elektromagnetik ohne direkten Kontakt durch elektromagnetische Induktion. In der Geoelektrik wird die Eindringtiefe durch die Auslagenlänge gesteuert, in der Elektromagnetik lassen sich unterschiedliche Eindringtiefen durch Variation der Frequenz erzielen. Die Kartierung archäologischer Fundstätten ist wie in der Geomagnetik mit hohem Messfortschritt durchführbar.

Mit den verschiedenen geophysikalischen Methoden werden unterschiedliche Materialparameter angesprochen, deren Wirksamkeit mit Hinblick auf archäologische Funde im Vorfeld nicht immer abgeklärt werden können. Deshalb sollte nicht nur eine einzige Methode zum Einsatz kommen, sondern mindestens eine weitere eingesetzt werden. Bei der Interpretation stützen sich die Verfahren gegenseitig und gewinnt das Resultat dadurch an Aussagekraft. Weiterhin ist es unerlässlich, das bei allen Messmethoden die Daten mit Koordinaten (Länge, Breite und Höhe) versehen werden. Hilfsmittel zur Bestimmung dieser Daten stehen in verschiedener Form zur Verfügung.

## Literatur

Archie, G. E., 1942
Atya, M.A., Kamei, H., Abbas, A. M., Shaaban, F. A., Hassaneen, A. G., Abd Alla, M. A., Soliman, M. N., Marukawa, Y., Ako, T. & Kobayashi, Y., 2005
Becker, H., 1996
Blindow, N., Richter, T. & Petzold, H., 1997
Bosum, W., 1981
Hahn, A., Petersen, N. & Soffel, H., 1985
Jansen, H. G. & Blindow, N., 2003
Jones, R. E., Isserlin, B. S. J., Karastathis, V., Papamarinopoulos, S. P, Syrides, G. E., Uren, J., Balatsas I., Kapopulos, C., Maniatis, Y. & Facorellis, G., 2000
Kruse, R., Dörfler, W. & Jöns, H., 1997
Lange, G. & Jacobs, F., 1997
Lakshmanan, J. & Montlucon, J., 1987
Neubauer, W., 2001/2002
Rabbel, W., Stuempel, H. & Woelz, S., 2004
Roy, A. & Apparao, A., 1971
Schön, J., 1983
Seren, S., Eder-Hinterleitener, A. & Löcker, K.,2005
Song, B., 2007
Weidelt, P., 1997
Willmann, U., 2002
Woelz, S. & Rabbel, W., 2005

# Literatur

ABU JU`UB, G.: (2002): Water resources. – In: Jenin Governorate/north of the West Bank, Palestine. – Mitt. Ing. u. Hydrogeol. 83, 184 S.

ADAMS, F., ADRIAENS, A., AERTS, A., DERAEDT, I., JANSSENS, K. & SCHALM, O. (1997): Micro and surface analysis in art and archaeology. – J. Anal. At. Spectrum. 12: 257–265.

AGACHE, R. (1964): Aerial reconnaissance in Picardy. – Antiquity 38: 113–119.

AGACHE, R. & BREART, B. (1975): Atlas d'archéologie aérinne de Picardie. – Amiens.

AHLBRECHT, M. (1997): Geschlechtsdifferenzierung an der *Pars petrosa ossis temporalis*. – Diss. Tübingen.

AITKEN, M. J. (1985): Thermoluminescence Dating. – Academic Press, London.

AKG (= Arbeitskreis Geomorphologie) (Hrsg.) (2000): Geomorphologie und Umweltgeschichte. – 26. Jahrestg., 4.-7.10. 2000, Trier, Abstracts, 157 S.

– (2002): Relief und Mensch. – Zusammenfassung der Vorträge und Poster, 28. Jahrestg. 07.-10. 10.2002. Geograph. Inst. Univ. Köln, Köln.

ALBERTZ, J. (2001): Einführung in die Fernerkundung – Grundlagen der Interpretation von Luft- und Satellitenbildern. – Darmstadt.

ALLEN, G. (1984): Discovery from the Air. – In: J. S. P. Bradford & O. G. S. Crawford (eds.): Aerial Archaeol. 10.

– (1989): Archäologie aus der Luft. Sechs Jahre Luftbildarchäologie in Westfalen, Methoden – Ergebnisse – Perspektiven. – Münster.

ALLEN, H. D. (2003): Response of past and present Mediterranean ecosystems to environmental change. – Progr. in Phys. Geogr. 27(3): 359–377.

ALT, K. W. (1997): Odontologische Verwandtschaftsanalyse. Individuelle Charakteristika der Zähne in ihrer Bedeutung für Anthropologie, Archäologie und Rechtsmedizin. – Gustav Fischer, Stuttgart.

ALT, K. W., JUD, P., MÜLLER, F., NICKLISCH, N., UERPMANN, A. & VACH, W. (2005): Biologische Verwandtschaft und soziale Struktur im latènezeitlichen Gräberfeld von Münsingen-Rain. – Jb. RGZM Mainz 52: 157–210.

ALT, K. W., RIEMENSPERGER, B., VACH, W. & KREKELER, G. (1998): Zahnwurzellänge und Zahnhalsdurchmesser als Indikatoren zur Geschlechtsbestimmung an menschlichen Zähnen. – Anthrop. Anz. 56: 131–144.

ALTSCHULER, E. L. (2000): Plague as HIV vaccine adjuvant. – Med. Hypotheses 54: 1003–1004.

AMBROSE, S. H. (1990): Preparation and characterization of bone and tooth collagen for isotopic analysis. – J. Archaeol. Science 17: 431–451.

– (1993): Isotopic analysis of paleodiets: Methodological and interpretive considerations. – In: M. K. Sandford (ed.): Investigations of ancient human tissue. Chemical analyses in anthropology. Langhorne/USA, 59–130.

AMBROSE, S. H. & NORR, L. (1993): Experimental evidence for the relationship of the carbon isotope ratios of whole diet and dietary protein to those of bone collagen and carbonate. – In: J. B. Lambert & G. Grupe (eds.): Prehistoric human bone. Archaeology at the molecular level. Springer, Berlin, Heidelberg, New York, 1–37.

ANDEL, T. H. V. & TZEDAKIS, P. C. (1996): Palaeolithic landscapes of Europe and Environs, 150,000–25,000 years ago: an overview. – Quatern. Science Res. 15: 481–500.

ANDRES, W. (2000): Changes of the geo-biosphere during the last 15. 000 years. Continental sediments as evidence for changing environmental conditions. – DFG-Schlußkoll. 30.11.-01.12.2000, poster vol., 49 S. Geograph. Inst. Univ. Frankfurt.

ARCHIE, G. E. (1942): The electrical resistivity log as an aid in determining some reservoir characteristics. – Trans. Am. Inst. Min., Met. & Petr. Eng. 146: 54–62.

ARPPE, L. M. & KARHU, J. A. (2006): Implications for the Late Pleistocene climate in Finland and adjacent areas from the isotopic composition of mammoth skeletal remains. – Palaeogeogr. Palaeoclimatol. Palaeoecol. 231: 322–330.

ARTIOLI, G., DUGNANI, M., HANSEN, T., LUTTEROTTI, L., PEDROTTI, A. & SPERL, G. (2003): Crystallographic Texture Analysis of the Iceman and Coeval Copper Axes by Non-invasive Neutron Powder Diffraction. – In: A. Fleckinger (Hrsg.): Die Gletschermumie aus der Kupferzeit, Bd. 2. Schriften d. Südtiroler Archäologiemuseums 3, Bozen, 9–22.

ATKINS, P., SIMMONS, I. & ROBERTS, B. (1998): People, land & time. An historical introduction to the relations between landscape, culture and environment. – Arnold, London.

ATYA, M. A., KAMEI, H., ABBAS, A. M., SHAABAN, F. A., HASSANEEN, A. G., ABD ALLA, M. A., SOLIMAN, M. N., MARUKAWA, Y., AKO, T. & KOBAYASHI, Y. (2005): Complementary integrated geophysical investigation around Al-Zayyan Temple, Kharga Oasis, Al-Wadi Al-Jadeed (new Valley), Egypt. – Archaeological Prospection 12: 177–189.

AYLIFFE, L. K. & CHIVAS, A. R. (1990): Oxygen isotope composition of the bone phosphate of Australian kangaroos: potential as a palaeoenvironmental recorder. – Geochim. Cosmoch. Acta 54: 2603–2609.

AYLIFFE, L. K., LISTER, A. M. & CHIVAS, A. R. (1992): The preservation of glacial-interglacial climatic signatures in the oxygen isotopes of elephant skeletal phosphate. – Palaeogeogr. Palaeoclimatol. Palaeoecol. 99: 179–191.

BACHMANN, H.-G. (1980): Early Copper Smelting Techniques in Sinai and in the Negev as Deduced from Slag Investigations. – In: P. T. Craddock (ed.): Scientific Studies in Early Mining and Extractive Metallurgy. Brit. Museum Occ. Papers 20, London, 103–134.

– (1982a): Copper Smelting Slags from Cyprus: Review and Classification of Analytical Data. – In: J. D. Muhly, R. Maddin & V. Karageorghis (eds.): Early Metallurgy in Cyprus, 4000–500 BC. Acta Intern. Archaeolog. Symp. Larnaca 1981, Nicosia, 143–152.

– (1982b): The Identification of Slags from Archaeological Sites. – Institute of Archaeol., Univ. of London, Occas. Papers 6.

BAILEY, J. F., RICHARDS, M. B., MACAULEY, V. A., COLSON, I. B., JAMES, I. T., BRADLEY, D. G., HEDGES, R. E. M. & SYKES, B. C. (1996): Ancient DNA suggests a recent expansion of European cattle from a diverse wild progenitor species. – Proc. R. Soc. Lond. B 263, 1467–1473.

BAILLIE, M. G. L. (1983): Development of tree-ring chronologies. – Mitt. d. Bundesforschungsanst. f. Forst- u. Holzwirtschaft Hamburg 141: 23–48.

BAILLIE, M. G. L. & PILCHER, J. R. (1973): A simple cross-dating program for tree-ring research. – Tree-Ring Bull. 33: 7–14.

BALASSE, M. (2003): Potential biases in sampling design and interpretation of intra-tooth isotope analysis. – Internat. J. of Osteoarchaeol. 13: 3–10.

BALASSE, M., AMBROSE, S., SMITH, A. B. & PRICE, T. D. (2002): The seasonal mobility model for prehistoric herdes in the south-western Cape of South Africa assessed by isotopic analysis of sheep tooth enamel. – J. Archaeol. Science 29: 917–932.

BALASSE, M., BOCHERENS, H. & MARIOTTI, A. (1999): Intra-bone variability of collagen and apatite isotopic composition used as evidence of a change of diet. – J. Archaeol. Science 26: 593–598.

BALASSE, M., BOCHERENS, H., MARIOTTI, A. & AMBROSE, S. H. (2001): Detection of dietary changes by intra-tooth carbon and nitrogen isotopic analysis: An experimental study of dentine collagen of cattle (Bos taurus). – J. Archaeol. Science 28: 235–245.

BALASSE, M. & TRESSET, A. (2002): Early weaning of neolithic domestic cattle (Bercy, France) revealed by intra-tooth variation in nitrogen isotope ratios. – J. Archaeol. Science 29: 853–859.

BALASSE, M., TRESSET, A. & AMBROSE, S. H. (2006): Stable isotope evidence ($\delta^{13}C$, $\delta^{18}O$) for winter feeding on seaweed by Neolithic sheep of Scotland. – J. of Zoology 270: 170–176.

BARADEZ, J. (1949): Vue aérienne de l' organisation romaine dans le Sud-Algérien fossatum Africae. – Paris.

BARCLAY, K. (2001): Scientific Analysis of Archaeological Ceramics. A Handbook of Resources. – Oxbow Books, Oxford.

BARD, E., ARNOLD, M., HAMELIN, B., TISNERAT-LABORDE, N. & CABIOCH, G. (1998): Radiocarbon calibration by means of mass spectrometric $^{230}Th/^{234}U$ and $^{14}C$ ages of corals; an updated database including samples from Barbados, Mururoa and Tahiti. – Radiocarbon 40, 3: 1085–1092.

BARON, H., HUMMEL, S. & HERRMANN, B. (1996): Mycobacterium tuberculosis complex DNA in ancient human bones. – J. Archaeol. Science 23: 667–671

BARTELHEIM, M., ECKSTEIN, K., HUIJSMANS, M., KRAUSS, R. & PERNICKA, E. (2002): Kupferzeitlche Gewinnung in Brixlegg, Österreich. – In: M. Bartelheim, E. Pernicka & R. Krause (Hrsg.): Die Anfänge der Metallurgie in der Alten Welt. Forsch. zur Archäometrie und Altertumswissenschaft 1, 33–82. Rahden, Westfalen, Verlag Marie Leiden.

BARTHOLIN, T., BERGLUND, B. E., ECKSTEIN, D. & SCHWEINGRUBER, F. H. (eds.) (1992): Tree rings and environment. – Lundqua report 34, 374 S.

BASS, G. F. A (1986): Bronze Age Shipwreck at Ulu Burun (Kas): 1984 Campaign. – American J. Archaeol. 90: 269–296.

BAUMHAUER, R. & SCHÜTT, B. (2002): Environmental change and geomorphology. – Z. Geomorph. N.F. Suppl. 128.

BAW (Bayerische Akademie der Wissenschaften (Hrsg.) (2000): Entwicklung der Umwelt seit der letzten Eiszeit. – Rundgespr. Komm. Ökologie 18. Pfeil, München.

BAY, B. (1999): Geoarchäologie, anthropogene Bodenerosion und Deltavorbau im Unterlauf des Büyük Menderes Delta (SW-Türkei): Forschen und Wissen – Archäologie, 217 S., Heft D 294 (= Diss. Univ. Bochum 1998). GCA-Verlag, Herdecke.

BAY, B., KRAUSE, A., ROGALLA, U., SCHRÖDER, B. & YALÇIN, Ü. (2001): Geoarchäologischer „Survey-Aufwand" zur Quantifizierung von Küstenveränderungen. Drei Beispiele aus W-Anatolien. – Bamberger Geograph. Schr. 20: 55–66.

BECK, A. (1996): Röntgenstrahlen in der Archäologie. Bildgebende Verfahren bei der archäologischen Diagnostik. – Schnetztor-Verlag, Konstanz.

BECKEDAHL, H. R. (2002): Bodenerosion in Afrika: Ein Überblick. – Petermanns Geograph. Mitt. 146, 6: 18–25.

BECKER, B. (1985): Jahrringkalender Mitteleuropas. – In: Becker, B., Billamboz, A., Egger, H., Gassmann, P., Orcel, A., Orcel, C. & Ruoff, U. (Hrsg.): Dendrochronologie in der Ur- und Frühgeschichte, Verl. Schweiz. Ges. f. Ur- u. Frühgeschichte, Basel, 8–29.

– (1992): The history of dendrochronology and radiocarbon calibration. – In: R. E. Taylor, A. Lony & R. S. Kra (eds.): Radiocarbon after four decades: An interdisciplinary perspective. Springer, New York.

– (1993): An 11,000-year German oak and pine dendrochronology for radiocarbon calibration. – Radiocarbon 35: 202–213.

BECKER, C. (1997): Zur nacheiszeitlichen Verbreitung des Damhirsches *Cervus dama* in Südosteuropa. Eine kritische Zwischenbilanz. – In: C. Becker, M.-L. Dunkelmann, C. Metzner-Nebelsick, H. Peter-Röcher, M. Roeder & B. Teržan (Hrsg.): Chronos. Beiträge zur Prähistorischen Archäologie zwischen Nord- und Südosteuropa. Festschrift für Bernhard Hänsel. Internat. Archäologie, Studia honoraria 1. Espelkamp, 67–82.

BECKER, C. & BENECKE, N. (2001): Archaeozoology in Germany. Its Course of Development. – Archaeofauna 10: 163–182.

BECKER, D. & BENECKE, N. (2002): Die neolithische Inselsiedlung am Löddigsee bei Parchim. Archäologische and archäozoologische Untersuchungen. – Beiträge zur Ur- und Frühgeschichte Mecklenburg-Vorpommens 40. Schwerin.

BECKER, H. (1996): Die magnetische Prospektion. – In: H. Becker (Hrsg.) Archäologische Prospektion. Luftbildarchäologie und Geophysik. Arbeitsh. Bayr. Landesamt f. Denkmalpflege 59: 73–76.

BECKER, H. (Hrsg.) (1996): Archäologische Prospektion Luftbildarchäologie und Geophysik. – Arbeitsh. Bayer. Landesamt Denkmalpfl. 59. München.

BECKER, M., DÖHLE, H.-J., HELLMUND, M., LEINEWEBER, R. & SCHAFBERG, R. (2005): Nach dem großen Brand. Verbrennung auf dem Scheiterhaufen – ein interdisziplinärer Ansatz. – Ber. RGK 86: 61–195.

BEGEMANN, F., SCHMITT-STRECKER, S. & PERNICKA, E. (1989): Isotopic Composition of Lead in Early Metal Artefacts. Results, Possibilities and Limitations. – In: A. Hauptmann, E. Pernicka & G. A. Wagner (Hrsg.): Archäometallurgie der Alten Welt. Der Anschnitt, Beih. 7: 269–278.

BENDIX, J., BENDIX, A. & REUDENBACH, C. (2002): Umweltprobleme im Maltesischen Archipel. – Geogr. Rundsch. 54/4: 13–18.

BENECKE, N. (1982): Zur frühmittelalterlichen Heringsfischerei im südlichen Ostseeraum. Ein archäozoologischer Beitrag. – Z. f. Archäologie 16: 283–290.

– (1985): Untersuchungen zum Einfluss der Bergungsmethode auf die Qualität von Tierknochenmaterialien. – Ausgrabungen und Funde 30: 260–265.

– (1994): Der Mensch und seine Haustiere. Stuttgart.

– (1995): Neue archäozoologische Forschungen am Burgwall von Lossow, Ortsteil von Frankfurt/Oder. Einige vorläufige Ergebnisse. Acta Praehistorica et Archaeologica 26/27: 14–23.

– (2000): Mesolithic hunters of the Crimean mountains: The fauna from the rock shelter of Shpan'-Koba. – In: M. Mashkour, A. M. Choyke, H. Buitenhuis & F. Poplin (eds.): Archaeozoology of the Near East 4. ARC-Publicatie 32. Groningen, 107–120.

– (2002a): Zur Neudatierung des Ur-Fundes von Potsdam-Schlaatz, Brandenburg. Archäologisches Korrespondenzblatt 32, 161–168.

– (2002b): Archäzoologische Studien an Tierresten von der neolithischen Inselsiedlung am Löddigsee bei Parchim. – Beitr. zur Ur- und Frühgeschichte Mecklenburg-Vorpommerns 40. Lübstorf.

BENTLEY, R. A. (2006): Strontium isotopes from the Earth to the archaeological skeleton: a review. – J. of Archaeol. Method and Theory 13: 135–187.

BENTLEY, R. A., KRAUSE, R., PRICE, T. D. & KAUFMANN, B. (2003): Human Mobility at the Early Neolithic Settlement of Vaihingen, Germany: Evidence from Strontium Isotope Analysis. – Archaeometry 45: 471–486.

BENTLEY, R. A., PRICE, T. D. & STEPHAN, E. (2004): Determining the „local" $^{87}Sr/^{86}Sr$ range for archaeological skeletons: a case study from the Neolithic Europe. – J. of Archaeol. Science 31: 365–375.

BEWLEY, R. H., CRUTCHLEY, S. P. & SHELL, C. A. (2005): New light on an ancient landscape Lidar survey in the Stonehenge World Heritage Site. – Antiquity 79, 636–647.

BEZBORODOV, M. A. (1975): Chemie und Technologie der antiken und mittelalterlichen Gläser. – Verlag Philipp von Zabern, Mainz.

BICHLMEIER, S. (1997): Untersuchungen merowingerzeitlicher Glasperlen unterschiedlicher Farbgruppen und Fundorte mit Hilfe der energiedispersiven Röntgenfluoreszenzanalyse. – Dipl.-Arbeit, TU Darmstadt.

BILLAMBOZ, A. (1990): Das Holz der Pfahlbausiedlungen Südwestdeutschlands. Siedlungsarchäologische Untersuchungen im Alpenvorland. – Bericht der Römisch-Germanischen Kommision 71: 187–207.

– (1997): Das Holz der Pfahlbausiedlungen. – In: Schlichtherle, H. (Hrsg.): Sonderh. der Z. Archäol. in Deutschland, 108–114.

BINFORD, L. R. (1983): In pursuit of the past. Decoding the archaeological record. – London.

BINTLIFF, J. (1991): Troja und seine Paläolandschaften. – Geographica historica 5, 83–131.

BLACK, T. K. (1978): Sexual Dimorphism in the Tooth Crown Diameters of the Deciduous Teeth. – Amer. J. of Phys. Anthrop. 48: 77–82.

BLINDOW, N., RICHTER, T. & PETZOLD, H. (1997): Bodenradar. – In: K. Knödel, H. Krummel & G. Lange (Hrsg): Handbuch zur Erkundung des Untergrundes von Deponien und Altlasten, Bd. 3, Geophysik. Springer (Berlin); 369–403.

BOCHERENS, H. (2003): Isotopic biogeochemistry and the paleoecology of the mammoth steppe fauna. – Deinsea 9: 57–76.

BOCHERENS, H., ARGANT, A., ARGANT, J., BILLIOU, D., CREGUT-BONNOURE, E., DONAT-AYACHE, B., PHILIPPE, M. & THINON, M. (2004): Diet reconstruction of ancient brown bears (*Ursus arctos*) from Mont Ventoux (France) using bone collagen stable isotope biogeochemistry ($\delta^{13}C$, $\delta^{15}N$). – Canad. J. of Zoology 82: 576–586.

BOCHERENS, H., BILLIOU, D., MARIOTTI, A., PATOU-MATHIS, M., OTTE, M., BONJEAN, D. & TOUSSAINT, M. (1999): Palaeoenvironmental and palaeodietary implications of isotopic biogeochemistry of Last Interglacial Neanderthal and mammal bones in Scladina Cave (Belgium). – J. Archaeol. Science 26: 599–607.

BOCHERENS, H. & DRUCKER, D. (2003): Trophic level isotopic enrichment of carbon and nitrogen in bone collagen: case studies from recent and ancient terrestrial ecosystems. – Internat. J. of Osteoarchaeol. 13: 46–53.

BOCHERENS, H., DRUCKER, D. G., BILLIOU, D., GENESTE, J.-M. & PLICHT, J. V. D. (2006): Bears and humans in Chauvet Cave (Vallon-Pont-d´Arc, Adrèche, France): insights from stable isotopes and radiocarbon dating of bone collagen. – J. of Human Evolution 50: 370–376.

BOCHERENS, H., DRUCKER, D. G., BILLIOU, D., PATOU-MATHIS, M. & VANDERMEERSCH, B. (2005): Isotopic evidence for diet and subsistence pattern of the Saint-Césaire I Neanderthal: review and use of a multi-source mixing model. – J. of Human Evolution 49: 71–87.

BOCHERENS, H., FIZET, M. & MARIOTTI, A. (1990): Mise en évidence du régime alimentaire végétarien de l´ours des cavernes (*Ursus spelaeus*) par la biogéochemie isotopique ($^{13}C$,$^{15}N$) du collagène des Vertébrés fossiles. – Comptes Rendus de l´Académie des Sciences des Paris 311: 1279–1284.

– – – (1994): Diet, physiology and ecology of fossil mammals as inferred from stable carbon and nitrogen isotope biogeochemistry: Implications for Pleistocene bears. – Palaeogeogr. Palaeoclimat. Palaeoecol. 107: 213–225.

BOCHERENS, H., FOGEL, M. L., TUROSS, N. & ZEDER, M. (1995): Trophic structure and climatic information from isotopic signatures in Pleistocene cave fauna of southern England. – J. Archaeol. Science 22: 327–340.

BOCHERENS, H., PACAUD, G., LAZAREV, P. A. & MARIOTTI, A. (1996): Stable isotope abundances (13C,15N) in collagen and soft tissues from Pleistocene mammals from Yakutia: Implications for the palaeobiology of the mammoth steppe. – Palaeogeogr. Palaeoclimatol. Palaeoecol. 126: 31–44.

BOCHERENS, H., POLET, C. & TOUSSAINT, M. (2007): Palaeodiet of Mesolithic and Neolithic populations of Meuse Basin (Belgium): evidence from stable isotopes. – J. of Archaeol. Science 34: 10–27.

BONDE, N. (1998): Found in Denmark, but where do they come from? – Archaeol. Ireland 45: 24–29.

BORGOGNINI-TARLI, S. M., PAOLI, G. & FRANCALACCI, P. (1986): Problems and Perpectives in Palaeoserology. – In: B. Herrmann (Hrsg.): Innovative Trends in der prähistorischen Anthropologie. Mitt. d. Berliner Ges. f. Anthrop., Ethnol. u. Urgesch. 7: 107–115.

BORK, H.-R., BORK, H., DALCHOW, C., FAUST, D., PIORR, H.-P. & SCHATZ, TH. (1998): Landschaftsentwicklung in Mitteleuropa. Wirkungen des Menschen auf Landschaften. – 328 S., Klett-Perthes, Stuttgart-Gotha.

BÖSL, C., GRUPE, G. & PETERS, J. (2006): A late neolithic vertebrate food web based on stable isotope analyses. – Internat. J. of Osteoarchaeol. 16: 296–315.

BOSUM, W. (1981): Anlage und Interpretation aeromagnetischer Vermessungen im Rahmen der Erzprospektion. – Geol. Jb., E 20; 3–63.

BOTTEMA, S., ENTJES-NIEBORG, G. & VAN ZEIST, W. (eds.) (1990): Man's role in the shaping of the Eastern Mediterranean landscape. – Balkema, Rotterdam.

BRAASCH, O. (1983): Luftbildarchäologie in Süddeutschland. Spuren aus römischer Zeit. – Kleine Schriften zur Kenntnis der römischen Besetzungsgeschichte Südwestdeutschlands 30, Aalen.

– (2005): Vom heiteren Himmel. Luftbildarchäologie. – Porträt Archäol. 1, Esslingen.

BRADFORD, J. S. P. (1957): Ancient Landscapes Studies in Field Archaeology. – London.

BRAMANTI, B., HUMMEL, S., SCHULTES, T. & HERRMANN, B. (2000b): Genetic characterization of a historical human society by means of aDNA analysis of autosomal STRs. – Bienniel Books of EAA 1: 147–163.

BRAMANTI, B., SINEO, L., VIANELLO, M., CARAMELLI, D., HUMMEL, S., CHIARELLI, B. & HERRMANN, B. (2000a): The selective advantage of cystic fibrosis heterocygotes tested by aDNA analysis. – Int. J. Anthropol. 15: 255–262.

BRASILI, P., TOSELLI, S. & FACCHINI, F. (2000): Methodological Aspects of the Diagnosis of Sex Based on Cranial Metric Traits. – Homo 51: 68–80.

BRATLUND, B. (1999): A revision of the rarer species from the Ahrensburgian assemblage of Stellmoor. – In: N. Benecke (eds.): The Holocene History of the European Vertebrate Fauna. Archäologie in Eurasien 6. Rahden/Westf., 39–42.

BRAUNFELS, S., GLOWATZKI, G., HERZOG, K., HILLER, F., JÜRGENS, H. W., MÜLLER, H. W., RÖHM, E., RUELIUS, H., PIESKE, C., SCHINZ, A. & UNSCHULD, U. (1973): Der „vermessene" Mensch. Anthropometrie in Kunst und Wissenschaft. – Heinz Moos Verlag, München.

BROTHWELL, D. R. & POLLARD, A. M. (2001): Handbook Archaeol. Sciences. – John Wiley and Sons, Chichester.

BRÜCKNER, H. (2003): Delta evolution and culture – aspects of geoarchaeological research in Milet and Priene. – In: G. A. Wagner, E. Pernicka & H. P. Uerpmann, (eds.): Troia and the Troad. – Springer-Series: Natural Science in Archaeol., Springer, Berlin, Heidelberg, New York.

BRUZEK, J. (2002): A Method for Visual Determination of Sex, Using the Human Hip Bone. – Am. J. of Phys. Anthrop. 117: 157–168.

BRYANT, C., CARMI, I., COOK, G. T., GULLIKSEN, S., HARKNESS, D. D., HEINEMEIER, J., MCGEE, E., NAYSMITH, P., POSSNERT, G., SCOTT, E. M., VAN DER PLICHT, J. & VAN STRYDONCK, M. (2001): Is comparability of $^{14}$C dates an issue? A status report on the fourth international radiocarbon intercomparison. – Radiocarbon 43,2: 321–324.

BUCHWALD, V. F. (2005): Iron and steel in ancient times. The Royal Danish Academy of Sciences and Letters. – Historisk-filosofiske Skrifter 29.

BUIKSTRA, J. E. & UBELAKER, D. H. (1997): Standards for Data Collection from Human Skeletal Remains. – Arkansas Archaeol. Survey Res. Series 44, 3$^{rd}$ ed., Fayetteville.

BURGER, J. (2000): Frequenzierung, RFLP-Analyse und STR-Genotypisierungen alter DNA aus archäologischen Funden und historischen Werkstoffen. – Diss., Univ. Göttingen.

BURGER, J., HUMMEL, S. & HERRMANN, B. (2000): Palaeogenetics and cultural heritage. Species determination and STR genotyping from ancient DNA in art and artifacts. – Thermochimica Acta 365: 141–146.

BURGER, J., HUMMEL, S., HERRMANN, B. & HENKE, W. (1999): DNA preservation: A microsatellite-DNA study on ancient skeletal remains. – Electrophoresis 20: 1722–1728.

BURGER, J., PFEIFFER, I., HUMMEL, S., FUCHS, R., BRENIG, B. & HERRMANN, B. (2001): Mitochondrial and nuclear DNA from (pre)historic hide-derived material. – Ancient Biomol. 3: 227–238.

BUSSE, C. (2002): Entwicklung einer Methode zur Datierung archäologischer Keramik mittels Optisch Stimulierter Lumineszenz. – Diplomarbeit, Univ. Heidelberg.

BUTZER, K. (1971): Environment and archaeology: an ecological approach to prehistory. – 524 S., Aldine, Chicago.

– (1975): Patterns of environmental change in the Near East during late Pleistocene and early Holocene times. – In: F. Wendorff & A. Marks (eds.):

Problems in prehistory: North Africa and the Levant, 389–411. Southern Methodist Univ., Dallas.

CASELITZ, P. (1998): Die menschlichen Leichenbrände des ältereisenzeitlichen Gräberfeldes von Godshorn. – In: E. Cosack, Neue bronze- und eisenzeitliche Gräberfelder aus dem Regierungsbezirk Hannover. Materialh. Ur- u. Frühgesch. Niedersachsens, R. A, 26: 177–216.

CASTELL, W. D. (1938): Chinaflug. – Berlin & Zürich.

CERLING, T. E. & HARRIS, J. M. (1999): Carbon isotope fractionation between diet and bioapatite in ungulate mammals and implications for ecological and paleoecological studies. – Oecologia 120: 347–363.

CHANIOTIS, A. (1996): Die kretischen Berge als Wirtschaftsraum. – Geographica historica 8: 255–266.

CHARLES, D. K., CONDON, K., CHEVERUD, J. M. & BUIKSTRA, J. E. (1986): Cementum Annulation and Age Determination in Homo sapiens I. Tooth Variability and Observer Error. – Am. J. of Phys. Anthrop. 71: 311–320.

CHARTERS, S., EVERSHED, R. P., GOAD, L. J., LEYDEN, H. & BLINKHORN, P. W.: (1993): Quantification and distribution of lipid in archaeological ceramics: implications for sampling potsherds for organic residue analysis and the classification of vessel use. – Archaeometry 35,2: 211–213.

CHRISTLEIN, R. & BRAASCH, O. (1982): Das unterirdische Bayern. 7000 Jahre Geschichte und Archäologie im Luftbild. – Stuttgart.

CILIBERTO, E. & SPOTO, G. (2000): Modern Analytical Methods in Art and Archaeology. – Chemical Analysis, Vol. 155. John Wiley & Sons, New York.

CLAASSEN, C. (1998): Shells. – Cambridge Manuals in Archaeol., Cambridge.

CONDON, K., CHARLES, D. K., CHEVERUD, J. M. & BUIKSTRA, J. E. (1986): Cementum Annulation and Age Determination in Homo sapiens II. Estimates and Accuracy. – Am. J. Phys. Anthrop. 71: 321–330.

CRAWFORD, O. G. S. (1938): Luftbildaufnahmen von archäologischen Bodendenkmalen in England. Luftbild und Vorgeschichte. – Luftbild und Luftbildmessung 16, 9–18, Berlin.

– (1954): A Century of Air-Photography. – Antiquity 28: 206–210.

CRAWFORD, O. G. S. & KEILLER, A. (1928): Wessex from the Air. – Oxford.

CRUMLIN-PEDERSEN, O. (1997): Viking-age ships and shipbuilding in Hedeby/Haithabu and Schleswig. – Ships & Boats of the North 2, 328 S.

CUFAR, K., LEVANIC, T., VELUSCEK, A. & KROMER, B. (1997): First chronologies of the Eneolithic pile dwellings from the Ljubljana Moor, Slovenia. – Dendrochronologia 15: 39–50.

CZARNETZKI, A. (1972): Epigenetische Merkmale im Populationsvergleich III. Zur Frage der Korrelation zwischen der Größe des epigenetischen Abstandes und dem Grad der Allopatrie. – Z. Morph. Anthrop. 64: 145–158.

CZARNETZKI, A., KAUFMANN, B., SCHOCH, M. & XIROTIRIS, N. (1985): Definition der anatomischen Varianten. – Unterlagen zur Diskussion. Basel.

DANSGAARD, W. (1964): Stable isotopes in precipitation. – Tellus 16: 436–468.

DANSGAARD, W., JOHNSON, S. J., CLAUSEN, H. B., GUNDESTRUP, N., HAMMER, C. U. & TAUBER, H. (1995): Greenland palaeo-temperatures derived from the GRIP ice core. – In: B. Frenzel (eds.): Solar output and climate during the Holocene. Paläoklimaforschung 16, Stuttgart, New York, 35–50.

DASSIÉ, J. (1978): Manuel d'Archéologie aérienne. – Paris.

DASZKIEMICZ, M. & SCHNEIDER, G. (2001): Klassifizierung von Keramik durch Nachbrennen von Scherben. – ZAK 58,1: 25–32.

DEAN, J. S., MEKO, D. M. & SWETNAM, T. W. (eds.) (1996): Tree rings, environment and humanity. Radiocarbon. – The Univ. of Arizona, Tucson

DEITH, M. (1983): Molluscan calendars: the use of growth-line analysis to establish seasonality of shellfish collection at the Mesolithic site of Morton, Fife. – J. of Archaeol. Science 10: 423–440.

DENIRO, M. J. & EPSTEIN, S. (1978): Influence of diet on the distribution of carbon isotopes in animals. – Geochim. Cosmochim. Acta 42: 495–506.

– – (1981): Influence of diet on the distribution of nitrogen isotopes in animals. – Geochim. Cosmochim. Acta 45: 341–351.

DENKER, A., HAHN, O., MERCHEL, S., RADTKE, M., KANNGIESSER, B., MALZER, W., RÖHRS, S., REICHE, I. & STEGE, H. (2005): Röntgenanalytik für Kunstwerke und Kulturgüter. – Nachr. aus der Chemie 53: 118–123.

DEUEL, L. (1972): Flug ins Gestern. Geschichte der Luftarchäologie. – Rüschlikon, Zürich, Stuttgart, Wien.

DEVEREUX, B. J., AMABLE, G. S., CROW, P. & CLIFF, A. D. (2005): The potential of airborne lidar for detection of archeological features under woodland canopies. – Antiquity 79: 648–660.

DIAMOND, J. (1999): Arm und Reich. Die Schicksale menschlicher Gesellschaften. – 550 S., Fischer Taschenbuch 14539, Frankfurt am Main (Amerik. Originalausgabe: Guns, germs and steel. The fate of human societies. Norton, New York).

DINCAUZE, D. F. (2000): Environmental archaeology. Principles and practice. – Cambridge.

DIXON, R. A. & ROBERTS, C. A. (2001): Modern and ancient scourges: the application of ancient DNA to the analysis of tuberculosis and leprosy from archaeologically derived human remains. – Ancient Biomol. 3: 181–193.

DÖHLE, H.-J. (1994): Die linienbandkeramischen Tierknochen von Eilsleben, Bördekreis. Ein Beitrag zur neolithischen Haustierhaltung und Jagd in Mitteleuropa. – Veröffentl. des Landesamtes für archäolog. Denkmalpflege Sachsen-Anhalt 47. Halle/S.

– (1996): Archäozoologische Beiträge zum Vorkommen einiger Wildsäugetiere im Neolithikum Mitteleuropas. – In: B. Gerken & C. Meyer (Hrsg.): Wo lebten Pflanzen und Tiere in der Naturlandschaft und der frühen Kulturlandschaft Europas? – Natur- und Kulturlandschaft 1. Höxter, 125–131.

DONEUS, M. & NEUBAUER, W. (1997): Archäologische Prospektion in Österreich. – Archäol. Österreichs 8: 19–33.

DÖRNER, D. (1993): Die Logik des Misslingens. Strategisches Denken in komplexen Situationen. – Rororo 9314.

DRIESCH, A. VON DEN (1982): Das Vermessen von Tierknochen aus vor- und frühgeschichtlichen Siedlungen. – 2. Aufl., München.

DRIVER, T. S. & CHAPMAN, G. P. (1996): Timescales and environmental change. – Routledge, London, New York.

DRUCKER, D., BOCHERENS, H. & BILLIOU, D. (2003a): Evidence for shifting environmental conditions in southwestern France from 33000 to 15000 years ago derived from carbon-13 and nitrogen-15 natural abundances in collagen of large herbivores. – Earth & Planetary Science Letters 216: 163–173.

DRUCKER, D., BOCHERENS, H., BRIDAULT, A. & BILLIOU, D. (2003b): Carbon and nitrogen isotopic composition of red deer (*Cervus elaphus*) collagen as a tool for tracking palaeoenvironmental change during the Late-Glacial and Early Holocene in the northern Jura (France). – Palaeogeogr. Palaeoclimatol. Palaeoecol. 195: 375–388.

DRUCKER, D., BOCHERENS, H., CLEYET-MERLE, J.-J., MADELAINE, S. & MARIOTTI, A. (2000): Implications paléoenvironmentales de l´étude isotopique ($^{13}C,^{15}N$) de la faune des grands mammifères des Jablancs (Dordogne, France). – Paleo 12: 127–140.

DRUITT, T. H. & FRANCAVIGLIA, V. (1992): Caldera formation on Santorini and the physiography of the island in the late Bronze Age. – Bull. Volcanology 54: 484–493.

DUDD, S. & EVERSHED, R. P. (1998): Direct demonstration of Milk as an Element of Archaeological Economies. – Science 282: 1478–1481.

DUFOUR, E., BOCHERENS, H. & MARIOTTI, A. (1999): Palaeodietary implications of isotopic variability in Eurasian lacustrine fish. – J. Archaeol. Science 26: 617–627.

ECKSTEIN, D. & BAUCH, J. (1969): Beitrag zur Rationalisierung eines dendrochronologischen Verfahrens und zur Analyse seiner Aussagesicherheit. – In: Forstwiss. Centralblatt 88: 230–250.

ECKSTEIN, D. & WROBEL, S. (1983): Dendrochronologie in Europa. – Dendrochronologia 1: 9–20.

ECKSTEIN, D., WROBEL, S. & ANIOL, R. W. (eds.) (1983): Dendrochronology and archaeology in Europe. – Mitt. d. Bundesforschungsanst. f. Forst- u. Holzwirtschaft Hamburg, Nr. 141, 249 S.

EDWARDS, D. A. & HAMPTON, J. N. et al. (1985): The Mapping of Archaeological Evidence from Air Photographs. – Aerial Archaeol. 11.

EGGER, K. (1987): Traditioneller Landbau in Tansania. Modell ökologischer Ordnung? – In: J. Dahl & H. Schickert (Hrsg.): Die Erde weint. Frühe Warnungen vor der Verwüstung, 229–256. DTV 10751, München.

EICHER, U., OESCHINGER, H. & SIEGENTHALER, U. (1991): Pollenanalyse und Isotopenmessungen an Seekreiden. – In: B. Frenzel (Hrsg.): Klimageschichtliche Probleme der letzten 130. 000 Jahre. Fischer, Stuttgart, 126–138.

EKSTRÖM, J., FURUBY, E. & LILJEGREN, R. (1989): Om tillförlitlighet och otillförlitlighet i äldre pollenanalytiska dateringar. – Univ. of Lund, Inst. of Archaeol., Report Series 33: 13–20.

EPSTEIN, S., THOMPSON, P. & YAPP, C. J. (1977): Oxygen and hydrogen isotopic ratios in plant cellulose. – Science 198: 1209–1215.

ESCHENLOHR, L. & SERNEELS, V. (1991): Les Bas Fourneaux Mérovingiens de Boécourt, Les Boulies (Ju, Suisse). Cahier d'archéologie jurassienne 3.

FABIG, A. (2002): Spurenelementuntersuchungen an bodengelagertem Skelettmaterial. Validitätserwägungen im Kontext diagenetisch bedingter Konzentrationsänderungen des Knochenminerals. – Diss. Göttingen.

FAERMAN, M., KAHILA, G., SMITH, P., GREENBLATT, C., STAGER, L., OPPENHEIM, A. & FILON, D. (1997): DNA analysis reveals the sex of infanticid victims. – Nature 385: 212–213.

FAIRBANKS, R. G., MORTLOCK, R. A., CHIU, T.-C., CAO, L., KAPLAN, A., GUILDERSON, T. P., FAIRBANKS, T. W. & BLOOM, A. L. (2005): Marine Radiocarbon Calibration Curve Spanning 0 to 50,000 Years B.P. Based on Paired 230Th/234U/238U and 14C Dates on Pristine Corals. – Quaternary Science Reviews 24: 1781–1796.

Fenster zur Urzeit (1982): Luftbildarchäologie in Niederösterreich. – Katalog des Niederösterreichischen Landesmuseums N.F. 177.

FEREMBACH, D., SCHWIDETZKY, I. & STLOUKAL, M. (1979): Empfehlungen für die Alters- und Geschlechtsdiagnose am Skelett. – Homo 30: 1–32.

FINKE, L., DEMEL, U., KLINKHARDT, K. & NÖTHER, S. (2001): Untersuchung epigenetischer Merkmale an völkerwanderungszeitlichen Gräberfeldern des Mittelelbe-Saale-Gebietes. – Anthrop. Anz. 59: 309–330.

FIZET, M., MARIOTTI, A., BOCHERENS, H., LANGE-BADRÉ, B., VENDERMEERSCH, B., BOREL, J. P. & BELLON, G. (1995): Effect of diet, physiology and climate on carbon and nitrogen stable isotopes of collagen in a Late Pleistocene anthropic palaeo-ecosystem: Marillac, Charente, France. – J. Archaeol. Science 22, 1: 67–79.

FLINDT, S. (Hrsg.) (2001): Höhlen im Westharz und Kyffhäuser. Geologie, Speläologie und Archäologie. – Archäol. Schriften des Landkreises Osterode am Harz 3: 62–85.

FLINTROP, C., HOHLMANN, B., JASPER, T., KORTE, C., PODLAHA, O. G., SCHEELE, S. & VEIZER, J. (1996): Anatomy of pollution: rivers of north Rhine-Westphalia, Germany. – Amer. J. Science 296: 58–98.

FLOUD, R., WACHTER, K. & GREGORY, A. (1990): Height, Health and History. Nutritional Status in the United Kingdom, 1750–1980. – Cambridge Univ. Press, Cambridge.

FONTES, J. C. (1980): Environmental isotopes in groundwater hydrology. – In: P. Fritz & C. Fontes (eds.): Handbook of environmental isotope geochemistry 1. The terrestrial environment. Elsevier, Amsterdam, Oxford, New York, 75–140.

FORSCHNER, S. K. (2001): Die Geschlechtsbestimmung an der juvenilen *Pars petrosa ossis temporalis* im Kontext forensischer Identifikations-Untersuchungen. – Diss. Tübingen.

FREESTONE, I. C., PONTING, M. & HUGHES, M. J. (2002): The Origins of Byzantine Glass from Maroni Petrera, Cyprus. – Archaeometry 44: 257–272.

FRENZEL, B. (1991): Das Klima des Letzten Interglazials in Europa. – In: B. Frenzel (Hrsg.): Klimageschichtliche Probleme der letzten 130. 000 Jahre. Paläoklimaforschung 1, Fischer, Stuttgart, New York, 51–78.

FRENZEL, B., PECSI, M. & VELICHKO, A. A. (eds.) (1992): Atlas of paleoclimates and paleoenvironments of the Northern Hemisphere. Late Pleistocene-Holocene. – Fischer, Stuttgart, Budapest, Ungarn.

FRICKE, H. C. & O'NEIL, J. R. (1999): The correlation between $^{18}O/^{16}O$ ratios of meteoric water and surface temperature: its use in investigating terrestrial climate change over geologic time. – Earth & Planetary Science Letters 170: 181–196.

– – (1996): Inter- and intra-tooth variation in the oxygen isotope composition of mammalian tooth enamel phosphate: implications for palaeoclimatological and palaeobiological research. – Palaeogeogr. Palaeoclimatol. Palaeoecol. 126: 91–99.

FRICKE, H. C., CLYDE, C. C. & O'NEIL, J. R. (1998): Intra-tooth variations in $\delta^{18}O$ ($PO_4$) of mammalian tooth enamel as a record of seasonal variations in continental climate variables. – Geochim. Cosmochim. Acta 62: 1839–1850.

FRIEDRICH, M., KROMER, B., SPURK, M., HOFMANN, J. & KAISER, K. F. (1999): Paleo-environment and Radiocarbon as derived from Late glacial/Early Holocene tree-ring chronologies. – Quatern. Intern. 61: 27–39.

FRIEDRICH, W. (1994): Feuer im Meer – Vulkanismus und die Naturgeschichte der Insel Santorin. – Springer, Berlin, Heidelberg, New York

FRIEDRICH, W. L., KROMER, B., FRIEDRICH, M., HEINEMEIER, J., PFEIFFER, T. & TALAMO, S. (2006): Santorini Eruption Radiocarbon Dated to 1627–1600 B.C. – Science 312: 548.

FUCHS, M. (2001): Die OSL-Datierung von Archäosedimenten zur Rekonstruktion anthropogen bedingter Sedimentumlagerungen. – Geoarchäologische Untersuchungen im Becken von Phlious, NE-Peloponnes, Griechenland. 179 S., Ibidem-Verlag, Stuttgart.

FYTROLAKIS, N., PETEREK, A. & SCHRÖDER, B. (2004): Initial geoarchaeological investigations on the Holocene coastal configuration near Phaistos/Aia Triada (Messara Plain, central Crete, Greece). – Z. Geomorph. N. F. 48, 111–123. Berlin, Stuttgart

GALE, N. H. & STOS-GALE, A. Z. (2000): Lead Isotope Analysis Applied to Provenance Studies. – In: E. Ciliberto & G. Spoto (eds.): Modern Analytical Methods in Art and Archaeol., 503–584. Wiley, New York.

– – (2002): Archaeometallurgical research in the Aegean. – In: M. Bartelheim, E. Pernicka & R. Krause (Hrsg.): Die Anfänge der Metallurgie in der Alten Welt. Forsch. zur Archäometrie und Altertumswissenschaft 1, 277–302.

– – (2006): Zur Herkunft der Kupferbarren aus dem Schiffswrack von Uluburun und der spätbronzezeitliche Metallhandel im Mittelmeerraum. – In: Ü. Yalçin, C. Pulak & R. Slotta (Hrsg.): Das Schiff von Uluburun. Welthandel vor 3000 Jahren. Ausstellungskatalog Dt. Bergbau-Museum Bochum, 117–131.

GARBRECHT, G. (1991): Wasser – Vorrat, Bedarf und Nutzung in Geschichte und Gegenwart. – 279 S., rororo 7724, Hamburg.

– (1995): Meisterwerke antiker Hydrotechnik. – 154 S., Teubner, Stuttgart.

GASSMANN, G., YALÇIN, Ü. & HAUPTMANN, A. (2005): Die archäometallurgischen Materialuntersuchungen zur keltischen Eisenverhüttung in Baden-Württemberg. – In: Forsch. und Berichte zur Vor- und Frühgeschichte in Baden-Württemberg (= Forsch. zur keltischen Eisenverhüttung in Südwestdeutschland) 92: 84–114.

GEHRING, K.-D. & GRAW, M. (2001): Körperhöhenbestimmung anhand des Femurs und von Femurfragmenten. – Archiv Kriminol. 207: 170–180.

GEHRING, K.-D., HAFFNER, H.-T., WEBER, D. & GRAW, M. (2002): Investigations on the reliability of determining an individual's age from the proximal femur. – Homo 52: 214–220.

GEJVALL, N. G. (1963): Cremations. – In: D. Brothwell & E. Higgs (eds.): Science in archaeology. London, 468–479.

GENONI, L., IACUMIN, P., NIKOLAEV, V., GRIBCHENKO, Y. & LONGINELLI, A. (1998): Oxygen isotope measurements of mammoth and reindeer skeletal remains: an archive of Late Pleistocene environmental conditions in Eurasian Arctic. – Earth & Planetary Science Letters 160: 587–592.

GeoJournal (1997): Malta: at the crossroads of the Mediterranean. – Geo J. 41, 191 pp., Dordrecht, Boston, London.

GERSTENBERGER, J. (2002): Analyse alter DNA zur Ermittlung von Heiratsmustern in einer frühmittelalterlichen Bevölkerung. – Diss., Georg August-Univ., Göttingen.

GERSTENBERGER, J., HUMMEL, S. & HERRMANN, B. (1998): Assignment of an isolated skeletal element to the skeleton of Duke Christian II. – Ancient Biomol. 2: 63–68.

GERSTENBERGER, J., HUMMEL, S., SCHULTES, T., HÄCK, B. & HERRMANN, B. (1999): Reconstruction of a historical genealogy by means of STR analysis and Y-haplotyping of ancient DNA. – Europ. J. Hum. Genet. 7: 469–477.

GESCHWINDE, M. (1988): Höhlen im Ith. Urgeschichtliche Opferstätten im südniedersächsischen Bergland. – Verlag August Lax, Hildesheim.

GLÄSER, M. (2001): Archäologisch erfaßte mittelalterliche Hausbauten in Lübeck. – Lübecker Kolloquium zur StadtArchäol. 3: 277–305.

GOLDENBERG, G. & STEUER, H. (2004): Mittelalterlicher Silberbergbau im Südschwarzwald. – In: G. Markl & S. Lorenz (Hrsg.): Silber Kupfer Kobalt. Schriftenreihe des Mineralienmuseums Oberwolfach (= Veröffentlichungen des Alemannischen Instituts 72: 45–80.

GOUDIE, A. (1997): The encyclopedic dictionary of physical geography. – 611 pp., Blackwell, Oxford.

– (2001): The nature of the environment. – Blackwell, Oxford.

GRAW, M., HAFFNER, H.-T. & CZARNETZKI, A. (1997): Methode zur Untersuchung des *Margo supraorbitalis* als Kriterium zur Geschlechtsdiagnose – Reliabilität und Validität. – Rechtsmed. 7: 121–126.

GREENBLATT, C. L. (1998): Digging for pathogens. Ancient emerging diseases – their evolutionary, anthropological and archaeological context. – Balaban, Rehovot.

GREENBLATT, C. & SPIGELMAN, M. (2003): Emerging pathogens. Archaeology, ecology and evolution of infectious disease. – Oxford Univ. Press, Oxford.

GREILICH, S., GLASMACHER, U. A. & WAGNER, G. A. (2002): Spatially resolved detection of luminescence – a unique tool for archaeochrometry. – Naturwissenschaften 89: 371–375.

GRÖGLER, N., HOUTERMANS, F. G. & STAUFER, H. (1958): Radiation damage as a research tool for geology and prehistory. – 5$^{th}$ Rass. Internaz. Elettr. Nucl., Sezione Nucleare, Roma, 5–15.

– – (1960): Über die Datierung von Keramik und Ziegel durch Thermolumineszenz. – Helv. Phys. Acta 33: 595–596.

GROSSKOPF, B. (1990): Individualaltersbestimmung mit Hilfe von Zuwachsringen im Zement bodengelagerter menschlicher Zähne. – Rechtsmed. 103: 351–359.

– (2004): Leichenbrand – Biologisches und kulturhistorisches Quellenmaterial zur Rekonstruktion vor- und frühgeschichtlicher Populationen und ihrer Funeralpraktiken. – Diss. Leipzig.

GROVE, J. (1996): The century time-scale. – In: T. S. Driver & G. P. Chapman (eds.): Time-scales and environmental change, 39–87. Routledge, London, New York.

GROVE, A. T. & RACKHAM, O. (2001): The nature of Mediterannean landscapes. An ecological history. – 384 S., Yale Univ. Press, New Haven, London.

GRUE, H. & JENSEN, B. (1979): Review of the formation of incremental lines in tooth cementum of terrestrial mammals. – Danish Review of Game Biol. 11: 1–48.

GUSTAFSON, G. (1955): Altersbestimmung an Zähnen. – Dt. zahnärztl. Z. 10: 1763–1768.

HAGELBERG, E., SYKES, B. & HEDGES, R. (1989): Ancient bone DNA amplifyed. – Nature 342: 485–485.

HAGLUND, W. D. & SORG, M. H. (eds.) (1997): Forensic Taphonomy. The Postmortem Fate of Human Remains. – CRC Press, Boca Raton, London, New York.

HAHN, A., PETERSEN, N. & SOFFEL, H. (1985): Geomagnetik. – In: F. Bender (Hrsg): Angewandte Geowissenschaften, Bd. II, Methoden der Angewandten Geophysik und mathematische Verfahren in den Geowissenschaften. – Enke, Stuttgart, 57–155.

HALL, A. R. & KENWARD, H. K. (1982): Environmental archaeology in the urban context. – London.

HAMMARLUND, D. & BUCHARDT, B. (1996): Composite stable isotope records from a Late Weichselian lacustrine sequence at Graenge, Lolland, Denmark: Evidence of Alleröd and Younger Dryas environments. – Boreas 25: 8–22.

HANSEN, S. (1994): Studien zu den Metalldeponierungen während der Urnenfelderzeit zwischen Rhônetal und Karpatenbecken. – Universitätsforsch. zur Prähistorischen Archäol. 21. Habelt, Bonn.

HARDEN, D. B. (1988): Glas der Caesaren. – Olivetti, Mailand.

HARE, P. E., FOGEL, M. L., STAFFORD, T. W. Jr., MITCHELL, A. D. & HOERING, T. C. (1991): The isotopic composition of carbon and nitrogen in individual amino acids isolated from modern and fossil proteins. – J. Archaeol. Science 18: 277–292.

HARRIS, M. (1995): Kannibalen und Könige. Die Wachstumsgrenzen der Hochkulturen. 276 S., dtv 30500, München (Amerik. Originalausg.: Cannibals and kings, 1977. Random House, New York).

HARSÁNYI, L. (1993): Differential Diagnosis of Human and Animal Bone. – In: G. Grupe & A. N. Garland (eds.): Histology of Ancient Human Bone: Methods and Diagnosis. Springer-Verlag, Berlin, Heidelberg, New York, 79–94.

HAUPTMANN, A. (2000): Zur frühen Metallurgie des Kupfers in Fenan, Jordanien. – Der Anschnitt, Beih. 11. Dt. Bergbau-Museum Bochum.

– (2003): Rationales of liquefaction and metal separation in earliest copper smelting: basics for reconstructing chalcolithic and Early Bronze Age smelting processes. – In: Archaeometallurgy in Europe. Proc. Internat. Conf., Milano 2003, 459–468.

HAUPTMANN, A. & YALCIN, Ü. (2000): Lime Plaster, Cement and the First Puzzolanic Reaction. – Paléorient 26,2: 61–68.

HAUPTMANN, A., PERNICKA, E. & WAGNER, G. A. (1988): Untersuchungen zur Prozeßtechnik und zum Alter der frühen Blei-Silber-Gewinnung auf Thasos. – In: Wagner, G. A. & Weisgerber, V. (Hrsg.): Antike Edel- und Buntmetallgewinnung auf Thasos. Der Anschnitt, Beih. 6: 88–112.

HAUPTMANN, A., PERNICKA, E., LUTZ, J. & YALCIN, Ü. (1993): Zur Technologie der frühesten Verhüttung von Kupfererzen im östlichen Mittelmeerraum. – In: M. Frangipane, H. Hauptmann, M. Liverani, P. Matthiae & M. Mellink (eds.): Between the Rivers and Over the Mountains: Archaeologica Anatolica et Mesopotamica Alba Palmieri Dedicata. Universita di Roma „La Sapienza", 1993: 541–572.

HAUPTMANN, A., REHREN, T. & SCHMITT-STRECKER, S. (2003): Early Bronze Age copper metallurgy at Shahr-i Sokhta, reconsidered. – In: Th. Stöllner, G. Körlin, G. Steffens & J. Cierny (eds.): Man and Mining. Studies in honour of Gerd Weisgerber on occasion of his 65th birthday. Der Anschnitt, Beih. 16: 197–213.

HAUSER, G. & DE STEFANO, G. F. (1989): Epigenetic variants of the human skull. – Schweizerbart, Stuttgart.

HECK, M. (2000): Chemisch-analytische Untersuchungen an frühmittelalterlichen Glasperlen. – Diss., TU Darmstadt.

HECK, M. & HOFFMANN, P. (2000): Coloured Opaque Glass Beads of the Merovingians. – Archaeometry 42: 341–357.

– – (2002): Analysis of Early Medieval Glass Beads – The Raw Materials to Produce Green, Orange and Brown Colours. – Mikrochim. Acta 139: 71–76.

HECK, M., HOFFMANN, P., THEUNE, C. & CALLMER, J. (1998): Farbmessungen an merowingerzeitlichen Glasperlen. – Archäometrie und Denkmalpflege, Würzburg, 158–160.

HECK, M., REHREN, T. & HOFFMANN, P. (2003): The Production of Lead Tin Yellow Glass Pigment at Merovingian Schleitheim (Switzerland). – Archaeometry 45: 33–44.

HEDGES, R. E. M. (2003): On bone collagen-apatite-carbonate isotopic relationships. – Internat. J. of Osteoarchaeol. 13: 66–79.

HEDGES, R. E. M. & VAN KLINKEN, G. J. (1992): A review of current approaches in the pretreatment of bone for radiocarbon dating by AMS. – Radiocarbon 34,3: 279–291.

HEDGES, R. E. M., STEVENS, R. E. & KOCH, P. L. (2006): Isotopes in bones and teeth. – In: Leng, M. J. (eds.): Isotopes in palaeoenvironmental research. Developm. in Paleoenvironm. Res. 10, Dordrecht, 117–145.

HEIMANN, R. B. (1979): Archäothermometrie: Methoden zur Brenntemperaturbestimmung von antiker Keramik. – Fridericiana, Z. d. Univ. Karlsruhe 24: 17–34.

HEINRICH, D. (1991): Untersuchungen an Skelettresten wildlebender Säugetiere aus dem mittelalterlichen Schleswig. – Ausgrabung Schild 1971–1975. Ausgrabungen in Schleswig, Berichte und Studien 9. Neumünster.

HELLER, E. (2006): GoogleEarth. Ein weltweites Hilfsmittel für die Luftbildarchäologie. – VDV Magazin, 5: 356–358.

– (2007): Virtuelle Luftbildarchäologie im Internet. Feldblock-Finder im Vergleich mit GoogleEarth. – VDV Magazin, 1: 18–19.

HENKE, W. (1974): Zur Methode der diskriminanzanalytischen Geschlechtsbestimmung am Schädel. – Homo 24: 99–117.

HERON, C. & EVERSHED, R. P. (1993): The analysis of organic residues and the study of pottery use. – In: M. Schiffer (eds.): Archaeological method and theory 5. Univ. of Arizona Press, Arizona.

HERRMANN, B. (1994): Archäometrie. Naturwissenschaftliche Analyse von Sachüberresten. – Springer.

– (2001): Histologische Befunde an der Knochenbinnenstruktur. – In: M. Oehmichen & G. Geserick (Hrsg.): Osteologische Identifikation und Altersschätzung. Schmidt-Römhild, Lübeck, 185–195.

HERRMANN, B., GRUPE, G., HUMMEL, S., PIEPENBRINK, H. & SCHUTKOWSKI, H. (1990): Prähistorische Anthropologie. Leitfaden der Feld- und Labormethoden. – Springer-Verlag, Berlin, Heidelberg, New York, 52ff.

HERZ, N. & GARRISON, E. G. (1998): Geological methods for archeology. – Oxford Univ. Press, New York, Oxford.

HESS, K., HAUPTMANN, A., WRIGHT, H. & WHALLON, R. (1998): Evidence of fourth millennium BC silver production at Fatmali-Kaleçik. – In: T. Rehren, A. Hauptmann & J. D. Muhly (eds.): Metallurgica Antiqua. In honour of Hans-Gert Bachmann and Robert Maddin. Der Anschnitt, Beih. 8: 57–67.

HIGHAM, T., RAMSEY, C. B., KARAVANIC, I., SMITH, F. H. & TRINKAUS, E. (2006): Revised direct radiocarbon dating of the Vindija G1 Upper Paleolithic Neandertals. – PNAS 103: 553–557.

HILDERBRAND, G. V., FARLEY, S. D., ROBBINS, C. T., HANLEY, T. A., TITUS, K. & SERVHEEN, C. (1996): Use of stable isotopes to determine diets of living and extinct bears. – Canad. J. Zool. 74: 2080–2088.

HILLSON, S. (1986): Teeth. – Cambridge Manuals in Archaeology. Cambridge.

– (1998): Dental Anthropology. – Cambridge Univ. Press, Cambridge.

HOBSON, K. A. (1999): Tracing origins and migration of wildlife using stable isotopes: A review. – Oecologia 120: 314–326.

HOEFS, J. (2004): Stable isotopes in geochemistry. – Springer, Berlin, Heidelberg, New York, 340 pp.

HOFFMANN, P. (1994): Analytical determination of colouring elements and of their compounds in glass beads from graveyards of the Merovings time. – Fresenius J. Anal. Chem. 349: 320–333.

HOFFMANN, P., BICHLMEIER, S., HECK, M., THEUNE, C. & CALLMER, J. (1997): Chemical composition of glass beads of the Merovingian period from graveyards in the Black Forest, Germany. – X-Ray Spectrometry 29: 92–100.

HOFREITER, M., JAENICKE, V., SERRE, D., HAESELER, A. V. A. & PÄÄBO, S. (2001): DNA sequences from multiple amplifications reveal artifacts induced by cytosine deamination in ancient DNA. – Nucleic. Acids. Res. 29: 4793–4799.

HOPPE, K. A., AMUNDSON, R., VAVRA, M., McCLARAN, M. P. & ANDERSON, D. L. (2004): Isotopic analysis of tooth enamel carbonate from modern North American feral horses: implications for palaeoenvironmental reconstructions. – Palaeogeogr. Palaeoclimatol. Palaeoecol. 203: 299–311.

HORSTMANN, D. (1985): Das Zustandsschaubild Eisen-Kohlenstoff. – Stahl & Eisen, Düsseldorf.

HÖSS, M. & PÄÄBO, S. (1993): DNA extraction from Pleistocene bones by a silica-based purification method. Nucleic. – Acids. Res. 21: 3913–3914.

HROUDA, B. (Hrsg) (1978): Methoden der Archäologie. Eine Einführung in ihre naturwissenschaftlichen Techniken. – München.

HUBER, B. (1941): Aufbau einer mitteleuropäischen Jahrring-Chronologie. – Mitt. Akad. Dt. Forstwiss. 1: 110–125.

HUBER, B. & HOLDHEIDE, W. (1942): Jahrringchronologische Untersuchungen an Hölzern der bronzezeitlichen Wasserburg Buchau am Federsee. – Berichte der Dt. Bot. Ges. 60,5: 261–283.

HÜBNER, K.-D., SAUR, R. & REICHSTEIN, H. (1988): Die Säugetierknochen der neolithischen Seeufersiedlung Hüde I am Dümmer, Landkreis Diepholz, Niedersachsen. – Göttinger Schriften zur Vor- und Frühgeschichte 23. Neumünster.

HUGHEN, K. A., SOUTHON, J. R., LEHMAN, S. J., & OVERPECK, J. T. (2000): Synchronous Radiocarbon and Climate Shifts During the Last Deglaciation. Science 290: 1951–1954.

HUGHEN, K. A., SOUTHON, J., LEHMAN, S., BERTRAND, C. & TURNBULL, J. (2006): Marine-derived 14C calibration and activity record for the past 50,000 years updated from the Cariaco Basin. – Quaternary Science Reviews 25: 3216–3227.

HUMMEL, S. (2003a): Ancient DNA Typing. Methods, strategies and applications. – Springer, Heidelberg.

– (2003b): Ancient DNA: recovery and analysis. Encyclopedia of the Human Genome. – Nature Publishing Group. Ref. 342.

HUMMEL, S. & HERRMANN, B. (1991): Y-chromosome-specific DNA amplified in ancient human bone. – Naturwissensch. 78: 266–267.

HUMMEL, S., BRAMANTI, B., FINKE, T. & HERRMANN, B. (2000): Evaluation of Morphological Sex Determination by Molecular Analyses. – Anthrop. Anz. 58: 9–13.

Hummel, S., Bramanti, B., Schultes, T., Kahle, M., Haffner, S. & Herrmann, B. (2000): Megaplex DNA typing can provide a strong indication of the authenticity of ancient DNA amplifications by clearly recognizing any possible type of modern contamination. – Anthrop. Anz. 58: 15–21.

Hummel, S. & Schultes, T. (2000): From skeletons to fingerprints – STR typing of ancient DNA. – Ancient Biomol. 3: 103–116.

Hummel, S. & Schutkowski, H. (1993): Approaches to the Histological Age Determination of Cremated Humen Remains. – In: G. Grupe & A. N. Garland (eds.): Histology of Ancient Human Bone: Methods and Diagnosis. Springer-Verlag, Berlin-Heidelberg-New York, 111–123.

Hummel, S., Schmidt, D., Herrmann, B. & Oppermann, M. (subm.): Detection of the CCR5-Δ32 HIV resistance gene in Bronze Age skeletons.

Hummel, S., Schmidt, D., Kahle, M. & Herrmann, B. (2002): ABO blood group genotyping of ancient DNA by PCR-RFLP. – Int. J. Legal. Med. 116: 327–333.

Hüster, H. (1983): Die Fischknochen der neolithischen Moorsiedlung Hüde I am Dümmer, Kreis Grafschaft Diepholz. – Neue Ausgrabungen und Forsch. in Niedersachsen 16: 401–480.

Iacumin, P., Cominotto, D. & Longinelli, A. (1996): A stable isotope study of mammal skeletal remains of mid-Pleistocene age, Arago cave, eastern Pyrenees, France. Evidence of taphonomic and diagenetic effects. – Palaeogeogr. Palaeoclimatol. Palaeoecol. 126: 151–160.

Iacumin, P., Nikolaev, V. & Ramigni, M. (2000): C and N stable isotope measurements on Eurasian fossil mammals, 40 000 to 10 000 years BP: Herbivore physiologies and palaeoenvironmental reconstruction. – Palaeogeogr. Palaeoclimatol. Palaeoecol. 163: 33–47.

IAEA (1998): Global Network for Isotopes in Precipitation. The GNIP Database. URL: http://www.iaea.org/programs/ri/gnip/gnipmain.htm, Release 2 May 1998.

Ilg, A. (1970): Heraclius – Von den Farben und Künsten der Römer. – In: Eitelberger v. Edelberg, R. (Hrsg.): Quellenschriften zur Kunstgeschichte und Kunsttechnik des Mittelalters und der Renaissance IV. Otto Zeller Verlag, Osnabrück.

Inbar, M. (2001): Agricultural development and land degradation in the Middle East since the Neolithic period; the Israel case. – Petermanns Geogr. Mitt. 145,4: 42–51.

Introna Jr., F., Di Vella, G. & Campobasso, C. P. (1998): Sex Determination by Discriminant Analysis of Patella Measurements. – Forensic Science Internat. 95: 39–45.

Introna Jr., F., Di Vella, G., Campobasso, C. P. & Dragone, M. (1997): Sex Determination by Discriminant Analysis of Calcanei Measurements. – J. Forensic Sci. 42: 725–728.

Iscan, M. Y. (ed.) (1989): Age Markers in the Human Skeleton. – Charles C. Thomas, Springfield.

Ivanov, S. I. (1978): Die Schätze der Warnaer chalkolithischen Nekropole. – Sofia.

Ixer, R. A. (1999): The Role of Ore Geology and Ores in the Archaeological Provenancing of Metals. – In: S. M. M. Young, A. M. Pollard, P. Budd & R. A. Ixer (eds.): Metals in Antiquity. BAR International Series 792, 43–52.

Jacobs, K. (1992): Estimating Femur and Tibia Length from Fragmentary Bones. – Am. J. of Phys. Anthrop. 89: 333–346.

Jankauskas, R., Barakauskas, S. & Bojarun, R. (2001): Incremental Lines of Dental Cementum in biological age determination. – Homo 52: 59–71.

Jansen, H. G. & Blindow, N. (2003): The Geophysical Mapping of the Lower City of Troia/Ilion. – In: G. A. Wagner, E. Pernicka & H. P. Uerpmann (eds.): Troia and the Troad. Natural Science in Archaeology. Springer, Berlin, Heidelberg, New York, 325–340.

Jarman, M. R., Bailey, G. N. & Jarman, H. N. (1982): Early European agriculture. Its foundations and development. – Cambridge.

Jeffreys, A. J., Wilson, V. & Thein, S. L. (1985): Individual-specific „fingerprints" of human DNA. – Nature 316: 76–79.

Jones, R. E., Isserlin, B. S. J., Karastathis, V., Papamarinopoulos, S. P, Syrides, G. E., Uren, J., Balatsas, I., Kapopulos, C., Maniatis, Y. & Facorellis, G. (2000): Exploration of the Canal of Xerxes, Northern Greece: The Role of Geophysical and Other Techniques. – Archaeol. Prospection 7,3: 147–170.

Junghans, S., Sangmeister, E. & Schröder, M. (1968): Kupfer und Bronze in der frühen Metallzeit Europas. – Bd. 1–3. Mann, Berlin

– – – (1974): Kupfer und Bronze in der frühen Metallzeit Europas, Bd. 4. – Berlin.

Junk, S. A. & Pernicka, E. (2003): An assessment of osmium isotope ratios as a new tool to determine the provenance of gold with platinum-group metal inclusions. – Archaeometry 45,2: 313–331.

Kadereit, A., Lang, A. & Wagner, G. A. (2001): Colluvial sediments near archaeological sites as a key to the past landscape evolution under human impact. – BAR-Archaeolingua, Central European Series 1: 123–129.

Katzenberg, M. A. & Harrison, R. G. (1997): What's in a bone? Recent advances in archaeological bone chemistry. – J. of Archaeol. Res. 5: 265–293.

Katzenberg, M. A. & Weber, A. (1999): Stable isotope ecology and palaeodiet in the Lake Baikal region of Siberia. – J. Archaeol. Science 26: 651–659.

Keesmann, I. (1989): Chemische und mineralogische Detailuntersuchungen zur Interpretation eisenreicher Schlacken. – In: R. Pleiner (ed.): Archaeometallurgy of Iron, 1967–1987. – Symposium Liblice 1987, Prague, 17–34.

– (1993): Naturwissenschaftliche Untersuchungen zur antiken Kupfer- und Silberverhüttung in Südwestspanien. – In: H. Steuer & U. Zimmermann (Hrsg.): Montanarchäologie in Europa. Archäologie und Geschichte: Freiburger Forsch. zum ersten Jahrtausend in Südwestdeutschland, Bd. 4. Thorbecke, Sigmaringen, 105–122.

Kemkes-Grottenthaler, A. (1993): Kritischer Vergleich osteomorphognostischer Verfahren zur Lebensaltersbestimmung Erwachsener. – Diss. Mainz.

Kenward, H. K. (1978): The analysis of archaeological insect assemblages: a new approach. – The Archaeol. of York 19/1. London.

Kerley, E. R. & Ubelaker, D. H. (1987): Revision in the Microscopic Method of Estimating Age at Death in Human Cortical Bone. – Am. J. of Phys. Anthrop. 49: 545–546.

Kilian, M. R., Van Geel, B. & Van Der Plicht, H. (2000): $^{14}$C AMS wiggle matching of raised bog deposits and models of peat accumulation. – Quatern. Science Rev. 19: 1011–1033.

Kimpton, C., Fisher, D., Watson, S., Adams, M., Urquhart, A., Lygo, J. & Gill, P. (1994): Evaluation of an automated DNA profiling system employing multiplex amplification of four tetrameric STR loci. – Int. J. Legal. 106: 302–311.

Kitagawa, H. & Van Der Plicht, J. (1998): Atmospheric radiocarbon calibration to 45,000 yr BP : Late Glacial fluctuations and cosmogenic isotope production. – Science 279: 1187–1190.

Klappauf, L. (2000): Spuren deuten – Frühe Montanwirtschaft. – In: C. Segers-Glocke (Hrsg.): Auf den Spuren einer frühen Industrielandschaft. Arbeitsh. zur Denkmalpflege in Niedersachsen 21: 19–27.

Klein, S., Lahaye, Y., Brey, G. P. & Von Kaenel, H.-M. (2004): The Early Roman Imperial Aes Coinage II: Tracing Copper Sources by Lead- and Copper-Isotope Analysis – Copper Coins of Augustus and Tiberius. – Archaeometry 46,3: 469–480.

Klevezal, G. A. (1996): Recording structures of mammals. Determination of age and reconstruction of life history. – Rotterdam.

Knipper, C. (2004): Die Strontiumisotopenanalyse – Eine naturwissenschaftliche Methode zur Erfassung von Mobilität in der Ur- und Frühgeschichte. – Jb. des Römisch-Germanischen Zentralmuseums Mainz 51: 589–685.

Knödel, K., Krummel, H. & Lange, G. (1997): Geophysik. – Springer, Heidelberg, Berlin, New York.

Knussmann, R. (Hrsg.) (1988): Anthropologie. Handbuch der vergleichenden Biologie des Menschen I/1. Wesen und Methoden der Anthropologie. – Gustav Fischer, Stuttgart, New York.

Koenigswald, W. V. (1983): Die Tierwelt zur Zeit des Steinheimer Urmenschen. – Blätter des Schwäbischen Albvereins 6: 183–185.

Kohn, M. J. & Cerling, T. E. (2002): Stable Isotope compositions of biological apatite. – Revs. in Miner. and Geochem. 48: 455–488.

Kohn, M. J., Schoeninger, M. J. & Valley, J. W. (1996): Herbivore tooth oxygen isotope compositions: effects of diet and physiology. – Geochim. Cosmochim. Acta 60: 3889–3896.

– – – (1998): Variability in oxygen isotope compositions of herbivore teeth. – Reflections of seasonality or developmental physiology? – Chem. Geol. 152: 97–112.

Kolman, C. J. & Tuross, N. (2000): Ancient DNA Analysis of Human Populations. – Am. J. of Phys. Anthrop. 111: 5–23.

Kolodny, Y., Luz, B. & Navon, O. (1983): Oxygen isotope variations in phosphate of biogenic apatites, I. Fish bone apatite – rechecking the rules of the game. – Earth & Planet. Science Lett. 64: 398–404.

Korfmann, M. & Kromer, B. (1993): Demircihüyük, Besik-Tepe, Troia – Eine Zwischenbilanz zur Chronologie dreier Orte in Westanatolien. – Studia Troica 3: 135–172.

Körlin, G. & Weisgerber, G. (2006): Stone Age – Mining Age. – Der Anschnitt, Beih. 19, Dt. Bergbau-Museum Bochum.

Kraus, K. (1990): Fernerkundung. Bd. 2. Auswertung photographischer und digitaler Bilder. – Bonn.

Kraus, K. & Schneider, W. (1988): Fernerkundung. Bd. 1. Physikalische Grundlagen und Aufnahmetechniken. – Bonn.

Krause, R. (2003): Studien zur kupfer- und frühbronzezeitlichen Metallurgie zwischen Karpatenbecken und Ostsee. – Vorgeschichtl. Forsch., Rahden, Bd. 24.

KREMEYER, B., HUMMEL, S. & HERRMANN, B. (subm.): Frequency analysis of the Δ32ccr5 HIV resistance allele in a medieval Plague mass grave.

KRINGS, M., STONE, A., SCHMITZ, R. W., KRAINITZKI, H., STONEKING, M. & PÄÄBO, S. (1997): Neanderthal DNA sequences and the origin of modern humans. – Cell 90: 19–30.

KROMER, B., KORFMANN, M. & JABLONKA, P. (2002): Heidelberg radiocarbon dates for Troia I to VIII and Kumtepe. – In: G. Wagner (ed.): Troia and the Troad. Heidelberg, Springer.

KROMER, B., MANNING, S. W., KUNIHOLM, P. I., NEWTON, M. W., SPURK, M. & LEVIN, I. (2001): Regional $^{14}CO_2$ Offsets in the Troposphere: Magnitude, Mechanisms, and Consequences. – Science 294: 2529–2532.

KROMER, B. & MÜNNICH, K.-O. (1992): $CO_2$ gas proportional counting in radiocarbon dating – review and perspective. – In: R. E. Taylor, A. Long & R. S. Kra (eds.): Radiocarbon after Four Decades. Springer, New York.

KRONZ, A. (1997): Phasenbeziehungen und Kristallisationsmechanismen in fayalitischen Schmelzsystemen – Untersuchungen an Eisen- und Buntmetallschlacken. – Diss. Fak. Geowissensch., Mainz.

KRONZ, A. & KEESMANN, I. (2003): Fayalitische Schmelzen und die Effektivität des metallurgischen Verfahrens. – Forsch. und Ber. zur Vor- und Frühgeschichte in Baden-Württemberg 86 (= Abbau und Verhüttung von Eisenerzen im Vorland der mittleren Schwäbischen Alb), 259–274.

KRUSE, R., DÖRFLER, W. & JÖNS, H. (1997): Angewandte Prospektionsmethoden. – In: H. Jöns (Hrsg.): Frühe Eisengewinnung in Joldelund, Kr. Nordfriesland, 1. Universitätsforsch. zur prähistorischen Archäol. 40: 12–34.

KUNOW, J. (Hrsg.) (1995): Luftbildarchäologie in Ost- und Mitteleuropa/Aerial Archaeology in Eastern and Central Europe. – Internat. Symp. 26.-30. Sept. 1994, Kleinmachnow, Land Brandenburg. Forsch. zur Archäologie im Land Brandenburg 3, Potsdam.

LAKSHMANAN, J. & MONTLUCON, J. (1987): Microgravity probes the Great Pyramid. – The Leading Edge of Exploration: 10–17.

LAMBERT, J. B. & GRUPE, G. (eds.) (1993): Prehistoric human bone. Archaeology at the molecular level. – Springer, Berlin, Heidelberg, New York.

LANG, A., KADEREIT, K., BEHRENDS, R. B. & WAGNER G. A. (1999): Optical dating of anthropogenic sediments at the archaeological excavation site Herrenbrunnenbuckel, Bretten-Bauerbach, Germany. – Archaeometry 41: 397–411.

LANG, A. & WAGNER, G. A. (1996): Infrared stimulated luminescence dating of archaeosediments. – Archaeometry 38: 129–141.

LANGE, G. & JACOBS, F. (1997): Gleichstromgeoelektrik. – In: K. Knödel, H. Krummel & G. Lange (Hrsg): Handbuch zur Erkundung des Untergrundes von Deponien und Altlasten, Bd. 3, Geophysik. Springer (Berlin), 122–165.

LANGE, M., SCHUTKOWSKI, H., HUMMEL, S. & HERRMANN, B. (1987): A Bibliography on Cremation. – PACT 19, Strasbourg.

LANGENSCHEIDT, F. (1985): Methodenkritische Untersuchungen zur Paläodemographie am Beispiel zweier fränkischer Gräberfelder. – Materialien zur Bevölkerungswiss. Sonderh. 2, Wiesbaden.

LARSEN, C. S. (1999): Bioarchaeology. Interpreting Behaviour from the Human Skeleton. – Cambridge Univ. Press, Cambridge.

LASSEN, C. (1998): Molekulare Geschlechtsdetermination der Traufkinder des Gräberfeldes Aegerten (Schweiz). – Diss., Georg August-Univ. Göttingen. Cuvillier, Göttingen.

LASSEN, C., HUMMEL, S. & HERRMANN, B. (2000): Molecular sex identification of stillborn and neonate individuals (Traufkinder) from the burial site Aegerten. – Anthrop. Anz. 58: 1–8.

LEE-THORP, J. (2002): Two decades of progress towards understanding fossilization processes and isotopic signals in calcified tissue minerals. – Archaeometry 44: 435–446.

LEGGE, A. J. & ROWLEY-CONWY, P. A. (1988): Star Carr revisited: A re-analysis of the large mammals. – London.

LEHMANN, P. & BREUER, G. (1997): The use-specific and social-topographical differences in the composition of animal species found in the Roman city of Augusta Raurica (Switzerland). – Anthropozoologica 25–26: 487–494.

LEPIKSAAR, J. (1986): Tierreste in einer römischen Amphore aus Salzburg (Mozartplatz 4). – Bayerische Vorgeschichtsblätter 51: 163–185.

LÉTOLLE, R. & MAINGUET, M. (1996): Der Aralsee. Eine ökologische Katastrophe. – 517 S., Springer, Berlin (Frz. Originalausgabe: Aral, 1993. Springer, Paris).

LEUSCHNER, H. H. (1988): Absolute oak chronologies back to 6255 v. Chr. – PACT 22: 123–132.

– (1992): Subfossil trees. – Lundqua report 34: 193 197.

LEYDEN, J. J., WASSENAAR, L. I., HOBSON, K. A. & WALKER, E. G. (2006): Stable hydrogen isotopes of bison bone collagen as a proxy for Holocene climate on the Northern Great Plains. – Palaeogeogr. Palaeoclimatol. Palaeoecol. 239: 87–99.

LI, C. R. & PINGEL, V. (eds.) (2000): The Archaeological Aerial Photo-Atlas of Linzi, China, Jinan.

LIBERT, F., COCHAUX, P., BECKMAN, G., SAMSON, M., AKSENOVA, M., CAO, A., CZEIZEL, A., CLAUSTRES, M., DE LA RUA, C., FERRARI, M., FERREC, C., GLOVER, G., GRINDE, B., GURAN, S., KUCINSKAS, V., LAVINHA, J., MERCIER, B., OGUR, G., PELTONEN, L., ROSATELLI, C., SCHWARTZ, M., SPITSYN, V., TIMAR, L., BECKMAN, L., PARMENTIER, M. & VASSART, G. (1998): The Δ ccr5 mutation conferring protection against HIV-1 in Caucasian populations has a single and recent origin in Northeastern Europe. – Hum. Mol. Genet. 7: 399–406.

LINDARS, E. S., GRIMES, S. T., MATTEY, D. P., COLLINSON, M. E., HOOKER, J. J. & JONES, T. P. (2001): Phosphate $\delta^{18}O$ determination of modern rodent teeth by direct laser fluorination: An appraisal of methodology and potential application to palaeoclimate reconstruction. – Geochim. Cosmochim. Acta 65: 2535–2548.

LONGINELLI, A. (1966): Ratios of oxygen-18: oxygen-16 in phosphate and carbonate from living and fossil marine organisms. – Nature 211: 923–927.

– (1973): Preliminary oxygen-isotope measurements of phosphate from mammal teeth and bones. – Coll. Internat. CNRS 219: 267–271.

– (1995): Stable isotope ratios in phosphate from mammal bone and tooth as climatic indicators. – In: B. Frenzel, B. Stauffer & M. M. Weiß (eds.): Problems of stable isotopes in tree-rings, lake sediments and peat bogs as climatic evidence for the Holocene. Paläoklimaforschung 15, Stuttgart, Jena, New York, 57–70.

LOREILLE, O., MOUNOLOU, J. C. & MONNEROT, M. (1997): History of the rabbit and ancient DNA. – C. R. Seances Soc. Biol. Fil. 191: 537–544.

LÖSCH, S., GRUPE, G. & PETERS, J. (2006): Stable isotopes and dietary adaptations in Humans and animals at Pre-Pottery Neolithic Nevali Cori, Southeast Anatolia. – Amer. J. of Phys. Anthropol. 131: 181–193.

LOTH, S. R. & HENNEBERG, M. (1996): Mandibular Ramus Flexure: A New Morphologic Indicator of Sexual Dimorphism in the Human Skeleton. A. – J. of Phys. Anthrop. 99: 473–486.

– – (2000): Gonial Eversion: Facial Architecture, not Sex. – Homo 51: 81–89.

– – (2001): Sexually Dimorphic Mandibular Morphology in the First Few Years of Life. Am. J. of Phys. Anthrop. 115: 179–186.

Luftbild und Vorgeschichte (1938): Luftbild und Luftbildmessung Nr. 16, Berlin.

LUZ, B., CORMIE, A. B. & SCHWARZ, H. P. (1990): Oxygen isotope variations in phosphate of deer bones. – Geochim. Cosmochim. Acta 54: 1723–1728.

LYMAN, R. L. (1994): Vertebrate Taphonomy. – Cambridge Manuals in Archaeol., Cambridge.

LYONS, T. R. & AVERY, T. E. (1977): Remote Sensing A Handbook for Archeologists and Cultural Resource mangers. – National Park Service, U. S. Dept. of the Interior, Washington D. C.

MADDIN, R., MUHLY, J. D. & STECH, T. (1999): Early Metalworking at Çayönü. – In: A. Hauptmann, E. Pernicka, T. Rehren & Ü. Yalçin (eds.): The Beginnings of Metallurgy. Der Anschnitt, Beih. 9: 37–44.

MAGGETTI, M. (1979): Mineralogisch-petrographische Untersuchung des Scherbenmaterials der urnenfelderzeitlichen Siedlung Elchinger Kreuz, Ldkr. Neu-Ulm/Donau. – In: E. Pressmar, Elchinger Kreuz, Ldkr. Neu-Ulm, Siedlungsgrabung mit urnenfelderzeitlichem Töpferofen. Prähistorische Staatssammlung München 19: 141–168.

– (1982): Phase Analysis and its Significance for Technology and Origin. – Archaeological Ceramics, Smithsonian Institution, Washington, 121–133.

– (1990): Il contributo delle analisi chimiche alla conoscenza delle ceramiche antiche. – In: T. Mannoni & A. Molinari (eds.): Scienze in Archeologia, Edizioni all'Isegna del Giglio, Firenze.

– (1994): Mineralogical and petrographical methods for the study of ancient pottery. – In: F. Burragato, O. Grubessi & L. Lazzarini (eds.): 1st Europ. Workshop on archaeological ceramics, 10-12.10.1991. Dipartimento Scienze della Terra, Università degli studi di Roma "La Sapienza", 25–35.

– (2001): Chemical Analyses of Ancient Ceramics: What for? Art and chemical sciences. – Chimia 55,11: 923–930.

MAGGETTI, M. & KÜPFER, T. (1978): Die Terra Sigillata von La Péniche (Vidy/Lausanne). – Schweiz. Miner. Petrogr. Mitt. 58: 189–212.

MAGGETTI, M. & SCHWAB, H. (1982): Iron Age Fine Pottery from Châtillon-s-Glâne and the Heuneberg. – Archaeometry 24,1: 21–36.

MAGGETTI, M., BAUMGARTNER, D. & GALETTI, G. (1990): Mineralogical and chemical studies on swiss neolithic crucibles. – In: E. Pernicka & G. A. Wagner (eds.): Archaeometry '90, Birkhäuser Verlag, Basel, 95–104.

MAGGETTI, M., MARRO, C. & PERINI, R. (1979): Risultati delle Analisi Mineralogiche-Petrografiche della Ceramic „Luco". L'importazione di Ceramiche dal Trentino – Alto Adige alla Bassa Engadina. – Studi Trentini di Scienze Storiche, LVIII, 1: 3–19.

MAGGETTI, M., WAEBER, M. M., STAUFFER, L. & MARRO, C. (1983): Herkunft und Technik bronze- und eisenzeitlicher Laugen-Melaun-Keramik aus dem Alpenraum. – In: Die Siedlungsreste von Scuol-Munt Baselgia (Unterengadin GR). Ein Beitrag zur inneralpinen Bronze- und Eisenzeit von Lotti Stauffer-Isenring Basel, 192–210.

MANHART, H. (1998): Vorgeschichtliche Fauna Bulgariens. – Documenta naturae 116. München.

MANIA, D. (1989): Die ältesten Spuren des Urmenschen im eiszeitlichen Altpaläolithikum. – In: J. Herrmann et al. (Hrsg.): Archäologie in der Deutschen Demokratischen Republik 1. Leipzig, 24–33.

MANNING, S. W. (1995): The Absolute Chronology of the Aegean Early Bronze Age: archaeology, history and radiocarbon. – Monographs in Mediterranean Archaeololgoy 1. Sheffield: Sheffield Univ. Press.

– (1997): Troy, radiocarbon, and the chronology of the northeast Aegean in the Early Bronze Age. – In: V. La Rosa & C. Doumas (eds.): He Poliochni kai he proimi epoche tou Chalkou sto Voreio Aigaio/ Poliochni e l'antica et del bronzo nell'Egeo settentrionale. Athens: Scuolaarcheologica italiana di Atene and Panepistimio Athenon.

– (1999): A Test of Time: The Volcano of Thera and the chronology and history of the Aegean and east Mediterranean in the mid second millennium BC. – Oxford: Oxbow Books.

MANNING, S. W., KROMER, B., KUNIHOLM, P. I. & NEWTON, M. W. (2001): Anatolian tree-rings and a new chronology for the east Mediterranean Bronze-Iron Ages. – Science 294: 2532–2535.

MANNING, S. W., RAMSEY, C. B., DOUMAS, C., MARKETOU, T., CADOGAN, G. & PEARSON, C. A. (2002): New evidence for an early date for the Aegean Late Bronze Age and Thera eruption. – Antiquity 76, 733–744.

MARRO, C., MAGGETTI, M., STAUFFER, L. & PRIMAS, M. (1979): Mineralogisch-petrographische Untersuchungen an Laugener Keramik – ein Beitrag zum Keramikimport im Alpinen Raum. – Archäologisches Korrespondenzblatt 9, 4: 393–400.

MARTIN, R. (1928): Lehrbuch der Anthropologie in systematischer Darstellung. – 2. Aufl., Gustav Fischer, Jena.

MASARIK, J. & BEER, J. (1999): Simulation of particle fluxes and cosmogenic nuclide production in the Earth´s atmosphere. – J. Geophys. Res 104: 12.099–12.111.

MATTHES, C., HECK, M., THEUNE, C., HOFFMANN, P. & CALLMER, J. (2004): Produktionsmechanismen von frühmittelalterlichen Glasperlen. – Germania 82,1: 109–157.

MCKINLEY, J. (1993): Bone Fragment Size and Weights of Bone from Modern British Creamations and the Implications for the Interpretation of Archaeological Cremations. – Int. J. of Osteoarchaeol. 3: 283–287.

MCNEILL, J. R. (2003): Blue planet. – 496 S., Campus, Frankfurt, New York.

MEHRER, M. W. & WESCOTT, K. L. (eds.) (2006): GIS and Archaeological Site Location modeling. Taylor & Francis, Boca Raton, London, New York.

MEINDL, R. & LOVEJOY, C. O. (1985): Ectocranial Suture Cosure. A Revised Method for the Determination of Skeletal Age at Death based on the Lateral Anterior Sutures. – Am. J. of. Phys. Anthrop. 68: 57–66.

MERWE, N. J. V. D. & MEDINA, E. (1991): The canopy effect, carbon isotope ratios and foodwebs in Amazonia. – J. Archaeol. Science 18: 249–259.

METTEN, B. (2003): Beitrag zur spätbronzezeitlichen Kupfermetallurgie im Trentino (Südalpen) im Vergleich mit anderen prähistorischen Kupferschlakken aus dem Alpenraum. – Metalla 10,1–2: 1–122.

MIETH, A. & BORK, H.-R. (2005): History, origin and extent of soil erosion on Easter Island (Rapa Nui). – Catena 63,2–3: 244–266.

MIETH, A., BORK, H.-R., MARKGRAF, W., FEESER, I. & DIERSSEN, K. (2003): Bodenerosion. Ein Schlüssel zum Verständnis der Kulturgeschichte der Osterinseln. – Petermanns Geograph. Mitt. 147,3: 30–37.

MILNER, G. R. & BOLDSEN, J. L. (2000): Skeletal Age Coding Format (Manuskript).

MODARRESSI-TEHRANI, D. (2004): Ein Ensemble frühlatènezeitlicher Metallverarbeitung aus der Siedlung von Eberdingen-Hochdorf (Lkr. Ludwigsburg). Metalla 11. 1.

MOMMSEN, H. (1986): Archäometrie. – Teubner Studienbücher, Stuttgart.

MOMMSEN, H., BEIER, T., HEIN, A., ITTAMEIER, D. & PODZUWEIT, CH. (1995): Ceramic production and distribution in Bronze age settlements in Greece – status report of neutron activation analysis. – Aus: P. VICENZINI: The ceramic culture heritage. Monographs in Materials and Society, 2, Faenza, Italy, 513–520.

MORALES, A. & ROSENLUND, K. (1979): Fish bone measurements: An attempt to standardize the measuring of fish bones from archaeological sites. – Copenhagen.

MÜLLENHOFF, M. (2005): Geoarchäologische, sedimentologische und morphodynamische Untersuchungen im Mündungsgebiet des Büyük Menderes (Mäander), Westtürkei. – Marburger Geogr. Schriften 141, Marburg.

MÜLLER, H.-H. (1982): Jagdwild aus mittelalterlichen Burgen Sachsen. – Arbeits- und Forschungsber. zur sächsischen Bodendenkmalpflege, Beih. 17: 239–258.

MÜLLER, W., FRICKE, H., HALLIDAY, A. N., McCULLOCH, M. T. & WARTHO, J. (2003): Origin and Migration of the Alpine Iceman. – Science 302: 862–866.

MULLIS, K. B., FERRÉ, F. & GIBBS, R. A. (eds.) (1994): PCR. Polymerase chain reaction. – Birkhäuser, Boston.

MUNRO, L. E., LONGSTAFFE, F. J. & WHITE, C. D. (2006): Burning and boiling of modern deer bone: Effects on crystallinity and oxygen isotope composition of bioapatite phosphate. – Palaeogeogr. Palaeoclimatol. Palaeoecol. 249: 90–102.

MURAIL, P., BRUZEK, J., HOUET, F. & CUNHA, E. (2005): DSP: a probabilistic sex diagnosis tool using worldwide variability in hip bone measurements. – Bull. Mém. Soc. D'Anthrop. Paris, n. s., t. 17,3-4: 167–176.

NAVARRO, N., LECUYER, C., MONTUIRE, S., LANGLOIS, C. & MARTINEAU, F. (2004): Oxygen isotope compositions of phosphate from arvicoline teeth and quaternary climatic changes, Gigny, French Jura. – Quatern. Res. 62: 172–182.

NELSON, D. E., ANGERBJÖRN, A., LIDÉN, K. & TURK, I. (1998): Stable isotopes and the metabolism of the European cave bear. – Oecologia 116: 177–181.

NEUBAUER, W. (2001/2002): Geophysikalische Prospektionsmethoden. Vorlesungsmanuskript, Universität Wien.

NICOLUSSI, K. (1998): Die Bauhölzer der Via Claudia Augusta bei Leermoos (Tirol). – In: Walde, E. (Hrsg.): Neue Forschungen zur Via Claudia Augusta, Innsbruck, 113–145.

NOËLLE, R. U. & GMÜR, B. (1990): Chemische Untersuchungen an römischen Gläsern aus Muralto, Vindonissa und Eretria. – Diss., Basel.

NOE-NYGAARD, N. (1975): Bone injuries caused by human weapons in Mesolithic Denmark. – In: A. T. Clason (ed.): Archaeozoological studies, Amsterdam, New-York, 151–159.

– (1988): $\delta^{13}$-values of dog bones reveal the nature of changes in man's food resources at the Mesolithic-Neolithic transition, Denmark. – Chem. Geol. 73: 87–96.

NOE-NYGAARD, N., PRICE, T. D. & HEDE, S. U. (2005a): Diet of aurochs and early cattle in southern Scandinavia: evidence from $^{15}$N and $^{13}$C stable isotopes. – J. of Archaeol. Science 32: 855–871.

– – – (2005b): Corrigendum to "Diet of aurochs and early cattle in southern Scandinavia: evidence from $^{15}$N and $^{13}$C stable isotopes". – J. of Archaeol. Science 32: 1432.

NOLL, W. (1991): Alte Keramiken und ihre Pigmente. – Schweizerbart, Stuttgart.

NUNGÄSSER, W. & MAGGETTI, M. (1978): Mineralogisch-petrographische Untersuchung der neolithischen Töpferware vom Burgäschisee. – Bull. Soc. Fribourgeoise Sciences Naturelles 67,2: 152–173.

OEXLE, J. (1997): Aus der Luft – Bilder unserer Geschichte: Luftbildarchäologie in Zentraleuropa, Dresden.

O'NEIL, J. R., ROE, L. J., REINHARD, E. & BLAKE, R. E. (1994): A rapid and precise method of oxygen isotope analysis of biogenic phosphate. – Israel J. of Earth Scinces 43: 203–212.

O'CONNOR, T. (2000): The Archaeology of Animal Bones. – Norton.

OLSHAUSEN, E. & SONNABEND, H. (Hrsg.) (1998): Naturkatastrophen in der antiken Welt. – Stuttgarter Kolloquium zur historischen Geographie der Altertums 6, 1996. Steiner, Stuttgart

ORLANDO, L., BONJEAN, D., BOCHERENS, H., THENOT, A., ARGANT, A. & OTTE, M., HANNI, C. (2002): Ancient DNA and the population genetics of cave bears (*Ursus spelaeus*) through space and time. – Mol. Biol. Evol. 19: 1920–1933.

OTTO, S. C., SCHWEINSBERG, F., GRAW, M. & WAHL, J. (2003): Über Aussagemöglichkeiten von Grün- und Schwarzfärbungen an (prä)historischem Knochenmaterial. – Fundber. Bad.-Württ. 27: 59–77.

OVCHINNIKOV, I. V., GOTHERSTROM, A., ROMANOVA, G. P., KHARITONOV, V. M., LIDÉN, K. & GOODWIN, W. (2000): Molecular analysis of Neanderthal DNA from the northern Caucasus. – Nature 404: 490–493.

PAPARAZZO, E., MORETTO, L., D´AMATO, C. & CALMIERI, A. (1995): X-ray photoemission spectroscopy and scannino Auger microscopi studies of a Roman lead pipe fistola. – Surface and Interface Analysis 23: 69–76.

PASQUINUCCI, M. & TRÉMENT, F. (2000): Non-Destructive Techiques Applied to Landscape Archaeol. – Oxford.

PASSEY, B. H. & CERLING, T. E. (2002): Tooth enamel mineralization in ungulates: Implications for recovering a primary isotopic time-series. – Geochim. Cosmochim. Acta 66: 3225–3234.

– – (2006): In situ stable isotope analysis ($\delta^{13}$C; $\delta^{18}$O) of very small teeth using laser ablation GC/IRMS. – Chem. Geol. 235: 238–249.

PENNING, R. (2001): Rekonstruktion der Körpergröße aus den Maßen der langen Röhrenknochen. – In: M. Oehmichen & G. Geserick (Hrsg.): Osteologische Identifikation und Altersschätzung. – Res. in Legal Medicine 26, Schmidt-Römhild, Lübeck, 139–154.

PERIZONIUS, W. R. K. (1984): Closing and Non-closing Sutures in 256 Crania of Known Age and Sex from Amsterdam (A. D. 1883–1909). – J. of Human Evolution 13: 201–216.

PERNICKA, E. (1984): Instrumentelle Multi-Elementanalyse archäologischer Kupfer- und Bronzeartefakte: Ein Methodenvergleich. – Jahrb. Röm.-Germ. Zentralmus. 31: 517–531.

– (1995): Gewinnung und Verbreitung der Metalle in prähistorischer Zeit. – Jb. Röm.-German. Zentralmuseum 37,1: 21–129.

PERNICKA, E., REHREN, T. & SCHMITT-STRECKER, S. (1998): Late Uruk silver production by cupellation at Habuba Kabira. – In: T. Rehren, A. Hauptmann & J. D. Muhly (eds.): Metallurgica Antiqua. In honour of Hans-Gert Bachmann and Robert Maddin. Der Anschnitt, Beih. 8: 123–134.

PETERS, J. (1994): Nutztiere in den westlichen Rhein-Donau-Provinzen während der römischen Kaiserzeit. – In: H. Bender & H. Wolff (Hrsg.): Ländliche Besiedlung und Landwirtschaft in den Rhein-Donau-Provinzen des Römischen Reiches. Passauer Universitätsschriften zur Archäol. 2. Espelkamp, 37–63.

– (1998): Römische Tierhaltung und Tierzucht. – Passauer Universitätsschriften zur Archäol. 5. Rahden/Westf.

PHILIPPSON, A. (1936): Das südliche Ionien. – In: Th. Wiegand (Hrsg.): Milet, Bd. 3,5: 1–22.

PICON, M. (1997): Les argiles des vernis rouges et jaunes des céramiques sigillées de La Graufesenque (Aveyron) et la céladonite utilisée comme pigment vert dans les peintures murales romaines. – Revue d'Archéométrie 21: 89–96.

PIKE-TAY, A. (ed.) (2001): Innovations in assessing season of capture, age and sex of archaeofaunas. – Archaeozoologia 11,1. 2. Grenoble.

PLANCK, D., BRAASCH, O., OEXLE, J. & SCHLICHTHERLE, H. (1994): Unterirdisches Baden-Württemberg, 250 000 Jahre Geschichte und Archäologie im Luftbild. – Stuttgart.

POIDEBARD, A. (1934): La trace de Rome dans le désert de Syrie. Le limes de Trajan à la conquete arabe. – Recherches aériennes 1925/1932, Paris.

POINAR, H. N., KUCH, M., SOBOLIK, K. D., BARNES, I., STANKIEWICZ, A. B., KUDER, T., SPAULDING, W. G., BRYANT, V. M., COOPER, A. & PÄÄBO, S. (2001): A molecular analysis of dietary diversity for three archaic Native Americans. – Proc. Natl. Acad. Sci. USA 98: 4317–4322.

POLLARD, A. M. & HERON, C. (1996): Archaeological Chemistry. – Royal Soc. of Chem., Cambridge

PONS, A., GUIOT, J., BEAULIEU, J. L. DE & REILLE, M. (1992): Recent contributions to the climatology of the last glacial-interglacial cycle based on french pollen sequences. – Quatern. Science Res. 11: 439–448.

POULOS, S. E., COLLINS, M. & EVANS, G. (1996): Water-sediment fluxes of Greek rivers, south eastern Alpine Europe: annual yields, seasonal variability, delta formation and human impact. – Z. Geomorph. N. F. 40: 243–261.

PRANGE, M. (2001): 5000 Jahre Kupfer in Oman, Band II: Vergleichende Untersuchungen zur Charakterisierung des omanischen Kupfers mittels chemischer und isotopischer Analysenmethoden. – Metalla 8,1/2.

PRANGE, M. & AMBERT, P. (2005): Charactérisation géochimique et isotopique des minerais et des métaux base cuivre de Cabrières. – Mémoire XXXVII des la Societé préhistorique française, 71–81.

PRANGE, M., GÖTZE, H.-J., HAUPTMANN, A. & WEISGERBER, G. (1999): Is Oman the ancient Magan? Analytical Studies of Copper from Oman. – In: S. M. M. Young, A. M. Pollard, P. Budd & R. A. Ixer (eds.): Metals in Antiquity. British Archaeological Records Internat. Series 792: 187–192.

PRICE, T. D. (ed.) (1989): The Chemistry of Prehistoric Human Bone. – Cambridge Univ. Press.

– (2000): Immigration and the Ancient City of Teotihuacan in Mexico: a Study Using Strontium Isotope Ratios in Human Bone and Teeth. – J. of Arch. Science 27: 903–913.

PRICE, T. D., BENTLEY, R. A., LÜNING, J., GRONENBORN, D. & WAHL, J. (2001): Prehistoric human migration in the Linearbandkeramik of Central Europe. – Antiquity 75: 593–603.

PRICE, T. D., WAHL, J. & BENTLEY, R. A. (in Vorb.): Isotopic Evidence for Mobility and Community Struture among Neolithic Farmers in Central Europe, 5000 B. C.

PRICE, T. D., WAHL, J., KNIPPER, C., BURGER-HEINRICH, E., KURZ, G. & BENTLEY, R. A. (2003): Das bandkeramische Gräberfeld vom ‚Viesenhäuser Hof' bei Stuttgart-Mühlhausen: Neue Untersuchungsergebnisse zum Migrationsverhalten im frühen Neolithikum. – Fundber. Bad.-Württ. 27: 23–58.

PUSCH, C. M., BROGHAMMER, M. & CZARNETZKI, A. (2001): Molekulare Paläobiologie. Ancient DNA und Authentizität. – Germania 79: 121–141.

PUSCH, C. M., BROGHAMMER, M. & SCHOLZ, M. (2000): Cremation Practices and the Survival of Ancient DNA: Burnt Bone Analyses via RAPD-mediated PCR. – Anthrop. Anz. 58: 237–251.

Rabbel, W., Stuempel, H. & Woelz, S. (2004): Archaeological prospecting with magnetic and shear-wave surveys at the ancient city of Miletos (western Turkey). – The Leading Edge of Exploration; 690–703.

Rackham, O. & Moody, J. (1996): The making of the Cretan landscape. – 237 pp., Manchester Univ. Press, Manchester.

Ramdohr, P. (1975): Die Erzmineralien und ihre Verwachsungen. – Akademie, Berlin, 1277 S.

Ramos, M. D., Lalueza, C., Girbau, E., Pérez-Pérez, A., Quevedo, S., Turbón, D. & Estivill, X. (1995): Amplifying dinucleotide microsatellite loci from bone and tooth samples of up to 5,000 years of age: more inconsistency than usefullness. – Hum. Genet. 96: 205–212.

Ramsey, C. B., Van Der Plicht, J. & Weninger, B. (2001): 'Wiggle matching' Radiocarbon dates. – Radiocarbon 43,2A: 381–389.

Rapp, G. (2002): Archaeomineralogy. – Natural Science in Archaeology. Springer

Rapp, G. Jr. & Hill, C. L. (1998): Geoarchaeology. The earth science approach to archaeological interpretations. – Yale Univ. Press, New Haven and London.

Reale, O. & Dirmeyer, P. (2000): Modelling the effects of vegetation on Mediterranean climate during the Roman Classical Period. Part I: Climate history and model sensitivity. – Global and Planetary Change 25: 163–184.

Reale, O. & Shukla, J. (2000): Modelling the effects of vegetation on Mediterranean climate during the Roman Classical Period. Part II: Model simulation. – Global and Planetary Change 25: 185–214.

Rehren, T. (2000): Rationales in Old World Base Glass Compositions. – J. Archaeol. Science 27: 1225–1234.

Rehren, T., Pusch, E. B. & Herold, A. (1998): Glass Colouring Works within a Copper-Centered Industrial Complex in the Late Bronze Age Egypt. – In: P. McCray, D. Kingery (eds.): The Prehistory and History of Glassmaking Technology. – Ceramics and Civilisation III, Westerville/Ohio, 227ff.

Reichstein, H. (1989): Zur Frage der Quantifizierung archäozoologischer Daten: Ein lösbares Problem? – Archäologische Informationen 12,2: 144–160.

Reimer, P. J., Baillie, M. G. L., Bard, E., Bayliss, A., Beck, J. W., Bertrand, C. J. H., Blackwell, P. G., Buck, C. E., Burr, G. S., Cutler, K. B., Damon, P. E., Edwards, R. L., Fairbanks, R. G., Friedrich, M., Guilderson, T. P., Hogg, A. G., Hughen, K. A., Kromer, B., McCormac, G., Manning, S. W., Ramsey, C. B., Reimer, R. W., Remmele, S., Southon, J. R., Stuiver, M., Talamo, S., Taylor, F. W., van der Plicht, J. & Weyhenmeyer, C. E. (2004): INTCAL04 terrestrial radiocarbon age calibration, 0–26 cal kyr BP. Radiocarbon 46 (3): 1029–1058.

Reinecke, P. (1929): Die vermeintlichen Tonperlen unserer Reihenfeldergräber. – Germania 13: 193.

Reinhard, E., Torres, T. D. & O'Neil, J. R. (1996): $^{18}O/^{16}O$ ratios in cave bear tooth enamel: a record of climate variability during the Pleistocene. – Palaeogeogr. Palaeoclimatol. Palaeoecol. 126: 45–59.

Reitz, E. J. & Wing, E. S. (1999): Zooarchaeology. – Cambridge Manuals in Archaeol. Cambridge.

Renfrew, C. (1996): Who were the Minoans? Towards a population history of Crete. – Cretan studies 5: 1–27.

Richards, M. P. & Hedges, R. E. M. (2003): Variations in bone collagen $\delta^{13}C$ and $\delta^{15}N$ values of fauna from Northwest Europe over the last 40 000 years. – Palaeogeogr. Palaeoclimatol. Palaeoecol. 193: 261–267.

Richards, M., Macaulay, V., Hickey, E. et al. (2000): Tracing European founder lineages in the Near Eastern mtDNA pool. – Am. J. Hum. Genet. 67: 1251–1276.

Richter, D., Mauz, B., Böhner, U., Weissmüller, W., Wagner, G. A., Freund, G., Rink, W. J. & Richter, J. (2000b): Luminescence dating of the Middle/Upper Palaeolithic sites ‚Sesselfelsgrotte' and ‚Abri am Schulerloch', Altmühltal, Bavaria. – Neanderthal Museum Wissenschaftl. Schriften 2: 40–41.

Richter, D., Waiblinger, J., Rink, W. J. & Wagner, G. A. (2000a): Thermoluminescence, Electron Spin Resonance and $^{14}C$-dating of late Middle and early Upper Palaeolithic site of Geißenklösterle Cave in southern Germany. – J. Archaeol. Science 27: 71–89.

Riederer, J. (1981): Zum gegenwärtigen Stand der naturwissenschaftlichen Untersuchung antiker Keramik. – Aus: D. Arnold, Studien zur altägyptischen Keramik. Philipp von Zabern, Mainz, 193–220.

– (1987): Archäologie und Chemie. – Staatliche Museen Preußischer Kulturbesitz, Berlin, 104–120.

Riley, D. N. (1946): The technique of air archaeology. – Arch. J. 101: 1–16.

– (1987): Air photography and archaeology. – London.

Ritz-Timme, S. (2001): Lebensaltersbestimmung aufgrund der Razemisierung von Asparaginsäure: Grundlagen, Methodik, Möglichkeiten und Grenzen. – In: M. Oehmichen & G. Geserick (Hrsg.): Osteologische Identifikation und Altersschätzung. Research in Legal Medicine 26, Schmidt-Römhild, Lübeck, 277–292.

Robinson, W. J. (1976): Tree-ring dating and archaeology in the American South-West. – Tree-Ring Bull. 36: 9–20.

Robling, A. G. & Ubelaker, D. H. (1997): Sex Estimation from the Metatarsals. – J. of Forensic Sciences 42: 1062–1069.

Rollo, F., Ubaldi, M., Ermini, L. & Marota, I. (2002): Otzi's last meals: DNA analysis of the intestinal content of the Neolithic glacier mummy from the Alps. – Proc. Natl. Acad. Sci. USA 99: 12594–12599.

Rösing, F. W. (1977): Methoden und Aussagemöglichkeiten der anthropologischen Leichenbrandbearbeitung. – Arch. u. Naturwiss. 1: 53–80.

– (1988): Körperhöhenrekonstruktion aus Skelettmaßen. – In: R. Knußmann (Hrsg.): Anthropologie. Handbuch der vergleichenden Biologie des Menschen I. Wesen und Methoden der Anthropologie 1. Wissenschaftstheorie, Geschichte, morphologische Methoden. Gustav Fischer Verlag, Stuttgart, New York, 586–600.

Rösing, F. W. & Kvaal, S. I. (1998): Dental Age in Adults – A Review of Estimation Methods. – In: K. W. Alt, F. W. Rösing & M. Teschler-Nicola (eds.): Dental Anthropology. Fundamentals, Limits and Prospects. Springer Verlag, Wien, New York, 443–468.

Roth, H. & Theune, C. (1988): Zur Chronologie merowingerzeitlicher Frauengräber in Südwestdeutschland. Ein Vorbericht zum Gräberfeld von Weingarten, Kr. Ravensburg. – Archäolog. Informat. Baden-Württemberg 6: 7–18.

Rothenberg, B. (1990): Copper Smelting Furnaces, Tuyeres, Slags, Ingot-Moulds and Ingots in the Arabah: The Archaeological Data. – In: B. Rothenberg (ed.): Researches in the Arabah 1959–1984, Vol. II: The Ancient Metallurgy of Copper. Inst. Archaeo-Metall. Studies, London, 1–77.

Rottländer, R. C. A. (1992): Der Brennstoft römischer Beleuchtungskörper. Zu einem Neufund einer Bildlampe aus dem Gräberfeld Kaiseraugst. – Im Sager, Jb. aus Augst und Kaiseraugst 13: 225–229.

Rottländer, R. C. A. & Schlichtherle, H. (1980): Gefäßinhalte. Eine kurz kommentierte Bibliographie. – Archäophysika 7: 61–70.

– – (1980): Analyse frühgeschichtlicher Gefäßinhalte. – Naturwissenschaften 70: 33–38.

Rottloff, A. (1999): Persönliche Mitteilung während des 3. Dt. Archäologenkongresses, Heidelberg.

Roy, A. & Apparao, A. (1971): Depth of investigation in direct current methods. – Geophysics 36: 943–959.

Runnels, C. N. (1995): Umweltzerstörung im griechischen Altertum. – Spektrum der Wissenschaft H. 5: 84–88.

Sablerolles, Y. (1999): Beads of Glass, Faience, Amber, Baked Clay, and Metal. Including Production Waste from Glass and Amber Bead Making. – In: The Excavations at Wijnaldum I, Rotterdam, 253–285.

Sánchez Chillón, B., Alberdi, M. T., Leone, G., Bonadonna, F. B., Stenni, B. & Longinelli, A. (1994): Oxygen isotopic composition of fossil equid tooth and bone phosphate: an archive of difficult interpretation. – Palaeogeogr. Palaeoclimatol. Palaeoecol. 107: 317–328.

Sandford, M. K. (ed.) (1993): Investigations of Ancient Human Tissue. Chemical Analyses in Anthropology. – Gordon and Breach Science Publishers, Amsterdam.

Sasse, B. & Theune, C. (1996): Perlen als Leittypen der Merowingerzeit. – Germania 74: 187–237.

– (1997): Perlen der Merowingerzeit. Eine Forschungsgeschichte. – In: U. v. Freeden, A. Wieczorek (Hrsg.): Perlen. Archäologie – Techniken – Analysen. Dr. Rudolf Habelt GmbH, Bonn, 117–124.

Schelvis, J. (1990): The reconstruction of local environments on the basis of remains of Oribatid mites (Acari; Oribatida). – J. Archaeol. Science 17: 559–571.

Schibler, J., Jacomet, S., Hüster-Plogmann, H. & Brombacher, C. (1997): Economic crash in the 37th and 36th centuries cal. BC in Neolithic lake shore sites in Switzerland. – Anthropozoologica 25–26, 553–570.

Schifer, T. (1999): Das mittelalterliche Montanrevier am Birkenberg bei St. Ulrich-Bollschweil im Südschwarzwald: Erzmineralogisch-geochemische Untersuchung der Mineralisation. – Jh. Landesamt f. Geologie, Rohstoffe und Bergbau Bad.-Wuertt. 38: 79–114.

Schlumbaum, A., Neuhaus, J. M. & Jacomet, S. (1998): Coexistence of tetraploid and hexaploid naked wheat in a Neolithic lake dwelling of central Europe. Evidence from morphology and ancient DNA. – J. Archaeol. Sci. 25: 1111–1118.

Schmid, D., Thierrin-Michael, G. & Galetti, G. (1999): L'atelier Venusstrasse-Ost, partie sud, à Augusta Raurica (Augst) et la distribution de sa production: résultats des analyses. – SFECAG, Actes du Congrès de Fribourg, 1999, 63–70.

Schmidt, D., Hummel, S. & Herrmann, B. (2003). Multiplex X/Y-PCR improves sex identification in aDNA analysis. – Am. J. Phys. Anthropol. 21,4: 337–41.

Schmidt, E. F. (1940): Flights over Ancient Cities of Iran. – Chicago.

Schmidt, T., Hummel, S. & Herrmann, B. (1995): Evidence of contamination in PCR laboratory disposables. – Naturwissenschaften 82: 423–431.

Schneider, G. (1978): Anwendung quantitativer Materialanalysen auf Herkunftsbestimmungen antiker Keramik. – Berliner Beitr. zur Archäometrie 3: 63–122.

Schneider, G., Burmester, A., Goedicke, C., Hennicke, H. W., Kleinmann, B., Knoll, H., Maggetti, M. & Rottländer, R. (1989): Naturwissenschaftliche Kriterien und Verfahren zur Beschreibung von Keramik. – Acta Praehistorica et Archaeologica 21: 7–39.

Schnyder, R. (1958): Die Baukeramik und der mittelalterliche Backsteinbau des Zisterzienserklosters St. Urban. – Berner Schriften zur Kunst, 8, Benteli-Verlag, Bern.

Schoeninger, M. J. (1985): Trophic level effects on $^{15}N/^{14}N$ and $^{13}C/^{12}C$ ratios in bone collagen and strontium levels in bone mineral. – J. of Human Evolution 14: 515–525.

Schoeninger, M. J. & Deniro, M. J. (1984): Nitrogen and carbon composition of bone collagen from marine and terrestrial animals. – Geochim. Cosmochim. Acta 48: 625–639.

Schoeninger, M. J., Kohn, M. J. & Valley, J. W. (2000): Tooth oxygen isotope ratios as paleoclimate monitors in arid ecosystems. – In: Ambrose, S. H. & Katzenberg, M. A. (eds.). Biogeochemical Approaches to Paleodietary Analysis. Advances in Archaeological and Museum Science 5, New York, 117–140.

Scholz, M., Giddings, I. & Pusch, C. M. (1998): A polymerase chain reaction inhibitor of ancient hard and soft tissue DNA extracts is determined as human collagen type I. – Anal. Biochem. 259: 283–286.

Scholz, M. & Pusch, C. M. (2000): Molekulargenetische Analysen zur taxonomischen Bestimmung des fossilen Schädelfragments aus Warendorf-Neuwarendorf. – Anthrop. Anz. 58: 129–135.

Scholze, H. (1988): Glas – Natur, Struktur und Eigenschaften. – 3. Aufl., Springer-Verlag, Berlin.

Schön, J. (1983): Petrophysik. – Enke, Stuttgart.

Schönwiese, C.-D. (1997): Anthropogene und natürliche Signale im Klimageschehen. – Naturwissenschaften 84: 65–73.

Schultes, T. (2000): Typisierung alter DNA zur Rekonstruktion von Verwandtschaft in einem bronzezeitlichen Skelettkollektiv. – Diss., Univ. Göttingen.

Schultes, T., Hummel, S. & Herrmann, B. (1997): Zuordnung isolierter Skelettelemente mittels aDNA-typing. – Anthrop. Anz. 55: 207–216.

– – – (1999): Amplification of Y-chromosomal STRs from ancient skeletal remains. – Hum. Genet. 104: 164–166.

Schulting, R. J. & Richards, M. P. (2002): The wet, the wild and the domesticated: The mesolithic-neolithic transition on the west coast of Scotland. – Europ. J. of Archaeol. 5: 147–189.

Schultz, M. (1988): Methoden der Licht- und Elektronenmikroskopie. – In: R. Knußmann (Hrsg.): Anthropologie. Handbuch der vergleichenden Biologie des Menschen. Gustav Fischer Verlag, Stuttgart, New York, 698–730.

Schutkowski, H. (1990): Zur Geschlechtsdiagnose von Kinderskeletten. Morphognostische, metrische und diskriminanzanalytische Untersuchungen. – Diss. Göttingen.

– (2000): Neighbours in Different Habitats – Subsistence and Social Differentiation in Early Mediaeval Populations of the Eastern Swabian Alb. – Anthrop. Anz. 58: 113–120.

Schütt, B., Löhr, H. & Baumhauer, R. (2002): Mensch-Umwelt-Beziehungen in Raum und Zeit. Konzeption eines Fundstellenkatasters für die Region Trier. – Petermanns Geogr. Mitt. 146,6: 74–83.

Schwarz, R. (2003): Pilotstudien: 12 Jahre Luftbildarchäologie in Sachsen-Anhalt, Halle (Saale).

Schwidetzky, I. & Rösing, F. W. (1975): Vergleichend-statistische Untersuchungen zur Anthropologie der Römerzeit (0-500 u. Z.). – Homo 26: 194–218.

Scollar, I. (1965): Archäologie aus der Luft. Arbeitsergebnisse der Flugjahre 1960 und 1961 im Rheinland. – Schriften des Rheinischen Landesmuseums Bonn 1, Bonn.

Scollar, I. et al. (1990): Archaeological Prospecting and Remote Sensing. – Cambridge 1990.

Scott, D. (1991): Metallography and Microstructure of Ancient and Historical Metals. – Los Angeles: Getty Conservation Institute, Archetype Books

Scott, E. M., Harkness, D. D. & Cook, G. T. (1998): Interlaboratory Comparisons: Lessons Learned Radiocarbon 40,1: 331–342.

Scott, S. & Duncan, C. (2001): Biology of plagues. Evidenc from historical populations. – Cambridge Univ. Press, Cambridge.

Semmel, A. (2000): Holozäne Umweltentwicklung im Spiegel der Böden. – In: Bayer. Akad. Wiss. (Hrsg.): Entwicklung der Umwelt seit der letzten Eiszeit. Rundgespr. Komm. Ökologie 18: 129–136.

Seren, S., Eder-Hinterleitener, A. & Löcker, K. (2005): Survey of the Byzantine Monastery San Pietro Di Deca in Torrenova, Messina, Italy. Ex-

tended abstract. 11th European Meeting of Environmental and Engineering Geophysics, 4–7 September, Palermo, Italy.
SHACKLETON, N. (1973): Oxygen isotope analysis as a means of determining season of occupation of prehistoric midden sites. – Archaeometry 15: 133–141.
SHARP, Z. D. & CERLING, T. E. (1998): Fossil isotope records of seasonal climate and ecology: straight from the horse´s mouth. – Geology 26: 219–222.
SHERIFF, B. L., TISDALE, M. A., SAYER, B. G., SCHWARZ, H. P. & KNYF, M. (1995): Nuclear magnetic resonance spectroscopy and isotopic analysis of carbonized residues from subarctic canadian prehistoric pottery. – Archaeometry 37,1: 95–111.
SIEGENTHALER, T., HEIMANN, M. & OESCHGER, H. (1980): $^{14}$C variations caused by changes in the global carbon cycle. – Radiocarbon 22,2: 177–191.
SITTLER, B. (2004): Revealing Historical Landscapes by Using Airborne Laser Scanning. A 3-D Modell of Ridge and Furrow in Forests near Rastatt (Germany). – In: Laser-Scanners for Forest and Landscape Assessment, Internat. Archives of Photogrammetry, Remote Sensing and Spatial Information Sciences, Vol. XXXVI, Part 8/W2, 258–261.
SONG, B. Q. (2000): Luftbildarchäologie in China. – Das Altertum 46: 9–30.
– (2007): Bericht über die geomagnetische Prospektion in der Tellsiedlung Magura Gorgana in der Gemeinde Pietrele, jud. Giurgiu/Rumänien. – Eurasia Antiqua, Bd. 12 (im Druck).
SONNABEND, H. (1996): Antike Einschätzung menschlicher Eingriffe in die natürliche Bergwelt. – Geographica historica 8: 151–160.
SPONHEIMER, M. & LEE-THORP, J. A. (1999): Oxygen isotopes in enamel carbonate and their ecological significance. – J. Archaeol. Science 26: 723–728.
SPURK, M., FRIEDRICH, M., HOFMANN J., REMMELE, S., FRENZEL, B., LEUSCHNER, H. H., & KROMER, B. (1998): Revisions and Extensions of the Hohenheim Oak and Pine Chronologies – New Evidence about the Timing of the Younger Dryas/Preboreal –Transition. Radiocarbon 40,3: 1–10.
STAUFFER, L., MAGGETTI, M. & MARRO, C. (1979): Formenwandel und Produktion der alpinen Laugener Keramik. – Archäologie der Schweiz 2,3: 130–137.
STENONIS, N. (1669). De solido intra solidum naturaliter contento Dissertationis Prodomus, Florenz.
STEPHAN, E. (1999): Sauerstoffisotopenverhältnisse im Knochengewebe großer terrestrischer Säugetiere: Klimaproxies für das Quartär in Mittel- und Westeuropa. – Tübinger Geowiss. Arb. (TGA). Reihe E: Mineralogie, Petrol. und Geochem. Bd. 6. Shaker Verlag, Aachen.
– (2000a): Fossil isotope record of climate: $\delta^{18}$O values in Pleistocene equid bone and tooth phosphate. – Proc. of the 32$^{nd}$ Internat. Symp. on Archaeometry, May 15-19, 2000, Mexico City, CD ROM, 10 Seiten.
– (2000b): Nutzung von $\delta^{13}$C, $\delta^{15}$N und $\delta^{18}$O in Knochenkollagen und -apatit als Klimaindikatoren für das Jungpaläolithikum. – Archäometrie und Denkmalpflege – Kurzberichte 2000, Dresden, 29.-31. März 2000, 178–180.
– (2000c): Oxygen isotope analysis of animal bone phosphate: Method refinement, influence of consolidants, and reconstruction of palaeotemperatures for Holocene sites. – J. Archaeol. Science 27: 523–535.
STEPHAN, E. & NEUMANN, U. (2001): Beispiele diagenetischer Veränderungen pleistozäner Säugetierfunde. – In: E. May & N. Benecke (Hrsg.): Beiträge zur Archäozoologie und Prähistorischen Anthropologie III. Wais & Partner, Konstanz, 177–184.
STÖLLNER, T., KÖRLIN, G., STEFFENS, G. & CIERNY, J. (eds.) (2003): Man and Mining – Mensch und Bergbau. Studies in honour of Gerd Weisgerber on occasion of his 65th birthday. – Der Anschnitt, Beih. 16, Dt. Bergbau-Museum Bochum.
STONE, A. C., MILNER, G. R., PÄÄBO, S. & STONEKING, M. (1996): Sex determination of ancient human skeletons using DNA. – Am. J. Phys. Anthropol. 99: 231–238.
STRAUBE, H. (1996): Ferrum Noricum und die Stadt auf dem Magdalensberg. – Springer, Wien, New York.
STREET, M. & BAALES, M. (1999): Pleistocene/Holocene changes in the Rhineland fauna in a northwest European context. – In: N. Benecke (ed.): The Holocene History of the European Vertebrate Fauna. Archäologie in Eurasien 6. Rahden/Westf., 9–38.
STROTT, N. & GRUPE, G. (2003): Strukturauffälligkeiten des Zahnzementes von Bestattungen des ersten katholischen Friedhofs in Berlin (St. Hedwigs-Friedhof, Berlin-Mitte; 1777–1834). – Anthrop. Anz. 61: 203–213.
SWILLENS, E., POLLANDT, P. & WAHL, J. (2003): Zur Quantifizierung von Knochenverbrennungstemperaturen durch Röntgenbeugungs-Intensitätsmessungen. In: N. Benecke (Hrsg.): Beiträge zur Archäozoologie und Prähistorischen Anthropologie IV, Konstanz.
SZILVASSY, J. (1982): Zur Variation, Entwicklung und Vererbung der Stirnhöhlen. – Ann. Naturhist. Museum Wien 84, A: 97–125.

TAFFOREAU, P., BENTALEB, I., JAEGER, J.-J. & MARTIN, C. (2007): Nature of laminations and mineralization in rhinoceros enamel using histology and X-ray synchroton microtomography: Potential implications for palaeoenvironmental isotopic studies. – Palaeogeogr. Palaeoclimatol. Palaeoecol. 246: 206–227.

TAYLOR, R. E., LONG, A. & KRA, R. S. (eds.) (1992): Radiocarbon after Four Decades. – New York, Springer.

TEICHERT, L. (1983): Tierleichenbrandreste vom Lausitzer Flachgräberfeld bei Tornow, Kr. Calau. – Veröffentl. des Museums für Ur- und Frühgeschichte Potsdam 17: 73–82.

THIERRIN-MICHAEL, G. (1994): Naturwissenschaftliche Untersuchungen zur Herkunftsbestimmung von Amphoren aus Augst und Kaiseraugst. – Aus: MARTIN-KILCHER, S.: Die Römischen Amphoren aus Augst und Kaiseraugst. Forschungen in Augst 7/3, 625–648.

THOMAS, D. S. G. & GOUDIE, A. (2000): The dictionary of physical geography. – 3rd ed., 624 pp., Blackwell, Oxford.

THOMSEN, C. (1837): Kurzgefasste Übersicht über Denkmäler und Alterthümer aus der Vorzeit des Nordens. – In: Petersen, N. M., Leitfaden zur Nordischen Alterthumskunde, hrsg. von der königlichen Gesellschaft für Nordische Alterthumskunde, Kopenhagen, 25–93.

THÜRY, G. E. (1995): Die Wurzeln unserer Umweltkrise und die griechisch-römische Antike. – Müller, Salzburg.

TIESZEN, L. L. & FAGRE, T. (1993): Effect of diet quality and composition on the isotopic composition of respiratory $CO_2$, bone collagen, bioapatite, and soft tissues. – In: J. B. Lambert & G. Grupe (eds.): Prehistoric human bone. Archaeology at the molecular level. Springer, Berlin, Heidelberg, New York, 121–155.

TITE, M. S., FREESTONE, I., MASON, R., MOLERA, J., VENDRELL-SAZ, M. & WOOD, N. (1998): Lead Glazes in Antiquity – Methods of production and reasons for use. – Archaeometry 40,2: 241–260.

TOBOLSKI, K. (1991): Wstęp do paleoekologii Lednickiego Parku Krajobrazowego. – Biblioteka Studiów Lednickich. Poznań.

TÜTKEN, T., FURRER, H. & VENNEMANN, T. W. (2007): Stable isotope compositions of mammoth teeth from Niederweningen, Switzerland: Implications for the Late Pleistocene climate, environment and diet. – Quatern. Internat. 164-165: 139–150.

TUTTAHS, G. (1998): Milet und das Wasser, ein Beispiel für die Wasserwirtschaft einer antiken Stadt. – Forum Siedlungswasserwirtschaft und Abfallwirtschaft Univ. GH Essen 12: 1–217.

TYLECOTE, R. F. (1987): The Early History of Metallurgy in Europe. – Longman Archaeol. Series, London.

ULLRICH-BOCHSLER, S. (1997): Anthropologische Befunde zur Stellung von Frau und Kind in Mittelalter und Neuzeit. – Berner Lehrmittel- und Medienverlag, Bern.

URTON, E. J. M. & HOBSON, K. A. (2005): Intrapopulation variation in gray wolf isotope ($\delta^{15}N$ and $\delta^{13}C$) profiles: implications for the ecology of individuals. – Oecologia 145: 317–326.

VAN ANDEL, T. H. & JAMESON, M. H. (1994): A Greek countryside: the Southern Argolid from prehistory to the present day. – 654 S., Stanford Univ. Press, Stanford.

VAN ANDEL, T. H., ZANGGER, E. & DEMITRACK, A. (1990): Land use and erosion in prehistoric and historic Greece. – J. Field Arch. 17: 379–396.

VAN KLINKEN, G. J. & HEDGES, R. E. M. (1998): Chemistry Strategies for Organic $^{14}C$ Samples. – Radiocarbon 40,1–2: 51–56.

VELDE, B. & DRUC, I. C. (1999): Archaeological Ceramic Materials. – Natural Science in Archaeol., Springer.

VENNEMANN, T. W., FRICKE, H. C., BLAKE, R. E., O'NEIL, J. R. & COLMAN, A. (2002): Oxygen isotope analysis of phosphates: a comparison of techniques for analysis of $Ag_3Po_4$. – Chem. Geol. 185: 321–336.

Verein Deutscher Eisenhüttenleute (1995): Slag Atlas. – Verlag Stahleisen, Düsseldorf.

VERNESI, C., CARAMELLI, D., CARBONELL, I., SALA, S., UBALDI, M., ROLLO, F. & CHIARELLI, B. (1999): Application of DNA sex tests to bone specimens from three Etruscan archaeological sites. – Ancient Biomol. 2: 295–305.

VERNESI, C., CARAMELLI, D., CARBONELL, S. & CHIARELLI, B. (1999): Molecular Sex Determination of Etruscan Bone Samples (7th-3rd c. BC): a reliability study. – Homo 50: 118–126.

VERNESI, C., DI BENEDETTO, G., CARAMELLI, D., SECCHIERI, E., SIMONI, L., KATTI, E., MALASPINA, P., NOVELLETTO, A., MARIN, V. T. & BARBUJANI, G. (2001): Genetic characterization of the body attributed to the evangelist Luke. – Proc. Natl. Acad. Sci. USA 98: 13460–13463.

VIEWEGER, D. (2003): Archäologie der biblischen Welt. – Vandenhoeck & Ruprecht, Göttingen.

VOGEL, W. (1979): Glaschemie. – VEB Dt. Verlag für Grundstoffindustrie, Leipzig.

VÖRÖS, I. (1981): Wild equids from the Early Holocene in the Carpathian basin. – Folia Archaeologica 32: 37–67.

- (1985): Early Medieval aurochs (*Bos primigenius* Boj.) and his extinction in Hungary. – Folia Archaeologica 36: 193–219.
- Voss, H. U., Hammer, P. & Lutz, J. (1997): Römische und germanische Bunt- und Edelmetallfunde im Vergleich. Archäometallurgische Untersuchungen ausgehend von elbgermanischen Körpergräbern. – Ber. Röm.-German. Komm. 79.
- Wagner, G. A. (1995): Altersbestimmung von jungen Gesteinen und Artefakten – Physikalische und chemische Uhren in Quartärgeologie und Archäologie. – Enke Verlag, Stuttgart.
- (1998): Age determination of Young Rocks and Artifacts – Physical and Chemical Clocks in Quaternary Geology and Archaeology. – Springer-Verlag, Berlin, Heidelberg.
- Wagner, G. A., Begemann, F., Eibner, C., Lutz, J., Öztunali, Ö., Pernicka, E. & Schmitt-Strecker, S. (1989): Archäometallurgische Untersuchungen an Rohstoffquellen des frühen Kupfers Ostanatoliens. – Jahrb. Röm.-German. Zentralmuseum, 36,2: 637–686.
- Wagner, G. A. & Beinhauer, K. W. (1997): Homo heidelbergensis von Mauer. – Winter, Heidelberg.
- Wagner, G. A. & Lorenz, I. B. (1997): Thermolumineszenz-Datierung an bandkeramischen Scherben von Lamersdorf (Aldenhovener Platte). – In: Lüning, J. (Hrsg.): Studien zur neolithischen Besiedlung der Aldenhovener Platte und ihrer Umgebung. Rheinische Ausgrabungen 43: 750–754.
- Wagner, G. A., Rieder, H. & Zöller, L. (2007): Homo heidelbergensis. – Theiss Verlag, Stuttgart.
- Wagner, G. A. & Wagner, I. (1995): Beiträge zur Eisenverhüttung auf der Schwäbischen Alb: Thermolumineszenz-Datierung. – Forschungen und Berichte zur Vor- und Frühgeschichte in Baden-Württemberg 55, Theiss Verlag, Stuttgart, 263–265.
- Wagner, G. A., Wagner I. B. & Wiggenhorn, H. (2003): Thermolumineszenz-Datierung an Eisenverhüttungsplätzen der Schwäbischen Alb. – Forschungen und Berichte zur Vor- und Frühgeschichte in Baden-Württemberg 86: 165–166.
- Wagner, I. B. & Wagner, G. A. (1992): Thermolumineszenz-Datierungen an Keramik der präklassischen Maya-Kultur. – Beitr. zur Allgem. u. Vergleichenden Archäol. 12: 236–240.
- – (1997): Thermolumineszenz-Datierung an Gefäßkeramik des Fundplatzes Xkipche/Yucatan – Beitr. zur Allgem. u. Vergleichenden Archäol. 17: 251–253.
- – (1999): Thermolumineszenz-Datierungen an der Grabung Mengen. – In: Bücker, C., Frühe Alamannen im Breisgau. Thorbecke Verlag, Sigmaringen, 376–381.
- Wagner, P. (1913): Lehrbuch der Geologie und Mineralogie. – Teubner, Leipzig und Berlin.
- Wahl, J. (1988a): Süderbrarup. Ein Gräberfeld der römischen Kaiserzeit und Völkerwanderungszeit in Angeln II. Anthropologische Untersuchungen. – Offa-Bücher Bd. 64, Karl Wachholtz Verlag, Neumünster.
- (1988b): Menschenknochen. – In: J. Wahl & M. Kokabi, Das römische Gräberfeld von Stettfeld I. Osteologische Untersuchung der Knochenreste aus dem Gräberfeld. Forsch. u. Ber. z. Vor- u. Frühgesch. in Bad.-Württ. 29, Konrad Theiss Verlag, Stuttgart.
- (1996): Erfahrungen zur metrischen Geschlechtsdiagnose bei Leichenbränden. – Homo 47: 339–359.
- (2001a): Bemerkungen zur kritischen Beurteilung von Brandknochen. – In: E. May & N. Benecke (Hrsg.): Beiträge zur Archäozoologie und Prähistorischen Anthropologie III. Konstanz, 157–167.
- (2001b): Metric sex differentiation of the Pars petrosa ossis temporalis. – Int. J. of Legal Medicine 114: 215–223.
- Wahl, J. & Graw, M. (2001): Metric sex differentiation of the *Pars petrosa ossis temporalis*. – Int. Journ. of Legal Medicine 114: 215–223.
- Wazny, T. (1994): Dendrochronology in Biskupin – Absolute dating of the Early Iron-Age settlement. – Bull. Polish Academy of Sciences, Biol. Sciences 42,3: 283–289.
- Wedepohl, K. H. (1998): Nachrichten der Akademie der Wissenschaften in Göttingen, II. Mathematisch-Physikalische Klasse. – Vandenhoeck & Ruprecht, Göttingen.
- (2003): Glas in Antike und Mittelalter. Geschichte eines Werkstoffs. – Schweizerbart, Stuttgart.
- Weeber, K.-W. (1990): Smog über Attika. – Artemis, München.
- Weidelt, P. (1997): Geoelektrik-Grundlagen. – In: K. Knödel, H. Krummel & G. Lange (Hrsg): Handbuch zur Erkundung des Untergrundes von Deponien und Altlasten 3. – Geophysik. Springer, Berlin, 65–94.
- Weisgerber, G. (Hrsg.) (1999): 5000 Jahre Feuersteinbergbau: die Suche nach dem Stahl der Steinzeit. – Ausstellungskatalog, Dt. Bergbau-Museum Bochum.
- Weisgerber, G. & Pernicka, E. (1995): Ore Mining in Prehistoric Europe. – In: G. Morteani & J. P. Northover (eds.): Prehistoric Gold in Europe. Kluwer, Dordrecht, Boston, London, 159–182.
- Wescott, D. J. (2000): Sex variation in the second cervical vertebra. – J. of Forensic Sciences 45: 462–466.
- Wheeler, A. & Jones, A. F. G. (1989): Fishes. – Cambridge Manuals in Archaeol., Cambridge.

WIEGAND, T. (1933): Die milesische Landschaft. Milet II. – pp. 1–18, Reimer, Berlin.

WILLE, M. (1995): Pollenanalyse aus dem Löwenhafen von Milet. – Vorläufige Ergebnisse. AA, 330–333.

WILLMANN, U. (2002): Auf den Fersen des Gilgamesch. – Die Zeit 17: 27–29.

WILLMS, C. (1987): Der Elch (*Alces alces* L.) im nacheiszeitlichen Europa. – Archeologia Polski 32: 249–291.

WILSON, D. R. (1982): Air Photo Interpretation for Archaeologists. – London.

WITTWER-BACKOFEN, U. (1990): Zur Paläodemographie des Neolithikums. – Homo 40: 64–81.

WITTWER-BACKOFEN, U., GAMPE, J. & VAUPEL J. W. (2004): Tooth Cementum Annulation for Age Estimation: Results from a Large Known-Age Validation Study. – Am. J. Phys. Anthrop. 123: 119–129.

WOELZ, S. & RABBEL, W. (2005): Seismic prospecting in archaeology: a 3D shear-wave study of the ancient harbour of Miletus (Turkey). – Near Surface Geophysics 3: 245–257.

WOLF, M. (1999): Ergebnisse makro- und mikroskopischer Untersuchungen an den römischen Brandgräbern von Rheinzabern (Rheinland-Pfalz). – Beitr. z. Paläopathologie 3. Cuvillier Verlag, Göttingen.

WOLF, S. (1999): The bricks from St. Urban: analytical and technical investigation on Cistercian bricks in Switzerland. – Diss. Univ. Freiburg, Mineralogie und Petrographie.

WORBES, M. (2002): One hundred years of tree-ring research in the tropics – a brief history and an outlook to future challenges. – Dendrochronologia 20: 217–231.

YAKIR, D., DENIRO, M. J. & RUNDEL, P. W. (1989): Isotopic inhomogeneity of leaf water: evidence and implications for the use of isotopic signals transduced by plants. – Geochim. Cosmochim. Acta 53: 2769–2773.

YALÇIN, Ü. (2000): Zur Technologie der frühen Eisenverhüttung. – Arbeits- u. Forschungsber. zur Sächs. Bodendenkmalpflege 42: 307–316.

YALÇIN, Ü., HAUPTMANN, H., HAUPTMANN, A. & PERNICKA, E. (1992): Norşuntepe 'de geç Kalkolitik Çagı Bakir Madenciliği üzkrime Archaemetallurgik Arastimalar. – In: Archeometric Sonuç Toplantisì. 381–383.

– (2006): Zum Eisen der Hethiter. – In: Ü. YALÇIN, C. PULAK & R. SLOTTA (Hrsg.): Das Schiff von Uluburun. Welthandel vor 3000 Jahren. – Ausstellungskatalog Dt. Bergbau-Museum Bochum, 493–502. YALÇIN, Ü. & PERNICKA, E. (1999): Zur Technologie der frühneolithischen Kupferverwendung in Aşıklı Höyük. – In: A. HAUPTMANN, E. PERNICKA, T. REHREN & Ü. YALCIN (eds.): The Beginnings of Metallurgy. – Der Anschnitt, Beih. 9, 45–54.

ZANGGER, E. (1995): Systematische Landschaftskontrolle im griechischen Altertum. – Spektrum der Wissensch. 5: 88–91.

– (1998): Naturkatastrophen in der ägäischen Bronzezeit. – Forschungsgeschichte, Signifikanz und Beurteilungskriterien. – Geographica historica 16: 211–241.

ZICKGRAF, B. (1999): Geomagnetische und geoelektrische Prospektion in der Archäologie. Systematik – Geschichte – Anwendung. – Internat. Archäol., Naturwissensch. u. Technol. 2, Rahden/Westf.

ZIERDT, H., HUMMEL, S. & HERRMANN, B. (1996): Amplification of human short tandem repeats from medieval teeth and bone samples. – Hum. Biol. 68: 185–199.

ZUPANIČ SLAVEC, Z. (2004): New method of identifying familiy related skulls – forensic medicine, anthropology, epigenetics. – Springer-Verlag, Wien, New York.

# Sachregister

AIDS 85
Aliquot 174, 176
Allele 82, 84
Alte DNA (aDNA) 39–40, 67
Altenerding 34
Altersbestimmung, siehe Lebensalter
Altheim (Österreich) 229
Altmühl 58
Aminosäure 47
Amplifikationen 72–75
Andernach 57–58
Anthropologie, prähistorische 32, 67
Antimon 111, 115, 126
Apatit 41, 48
Äquipotentiallinien 227
Aralsee 188
Archäochronometrie 141, 171
Archäodosis 173–174, 176
Archäometallurgie 126
Archäosedimente 180
Archäozoologie 17–31
Archiv 187–190
– Zahn- 56–58
Arsen 117, 127, 126, 130, 135–137
Asche 111, 131, 133, 185, 192
Aşıklı Höyük 137, *Farbtafel* I
Atomabsorptionsspektrometrie 97, 132, 130, 177
Augst (Augusta Rauricorum) 27, 102
Ausbleichen, siehe Lumineszenz

Bandkeramik 24, 190
Bär 61–64
Barium 46
Bedburg 22
Berlin-Koepenick 25
Bestattung 17
– von Tieren 27
Bilzingsleben 56–58
Biometrie 21
Biozönose 28
Biskupiner Chronologie 162–163
Blei 120, 126–127, 137, 197
– glanz 127
– -glätte 120, 127
Bleisilikate 137
Blutgruppe 40
Bochum, Kemnade 234

Boden
– -abtrag 190, 193–196
– -denkmäler 200
– -versalzung 192
Bodensee 161
Box-Whisker-Plot 129
Brenntemperatur von Keramik 105–108
Bronze 116, 120
Bronzezeit 24, 27, 29, 41, 54, 71, 75–77, 81–82, 85–86, 125, 127, 129–131, 133–135, 138–139, 151–152, 161, 178, 183–185, 197
Bruchsal-Aue 180
Buche 157

C3-Pflanzen 43, 58–63, 107
C4-Pflanzen 43, 59–60, 107
Cabrières 120
Calcit 107–108
Calciumsilikat 117
Calvin-(C3-)Zyklus 58
Çayönü Tepesi 137
Carnivoren 59–66
Chalkolithikum (Kupfersteinzeit) 131, 134, 135, 138, 184, 192, 197
Chalkopyrit 127–128,130, *Farbtafel* I
Châtillon-s-Glâne 104
Christian, Herzog von Braunschweig-Wolfenbüttel 78
Chromosom 71–72, 75
– Y-Chromosom 36, 77, 80, 81–84
Chronologie 141
– Baumring- 154–170
– Eichen- 157, 161
– fließende 162, 164
– hohe 151
– schwimmende 151–152, 162
– Tannen- 157
– tiefe 151
– Wacholder- 152
Cluster-Analyse 122
Cuprit 134
Cytochrom 75

Dahllit 47
Damhirsch 61–64
Dangstetten 54

Datierung, absolute 28, 146, 148, 151, 156, 161, *Farbtafel* VI
Delafossit 134
Deltavorbau 195–196
Dendrochronologie 146, 154–170
Denitrifikation 61
Dielektrizitätskonstante 232
Digitale Bildauswertung 217
Dipol 222, 223
DNA 36, 40, 67–88
– Basen der 67–69
– Degradierung 70, 72
– Kontamination 36, 70, 72, 74
– Mikrosatelliten- 76
– Probenahme 70
Desoxyribonukleinsäure (DNA) 67
Diopsid 107–108
Dolomit 96–97, 101, 103
Donau 58
Dosisleistung 173, 176
Dünnschliff 20, 34, 93

Eiche 160
– Chronologie für 157
Eichstetten 111
Eisbohrkern 52, 185, 192
Eisen 126, 131, *Farbtafel* III
– meteoritisches 127
– terrestrisches 127
– -oxide 111, 115, 134
– -verhüttung 127, 179, 260
Eisenzeit 23, 27, 29, 54, 108, 130, 134, 162–163, 181
Eiszeit 54, 64, 142, 178, 188,
– Kleine 188, 192
– Riß- 56
– Würm- 56
Elch 29
Elefant 22, 55–56
Elektronenmikroskop 117
Elektronenspinresonanz 177
Elektrophorese 73
Elongation 72, 73
Endingen 111
Engoben 91, 105–106
Erbgut 36, 40
Erdmagnetfeld 221–222
Erle 157

# Sachregister

Ernährung 15, 23, 25, 40, 43,
  – Rekonstruktion von 61–64
Ertebølle-Kultur 22
Erz 126–131
  – oxidisches 127
  – sulfidisches 128
Esche 157
Eutektikum 132

Fahlerz 127, 129, *Farbtafel* I
Farbpigmente 114–117
Fayalit 134, *Farbtafel* III
Faynan 127
Feldspat 101, 107, 134, 173–175, 178
Feldstärke 223
Feldvektoren 223
Fernerkundungssysteme 205
ferrimagnetisch 222, 223
Fett 91, 108–109
Feuerstein 177–178
Fibrillen 48
Fingerabdruck
  – genetischer 74, 76, 78–80, 84–85
  – geochemischer 135
Fisch 19, 26, 107
Flugprospektion 213
Flussmittel 132–133, 138
Fraktionierung
  – von Isotopen 47, 51–53, 60, 64
  – von Spurenelementen 126

Galenit *Farbtafel* I
Gamma-Spektrometrie 177–178
Gasatmosphäre 125, 134
Geburt 34, 37, 84
Gefäßinhalte 107–109
Gefüge 90, 117, 127, 131, 136–137
Gehlenit 107
Geißenklösterle (Achtal) 177
Gellep 112, 114
Genealogie 79–81
Genom 75, 78
Geoelektrik 226–230
Geomagnetik 222–226
Georadar 231–234
Geschlecht
  – Bestimmung 75–76
  – Chromosomen 36
  – Diagnose 36
  – Dimorphismus am Becken 37
  – Dimorphismus am Schädel 38
Ghanadha (Vereinigte Arabische Emirate) 54
Glas 111
  – -färben 111, 114–117
  – -handwerk 118
  – -perlen 110–111, 114, 119, 123
  – Kalium- 123
  – Natron-Kalk- 118
  – Roh- 111
Glazial, siehe Eiszeit
Gold 126, 127, 129, 137
  – -verbindungen 111
GoogleEarth 219
Gräser, tropische 60

Graubünden 96
Gravimetrie 234
Griesheim 111, 115
Grönland 185, 188, 192
Groß-Gerau 111
Gunstregionen 187
Gussstiegel 104–105

Hämatit 89, 107–108, 134
Haddebyer Noor 164
Haithabu 164–166
Halbwertszeit 142, 144
Hallstatt 27, 149, 178–179
Haplotypen 82–84
Harz (Bitumen) 16, 93, 113, 146, 192
Harz (Gebirge) 77, 82, 86, 135
Hasel 157, 161
Hatch-Slack-(C4-)Zyklus 60
Haustier 21, 26
Hedenbergit 134
Heidelberg 179
Henan *Farbtafel* XII
Herbivoren 49–50, 59, 62–64
Hercynit 134
Herkunftsstudien
  – vom Mensch 76–84
  – vom Tier 78
  – von Holz 155
  – von Keramik 94–96
  – von Metall 139
Herodot 230
Heuneburg 103
Hirsch 22
Hirse 60
Histologie 49
Hohen Viecheln 22
Holozän 5, 28–30, 54, 62, 142, 175, 180, 183–188, 194
Holzkohle 127, 131, 145–146, 192
  – Verbrennung von 134
Hornstaad-Hörnle 161
Hornträger 21
Hüde 25
Huhn 24, 108
Huminstoffe 72
Hund 27, 75–76
Hysteresekurve 223

Illit 107–108
Infrarot-Spektroskopie
Interglazial 54
  – Eem- 63, 178
Iscorit 134
Isotopen 46–66
  – -fraktionierung 47, 51–52
  – -messtechnik 144
  – -standards (PDB, Vienna SMOW, AIR) 47
  – Argon- 171–172
  – Blei- 117–119, 137–139, *Farbtafel* IV
  – $\delta^{13}C$ 60, 108
  – $\delta^{18}O$ 52–58
  – Kalium- 171
  – Kohlenstoff- 43, 46, 60, 171–172

  – Kupfer- 138
  – Osmium- 138
  – radiogene 172
  – Sauerstoff- 23, 46–66
  – Stickstoff- 43, 46–66, 144
  – stabile 46–66
  – Strontium- 46
  – Thorium- 171–172
  – Uran- 171
  – Zinn- 138

Jahrringe 156–157

Kalifeldspat 107–108, 175
Kalk 89, 94–97, 111, 113–114, 192
  – -brennen 178
  – -öfen 192
Kaltes Leuchten 171
Kassiterit 111, 115, 117, 120
Kapellenösch (Rottweil) 42
Keramik 91–109, 171, 173, 175, 177–180
Kiefer 157, 160
Klima 30, 183–184, 186, 188, 190–193, 196, 198
Knochen 18–20, 32–45
  – Apophysen 33
  – Becken 34, 37
  – Epiphysen 34, 42
  – Felsenbein 38–39, 42
  – Femora 33
  – -gewebe 35
  – Humerus 34, 41
  – Kortikalis 36
  – Kreuzbein 34
  – Osteoblasten 35
  – Osteoklasten 35
  – Osteologie 20
  – Osteonen 41–42
  – Osteoporose 40
  – Schädel 38, 41–42
  – Tibia 34
  – Unterkiefer 38–39
  – Verbrennung von 41–43
  – Zahn, siehe Zähne
Knüppelweg 164
Kohlenstoffkreislauf 144–145
Königsfelder Grafen 80
Kollagen 47–64, 72, 146
Kolloide 71
Kolluvium 180, 188, 193
Kontamination: bei DNA-Analysen 74
Korallen 147
Krankheitserreger 86–87
Krefeld-Gellep 112
Krematorium 41–42
Kupfer 117, 123, 125, 126–127, 175, 179
  – Arsenkupfer 125, 127, 130
  – gediegenes 125, 137, *Farbtafel* I, II
  – Nickel in 130, 131
  – -oxid 117, 120, *Farbtafel* II
  – -steinzeit, siehe Chalkolithikum

# Sachregister

Lagerstätte 5, 118, 125, 127–128
– Zonierung von Lagerstätten 129–130
– geochemische Signatur 129
La Graufesenance 99, 105–106
Lahn-Dill-Gebiet 133
Landschaftsdegradation 189
Landschaftsrekonstruktion 187
La Péniche 107–108
Laser 50, 219
– -scanning 219
– -strahlen 219
Latènezeit 24, 25, 131, 178, 179
Laugen, Laugener Keramik 95–96
Lebensalter
– -bestimmung durch Knochen 20
– -bestimmung durch Zähne 33–36
Les Boulies 131
Leder 67, 69, 71, 75
Leermoser Moor 163
Leguminosen 59
Leichenbrand 20, 40–43
Lichtensteinhöhle 76–77, 81–82
Lidar 219
Limonit 89, 127
Linzi (China) 217–219
Lipide 64, 109
Löddigsee 25
Lossow 27–28
Luco 96
Lübeck 166–169
Luftbildarchäologie 203–220
– Merkmale in der 208–211, Farbtafel IX, X, XI
Lumineszenz 173
– Ausbleichen 173
– -datierung 171–182
– Feinkorntechnik 175, 178
– Grobkorntechnik 178
– -messung 173
– optisch stimulierte 81, 97, 171, 173–174
Luppe 137

Maastricht 122–123
Mäander 195
Magerung 93–96, 104
Magnetisierung 222
– remanente 222
– thermoremanente 222
Magnetit 127, 134, 223
Magnetometer
– Absorptionszellen-Magnetometer 225
– Cäsium-Magnetometer 225
– Fluxgate-Magnetometer 224
– Protonen-Magnetometer 224
– Protonenpräzessions-Magnetometer 224
Mahalanobis 102
Malachit 89, 127
Mammut 56
Mangan, Manganoxid 111
Manitoba (Kanada) 91
Marmor 96

Massenspektrometrie 139
– Beschleuniger- 28, 142, 145
– Gas-Massenspektrometrie 50
– Thermionen- 110, 117, 138
Mauer 15, 55–56
Mauken 101
Meißen 25
Melaun 95–96
Mengen (Brsg.) 178–179
Mennige 111
Mensch-Umwelt-Spirale 30, 181, 188, 190
Mergel 103, 227
Merowinger 79, 110–112, 120, 123, 131
Mescheide 27
Mesolithikum 22–23, 29–30, 177
Messara-Ebene (Kreta) 193, 194
Metabolism-(CAM)-Zyklus 51, 60
Metallographie 136–137
Metallurgiekette 126
Metzingen (Schwäbische Alb) 178
Miesenheim 111
Mikrosatelliten 76, 81
Mikrosonde, siehe Elektronenstrahl-Mikrosonde
Mikroskopie
– Erz- 127
– Polarisations- 93, 98, 105
– Rasterelektronen- 110, 127, 132
– Schlacken- 131–135
Milet 194–195, 231, Farbtafel XV
Mitochondrien 71, 75, 80–84
Mitterberg 128, 130, 133
Mollusken 16, 19, 21, 23, 30, 47, 144
– -kalender 23
Mongolei Farbtafel VII, VIII
Moustérien 178
Mosbach 55–56
Mumien 15, 68–69
Moorsiedlung 161
Mutation 40, 84–86

Nahrung(s) 15–17, 19, 21–27, 34, 40, 46–47, 52, 56, 64, 75, 190
– -anzeiger 43
– -erwerb 27
– -rekonstruktion 43
– -kette 43, 60–62
Neandertaler 40, 61–62, 84
Neckar 58
Neolithikum 30, 62, 151, 161–162
Neutronenaktivierungsanalyse 97, 177
Neutronendiffraktometrie 137

Obsidian 15, 89
Ochsenhautbarren 139, Farbtafel IV
Öl 16, 36
Ötzi 137
Ofen 133–134
– Gasatmosphäre im 125, 134
Oman 131
Omnivoren 87
Opferplätze 17
Ostsee 22, 26, 166
Osttirol 96

Otolithen 18, 21, 23
OxCal 150
Oxidation
– von Glas 111, 115, 120,
– von Schlacken 125, 127–128, 134–135
Oxidationszone 128

Paläodemographie 32, 75
Paläolithikum 22, 55, 177
Paläoökologie 17, 21, 28, 30
Paläotemperatur 53
Papyrus 120
Parasiten 86
Partikelspuren 172
Pergament 67, 69, 71, 75, 78
Pest 84–87
Petrographie
– von Keramik 93–96
– von Schlacken 131–135
Pfahlbausiedlung 161–162
Pferd 23, 29, 55, 58
Phasendiagramm 132–134
Phlious-Ebene 193
Photogrammetrie 214–217
Photosynthese 144
Pietrele (Rumänien) 226
Pigmente 114
PIXE 97, 135
Plagioklas 107–108
Pol-Pol-Anordnung 228, 230
Pollen, Pollenanalyse 43, 52, 146, 173, 187–188, 192–193, 196
Polymorphismus 73, 84
– Längen- 73
– Restriktionsfragment- 73
– Sequenz- 73
Pottasche 111
Polymerase Kettenreaktion (PCR) 72
Potsdam 29
Präboreal 29
Primer 72–74,
– -design 73
– -paare 73–74
– -sequenz 73
Protein 47, 62, 64
Provenienzstudien, siehe Herkunftsstudien
Proxies 52, 54–58
Pyroxen 134

Qingzhou, China Farbtafel VIII
Quarz 96, 101, 107–108, 111, 133–134, 172–173, 178
Quarzporphyr 96, 98
Quecksilber 126
Quickbird2, siehe Satelliten

Razemisierung 36
Radar 204, 206, 219
Radioaktivität 142, 171, 173
Radiokohlenstoffdatierung 144–153,
– $^{13}$C-Korrektur 149
– Kalibration 146–150
– Messgenauigkeit 145
– Wiggle-Matching 142, 148–152

## Sachregister

Radiometrie 145
Ralswiek 18
Recycling
– von Glas 121
– von Schlacken 138
Refraktionsseismik 231, 232, *Farbtafel* XV
Reh 56
Reliefveränderung 188
Religion 27
Rennfeuerverfahren 127–128, 137
Rentier 56, 61–62
Rind 27–28, 54
Rinde 152, 157, 159
Rio Tinto 129
Rodung 192
Römische Kaiserzeit 23–25, 29, 41
Röntgendiffraktometrie 114–115, 119
Röntgenfluoreszenzspektrometrie, energiedispersive 97, 113–114, 132, 135
Rösten 128, 138
Roskilde Fjord 165–166

Saffig 111
Salz 59–60, 89, 111, 192, 201, 227
SAM-Projekt 125, 135–136
Santorin, siehe Thera
Satelliten 204–205,
– -navigation 204
– SPOT 204
– Quickbird2 204
Schaf 23
Schamotte 104
Schiff 164–169
Schlacke 128, 131–135, 222, *Farbtafel* III
– -bildung 125, 127, 133, 135, *Farbtafel* II
– Erstarrungstemperatur 132–134
– Fließschlacken 133
– „Free-Silica-Slag" 133
– Plattenschlacke 134
– Oxidationsgrad von 134–135
– Schmiedeschlacke 131
Schleitheim (Schweiz) 111
Schleswig 159
Schlumberger-Anordnung 228, 230
Seismik 230–231, *Farbtafel* XIV
– Reflexions- 231
– Refraktions- 231
Selektionsmechanismen 11, 84–85
Sequenzpolymorphismen 73
Serpentinit 96
Sesselfelsgrotte 57, 178
Sexualdimorphismus 21
short tandem repeat (STR) 76, 79, 81
Sibirien 56
Silber 82, 118, 120, 126–127, 129, 135–136, 138
Single-Aliquot-Regenerativ 176, 179–180

Skrzetuszewski-See 30
Sorghum 60
Splint 157, 159
Spurenelemente, als Nahrungsanzeiger 43, 44
– in der Keramik 96–99
– in der Metallurgie 125, 128, 130, 135, 137–139
Stahl 128, 131, 137, *Farbtafel* III
Stanwick 108–109
Star Carr 23
Station Morton 23
Statistik
– Diskriminanzanalyse 32, 38, 102
– multivariate Verfahren 101–102
Steinabrunn (Niederösterreich) 225, *Farbtafel* XIII
Steinheim/Murr 54–58
Stoffwechsel 21, 34, 52, 56, 58, 61–62, 64, 67
St. Margareth, Reichersdorf 80
St. Urban 100–101
Strahlendosimetrie 172
Strahlung 36, 60, 144, 146, 173, 176
– elektromagnetische 206–207
– kosmische 176, 206
– radioaktive 171–173, 177, 201
– reflektierte 206
– Sonnen- 206
Stratigraphie 39, 89, 141, 166, 177, 188, 193
– -prinzip *Farbtafel* V
Strontium 16, 43, 46–47
Stuttgarter Stammbaum 136
Subsistenzwirtschaft 23
Südtirol 96
Sukkulente 60
Suszeptibilität 222

Talebene 188, 193, 195–196, 198
Talmessi 127
Tannenchronologie 164
Taphonomie 20
Taq-Polymerase 72–73
Taxonomie 20
Tell Abraq 54
Terra Sigillata 91, 99, 101, 105–108
Terrassierung 192
Thera/Santorin 151–152, 184, 194
Thermolumineszenz 142, 171, 173, 175, 178–179, 181
Tiernutzung 17
Tieropfer 27
Timna 127
Ton 91–93, 101, 104–106, 178
– -minerale 101, 103
– kalkreicher 107
– karbonatischer 103
– silikatischer 103
Tooth Cementum Annulation (TCA) 35
Torrenova (Italien) *Farbtafel* XVI
Treibeprozess 127
Trento, Trentino 96

Tricalciumphosphat, -β 41
Troia 54, 152, 194, 222
Twin-Anordnung 230

Ukraine 56
Ulme 157
Ur 29
Urnenfelderzeit 41
Uruk 222

Varna (Bulgarien) 127
Vegetation 46, 155, 159, 180, 186–188, 191–193, 198
– Bewuchsmerkmale (siehe auch Luftbildarchäologie) 208, 210, 212
Vegetationszonen 190
Verhüttung 126, 128, 134, 183, 192:
Vertrauensintervall 145
Verwandtschaftsdiagnose 39
Via Claudia Augusta 163–164
Völkerwanderung 36, 111, 123, 181

Waldbison 56
Waldkante 159
Warven 142, 147
Wasser 196–198
– Grund- 144, 161, 192, 196, 227
– Meteorisches 53–56
– Meer- 51, 60
– Trink- 43, 52–54, 56–58, 196
– -versorgung 187, 196–198
Wasserbüffel 56
Wege 163–164
Weingarten 69, 84
Weizen 58
Wenner-Anordnung 228, 230
Widerstand, elektrischer 226–227, 229–230, 232–233
Wijnaldum 120
Wildschwein 56
Wollastonit 108
Wollnashorn 56
Wüstit 117, 134

Xanten 214, *Farbtafel* IX, X, XI
Xerxes, -kanal 230

Yongding, China *Farbtafel* XII
Yucca 60
Yuvalar, Troas 175

Zähne 20, 33–36, 43–44, 47–58, 70, 177
Zehren 25
Zementationszone 128–129
Zerfallsreihe 176–177
Zhongling, China *Farbtafel* VIII
Zink 43, 46, 111, 123, 126
Zinn 111, 116, 120, 123, 125–126, 137
Zisterzienser-Klöster 100
Zuzhou, China *Farbtafel* VII
Zypern 133, 139